『十三五』国家重点出版物出版规划项目
国家社科基金重大招标项目成果（批准号：12&ZD111）

20世纪中国美学史

第三卷

从『美学大讨论』走向美学的危机

A History of Chinese Aesthetics in the 20th Century

主　　编　高建平

本卷主编　丁国旗

编 写 者　周兴杰　丁国旗　李小贝
　　　　　李圣传　董　宏　江　飞
　　　　　安　静　范玉刚　曹　谦

江苏凤凰教育出版社
Phoenix Education Publishing, Ltd

图书在版编目(CIP)数据

20世纪中国美学史. 第三卷 / 高建平主编. —南京：江苏凤凰教育出版社，2023.12

ISBN 978-7-5743-0144-3

Ⅰ. ①2… Ⅱ. ①高… Ⅲ. ①美学史—中国—20世纪 Ⅳ. ①B83-092

中国版本图书馆CIP数据核字(2022)第203104号

书　　名　**20世纪中国美学史(第三卷)**
主　　编　高建平
本卷主编　丁国旗
策 划 人　王瑞书　章俊弟
责任编辑　王建军
装帧设计　夏晓烨
责任监制　谢　勰
出版发行　江苏凤凰教育出版社(南京市湖南路1号A楼　邮编210009)
苏教网址　http://www.1088.com.cn
照　　排　江苏凤凰制版有限公司
印　　刷　南京爱德印刷有限公司(电话:025-57928000)
厂　　址　南京市江宁区东善桥秣周中路99号(邮编211153)
开　　本　787毫米×1092毫米　1/16
印　　张　24.75
版　　次　2023年12月第1版
印　　次　2023年12月第1次印刷
书　　号　ISBN 978-7-5743-0144-3
定　　价　138.00元
网店地址　http://jsfhjycbs.tmall.com
公 众 号　苏教服务(微信号:jsfhjyfw)
邮购电话　025-85406265,025-85400774
盗版举报　025-83658579

目　录

第五章　客观形象派美学的波折与“转正”

第六章　五六十年代李泽厚的美学思想

第七章　五六十年代其他美学观点

第八章　形象思维全国大讨论

第九章　“十七年”时期美学建设的成就与反思

导 论

1949 年 10 月，中华人民共和国成立，揭开了中华民族新的历史篇章，美学学科也迎来了前所未有的发展契机。当然，新的历史阶段也意味着要面临许多新的需要解决的问题和需要完成的任务，而这些新问题、新任务是没有可资参考的经验和前鉴的。由于这一原因，中国美学在新中国成立后的发展虽然取得了巨大的成就，但也遭遇了一些失误和挫折。结合具体历史分期与美学发展实际，本时段的美学大体可以划分为三个阶段，即新中国成立之初美学和文艺的发展、50 年代中期到 60 年代“美学大讨论”中的美学，以及 60 年代中期到 70 年代中期，即“文化大革命”十年左右时间的美学发展遭遇等。

一、 新中国成立之初的文艺和美学建设

从美学和文艺发展来看，所谓的“新中国成立之初”是一个大致的时间段，它不是起于 1949 年 10 月 1 日的中华人民共和国成立，而是始于 1949 年初开始筹备并于当年 7 月召开的中华全国文学艺术工作者代表大会，直到 1956 年开始的“美学大讨论”之前。在这一时段中，美学与艺术的发展，既有与新中国成立前美学发展的连续性，又有因新中国文化建设需要而出现的新情况。相对于继之而起的“美学大讨论”，它是后者的政治背景、理论语境以及话语酝酿阶段，在一定程度上与其形成一种历史性对照。

1949 年 1 月底，北平和平解放；3 月，来自华北解放区和“国统区”的文艺工作者齐聚北平，商讨召开全国文艺工作者大会的筹备事宜。对于即将召开的大会，筹备会主任郭沫若明确指出它的目的：“举行这一个空前盛大与空前团结的大会，主要目的便是要总结我们彼此的经验，交换我们彼此的意见，接受我们彼此的批评，砥砺我们彼此的学习，以共同确定今后全国文艺工作的方针任务，成

立一个新的全国性的组织。”[①]于当年7月召开的第一次全国“文代会”，也正是向着这一目标而开展。“文代会”上的三个报告，茅盾的《在反动派压迫下斗争和发展的革命文艺——十年来国统区革命文艺运动报告提纲》介绍了“国统区”的文艺经验，周扬的《新的人民的文艺》论述了解放区的文艺经验，郭沫若的《为建设新中国的人民文艺而奋斗》则提出了文艺工作新形势下的新目标。郭沫若的话以及这三个代表性报告，都反映出当时文化界所存在的区域性和文艺队伍之间的区别与分野，而这种区别与分野的弥合是新中国成立之初亟需解决的文艺任务。具体说来，当时的文艺工作者主要来自解放区和“国统区”。在战争以及两军对峙时期，分处解放区和“国统区”的文艺工作者一直面临着不同的任务。前者的服务对象是解放区的人民大众和人民军队，工作的指导方针主要是1942年毛泽东同志《在延安文艺座谈会上的讲话》的相关内容；而后者面对的不仅有“国统区”的普通百姓，还有站在进步对立面的旧势力和反动势力，因此他们的主要任务则是揭露国民党统治的黑暗与启蒙广大民众，主导方针除了传到“国统区”的《在延安文艺座谈会上的讲话》外，还有“五四”以来的启蒙立场及其思想武器。这是两条战线，两种经验。随着全国的解放，两条战线上的战友实现会师。然而，这种会师并不意味着消灭或解决了二者在文化立场和文艺经验方面的原有分歧。郭沫若在第一次“文代会”上提出“为建设新中国的人民文艺而奋斗”，这一目标看起来明确，但结合不同的文化立场和文艺经验看，会带来完全不同的诠释。几年之后，胡风在“三十万言书”中表现出来的困惑，正是这种分歧的体现。

不仅如此，在第一次“文代会”上，除了可以从地域差异来区分文艺工作者之外，还可以见到不同社会阶层与团体的区分，不同行业或艺术门类的区分。如在大会上讲话的还有代表农民团体的李秀真，代表全国民主妇联的李德全，代表新民主主义青年团的钱俊瑞等，而在参加会议的代表当中，除了文学界外，还有美术界、舞蹈界、曲艺界、电影界等。如何让这些不同知识背景、不同文化立场的文艺工作者达成共识，为新中国文化建设添砖加瓦，是新中国伊始执政党面临的紧迫任务。

---

① 中国现代文学研究中心：《六十年文艺大事记（1919—1979）》，学明印务公司1979年版，第122—123页。

应该说，从第一次“文代会”的筹备与召开开始，解决这种分歧，统一和改造文艺界思想意识的工作就已经拉开了大幕。具体而言，可以从如下三个方面来看，其一是建立制度，将所有文艺工作者都纳入到国家管理范围。在“文代会”召开期间，成立了中华全国文学艺术界联合会，选出了全国委员会，制定了章程。相继成立的组织还有中华全国美术工作者协会、中华全国舞蹈工作者协会、中华全国曲艺改进会筹备会、中华全国文学工作者协会、中华全国音乐工作者协会、中华全国电影艺术工作者协会等。1949 年 9 月，曾在“文代会”期间试版的全国文联机关刊物《文艺报》正式创刊；10 月，“文协”机关刊物《人民文学》创刊。资料显示，从 1949 年 7 月第一次“文代会”到年底，“全国各省、市成立了四十个地方文联或文联的筹备机构，出版了四十种文艺刊物。”[①]这些机构都有一定行政级别，相关负责人也享受相应的行政待遇。这种方式将文艺工作者全部纳入体制之内，从日常生活、工作、经济来源到创作及其创作出来的作品，都由相关部门统一安排。这些与新中国成立之前，很多文艺工作者属于自由职业者，刊物往往由几个同志者搭伙创办的情形完全不同。

其二，组织知识界参加思想改造等一系列政治运动，使其逐渐与国家意识形态保持一致。新中国成立之初的思想改造活动并不限于知识界，还包括工商业从业者等，但主要是知识界，在这当中又包括两个部分，一个是知识分子的改造，另一个是知识青年的改造，知识分子的改造是重点。进行思想改造，有一个总的逻辑前提，即进入新中国，意味着进入新社会，人们不能够再留有旧社会的思想痕迹。从马克思主义基本原理来看，经济基础决定上层建筑，既然社会基础已经发生本质性变化，人们自然应该调整其观念，使之与经济基础相适应。由此来看，这一改造是有其历史合理性和必然性的。然而，这里还有一个关键性的问题，即知识分子在思想改造中改造的是什么？出版于 1952 年的一本谈及知识分子思想改造的书中是这样解释的：“在我们的知识分子当中，有不少的人存在着自高自大的思想包袱，这将是他自己进步的一个最大的障碍。还有一些知识分子，以为解放以前我就学过马列主义的理论，人家不懂的时候，我老早就懂了，便自以为很进步；或者，在解放以前曾参加过反饥饿、反迫害、反扶日等

① 《六十年文艺大事记(1919—1979)》，第 125 页。

民主爱国运动的人，自以为很了不起了。并且正因为有了这些小小的功劳，他们就采取了'以不变应万变'的态度而不愿参加学习，这是大错特错的。这样的思想包袱背上之后，这种人的前途就非常危险了。"[①]从这一解释来看，知识分子需要改造的是自身的自高自大的心理和行为，这是站在非知识分子的立场来审视知识分子的阶层本质的。因此，知识分子的思想改造就包含了两个方面：其一是在思考和解决问题的出发点和方式上，向马克思主义靠拢，使运用马克思主义基本原理成为一种理论自觉；其二是在价值立场上，要放弃知识分子的所谓清高和骄傲情绪，放弃拥有知识的优越感，而向人民大众靠拢，认同大众的情感和生活态度。这与毛泽东同志《在延安文艺座谈会上的讲话》的会议精神是一致的。新中国成立之后，对"知识分子"这一词汇的使用，主要指人文学科和社会科学领域的、具有较强人文精神和素养的人。这一理解今天看来显然不太全面，但当时这是比较普遍的认识，因此，在思想改造运动中，人文知识分子往往首当其冲、成为重点对象也就不难理解了。这样，经过一系列的培训班、自我检讨、文艺界整风以及"三反""五反"等运动的改造，人文知识分子迅速转变了自我价值观，甚至以一种"原罪"心态来审视自己的小资产阶级品位和思想倾向，逐渐达到了与国家意识形态需要的一致性。

其三，通过一系列文艺界的争鸣与批判，逐渐使文艺工作者熟悉了马克思主义基本原理，开始自觉以马克思主义为思想武器来分析和解决问题，并在这一过程中，使文艺工作者逐渐熟悉了当时国家意识形态的基本意图和边界。在本卷第一章中，我们提到了新中国成立之初的三大文艺批判运动，即关于电影《武训传》的批判，关于《红楼梦评论》、俞平伯和胡适的批判，以及"胡风案"。实际上，争鸣与批判早在《武训传》的批判之前就已经开始了。1949 年 8 月，上海《文汇报》曾就小资产阶级是否可以成为文艺作品的主角展开争论。其中何其芳的观点非常具有代表性，他认为，可以写小资产阶级，但要少写，并且要站在批判的立场。要学习马列主义，转变作家的世界观。[②] 这种观点很好地代表了当时讨论问题的方式，即将结论归结到马克思主义对世界观的改造上。1950 年二三月，围绕作家阿垅《论倾向性》《论正面人物与反面人物》等文章，也曾展开

---

① 沈志远：《论知识分子的思想改造》，展望周刊社辑 1952 年版，第 4 页。
② 何其芳：《一个创作问题的争论》，《文艺报》1949 年 11 月 10 日。

讨论与争鸣。除这些之外，当时很多文艺团体、刊物以及文艺工作者个人都自觉主动地检讨缺点与问题。如，1950 年 5 月，《文艺报》以编辑部的名义发表了自我检讨文章。随后在 6 月，《人民文学》也发表了自我检讨的文章。总体而言，这时候的很多争鸣比较温和，形成了非常活泼生动的论争局面。然而“三大批判”的情形有些不同。例如关于电影《武训传》的讨论，自 1951 年上半年开始，从一开始的叫好到提出相反意见，再到毛泽东为《人民日报》写的重要社论《应当重视电影〈武训传〉的讨论》的发表，批判的声浪逐步升级，语气也越来越严厉。社论指出：“电影《武训传》的出现，特别是对于武训和电影《武训传》的歌颂竟至如此之多，说明了我国文化界的思想混乱达到了何等的程度！”8 月 8 日《人民日报》发表了周扬的批判文章《反人民，反历史的思想和反现实主义的艺术——电影〈武训传〉批判》，从争鸣到批判，一个文艺问题逐渐变成了政治问题。这是那一时段对待文艺工作出现的惯常方式，不可否认，这种方法不利于文艺的正常发展。

新中国成立之初这段的文艺政策与文艺发展状况为接下来的“美学大讨论”定下了基调，即它是讨论也是批判，是文艺或美学论题也是政治问题。“美学大讨论”晚于三大文艺批判运动，但它兴起之时，三大批判方兴未艾，其他文艺批判有的也在进行之中，因此，它们彼此间形成一种呼应，构成了五六十年代美学与文艺的整体景观。

二、 50 年代中期到 60 年代中期的美学争鸣

由于在中国生长的特殊性，美学一直与文艺理论联系紧密，界限往往也比较模糊。例如，第一次“文代会”上被冠以“文艺工作者”之名的，有作家，也有艺术家、美学家等，而朱光潜在美学大讨论之初写作的《我的文艺思想的反动性》，很明显是对其美学而非文艺思想的反思。我们将文艺批判运动作为新中国成立之初美学发展的前奏，正是缘于这种学科认识与发展的基本现实。另外，这种认识也能在一个更切合我国文艺与美学发展的应有状况下，加深对美学讨论本身特性的理解。当然，这一认识并不是说新中国成立之初除了文艺之外，我们没有专门的美学方面的研究或著述出现。当时虽然美学学科意识较弱，但还是有学者自觉地在以美学的方式从事着研究工作。专著如萧三的《高尔基的美

学观》[1]，论文如兰野的《关于现实主义与美学》[2]、吕荧的《美学问题——兼评蔡仪教授的〈新美学〉》[3]、施昌东的《论美是生活》[4]，等等。但这些与如火如荼的文艺争鸣与批判运动比起来，声音要微弱得多，也没有引起学界更大的波澜。美学问题，作为重要文艺现象的出场是1956年5月开始的，这就是“美学大讨论”的出现。

“美学大讨论”，学界一般认为持续的时间是1956至1962年，并可分成两个阶段：第一阶段是1956到1957年，在这一阶段，主要围绕着美的主客观问题展开；第二个阶段是从1958年底开始，这个阶段的讨论出现了一些新的现象，即参与者开始关注社会主义美学特质、美学与社会生活关系等问题。而在我们看来，在大讨论的后期，形象思维问题成为非常重要的美学命题被大家所广泛关注，对它的讨论一直持续到了“文革”前夕，因此，“美学大讨论”的结束可以延伸到那个时候。

目前学界一般把朱光潜发表于《文艺报》1956年第12期的《我的文艺思想的反动性》一文以及其他学者，如曹景元、贺麟、黄药眠等在新中国成立前对朱光潜的美学思想的批判作为大讨论的发端[5]。自1956年5月到60年代，正如杉思所言：“争论虽时起时落，但一直没有停歇。”[6]学者们集中讨论了如下几个问题：

第一，美在主观还是美在客观的问题，这是有关美学的哲学基础的讨论。对于此，形成了四派观点[7]。主观派以吕荧、高尔泰[8]为代表。吕荧[9]认为，“美

---

① 新文艺出版社，1953年出版。

②《新建设》1952年1月。

③《文艺报》1953年第16、17期。

④《文史哲》1954年第2期。

⑤ 如《美学问题讨论集》第六集最后，杉思在综述美学大讨论各方观点时说：“批判朱光潜过去的唯心主义美学思想成为这次美学讨论的前奏。”

⑥ 新建设编辑部：《美学问题讨论集》第六集，作家出版社1964年版，第395页。

⑦ “四派”之说最早体现在李泽厚论文《关于当前美学问题的争论——试再论美的客观性与社会性》（发表于《学术月刊》1957年第1期）之中，但后来李泽厚又否定了这一看法，认为只有“三派”，排除了主观派。本书认为，吕荧、高尔泰虽著述不多，观点应者寥寥，但与其他三派有明显不同，因此仍按照“四派”范式来展开论述。

⑧ 高尔泰，又写作“高尔太”。“高尔太”是在1956年发表《论美》时由于“泰”字排版错误，因而误写作“高尔太”，但由于《论美》一文流传甚广，这一名字也一直沿用。在本书中，我们统一名字为“高尔泰”。

⑨ 吕荧的美学观早在1953年批评蔡仪美学思想的《美学问题——兼评蔡仪教授的〈新美学〉》一文中就已经明确提出，但由于当时没有形成讨论态势，因此并未引起大的关注。1956年美学大讨论发起之后，很多人关注到了吕荧的观点，对其提出商榷。于是在1957年2月，吕荧又写了《美是什么》一文，该文发表于《人民日报》1957年12月3日。从这一过程中可以看出，吕荧美学观被关注，带有一点回溯性质，是美学大讨论使他的美学观点重新回到了人们的视野之中。

是物在人的主观中的反映，是一种观念。”[①]在这一观点受到学者质疑之时，吕荧的回答是：“美的观念（即审美观），一如任何第二性现象的观念，它是第一性现象的反映，是由客观所决定的主观，在它里面，客观性和主观性是统一的。唯物论者所说的观念（社会存在决定的社会观念），跟唯心论者所说的观念（独立自在的绝对观念），有根本上的不同，不能用后者来代替前者。”[②]从中我们可以归结出吕荧对美的理解：美是一种观念，它存在于人的主观之中，但它不是孤立的绝对观念，而是对第一性，即客观的反映，是受客观制约的观念，因此，它是主客观统一体。吕荧的美学观念是在与其他学者的争鸣中展示出来的。相对说来，以他的观点批驳蔡仪的美学思想会较为有力，但用于批驳朱光潜的观点，则显得无力得多，因为他的观点与朱光潜的观点之间存在一定的相似性。主观派的另一位代表高尔泰认为：“有没有客观的美呢？我的回答是否定的：客观的美并不存在。”[③]“不被感受的美，就不成其为美。”[④]从对主观性的坚持来看，高尔泰的观点要比吕荧的更加彻底。在他那里，将美与客观性的任何一种联系都是错误的，无论是美的规律，还是美的范畴，都需要在人的主观那里去寻找答案。

客观派以蔡仪为代表。蔡仪的美学观念早在新中国成立前就已经形成，他的《新美学》出版于 1948 年。在这本书里，他明确提出：“我认为美在于客观的现实事物，现实事物的美是美感的根源，也是艺术美的根源，因此，正确的美学的途径是由现实事物去考察美，去把握美的本质。”[⑤]蔡仪的美学观，其最大特点在于他将美赋予客观的物，他要寻找的是典型的物，也即典型的美。在美学大讨论中，他坚持自己的这一立场，与其他学者，如朱光潜、吕荧、黄药眠、李泽厚等人展开对话和争鸣，而其他学者也主要是围绕着他的美的典型说、强调美的客观性等内在理路的短板来展开批驳。主客观统一派的代表人物是朱光潜，朱光潜经历了自身的思想转变。在新中国成立之前，他的美学观念主要是一种主观主义美学，包括形相的直觉、移情、心理距离等。新中国成立后，他接受了马克思主义的积极影响，提出美是主客观的统一。他说：“美感的对象不是自然物而是作为物的形象的社会的物”，“美感在反映外物界的过程中，主观条件却起

---

① 吕荧：《美学问题》，载吕荧：《美学书怀》，作家出版社 1959 年版，第 5 页。
② 吕荧：《美是什么》，载《美学书怀》，第 41 页。
③ 高尔泰：《论美》，载文艺报编辑部：《美学问题讨论集》第二集，作家出版社 1957 年版，第 132 页。
④ 同③，第 144 页。
⑤ 蔡仪：《新美学》，群益出版社 1948 年版，第 17 页。

很大的甚至是决定性的作用，它是主观与客观的统一，自然性与社会性的统一”。[①] 相对于新中国成立前的主观唯心论美学观，朱光潜的转变在于，他开始强调美的社会性和客观属性，而不是像在《文艺心理学》中，在主客观统一的随后分析中，将美归结为一种纯粹主观的东西。李泽厚是客观性与社会性的统一派的代表，他的这一观点是在批驳朱光潜、蔡仪等人基础上确立起来的。他认为朱光潜、黄药眠否认了美存在的客观性，蔡仪则否定了美存在的社会性。这不是非此即彼的问题，美实际上是客观性与社会性的统一："美一方面既不能脱离人类社会，另一方面却又是能独立于人类主观意识之外的客观存在。"[②]美是一种社会现象，因此具有社会性，同时它又具有客观性，这种客观性的意思是指，美存在于现实生活之中，是生活中"包含着社会发展的本质、规律和理想而用感官可以直接感知的具体的社会形象和自然形象"[③]。与李泽厚观点相近的，还有洪毅然等。

第二，关于自然美的问题。这个问题承接着上一问题的讨论，美在物还是美在心，都需要解释如何看待自然美的问题。相应地，各派对自然美的解释，也都是依据各自的哲学、美学立场。主观派的高尔泰认为，自然无所谓美丑，它只是物的属性，美在人心，是人将自身的美感赋予到物的身上，于是产生了美。客观派的蔡仪认为，美是个别显现一般的典型，因此自然美也是个别自然物显现一般的典型。山峰之美、树木之美、人体之美，都是在其个别中显示出一般。由于自然物有差别，因此自然美可分为单象美、个体美和综合美。主客观统一派的朱光潜认为，自然美和艺术美一样，都是主观和客观辩证统一的产品。仅凭自然是无法产生美的，必须要有人的意识的参与。因此自然美具有社会性、阶级性和意识形态性。客观性和社会性统一派的李泽厚认为，自然具有社会性，这种社会性指的是人类出现以后，人类与自然之间形成的客观社会关系。人类与自然的关系有多复杂，自然的社会性就有多复杂。因此对自然美的心领神会也是复杂多样的。

第三，关于美学的研究对象问题。美学的研究对象是艺术，还是广义的美，自学科诞生时起就有争议。鲍姆加登（亦译鲍姆嘉通）在《美学》一书里给美学

---

① 朱光潜：《美学怎样才能既是唯物的又是辩证的》，载《美学问题讨论集》第二集，第21页。
② 李泽厚：《美的客观性和社会性》，载《美学问题讨论集》第二集，第31页。
③ 同②，第40页。

开列了一大批研究对象，而黑格尔在《美学》一书开篇即言，美学主要研究对象是艺术，美学是艺术哲学。在美学大讨论中，关于美学的研究对象，国内学者也有不同声音。一种声音是认为美学是研究美的学科，这一看法以洪毅然等为代表。洪毅然认为，美学不能只是研究艺术，这是一种过时的观点。他不反对美学研究艺术，但不能以其为中心，这样会混淆艺术学和美学两个学科[①]。另一种声音认为美学研究对象是艺术，美学是关于艺术的哲学。朱光潜在《美学研究些什么？怎样研究美学?》中明确指出，美学的研究对象是艺术。他补充道，这一观点并不是在美学与艺术理论之间划等号，只是强调艺术是艺术方式把握世界的最高形式，是认识现实生活中存在的美的前提。美学是一切艺术理论的基础。马奇虽然不同意朱光潜的一些观点，但他也认为，美学就是艺术观，即研究艺术的一般理论。从美学史发展来看，绝大多数美学家都以艺术为研究对象。

第四，关于形象思维的问题。有关这一问题的讨论是在美学大讨论后期出现的，它的背后是对艺术特质的辨识。“形象思维”不是一个新话题，早在 20 世纪 30 年代，中国学者就从别林斯基、普列汉诺夫那里注意到了这个概念。在新中国成立前，蔡仪、胡风等人都对此有过论述。在美学大讨论中，对形象思维的讨论集中在它是否存在的问题上。一种观点认为存在形象思维。霍松林就认为，形象思维与逻辑思维有共同性，即作为思维，它们都依附于存在，而形象思维与逻辑思维一样，也能揭示生活的规律与本质。在霍松林看来，形象思维是一种创造性思维，它的特殊性与艺术的特殊性相关联[②]。陈涌认为，形象思维是艺术的思维特点，但不能把形象思维和逻辑思维对立起来，对于一个艺术家来说，两种思维可以互相启发[③]。李泽厚《试论形象思维》的开篇，就明确指出：“第一个问题，有没有形象思维，答曰：‘有’。”[④]在他看来，无论是形象思维，还是逻辑思维，作为一种思维，都是对认识的深化，是人的认识的理性阶段。形象思维的过程，也是由现象到本质，由感性到理性。另一种观点则否认形象思维的存在。毛星在其《论所谓形象思维》一文中指出：“许多人认为有一种和一般思维完全不同的为作家和艺术家所运用的形象思维。因此不但文学艺术特殊，连作

---

① 洪毅然：《发展密切联系人民生活的美学》，载新建设编辑部：《美学问题讨论集》第六集。

② 参见霍松林：《试论形象思维》，载复旦大学中文系文艺理论组编：《形象思维问题参考资料》第一辑，上海文艺出版社 1978 年版。

③ 参见陈涌：《关于文学艺术特质的一些问题》，载《形象思维问题参考资料》第一辑。

④ 李泽厚：《试论形象思维》，载《形象思维问题参考资料》第一辑，第 152 页。

家艺术家的思维也是十分特殊的了。我认为这种说法是不正确的，至少，形象思维这个词是不科学的。”[①]在他看来，思维的特性和规律只有一个，但思维的内容可以多样化。文艺的特性，并不是表现在思维方式的特殊性，而是表现在思维内容的特殊性上。郑季翘在“文革”前夕写作了《文艺领域里必须坚持马克思主义的认识论——对形象思维论的批判》一文，在文中，他指出形象思维是不存在的。在他看来，“要思维，要发现事物的本质，就必须运用抽象的方法。没有抽象就根本不可能有思维”。[②] 郑季翘的文章中用语严厉，将倡导形象思维论定性为反马克思主义和反毛泽东思想。这种风格与当时严峻的政治环境形成呼应。很快，“文化大革命”开始了。学术争鸣戛然而止。

可以说，美学大讨论，从理论层面来看，是马克思主义基本原理与美学学科实践的结合；从政治层面来看，是国家意识形态统一和思想整合的一种方式；从美学研究者角度来看，也是他们思想改造，主动向马克思主义靠拢，进行批评与自我批评的试验场。除以上所论及的问题外，美学大讨论中还讨论了美的性质、美感的性质、美与美感的关系、美与社会实践等问题，所有这些问题在新时期之后都再度重提，为新时期“美学热”的出现埋下了伏笔。

由于受到“左”倾极权主义的干扰，“文革”十年左右的时间里，文艺与美学的发展并不正常，作品数量少，艺术水准总体不高。每每说到这一时段，人们想起的总是八个“样板戏”，可以看出当时艺术创作方面的问题所在。为了批判的需要，当时还成立了一些写作组，用统一的笔名发表，如文化组创作领导小组办公室的“初澜”“江天”、上海市委写作组的“丁学雷”等。同样为了批判的需要，当时还创作了一些话剧、电影等艺术作品，如话剧《千秋业》、电影《春苗》等，创办了一些新的文艺刊物，如《朝霞》。“文革”后期，民心所向，国家层面也曾试图扭转或调整政治权力对于文艺的一些不正常干扰与破坏，一些刊物开始复刊，如《中国摄影》《人民文学》等。一些“文革”前拍摄的电影得到了重新放映，一些作品被重新改写，前者如《英雄儿女》《打击侵略者》等，后者如《南征北战》《年轻的一代》等的重拍、李心田《闪闪的红星》的改写等。虽然有“左”倾政治的强力施压，但当时还是产生了一些新的作品或理论文章，只不过它们一出现，就往往

---

① 《形象思维问题参考资料》第一辑，第 187 页。

② 郑季翘：《文艺领域里必须坚持马克思主义的认识论——对形象思维论的批判》，载《形象思维问题参考资料》第一辑，第 222 页。

成为批判的靶子，如电影《海霞》《创业》，高玉宝的文艺评论《文艺创作不能凭空编造假人假事》等。同时也开展了一些美术活动，如 1973 年举办有全国连环画、中国画展览以及户县农民画展等。总体而言，由于当时的思想局限和政治束缚，艺术作品和文艺批评质量总体不高。无论是批判的一方，还是被批判的一方，他们的思维逻辑、话语表述体系都带有当时的历史局限。

新中国成立之初到“文化大革命”结束，美学和艺术的发展与新成立的国家一样，经历了风风雨雨，取得了非凡的成绩，也遭遇到了重重挫折和危机。但美学在五六十年代大讨论中迸发的勃勃生机，给知识界留下了美好记忆。新时期伊始，美学和艺术成为了新的历史阶段的“报春花”，再次引领了时代风潮。

第一章

新中国成立之初政治文化与哲学语境

新中国成立伊始，百废待兴。处于这样一个时代的开端，新生的共和国面临诸多困难：被战争严重破坏的经济、仍在持续的或明或暗的军事斗争、国内外敌对势力的封锁与破坏，等等。现实的困难越多，越需要为新中国建设创造有利的思想条件。为此，党和政府大力推动了文化知识界的思想改造，文艺领域也屡屡成为思想斗争的前哨阵地，引发了数次大规模文艺批判运动。新中国的美学研究就是在这样的环境中逐步展开的，"美学大讨论"就是在这样的环境中出现的，它实际上也是新中国整体意识形态建构的一个部分。因此，必须将它与新中国成立前后的政治背景、文艺实践和思想语境等联系起来考察，才能理解何以在那样严峻的政治气候中，会产生一场持续多年、且保持了可贵的学术品质的"美学大讨论"。

第一节　新中国成立初期的政治语境

总体上说，新中国成立初期的政治工作是围绕新政权的建立和巩固而展开的。在国际上，通过与苏联建立友好关系、“抗美援朝”和一系列外交努力，中国的国际威望和影响都进一步提升了。在国内，通过持续采取军事行动和政治措施，基本结束了社会和政体的分裂局面，使国家重新统一起来，并确立和巩固了人民民主专政的国家体制。通过土地改革、三大改造、农业合作化等政治经济措施，完成了生产关系和所有制的彻底改造，奠定和巩固了新政权的经济基础。这些措施和第一个五年计划的实施，对国民经济的恢复和发展起到了极大的促进作用，当然，之后的“大跃进”等“左”的冒进举措又导致了经济的严重失调。而且，通过“三反”“五反”“镇反”“肃反”，以及思想改造、“反右”等政治运动，中国共产党对全社会的思想整顿不断加强。

在这样的政治气候中，中国共产党和政府对文化建设和文艺工作给予了高度重视，力图使文艺为政治形势服务，帮助塑造牢固而统一的意识形态。就思想渊源而言，这样的重视和考虑当然与马克思主义对文艺的意识形态性的基本认识有关。这一基本认识在《在延安文艺座谈会上的讲话》中被明确为文艺是“团结人民、教育人民、打击敌人、消灭敌人的有力的武器”的著名论断，并成为毛泽东文艺思想的基本观点之一，它对新中国文艺实践的指导意义不言而喻。除此之外，这样的重视还有更为重要的现实根由。在政治、军事上取得了决定性的胜利之后，党和政府在思想文化领域面临的问题仍然十分复杂。这一方面固然是因为我们还必须与国内外的敌对势力在思想文化领域进行复杂的意识形态斗争，另一方面也是因为社会成员的思想状况同样十分复杂。新中国的成立让“翻身做了主人”的广大工农兵迸发出巨大的革命热情，但他们普遍知识文化水平低下，阶级意识、政治觉悟也因之受到限制，还不能完全满足新中国建设的需要。同时，中小资产阶级和知识分子因为其知识文化方面的优势，成为新中国经济建设和文化建设上重要的依靠力量，但在思想上（特别是政治意识上）存在复杂性和动摇性：他们虽然大多具有爱国主义精神，拥护共产党和新政权，同情社会主义，但也深受西方民主主义和自由主义思想影响，存在崇美、亲美和恐美等情绪。特别是当国际、国内形势出现变化时，他们往往会表现出较大的思想波动。

为应对这种复杂状况，党和政府将文艺实践当作解决思想文化领域问题的重要手段，故而才如此高度重视文化建设和文艺工作。例如，对于人民群众而言，文艺是团结和教育他们的手段，是培养他们的阶级意识和政治觉悟的途径，因而群众文艺活动得到大力扶持，为群众喜闻乐见的戏曲极受重视，戏曲改革极受重视。但对出身资产阶级或地主阶级的知识分子而言，文艺就不仅发挥团结和教育功能，许多时候还是用于改造和打击的思想武器。因此，如何写知识分子就变成了当时文艺创作的重要问题，需要有关领导作指示才能明确的重要问题。与此同时，由于本身就是思想文化领域的重要组成部分，文艺领域当然也具有上述的复杂性，并常常被这种高度的政治关注所放大，像当时的许多作品就被认为是不够革命的，甚至是反革命的，因而被禁或受到批判。这就使文艺领域既成为社会关注的焦点，也往往变成斗争的前沿和整风的重点。正如我们在历史上看到的，文艺事件不止一次成了政治运动的发起点。文艺领域因而既十分重要，又十分敏感，被频繁地“运动”起来。

处在这样一个历史时期中，美学研究自然深受影响。既然美学是对文艺的理论研究，那么，它当然属于文艺领域，因而政治界对文艺界采取的各种政策、措施当然会或直接或间接地作用于美学界，使美学的理论思考和言说深受现实政治的羁绊，自觉或不自觉地参与到主流意识形态的建构当中去。可以说，由于这些政策和措施的作用，新中国的美学与政治运动、文艺运动密切联系在了一起，它们的综合作用引发了“美学大讨论”，也制约了“美学大讨论”。这种综合作用主要体现在如下几个方面：

一、 文艺组织体制化的作用

将文艺工作纳入事业体制的步骤从新中国成立前夕的“第一次文代会”就开始了，并在很短时间内迅速完成。新中国成立前，文艺界的组织、机构还有相当一部分是民间性的同人组织。第一次文代会后，文艺组织的性质迅速改变。在第一次文代会上，周恩来的报告曾着重阐述“组织问题”：“因为这次文代大会代表大家都感到要成立组织，也的确需要解决这个问题。不仅我们要成立一个中华全国文学艺术界的联合会，而且我们要像总工会的样子，下面要有各种产业工会，要分部门成立文学、戏剧、电影、音乐、美术、舞蹈等协会。因为只有这样，我们才便于进行工作，便于训练人材，便于推广，便于改造。这一点是大家所赞同的，现在就需要开始，因为我们不可能常开这样的大会。希望在会中或会后，就把各部门的组织成立。这是群众团体方面。……同时，人民政治协商会议将要产生全国性的民主联合政府，而在这个政府机构之中，也要有文艺部门的组织。"[①]于是，会议的最后一天，"中华全国文学艺术界联合会"这一全国性的文艺组织就宣告成立了。郭沫若在《大会结束报告》中将这作为本次大会的一大收获，并预言了今后的文学艺术工作的效果，那就是"工作纲领将更加集中，工作内容将更加丰富，工作步骤将更加整齐了"[②]。随后不久，另一个重要的文学组织"中华全国文学工作者协会"宣告成立，接着中华全国戏剧工作者协会、诗歌工作者联谊会等也宣告成立。然后是戏曲、电影、音乐、舞蹈、美术等各类相关的全国性文艺协会的成立。这些重要的文艺组织的负责人由中共中央宣传部甚至是毛泽东直接领导。从全国"文代会"闭幕到这年年底，各省、市成立了 40 个地方文联或文联的筹备机构，出版了 40 种文艺刊物。[③] 这样，一个自上而下的、有行政色彩的文艺组织网络很快覆盖全国。

这种文艺组织的体制化、机关化，使新中国的文艺实践迅速成为党领导下的文艺事业，使文艺界人士逐渐成为受体制制约的工作人员，使文艺话语、包括文艺批评和美学话语日益成为适应体制需要的话语，其整合作用是十分强大的。就像我们后来看到的，"美学大讨论"期间尽管出现了不同的派别，但他们的观点、方法和言说方式都力求依循当时马克思主义哲学认识论的主流见解，因而实质上只存在一种美学——马克思主义的美学。

作为这种文艺体制建构的重要方面，一套便于行政监管的文艺报刊管理体制也随之建立。新中国成立之前的文艺期刊多为同人刊物，新中国成立后，这种办刊宗旨失去生存土壤，文艺期刊出版逐步被纳入国家计划轨道和行政管理体制。《文艺报》的演变很能说明问题。《文艺报》原来只是为宣传、报道"第一

---

① 《中华全国文学艺术工作者代表大会纪念文集》，新华书店 1950 年版，第 32 页。
② 同①，第 117 页。
③ 田居俭主编：《中华人民共和国史编年(1949 年卷)》，当代中国出版社 2004 年版，第 837 页。

次文代会”大会筹备及进程而出版的周刊，但随着全国“文联”的成立，它转为全国“文联”的机关刊物。其他各大区、省、市、自治区的“文联”或相应文艺组织亦办起相应机关刊物。如此，形成了从“国家级”到“地方级”刊物的等级体系。1951年全国“文联”调整文艺刊物后，《文艺报》更是被赋予监管所有文艺刊物的任务，强化了与其他刊物的领导与被领导关系。后来，全国“文联”规定：“《文艺报》上重要的社论和文章，地方文艺刊物亦应及时予以转载和介绍。”[①]这进一步加强了它的权威性，使之不仅成为引领文艺批评、理论研讨的风向标，而且成为文艺政策的发布地（当然还有《人民日报》《光明日报》和《人民文学》等其他国家级刊物）之一。地方刊物则由此领会中央精神，并上行下效，制定、调整自己的办刊方向与内容。

这样的管理体制使文艺报刊（实际上是所有的报刊）处于党的统一领导之下，成为强大的宣传机器，在意识形态整合方面发挥了重大作用。新中国成立后，几次重要的文艺批判都是党的领导人通过权威性的报刊发起的，并通过其他各级报刊的响应迅速形成全国性的影响。“美学大讨论”也基本如此。美学之所以形成“大讨论”，形成新中国第一次美学研究的热潮，不能不说与这种管理体制，以及这种管理体制赋予《文艺报》等几家国家级报刊的地位有关。或者说，发起“美学讨论”，是《文艺报》当时必须完成的一项政治任务。

由于在批判《红楼梦研究》的运动中没有正确领会党的领导人的意图，冯雪峰被撤去《文艺报》主编职务，《文艺报》被迫整顿。与之相先后，“批判资产阶级唯心主义”运动轰轰烈烈展开，作为文艺界风向标的《文艺报》被要求配合运动形势，找到文艺界内的资产阶级唯心主义代表人物展开批判。这才有了《文艺报》组织的朱光潜的自我批判和对朱光潜的批判。而由于《文艺报》的巨大影响力，以及《人民日报》《新建设》等重要报刊的响应，这次自我批判与相互批判才迅速演变成影响广泛的“美学大讨论”。在新中国成立以来文艺思想（包括美学）的变化、发展过程中，这一整套的体制性因素发挥着基础性的作用，不容忽视。

---

① 《全国文联为加强文艺干部对〈文艺报〉的学习给各地文联和各协会的通知》，《文艺报》1952年第1期。

二、思想改造等政治运动的锻炼

新中国成立后的十余年是一个政治运动非常频繁的时期。这其中，思想改造运动(1951—1952)是专门针对知识分子的。但是在此之前，有以历史唯物主义教育为主题的思想教育活动，在此之后，有对俞平伯的批判、对胡适的批判、对资产阶级唯心主义的批判、“反右”运动等，思想整风、改造的意图也在这些运动中贯穿着。在这些运动中，知识分子也是主要的运动对象，而文艺界又往往处在这些运动的前沿，因此可以说，文艺界知识分子(当然包括美学家)经受了包括思想改造运动在内的一系列政治运动的锻炼和改造。

这一系列思想整风、改造运动的根本目的，就是要让马列主义、毛泽东思想真正成为全中国的指导思想。从第一次文代会开始，在全国文艺界确立毛泽东文艺思想(主要是《在延安文艺座谈会上的讲话》精神)的领导地位的工作就已经启动。周恩来、郭沫若和周扬的报告都一再强调这一点。周扬说得最是不容商量：“毛主席的《在延安文艺座谈会上的讲话》规定了新中国的文艺的方向，解放区文艺工作者自觉地坚决地实践了这个方向，并以自己的全部经验证明了这个方向的完全正确，深信除此之外再没有第二个方向了，如果有，那就是错误的方向。”①

此后，在各地创办的各种短期的政治大学或训练班中，毛泽东思想的学习也是重点之一。1950 年，陆定一这样描述当时的知识分子政治教育状况：“在各地创办各种短期的政治大学或训练班……一九四九年中，有二十余万人参加了这类学校……各种工作干部，教授与教师，艺术家与科学家，特别是知识青年，都把政治学习看作是他们日常生活中不可缺少的一部分。他们一般学习的项目，是社会发展史、政治经济学与马恩列斯的主要著作以及毛泽东同志的著作……”②

虽然经过多次学习，但文艺界的状况还不能令党满意：一些作品还不能满足党的要求(像小说《我们夫妇之间》、电影《武训传》受到批判)，理论认识上还

---

①《中华全国文学艺术工作者代表大会纪念文集》，第 70 页。

② 陆定一：《新中国的教育与文化》，《人民日报》1950 年 4 月 19 日。

存在相当程度的混乱（如1950年对阿垅的系列文章的批评）。因此，思想改造运动开始后，1951年11月24日，胡乔木在北京文艺界整风学习动员大会上作了题为《文艺工作者为什么要改造思想》的报告。报告就指出："虽然一九四九年七月全国文学艺术工作者代表大会就已经宣布了接受毛泽东同志在一九四二年延安文艺座谈会上所指示的方向，但是这并不是说，不经过像一九四二年前后在解放区文艺界进行过的那样具体的深刻的思想斗争，这个方向就真的会被全国文学艺术工作者所自然而然地毫无异义地接受。"因此，必须"按照毛泽东同志的指示，认真进行思想改造的学习"。[①] 按照这一要求，文艺界的许多思想检讨文章纷纷表达了对毛泽东文艺思想的衷心拥护，如《人民日报》发表蔡楚生的《改造思想，为贯彻毛主席文艺路线而斗争》，《解放日报》发表于伶的《检查错误，改造思想，为毛主席文艺方向在电影艺术中的彻底胜利而奋斗》、叶以群的《坚决地改正错误，改进工作，执行毛主席的文艺路线》，《大公报》发表熊佛西的《纠正错误，坚决贯彻毛主席的文艺方针》等。[②] 通过思想改造运动，毛泽东文艺思想的指导地位进一步落实。

朱光潜是接受思想教育而成功转变的典型。新中国成立后，他率先在《人民日报》上发表了《自我检讨》。文中，他一面总结自己的"基本的毛病"，一面说明自己的学习和转变："开始读到一些共产党的书籍，像共产党宣言、联共党史、毛泽东选集以及关于唯物论辩证法的著作之类。在这方面我还是一个初级小学生，不敢说有完全正确的了解，但在大纲要旨上我已经抓住了共产主义所根据的哲学，苏联革命奋斗的经过，以及毛主席的新民主主义的理论和政策。我认为共产党所走的是世界在理论上所应走而在事实上所必走的一条大路。"[③]这段话表明，通过学习，朱光潜不但政治觉悟有了提升，而且已经开始形成理论自觉。

思想改造中，朱光潜这样说土地改革对自己的思想触动："二十年来我的活动只限于学校的窄狭圈子，把自己养成一个井底蛙，这次亲眼看到了土地改革这个翻天覆地的大变革，算是从井底跳出，看了一次大世面。"[④]在《人民日报》发

---

① 胡乔木：《文艺工作者为什么要改造思想》，《文艺报》1951年第5卷第4期，第7—8页。
② 参见笑蜀：《知识分子思想改造运动说微》，《文史精华》2002年第8期，第39—40页。
③ 朱光潜：《自我检讨》，《人民日报》1949年11月27日。
④ 朱光潜：《从参观西北土地改革认识新中国的伟大》，《人民日报》1951年3月27日。

表《努力改造思想，做一个新中国的人民教师！最近学习中几点检讨》的检讨时，他更加彻底地否定了自己过去的自由主义立场。[①] 因此，朱光潜的思想改造得到了毛泽东的肯定。这期间，朱光潜不仅有检讨，他的思想转变效果还通过学术研究成果体现了出来。1951 年，他翻译的哈拉普的《艺术的社会根源》出版。同年，在《柏拉图〈文艺对话集〉引论》中，他借鉴哈拉普的方法，结合古希腊的政治经济环境和思想文化背景，提炼出哲学史上唯物主义与唯心主义的论争线索，在阐述柏拉图的文艺思想的同时批判了它的"反动方面"。朱光潜的思想转变表明：许多知识分子已经觉悟到自己需要改造，发自内心地渴望成为一个用马列主义思想武装头脑的"新人"。

与思想改造的运动要求相适应，不仅是朱光潜，其他美学家与文艺理论家在思想改造运动中也进行了更为深入的自我批判，发生了类似的学术转型。如宗白华就不再从事他所熟悉的中西美学和中西艺术的比较研究，而是按照马列主义观点来重新审视哲学史和思想史，将中西的哲学史进程都化约为唯物论与唯心论的斗争史。另一位美学家邓以蛰也做了类似的工作，他的长文《中国艺术的发展——从这个观察上体会毛主席的〈实践论〉的真理》，最后也要落脚到毛泽东思想来将中国艺术史的发展过程总结为"充满着矛盾与斗争"，是"唯物的"。[②]

思想改造运动中，还有过一次与美学研究密切相关的批判，那就是对文艺理论教学的批判。在新中国的文学教育课程中，文艺学极受重视。当时教育部的课程草案规定："文艺学不同于古典名著研究或外国文学史，它是一门有思想性、战斗性的课程，它的首要任务是教育同学们能够系统掌握毛主席的文艺思想。"[③]因此，不仅大学中文系开设文艺学课程，一些中专和中学也开设了这门课程。在思想改造的严峻运动形势中，《文艺报》专门组织了对文艺学教学的批判。一些美学家、文论家，如黄药眠、吕荧和林焕平等都成为重点批判对象。有的作了自我检讨，如黄药眠就说自己的教学"脱离实践""教条主义""自由主义"，甚至说自己的"艺术思想、态度和趣味基本上还是小资产阶级的，从而归根

---

① 参见第五章对朱光潜改造和反省的阐述。

② 邓以蛰：《中国艺术的发展——从这个观察上体会毛主席的〈实践论〉的真理》，载《邓以蛰全集》，安徽教育出版社 1998 年版，第 361 页。

③ 参见吕山查：《希望吕荧先生虚心检查自己的思想》，《文艺报》1952 年第 4 号，第 31 页。

结底说起来也就是属于资产阶级的思想范畴的”[①]，因而决心改正。但也有人对此抗拒，像吕荧就愤然出走，离开了山东大学到北京从事翻译工作。

总的来看，这次批判已经显露出“左”的思想倾向。如有人举报说，一次上课，吕荧在黑板上画了两道横线，上一条代表西洋古典作品，下一道代表人民文艺。而这不管代表“水平”或“艺术上达到的高度”，都是不对的。因此，“吕荧先生的文艺教学，肯定地说是没有给我们树立起一个正确的文艺方向的，相反地却给一部分同学树立了一个向古典文学投降的方向，这是存在于文艺学中的根本问题”。[②] 这种举证表明，这是为了批判而刻意罗织罪名。同时也可发现，当时一些人对马列主义以及马克思主义美学的认识还停留在相当机械与教条的水平上。

在这一系列的思想改造运动中，美学家们不仅要自我改造，而且要拿起理论武器改造别人。三大文艺批判运动中对俞平伯、胡适、胡风的批判，对资产阶级唯心主义的批判，和后来“美学大讨论”中的自我批判、相互批判，同样都有思想改造的意味（详见下文）。频繁的思想运动给知识界带来了巨大的精神压力。

给知识界、文艺界带来更大打击的是“反右”运动。“胡风案”后，知识分子的精神整体已处于极度压抑的状态，缺乏工作热情。为此，党和政府开始反思和调整处理、对待知识分子问题的方式。1957 年 2 月 27 日，毛泽东发表《关于正确处理人民内部矛盾的问题》的讲话，号召知识分子出来对党的工作提出批评，防止官僚主义。到了这一年的年中，知识分子的批评意见与党的初衷之间出现了偏移，政治风向迅速转变。1957 年 6 月 12 日党内印发毛泽东的文章《事情正在起变化》，反右运动开始。一批有影响的民主党派人士，如章伯钧、罗隆基、储安平等，以及许多文艺界人士如丁玲、冯雪峰、刘绍棠等都被划成“右派”。

其时“美学大讨论”正在进行，也受到一定波及。参与讨论的高尔泰、黄药眠二人被打成“右派”，但原因并不相同。高尔泰是因其“美在主观”的美学主张，而黄药眠则是因参与所谓“六教授聚会”事件。[③] 二人因此而失去继续在讨论中阐发自己美学见解的机会，不能不说是“大讨论”的遗憾。

---

① 黄药眠：《关于文艺学教学的初步检讨》，《文艺报》1952 年第 4 号，第 23—25 页。

② 杨建中：《对吕荧先生教学及其来信的意见》，《文艺报》1952 年第 4 号，第 31 页。

③ “六教授聚会”事件是指 1957 年 6 月 6 日民盟中的一些著名人士在全国政协俱乐部聚会，故亦称“666”事件，是“反右”运动中的一次重要事件。事件中的其他五位教授是：中央民族学院教授费孝通、清华大学教授钱伟长、北京大学教授曾昭抡、北京师范大学教授陶大镛和中国人民大学教授吴景超。

但思想上经历了上述的一再改造之后，美学家们的理论方向更加自觉地向官方认可的主流意识形态靠拢。

三、 文艺政策因素的推动

新中国成立后的十余年，整个文艺领域都受到新政权的有力管控。文艺政策作为政权意志在文艺领域的直接表达，对文艺创作和理论探索都产生了重大影响。处在新政权刚刚成立、正在逐步巩固的那样一个特定的历史时期，文艺政策也经历了一个由产生、发展到波动的过程，由此产生了形态多样的文艺政策文本。其中既有权威的政府部门制订、发布的政策文件，也有国家领导人、各相关部门重要负责人的著述、讲话、指示和批示等。居于这个文本系统核心的是毛泽东的文艺思想，并由此生发、缠附了其他重要人物的见解、主张，以及相应的重要的政府部门文件。而这其中的许多人又具有政治家、领导人、思想家、学者，甚至文艺创作的实践者或鉴赏者等多重身份，这就使得新中国成立后一段时期内的文艺政策受到他们现实的政治形势判断、理论认知、欣赏趣味等多方面因素的影响，从而出现转折、波动和反复。尽管如此，从这复杂的政策变动轨迹中，我们仍然可以把握住两个重大政策方针及其作用方向：那就是以"文艺为无产阶级政治服务""文艺为工农兵服务"方针所代表的突出政治服务功能的向度，和以"百花齐放，百家争鸣"方针所代表的承认艺术和学术规律的向度。新中国成立后十余年的其他文艺政策总体上在这两个向度或者说两个方针所指示的方向之间调整、震荡，文艺实践（当然也就包括文艺学、美学在内的理论探索）总体上也随着这些政策方针的调整、震荡而辗转行进。其中，必须承认，"文艺为无产阶级政治服务""文艺为工农兵服务"的方针发挥着根本性的指导作用，其他的文艺政策方针的作用都相对有限。[①] 尽管如此，当这一方针在实践中暴露出严重问题后，像"百花齐放，百家争鸣"方针这样的政策对文艺环境的良好调节作用就体现了出来。具体到"美学大讨论"来说，它的发生就是得益于

---

① 例如，《中国人民政治协商会议共同纲领》第四十五条就规定："提倡文学艺术为人民服务，启发人民的政治觉悟，鼓励人民的劳动热情。奖励优秀的文学艺术作品。"这里的"人民"内涵就远比"工农兵"有包容性。它为新中国成立之初学术思想活动的恢复、发展创造了一定条件。如 1950 年朱光潜与蔡仪、黄药眠在《文艺报》上就有一次小范围的美学争论。但是不久，随着"过渡时期总路线"的提出和毛泽东的思想变化，《共同纲领》的文化教育政策就失去了它应有的效力。

“百花齐放，百家争鸣”方针提出后形成的有益局面，但是它仍然不能脱离“文艺为无产阶级政治服务”“文艺为工农兵服务”方针的政治正确性要求。

“文艺为无产阶级政治服务”“文艺为工农兵服务”方针是在确立毛泽东文艺思想的领导地位过程中明确的，也是适应新中国成立之初的形势需要而确立的。这一方针在1942年“延安文艺座谈会讲话”时期就已提出。① 第一次文代会上，周恩来的报告、周扬的报告以及其他人的发言都从不同方面对“文艺为无产阶级政治服务”“文艺为工农兵服务”的问题进行了阐述。② 通过这次会议，毛泽东文艺思想和“文艺为无产阶级政治服务”“文艺为工农兵服务”方针在全国的指导地位基本得以确立。

在毛泽东文艺思想和这一方针的指引下，形成了一系列的文艺政策话语，以及落实这些文艺政策的措施。这其中有毛泽东新中国成立后的一系列著述、指示和讲话（可参见下文论三大文艺批判运动与“美学大讨论”的关联性部分），也包括拥护、阐发这些精神的有关领导的讲话、指示，以及有关部门的文件。基于为政治服务的目的，在功能上，这些思想和政策强化了文艺工作的任务性。如在“第二次文代会”上周恩来作的报告《为总路线而奋斗的文艺工作者的任务》、茅盾的讲话《新的现实和新的任务》，以及林默涵撰写的《人民日报》社论《继续为毛泽东所提出的文艺方向而斗争》、周扬在中国作协第二次理事会（扩大）上的报告《建设社会主义文学的任务》等。在性质上，这些思想和政策突出了文艺的思想性（或者说意识形态性）和革命化。如胡乔木《文艺工作者为什么要改造思想？》、周扬《整顿文艺思想，改进领导工作》、1954年12月8日周扬在中国文联主席团和中国作协主席团扩大会议上的讲话《我们必须战斗》、1954年第15号《文艺报》社论《加强学习，提高政治热情和道德修养》等。这些思想和政策大力推进了文艺的大众化（也包括民族化），如《中央人民政府政务院关于戏曲改革工作的指示》、周恩来《要做一个革命的文艺工作者》和《在音乐舞蹈座谈会上的讲话》等。

这些文艺政策适应了新中国成立之初的形势需要，取得了多方面成绩。通过这些政策的落实，党和政府“普及与提高”兼顾，大大提高了广大劳动人民的

① 《毛泽东选集》第三卷，人民出版社1991年版，第861页。
② 《中华全国文学艺术工作者代表大会纪念文集》。

文化水平和文艺水平(如识字运动)。这些政策明确了新中国的文艺发展方向，整体提升了文艺界的政治思想觉悟，对旧文艺改造提供了思想指引(如戏曲改革)。这些政策的落实，也促进了具有中国特色的文化管理机构的形成，其中的大部分机构及其运作方式，至今仍行之有效。

但是，以“文艺为无产阶级政治服务”“文艺为工农兵服务”方针为指导的相关文艺政策，由于其内在的激进逻辑，也在相当大的程度上局限、阻碍了文艺的发展。由于过度追求革命的彻底性，而使文艺实践运动化、斗争化；由于过分重视政治的纯洁性，而使文艺的主题模式化、文艺的创作方式教条化；由于片面强调文艺的服务作用，而使文艺的功能单一化、文艺的地位附庸化。文艺论争与文艺批评当然也受影响。例如，这一时期出现的文艺争论，如关于文艺作品可不可以以小资产阶级作为主角的讨论、关于文艺与政治的关系的讨论、关于塑造英雄人物问题的讨论、歌颂新生活新人物时可否批评人民内部矛盾的讨论，等等，就反映了政治指令的强力干预给文艺工作者带来的思想困扰。更为严重的是，一些文艺批评因此最后蜕变为政治批判(如新中国成立后的三大文艺批判运动)。特别是批判“胡风集团”运动之后，文艺界与学术界受到极大冲击。

正因为如此，党中央经过反思、总结，才明确了“百花齐放，百家争鸣”的方针。

这一方针的表述方式与内涵阐述经历了一个逐步明确和完善的过程。1951 年 4 月 3 日，毛泽东为中国戏曲研究院成立题词：“百花齐放，推陈出新。”5 月 5 日，周恩来签发《关于戏曲改革工作的指示》，指出戏曲工作“应以发扬人民新的爱国主义精神，鼓舞人民在革命斗争与生产劳动中的英雄主义为首要任务”，要继续发扬民族传统剧目中一切健康、进步、美丽的因素，鼓励各种戏曲形式的自由竞赛，促进戏曲艺术的“百花齐放”。同时，布置“改戏、改人、改制”的“三改”工作。[①] 1952 年 11 月，全国第一届戏曲观摩演出大会在京举行。周恩来在闭幕式上就戏曲改革发表了重要讲话，讲话对“百花齐放，推陈出新”方针作了进一步阐述，也对文艺的普及与提高、文艺的政治标准与艺术标准、文艺工作者的团结与改造等问题进行了专门论述。

1953 年，一些学者在中国古代奴隶社会何时向封建社会转变的历史分期问

① 文化部文学艺术研究院编：《周恩来论文艺》，人民文学出版社 1979 年版，第 27—30 页。

题上产生热烈争论。对此，毛泽东指示，要百家争鸣。[①] 1955年3月1日，中共中央发出《关于宣传唯物主义思想批判资产阶级唯心主义的指示》，强调"解决学术的争论，应当采取自由讨论的方法，反对采取行政命令的方法"[②]。批判"胡风集团"运动后的1956年1月，周恩来在以全面解决知识分子问题为主题的大型会议上作了《关于知识分子问题的报告》，明确知识分子中间的绝大部分已经是工人阶级的一部分。陆定一也发言指出，学术问题、艺术问题、技术问题，应该放手发动党内外知识分子进行讨论，放手让知识分子发表自己的意见，发挥个人的才能，采取自己的风格，应该容许不同学派的存在和新的学派的树立。[③]

经历了上述的酝酿、准备，1956年4月28日，毛泽东采纳中共中央政治局扩大会议讨论中的意见，明确提出"百花齐放，百家争鸣"的方针：

> 艺术问题上的百花齐放，学术问题上的百家争鸣，我看应该成为我们的方针。"百花齐放"是群众中间提出来的，不晓得是谁提出来的。人们要我题词，我就写了"百花齐放，推陈出新"。"百家争鸣"，这是两千年以前就有的事，春秋战国时代，百家争鸣。讲学术，这种学术也可以讲，那种学术也可以讲，不要拿一种学术压倒一切。你讲的如果是真理，信的人势必就会越来越多。[④]

5月2日，毛泽东在最高国务会议上正式宣布了这一方针。5月26日，陆定一向科学界和文艺界的代表人物又作了题为《百花齐放，百家争鸣》的报告，进一步阐释这一方针。[⑤]

"双百"方针贯彻不久即取得了初步成效。广大文艺工作者、科学工作者建设社会主义的积极性被调动起来，知识界迎来了生机盎然的"早春天气"。文学创作方面，初步打破了题材和主题的禁区，涌现了一批富于创新精神的作品。如被称为"一出戏救活了一个剧种"的昆曲《十五贯》进京上演，为贯彻"双百"方针树立了榜样。文学上也涌现了敢于反映现实，暴露生活中阴暗面的作品，如

---

①③ 参见龚育之：《陆定一与"双百"方针》，《纵横》2006年第6期。
② 《建国以来重要文献选编》第6册，中央文献出版社2011年版，第59页。
④ 《毛泽东文集》第七卷，人民出版社1999年版，第55页。
⑤ 《陆定一文集》，人民出版社1992年版，第527页。

刘宾雁的《在桥梁工地上》、王蒙的《组织部新来的青年人》等；曾被视为禁区的人性和人情也再次获得了表现，如宗璞的《红豆》、邓友梅的《在悬崖上》、陆文夫的《小巷深处》等。舞台表演方面，第一届全国话剧观摩会演共上演了 49 个不同题材、风格的话剧；第一届全国音乐周演出了我国古代和现代各个时期的音乐作品。会演期间，还就音乐创作和演出问题进行了自由讨论。

学术界独立思考、自由讨论的风气也浓厚起来。在遗传学、人口学、经济学、社会学、史学、哲学等方面都出现了热烈的学术争论。1956 年一年的学术著作出版数量超过了 1950 至 1955 年间的总和。特别是文学理论方面，秦兆阳的《现实主义——广阔的道路》、陈涌的《关于社会主义的现实主义》、周勃的《现实主义及其在社会主义时代的发展》等集中探讨了现实主义的有关问题，巴人的《论人情》、钱谷融的《论“文学是人学”》等对历来有争议的文艺与政治的关系、阶级性与人性、世界观与创作方法、歌颂与暴露、人物塑造、风格与表现手法多样化等问题进行了积极探索。

在文艺界、学术界愈来愈浓郁的“早春天气”中，为配合“百家争鸣”的形势，“美学大讨论”开始了。朱光潜在自传中回忆道，美学讨论开始前，周扬等主管意识形态工作的领导就向他打过招呼。有了这些高级领导的支持，朱光潜才在《文艺报》上发表了那篇著名的《我的文艺思想的反动性》。率先发表批判朱光潜文章的黄药眠也说，他的文章是为响应“百家争鸣”的号召而写的。因此可以说是“双百”方针为“美学大讨论”提供了政策支持和保障，营造了必要的社会和学术氛围。

但贯彻“双百”方针其实遇到了不小阻力。毛泽东就曾估算过：“地委书记、地区专员以上的干部一万多，其中是否有一千人是赞成百花齐放、百家争鸣的都很难说，其余十分之九还是不赞成的，这些都是高级干部呢！”[①]为此，在 1957 年 2 月的最高国务会议第十一次会议上，毛泽东作了《关于正确处理人民内部矛盾的问题》的讲话，再一次集中阐述了“百花齐放，百家争鸣”的方针，并提出了辨别“香花”和“毒草”的六条政治标准。1957 年 3 月，毛泽东在中国共产党全国宣传工作会议期间同文艺界部分代表进行了座谈，阐述对与“双百”方针有关的一些文艺问题的看法。

---

① 《毛泽东文集》第七卷，第 257 页。

在对“双百”方针强调、阐发的过程中，也形成了一系列重视学术规律和文艺特性的文艺政策话语。毛泽东在 8 月 24 日会见中国音乐协会负责人时，谈了艺术的民族化等多个问题：“艺术的基本原理有其共同性，但表现形式要多样化，要有民族形式和民族风格……一棵树的叶子，看上去大体是相同的，但仔细一看，每片叶子都不同……这是自然法则，也是马克思主义的法则。作曲、唱歌、舞蹈都应该这样”，以及“艺术有形式问题，有民族形式问题”“社会主义的内容，民族的形式，在政治方面是如此，在艺术方面也是如此”；还有艺术的“洋为中用，古为今用”问题：“应该学外国的近代的东西，学了以后去研究中国的东西”；艺术的多样性问题：“为群众所欢迎的标新立异，越多越好，不要雷同。雷同就成为八股……是不能持久的”，“还是要多样化好”；艺术的时代性问题：“吸收外国的东西，要把它改变，变成中国的。鲁迅的小说，既不同于外国的，也不同于中国古代的，它是中国现代的。”①这次讲话阐述的观点流传很广，对中国当代的文艺实践和理论研究产生了深远影响。

其中，周恩来的一些讲话，既有理论阐发，也有政策反省，非常值得重视。例如，1957 年 7 月 14 日，周恩来的《在中共中央宣传部、文化部、全国文联召集的文艺界人士座谈会上的讲话》，就指出应正确处理改革与“鸣放”、内行与外行、集体与个人、新生力量与创作、整风与自我批评等问题。② 这次讲话，虽然坚持要“坚决开展反右派斗争”，但也强调“百花齐放、推陈出新”的改革意义，强调对“内行”的尊重和对个人创作自由的包容等。

1959 年 5 月 3 日，周恩来又作了《关于文化艺术工作两条腿走路的问题》的讲话。他在这次讲话中一共讲了十点，其中的“既要有思想性，又要有艺术性”“既要浪漫主义，又要现实主义”“既要有基本训练，又要有文艺修养”“既要敢想、敢说、敢做，又要有科学的分析和根据”“既要有独特的风格，又要兼容并包（或叫丰富多彩）”等要点，③既是针对现实问题的解决方案，也包含了对相应的理论命题的阐发。而这次讲话的中心思想，即是要依据“对立统一”的思想原则，来消除“大跃进”等运动中的偏颇做法对文艺实践造成的伤害。周恩来本人非常重视这一讲话，后来在其他关于文艺工作的讲话中还多次强调。像 1961

---

① 《毛泽东文集》第七卷，第 76—83 页。
② 文化部文学艺术研究院编：《周恩来论文艺》，第 58—60 页。
③ 同②，第 69—72 页。

年6月19日的《在文艺工作座谈会和故事片创作会议上的讲话》就重提了这一讲话,并在这次讲话中,既强调了“为谁服务的问题”,也强调了“文艺规律问题”。1962年2月17日的《对在京的话剧、歌剧、儿童剧作家的讲话》又提到了“两条腿走路”的问题,并对文艺的“时代精神”“典型人物”“关于写人民内部矛盾”“生活真实、历史真实和艺术真实”等具体的文艺理论、美学问题进行了阐述。

1963年4月19日的《要做一个革命的文艺工作者》是又一个重要的讲话。在这次讲话中,周恩来提出了“对革命的文艺工作者的五项基本要求”,将“革命文艺路线”总结为四点:“(1)文艺工作的对象,是为工农兵服务。(2)文艺工作的目的,是为社会主义服务。(3)文艺工作的方针,是百花齐放、百家争鸣。(4)提倡革命的现实主义与革命的浪漫主义相结合的创作方法”①,并对“阶级性问题”“时代性问题”“民族化、大众化问题”“战斗性问题”等“文艺创作和表演”中的具体问题进行了阐述,提出了“今天的无产阶级的阶级性也可以说是今天的人民性”“不能认为传统的或外来的艺术形象都是纯技术性的”“典型同真实有区别”“艺术形式不能勉强移植”“民族化主要是形式,但也关系到内容”“民族化关系到大众化”“提倡战斗性,并不是取消多样性”等有益的理论命题。② 1963年8月16日,他又作了《在音乐舞蹈座谈会上的讲话》,将上一次讲话中的关于“文艺创作和表演”的具体问题概括为“阶级问题”“革命问题”“中外问题”和“古今问题”,又重新阐发了一遍,并提出把“百花齐放,推陈出新,百家争鸣,薄古厚今”四句话结合起来,作为对我国文艺方针的完整表述。③ 综观这些讲话,我们发现,周恩来总是在坚持政治正确性的同时,保持了对艺术规律的尊重,并针对当时的激进政治举措提出匡正、弥补的措施,这些讲话对保持、推进社会主义文艺的正常发展起到了积极的作用。正如他自己所说的:“我们要……为社会主义服务,为工农兵服务。执行百花齐放、百家争鸣的文艺政策。只有这样,才能真正出现文艺的繁荣局面,使社会主义祖国的文艺放出更多的光彩……”④

---

① 文化部文学艺术研究院编:《周恩来论文艺》,第165页。
② 同①,第166—172页。
③ 同①,第179页。
④ 同①,第174—175页。

但值得注意的是，这时毛泽东一方面提倡“双百”方针，另一方面阶级斗争的意识仍然在他的思想中占据突出位置。由于在世界观问题上，他始终坚持认为只有两家，就是无产阶级一家，资产阶级一家，故此，相对宽松的思想局面没有保持多久。随着“反右”斗争的扩大化和“大跃进”运动的开展，“双百”方针的贯彻遭到严重破坏。1958年11月，开始纠正“大跃进”中的某些错误后，“双百”方针的贯彻重现起色。在向国庆10周年献礼的活动中出现了一批优秀的中长篇小说、电影和戏剧，但很快又被“反右倾”运动和思想文化领域的批判运动扼制了。1961年经济工作实行“调整、巩固、充实、提高”的八字方针，知识分子政策和科学、文艺、教育等政策也相应调整，重申必须贯彻执行“双百”方针。但接踵而来的八届十中全会又强调阶级斗争，以至于提出“以阶级斗争为纲”，“双百”方针又被弃置。在这一重申、弃置，再重申、再弃置的不断反复的过程中，“美学大讨论”得以继续，并基本保持了论争的学术品格，成为新中国学术史上的一个独特案例。

第二节　新中国成立初期的文艺批判运动

中华人民共和国成立不久，连续爆发了三次大规模的文艺批判运动，分别是批判《武训传》运动（1951.3—1952.8）、批判《红楼梦研究》运动（1954.10—1955.3）和批判“胡风集团”运动（1955.1—1955.6）。这三次批判运动都将文艺批评上升为政治批判，形成声势浩大的运动态势，在对文艺界进行思想整顿的同时，也带来了巨大的精神打击。虽然这三大批判运动并非直接针对美学研究，但是，由于它们对文艺界知识分子的整体规训作用，以及由此形成的文艺再生产和理论再生产的前提条件，使得它们实际上都影响到了随后不久发生的“美学大讨论”。本节将从这三大文艺批判运动与美学讨论之间的内在关联角度来审视前者对后者的影响，解释新中国成立之初的文艺和美学活动的具体语境。

一、三大文艺批判运动所形成的社会思想氛围规定了“美学大讨论”的意识形态取向

经过这一系列批判运动，一种由最高领导人作出指示，党和政府相关部门组织发起，《人民日报》以社论来指导和引领运动方向，《文艺报》等大小报刊全力配合，最后形成席卷全国的政治运动的文艺批判运动的模式基本形成。在这些运动中，毛泽东不仅有指示，而且有文章。如批判《武训传》时，1951 年 5 月 20 日《人民日报》刊登著名社论《应当重视电影〈武训传〉的讨论》[①]就为毛泽东主笔。在批判《红楼梦研究》时，毛泽东写下了《关于〈红楼梦〉研究问题的信》。[②] 1955 年 6 月 12 日，人民出版社出版《关于胡风反革命集团的材料》一书。毛泽东为该书撰写《序言》[③]《按语》和《注文》。在这些批判运动中，党的相关机构发挥了巨大的推动作用。几乎每一次运动都是由中宣部、全国作协等传达指示，《人民日报》重要的社论被全国各大机关报刊迅速转载，从中央到地方的各级机关部门迅速行动起来，纷纷举行相应的批判座谈会，各类宣传机构和刊物更是连篇累牍地发表批判文章，或者相关人士的自我批判文章。据统计，批判《武训传》时，仅仅从 1951 年 5 月 20 日到 8 月底，全国各类主要报刊上个人署名的批判类文章就多达 800 余篇。[④] 而 1955 年底，作家出版社编辑出版的《红楼梦问题讨论集》就达四集，收录文章 129 篇，近 100 万字。批判胡风时，从 1955 年 1 月至 5 月 12 日，发表的批判文章的数量超过了 400 篇，同年由三联书店出版的《胡适思想批判》就达八辑。通过这些机构的运作，我们能够清楚地把握一次又一次运动从发动、推向高潮到结束的脉络。

文艺批判运动的效果也非常明显，那就是文艺的政治管理体制进一步加强。在批判《武训传》中，“中央人民政府文化部电影指导委员会”常委会组建，以加强对电影工作的思想指导。也是在此期间，全国文联对北京的文艺刊物进

---

① 社论《应当重视电影〈武训传〉的讨论》，《人民日报》1951 年 5 月 20 日。

② 毛泽东：《关于〈红楼梦〉研究问题的信（一九五四年十月十六日）》，《毛泽东文集》第六卷，人民出版社 1999 年版。

③ 《“关于胡风反革命集团的材料”的序言》，载“人民日报”编辑部：《关于胡风反革命集团的材料》，人民出版社 1955 年版。

④ 参见杨俊：《批判电影〈武训传〉运动研究》，复旦大学 2006 年博士学位论文，第 119 页。

行调整，并赋予了《文艺报》监管所有文艺报刊的使命。与此同时，电影、报刊、出版业都加快了国有化的步伐。在批判《红楼梦研究》中，《文艺报》又经历一次重大整顿。批判“胡风集团”，更是波及了全国各级文化机关内部。总之，这些运动强化了党和政府对媒体或文化机构的管理，使之成为国家机器密不可分的一个部分。

不仅如此，三大文艺批判运动也强化了对文艺界的理论改造。通过这样的反复运动与反复批判，固定的思维模式就形成了，它不仅改造了文艺界的整体思想，也改造了理论家们的理论。或者说，理论改造成了这种思想改造的具体体现。这种效果，在对胡适和胡风的批判中表现得尤为明显。

胡适批判的一个重点领域就是其文学思想。在此领域，何其芳、游国恩、罗根泽等人批判了胡适的文学思想、文学史观点以及对中国古典文学的考证。他们认为，胡适的文学思想是为资产阶级和帝国主义服务的自然主义和形式主义思想，是他的实用主义和庸俗进化论的哲学思想的亲骨肉。胡适的中国文学史观点也是自然主义唯心观点的反映。他只能看到历代文学的形式，看不到决定文学发展的社会动力。他的中国古典文学考证是污蔑歪曲事实的。由此，批判者们一致认定，胡适研究学术文艺的观点方法同样也是以实用主义为理论基础的。胡适妄想牵着中国人民的鼻子走向“充分世界化”“全盘西化”，也就是彻底殖民地化，实现为帝国主义服务的文化目的。其中，王元化更是由胡适的文学思想延伸到朱光潜等，对整个胡适派一并作了批判：“俞平伯所提倡的‘怨而不怒’，周作人所提倡的‘和平冲淡’，朱光潜所提倡的‘静穆’，以及他们反对‘愤激之情’反对‘金刚怒目’，难道不是胡适派资产阶级唯心论文学观点的真实表露么？既然他们否定文学服务基础、服务社会的积极作用，认为文学只是给人以‘快感’和‘美感’，那么也就不可避免的阉割了我们民族古典文学遗产中的人民性和现实主义成分。”[①]

在批判胡风文艺思想时，美学家们更是有了明确分工。[②] 如蔡仪主要是批

---

① 王元化：《胡适派文学思想批判》，《胡适思想批判》第三辑，生活·读书·新知三联书店1955年版，第202页。

② 当然也不是所有美学家都参与了对胡风的批判。在1955年5月25日中国文联主席团和作家协会主席团召开的联席扩大会议上，吕荧就试图替胡风辩护。而他也在《人民日报》《关于胡风反革命集团的第三批材料》的编者按中被点名定为“胡风分子”。此后吕荧被隔离审查一年多，在“美学大讨论”中复出，但“文革”开始后，又作为“胡风分子”被投进农场进行改造。

判胡风对社会主义现实主义问题的认识，黄药眠批判他的“主观战斗精神”，敏泽则负责“党性”问题，等等。但是，从批判分析角度和理论依据来看，他们的批判则大同小异，甚至基本上是对林默涵（也包括何其芳）的文章的论点和思路的重复。

首先，一致批判胡风的理论没有阶级立场。在1953年的文章中，林默涵就批判胡风理论的错误根源在于没有阶级立场，即“一贯采取了非阶级的观点来对待文艺问题”[①]。这是他分不清旧现实主义与社会主义现实主义的根源，也是他没有“党性”的根源，也是他在“民族形式”问题上出现认识错误的根源。运动中，蔡仪在批判胡风对社会主义现实主义问题的认识时，也是从阶级立场问题入手的，认为胡风否认现实主义的阶级性，否认阶级性差异会产生“各种不同的”唯物主义认识论，这就违反了“马克思主义的常识”。[②] 这也就证明了胡风是资产阶级观点和反马克思主义的观点。黄药眠在批判胡风的“主观战斗精神”时，很重要的一点也是说他未指明其阶级性。[③] 敏泽关于文艺“党性”问题对胡风的批判，第一点也是因为缺乏阶级性，所以无法区别新旧现实主义。[④] 这跟林默涵的论证思路几乎如出一辙。

其次，以马列主义经典作家的言论为依据，指出胡风思想对这些真理性认识的歪曲，将之贴上唯心论标签。林默涵的文章就是在每一个方面都援引马列主义领袖的论述，将之与胡风进行对比，论证胡风的认识错误。其他人的文章也基本如此。如在“社会主义现实主义”的问题上，胡风曾依据斯大林的一句话，把社会主义现实主义的“本质的意义”理解为“写真实”。而蔡仪在批判文章中还原了这句话的语境，指出斯大林这句话是针对一些“旧知识分子”说的，并另外引用斯大林语录，说明斯大林其实是强调作家应该学习马克思主义的。黄药眠则主要论证了胡风对毛泽东思想的歪曲。如在思想改造问题上，毛泽东倡导的是一种到工农兵群众中去，到斗争中去的思想改造，而胡风的“思想改造”不过是作家知识分子“不断的自我斗争，不断的自我扩张”，这自然也是错误的。胡风虽然引用了马克思、列宁、毛泽东的许多语录，但都只是扭曲它们，用来装

---

① 林默涵：《胡风的反马克思主义的文艺思想》，《文艺报》1953年第2号。
② 蔡仪：《批判胡风的资产阶级唯心论文艺思想》，《文艺报》1955年第5号。
③ 黄药眠：《论胡风的“主观战斗精神”》，《文艺报》1955年第6号。
④ 敏泽：《胡风怎样歪曲和取消文艺的党性原则》，《文艺报》1955年第5号。

饰、掩饰自己的唯心论的。故此,“读了‘胡风对文艺问题的意见’以后,我认为胡风的这些意见是直接和今天国家过渡时期总任务所规定的社会主义建设与社会主义改造的方针相对立的。他企图以个人主义的唯心论的文学观来代替马克思列宁主义的文学观。他抹杀马克思主义学习的重要意义,用诡辩的形式反对思想改造,甚至狂妄到要求党放弃领导,以资产阶级的反动的文学思想来作为当前文艺运动的准绳”[①]。

当然,批判运动中的文章还要上升到政治高度,论证《人民日报》社论和领导人讲话、指示中的结论的正确性。也正是在这里,我们不难发现问题,即批判运动中的文章与运动之前林默涵、何其芳的文章在论据、论证方式上并无本质区别,但是结论的性质完全不一样了。这只能说是政治权力话语直接干预才造成的结果。

批判角度有些不同的是朱光潜的文章。朱光潜采取的是一种类似“推己及人”(“拿胡风的镜子照一照我自己,也拿我自己的镜子照一照胡风”)的方式,从哲学基本问题“主观世界还是客观世界处在第一位的问题”谈起,由剖析自我到剖析对象,由自我批判到批判对象,层层推进,论证自身早期思想错误与胡风思想的一致性,最后总结道:“胡风的整个文艺思想只消用一个等式就可以包括无余了:创作过程=艺术实践=生活实践=自我扩展=思想斗争=思想改造=现实主义的最基本的精神。”[②]如此化繁为简,算是剥去了胡风的外衣,得出了胡风在文艺上所站的立场和自己过去相去不远的结论,呈现出不一样的说服力。朱光潜通过对胡风的批判,也展示了自己的文艺思想正在逐步向马克思主义美学思想靠拢的态势。

对比“美学大讨论”与三大文艺批判运动,不难发现一些差别。如“美学大讨论”没有得到最高指示,“美学大讨论”是相互批判而不是一边倒的批判等。但是,不可否认,“美学大讨论”的发起是有组织安排的因素在内的。特别是,大讨论中的美学话语与批判运动中的理论话语存在一致性,即它们都以马克思主义反映论为哲学根基,突出阶级立场;都力图证明对方的认识是唯心主义的,因而在政治上是错误的等。从这个意义上说,“美学大讨论”具有明显的意识形态

---

① 黄药眠:《论胡风的“主观战斗精神”》,《文艺报》1955年第6号。
② 朱光潜:《剥去胡风的伪装看他的主观唯心论的真面目》,《文艺报》1955年第9、10号。

倾向,而这一倾向又为三大批判形成的社会思想氛围所制约。

二、三大文艺批判运动暴露出来的问题产生了“美学大讨论”的需要

但是,三大文艺批判运动与“美学大讨论”的关联性并非仅仅体现在上述规定性、制约性上,它还体现为一种弥补、一种纠正。换言之,是三大文艺批判运动暴露出来的问题一定程度上产生了“美学大讨论”的需要。这种需要突出地表现在两个方面。

一是文艺界、知识界受到批判运动的严重压抑、打击,需要拨乱反正,恢复学术研究的自由。

新中国成立后的这三大文艺批判运动,每一次都是对文艺界乃至知识界的沉重打击,而且造成的恶劣影响马上就暴露出来。批判《武训传》运动之后,文艺界的创作积极性受到沉重打击。尽管运动很早就确定了“对事不对人”的原则,孙瑜、赵丹等主创人员因此并未丧失工作的权利和机会,后来还推出了《宋景诗》这样带有将功赎罪意味的作品(这与后来的胡风集团批判、反右运动以及“文化大革命”中文艺工作者和知识分子的悲惨际遇相比,还是要好很多),但是,当时铺天盖地的大批判的舆论形势,仍然对文艺工作者产生了巨大的压力,使他们不敢创作或不知如何创作。夏衍回忆:“《武训传》批判对电影界,对知识分子,影响还是很大的,1950 年、1951 年全国年产故事片二十五六部,1952 年骤减到两部。剧作者不敢写,厂长不敢下决心了,文化界形成了一种不求有功、但求无过的风气。当时就有人向我开玩笑,说拍片找麻烦,不拍保平安。”[①]

批判《红楼梦研究》运动也给知识分子带来了痛苦的思想折磨。尽管毛泽东指示只批判思想而团结本人,运动后仍给俞平伯保留了全国人大代表的资格,1957 年全国第一次评职称,他还被评为中国社会科学院文学研究所的一级研究员(文学所仅评三人,另两个是钱钟书和何其芳),但这场大批判仍使俞平伯身心俱疲,受到长期影响,直至晚年,都倦谈《红楼梦》。他的研究助手王佩璋也因此去职,遭遇很多磨难,早早离世。还有周汝昌、顾颉刚、文怀沙等亦受牵

---

① 夏衍:《〈武训传〉事件始末》,《战略与管理》1995 年第 4 期。

连，其中受影响最大的当属冯雪峰。他不仅被免去主编职务，而且从此以后，冯雪峰在历次运动中均受牵连和打击，直至“文革”末期，郁郁病逝。

一次又一次的批判运动加深了知识界整体的不安，就连一些文艺界、知识界的领袖也出现了思想顾虑，感慨思想转变的困难。批判中，郭沫若就感叹：“我感觉着我们许多上了年纪的人，脑子实在有问题。我们的大脑皮层，就像一个世界旅行家的手提箧一样，全面都巴满了各个码头上的旅馆商标。这样的人，那真可以说是一塌糊涂，很少有接受新鲜事物的余地了。”[①]茅盾的自我反思更显谦卑：“我觉得，我们学习马克思列宁主义没有学得好，就好像是在贴满了各种各样的旅馆标签的大脑皮层上又加贴了马克思列宁主义的若干标语；表面上看看，有点马克思列宁主义，但经不起考验；一朝考验，标语后面的那些乱七八糟的商标就会冒出头来；如果是从那些马克思列宁主义的标语的缝隙里钻了出来，那就叫作露了马脚，那倒是比较容易发现的；最危险的，是顶着马克思列宁主义的标语而冒出来，那就叫作挂羊头卖狗肉，自命为马克思主义者，足以欺世盗名！我想：我们一定要有勇气来反躬自省，从今后，一定要老老实实好好学习，一定要用马克思列宁主义这个思想武器来肃清我们大脑皮层上那些有毒素的旅馆商标，而不是在这些旅馆商标上加贴了马克思列宁主义的标语。我们必须改掉那种自欺欺人的作风，我们要反躬自省，老实学习，这才不辜负党中央对我们敲起警钟的苦口婆心！”[②]批判使知识分子在精神上的不断自我“矮”化，由此可见。

而批判“胡风集团”运动则是三次运动中对知识分子伤害最严重的。胡风对当时文艺状况的陈言，其性质本属文艺争鸣，却被定性为“反革命集团”。1955年5月16日晚，公安部拘捕胡风。18日，全国人民代表大会常委会批准逮捕胡风。1965年11月26日，北京市高级人民法院判处胡风14年有期徒刑，“文革”中又被加刑为无期徒刑。所谓的“反革命集团”三批材料公开后，全国掀起声讨胡风的浪潮，胡风的朋友、同人亦受株连。“胡风案件触及2100余人，逮捕92人，隔离审查62人，停职反省73人，正式定为胡风分子72人（其中共产党员32人），胡风骨干分子23人，到1958年给予停职、劳教、下放劳动处理的62人。”[③]运动之

① 郭沫若：《三点建议》，《文艺报》1954年第23、24号，第6页。
② 茅盾：《良好的开端》，《人民日报》1954年12月9日。
③ 黎辛：《关于“胡风反革命集团”案件》，《新文学史料》2001年第2期。

后，知识界整体陷入万马齐喑之境，弥漫着"避祸"的心态。

这样的局面严重阻碍了正在进行的社会主义改造和建设进程，因而才有了党对知识分子工作的反思以及政策调整，才会提出"双百方针"，给予知识分子一定程度的学术自由，才有了发起"美学大讨论"的需要。

二是文艺批判暴露出的问题需要美学给予理论解答。

三大文艺批判运动暴露文艺界对马克思主义文艺理论掌握不足的问题。如在批判《武训传》过程中，中央文学研究所[①]的《我们讨论了电影〈武训传〉》中就检讨道："对理论学习重视还不够，或者对理论还只限于教条的理解，不善于用马列主义理论来分析历史实际问题。"[②]此后，夏衍的检讨、周扬的总结都表达了类似的认识。如夏衍就说，在准备拍摄《武训传》时，"我们也没有严肃地、坚决地用马列主义和历史唯物论的观点来研究、认识与处理这个问题"。[③] 正是基于这样的认识，胡乔木才在《文艺工作者为什么要改造思想》中强调："充分地宣传马克思主义的文艺思想，批评反马克思主义的文艺思想，使大家彻底认识文学艺术事业是工人阶级阶级斗争事业的一个重要部分，它……必须在工人阶级领导下成为团结人民、教育人民、打击敌人、消灭敌人的强大武器。"[④]文艺整风运动开展后，《人民日报》在《继续为毛泽东同志所提出的文艺方向而斗争》的社论中也强调，为在批评工作中防止简单化的、骂倒一切的粗暴现象，"批评工作者不仅要有高度的马克思列宁主义的理论修养和各种政策知识，而且也要和作家一样去研究生活，了解生活，这样才能做到不是从概念出发来批评作品，而是从生活出发来批评作品"。[⑤] 但是由于巨大的意识形态压力的存在，大部分人的马克思主义文艺理论学习只停留在思想检讨的层次，真正学理性的研讨并未随即出现。

批判俞平伯时，虽然也有一些很见学术功底的文章，但更多公式化的批判，有的文章甚至捕风捉影，乱扣罪名。后来，陆定一在向知识分子宣布"双百"方

---

① "第一次文代会"结束后即成立了"中华全国文学艺术界联合会(简称'中国文联')"。成立伊始，它就将"创办文学院"列入1950年的工作计划，后由其下属的"中华全国文艺界协会"草拟《创办文学院建议书》上报文化部。1951年1月，"中央文学研究所"正式成立，丁玲任第一任所长。这个文学所，周扬用"教学机关""艺术创作与研究活动的中心"和"培养能忠实地执行毛主席文艺方针的青年文学的干部"来定性。或者说，它就是一所"文艺党校"。详见邢小群：《丁玲与文学研究所的兴衰》，山东画报出版社，2003年。

② 孟冰：《我们讨论了电影〈武训传〉》，《文艺报》1951年第4期。

③ 夏衍：《从〈武训传〉的批判检讨我在上海文化艺术界的工作》，《文艺报》1951年第4卷第10期。

④ 胡乔木：《文艺工作者为什么要改造思想》，《文艺报》1951年第5卷第4期。

⑤《继续为毛泽东同志所提出的文艺方向而斗争》，《人民日报》1952年5月23日。

针的报告时就反思道："当时确有一些批判俞平伯先生的文章写得好的，但是有一些文章则写得差一些，缺乏充分的说服力量，语调也过分激烈了一些，至于有人说他把古籍垄断起来，则是并无根据的说法。这种情况，我要在这里解释清楚。"[①]批判胡适时，情况亦是如此。多数文章也属于重复论证，鲜有独到之见，而且用语粗暴，观点片面。1955年5月16日，中共中央批转的中宣部《关于胡适思想批判运动的情况和今后工作的报告》中，就对批判中的缺点有所检讨："由于我们理论工作基础薄弱……在批判中进一步发挥马克思列宁主义理论观点的更少。……许多作者不善于从根本上抓住胡适思想的实质，不善于揭露胡适思想内部的自相矛盾和混乱，不善于揭露胡适骗人的手法，常常摘引胡适的几句话就大做文章，用驳斥胡适每一句话的方法来进行战斗，甚至还不符原意地加以引申，连同胡适用来伪装自己的、本意正确的话也加以否定。有的文章论证不多，说理不够，结论武断。"[②]

批判胡风文艺思想的情况，上文已有揭示。总体来看，这三大批判从对作品的批判到对文学批评的批判到对文艺思想的批判，是步步深入，但它们都暴露出了重复论证、文风简单粗暴的问题。这样问题的出现，除了批判导向本身的牵强之外，多数批判者本身理论素养不够，特别是对马克思列宁主义文艺思想掌握得不够，不能不说是造成批判缺乏质量的重要原因。因此，这些批判运动也就将如何运用马克思主义美学原则进行文艺批判的问题以非常尖锐的方式暴露了出来，需要从马克思主义美学理论的高度予以解答。就此而言，"美学大讨论"也可以说是适应新中国文艺研究的需要而产生的了。

第三节　新中国成立初期的哲学语境

新中国成立以后，为确立和巩固马列主义、毛泽东思想的领导地位，哲学问题受到了新中国政权高度的重视，这就形成了新中国成立后十余年特定的哲学

---

① 黎之：《回忆与思考——从"知识分子会议"到"宣传工作会议"》，《新文学史料》1994年第4期。

② 陈大白主编：《北京高等教育文献资料选编 1949—1976》，首都师范大学出版社2002年版，第244页。

语境。大体上说，这一哲学语境由新中国成立初期的历史唯物主义教育、50 年代中期的批判资产阶级唯心主义运动和后来的工农兵学哲学用哲学的马克思主义哲学大众化运动等几个方面构成。它们顺应特定的政治需要而起，在政治力量的推动下使社会各界均卷入其中，深刻影响了那个时代的人们的世界观、价值判断、思维方式和言说方式。“美学大讨论”发生在这一历史时期，当然也深受这一哲学语境的影响。实际上，“美学大讨论”的发生，就是当时批判资产阶级唯心主义哲学运动的需要，是文艺界响应党中央的指示，贯彻落实批判运动的重要举措。因此，阐明当时的哲学语境对“美学大讨论”的影响，对于把握“美学大讨论”的思想成因、存在形态，以及理论局限等都是十分必要的。

一、 中国哲学的马克思主义化推动了中国美学的马克思主义化

在新中国成立之前，中国的哲学领域是中国传统哲学思想、西方的现代哲学思想与马克思主义等多种哲学思想并存博弈的局面。甚至在知识分子群体中，中国传统哲学思想和西方的一些哲学思想的影响要远大于马克思主义哲学的影响，而对于广大的农民阶级和工人阶级而言，他们基本上是文盲，故而对马克思主义同样缺乏必要的了解。即使在党内，对马克思主义哲学的掌握程度也是有限的。直到 1955 年初，马克思列宁学院在一份哲学教学经验总结中，还这样介绍学员的情况和哲学水平：该院 500 多名学员，都是县团级乃至师级干部，95％的人最初的文化程度都在初中以上，绝大多数有 8 年以上党龄，长期做党的工作，经历过历次整风运动。这样的学员素质在当时已经属于非常难得了。但他们中“绝大多数的同学从来都是没有学过哲学，或至多只是零碎看过一点哲学书，只有极少数的人对马克思列宁主义哲学有若干基本的理解。因此，他们对于哲学就有着各种不正确的看法”①。新中国成立之初党内的马克思主义哲学水平可以想见。这样的情况已不符合新中国建设的需要。新中国成立后，为使新政权获得牢固的思想基础，在全国范围内传播和普及马克思主义哲学就成了当务之急。而新政权随之而来的一系列举措不仅使马克思主义哲学在中国的绝大部分疆域内被推广、普及，而且实质上使马克思主义哲学成了其中唯

① 《马克思列宁学院第二部哲学教学的经验》，《人民日报》1955 年 1 月 11 日。

一具有合法性的哲学，从而使中国哲学马克思主义化了。

历史唯物主义教育是新中国推广马克思主义哲学的发起点。在马克思主义传入中国之初，唯物史观就是中国先进知识分子认识和接受马克思主义的切入点。在新中国成立前夕一些新解放的城市进行马克思列宁主义、毛泽东思想教育时，同样是以社会发展史、历史唯物主义的学习为突破口的。基于这样的经验，历史唯物主义再次成为新的哲学学习教育运动的发起点。以唯物史观为马克思主义哲学学习运动的主要内容不仅是教育发起者的安排，也是学习者的内在需要。因而新中国成立之初的历史唯物主义教育在人民群众中，特别是广大青年学生中引起了热烈的反响，掀起了学习历史唯物主义的热潮。像艾思奇由讲座讲义整理而成的《历史唯物论、社会发展史》一书，1951 年由三联书店初版，1958 年 6 月第 13 次印刷时已近五十万册。新中国成立初期历史唯物主义的教育与学习状况，由此可见一斑。

通过这样的教育与学习，人们初步掌握了劳动创造人、人民是历史的创造者、阶级斗争是历史发展的动力、生产力决定生产关系、经济基础决定上层建筑等历史唯物主义的基本观点和原理，并且在教育学习过程中，注重将历史唯物主义基本原理与中国革命斗争、新中国的政权、阶级状况等现实内容相结合，这就确认了中国革命胜利的必然性和中国共产党领导的合法性，也在很大程度上解答了人们非常关心又时常被困惑的世界观、人生观问题，使他们更积极、更自觉地投身到新中国的建设中去。这样的历史唯物主义教育也极大地促进了知识分子的思想转变。历史唯物主义既是世界观也是方法论，通过学习，一些知识分子逐步学会运用历史唯物主义对自己的人生经历和主观世界进行剖析与反省，开始了自己的世界观的改造历程。朱光潜就是其中的代表。在这样的思想转变历程中，他们不仅逐渐形成了唯物主义的世界观，而且马克思主义也越来越成为他们解决学术问题的方法论武器。

而对各种非马克思主义的猛烈批判则确立了马克思主义哲学在中国的唯一合法性地位。哲学批判运动的重点是批判资产阶级唯心主义，而重中之重是批判胡适哲学。胡适成为最重要的批判目标，根本原因在于他对当时知识分子的巨大影响。像 1954 年底，周扬在《我们必须战斗》的发言中就说，要批判胡适思想，是因为“它在人民和知识分子的头脑中还占有很大的地盘。不能设想，不经过马克思主义在各个具体问题上的彻底批判，唯心论思想可以自然消灭。因此，全面地、彻底地揭露和批判胡适派资产阶级的唯心论，就是当前马克思主义十分重要的战斗的任务"[①]。在批判中，人们纷纷从辩证唯物主义的基本观点出发，从实在论、方法论、真理论、唯心史观、人生观、哲学史观等不同方面着手批判。不止于此，胡适哲学的主要思想来源——杜威的实用主义哲学，同样遭到集中批判。基本的批判方式也是将杜威哲学的方方面面与辩证唯物主义一一对照，进而得出杜威哲学从世界观到方法论无不荒谬的结论。如金岳霖就说："杜威的世界观是主观唯心论的、庸俗进化论的，认识论上反理性论的，行动上盲目主义的。这个世界观和我们马克思列宁主义者的世界观是根本对立的。"[②]锋芒所及，贝克莱主义、马赫主义等受到经典马克思主义作家批判的各种西方唯心论思想也被顺带提出，再作批判。这样，大张旗鼓的批判不仅向全国人民揭示了各种唯心主义的谬误与危害，也实际上确立了辩证唯物主义（马克思主义）的唯一正确性："辩证唯物主义的世界观、方法论、认识论，才能是唯一科学的世界观、方法论、认识论。"[③]

对非马克思主义的批判不止于对资产阶级唯心主义的批判，而且还包括对中国传统哲学的批判。在新中国成立最初几年的哲学语境中，人们曾经展开过关于老子哲学是否是唯物主义的、张载的哲学是否是唯物主义的一些讨论。认为老子、张载等的哲学是唯物主义的学者，主要是用辩证唯物主义（"物质第一性、精神第二性"）的基本观点来判断老子、张载哲学的性质。如任继愈、杨超等认为老子的"道"的概念既指物质实体又指宇宙规律，这就等于承认了"物质第一性"，因而是唯物主义的。他们还从苏联汉学理论中寻求支持。像杨超就援引苏联汉学家杨兴顺、A. A. 彼得洛夫的话来支持老子哲学是唯物主义的观点。[④] 而否认老子、张载等的哲学是唯物主义的学者，同样依据上述辩证唯物主义的基本原则来反驳。如胡瑞昌、胡瑞祥认为，老子的"道"是先于自然界、物质的东西，[⑤]这实际是承认了"精神第一性"，因而是唯心主义的。而邓冰夷则从人性论、认识论到本体论等诸多方面来批评张载颠倒了心物关系，不过是客观唯

① 周扬：《我们必须战斗》，《光明日报》1954年12月10日。
② 金岳霖：《批判实用主义者杜威的世界观》，《哲学研究》1955年第2期。
③ 孙定国：《胡适派哲学思想反动本质的批判——关于"真理论"与"实在论"的批判》，《哲学研究》1955年第11期。
④ 杨超：《老子哲学的唯物主义本质》，《哲学研究》1955年第4期。
⑤ 胡瑞昌、胡瑞祥：《老子的哲学是唯心论》，《哲学研究》1955年第4期。

心主义。[1] 其实，在这些论辩中，正方不过是以马克思主义的、主要是辩证唯物主义的观点来重新阐释中国哲学传统，而反方则运用辩证唯物主义的观点、立场，去分割、斫砍中国传统哲学，其结果都是马克思主义的胜利。而随着批判的观点占据主导地位，中国传统哲学的研究走向消沉。

与上述批判相关的，是对承继中国传统哲学思想学者的思想的批判。由于梁漱溟曾提出所谓"九天九地"之说对过渡时期总路线表示质疑，成为批判的主要目标，这一批判也最具代表性。众多名家学者参与了这一批判运动，批判内容也涵盖文化观、教育观、乡村建设的理论与实践，以及宗教观等各个方面。而哲学批判的重点则在于从哲学观的阶级性、世界观、认识论、历史观等方面，揭露和批判梁漱溟哲学思想的唯心主义本质，认为其哲学"乃是佛学和儒家陆王学派思想中带有神秘主义的主观唯心思想。崇尚'直觉'，宣扬'非象'，把宇宙看成'大意欲'的'生活相续'。主张什么'物我一体'，'人我一体'"，"这一套完整的反动思想，在旧社会是起过极大的欺骗作用的"。[2] 通过这样的批判，中国传统哲学思维方式被贴上各种唯心主义的标签而冻结。而上述一系列批判也使各种非马克思主义哲学在新中国的思想学术领域内失去了生存空间，马克思主义哲学成为具有唯一合法性的哲学。

马克思主义哲学的大众化构成了新中国成立初期哲学语境的又一重要向度。某种意义上说，新中国成立后包括历史唯物主义教育在内的思想教育活动，以及一些批判运动都具有马克思主义大众化的性质，但是马克思主义哲学大众化更重要的内容还在于对毛泽东思想这一中国式马克思主义哲学的阐释工作，以及历时八年(1958—1966)的工农兵学哲学用哲学运动。与马克思主义创始人以及一些国外经典马克思主义作家的著作相比，以《实践论》《矛盾论》为代表的毛泽东著作，是与中国革命经验结合更为紧密、更符合中国人表达习惯的哲学著作。对它的阐释与传播有利于毛泽东思想掌握新中国的意识形态领导权，也有助于用马克思主义哲学更快地武装广大人民群众的头脑。因此，艾思奇、李达等对毛泽东思想的阐释，以及媒体的大力宣传，很快在全国范围内掀起了学习马克思主义哲学的新高潮。而工农兵学哲学用哲学运动是前述哲学

---

① 邓冰夷：《"张横渠的哲学"一文读后感》，《哲学研究》1955年第3期。

②《思想学术动态・对梁漱溟的反动思想展开批判》，《哲学研究》1955年第3期。

运动的延续，而且在理论联系实际原则的指导下，它更是吸引了数以亿计的工农兵，塑造了整整一代人的精神面貌和思维方式，不仅影响了当时社会生活的方方面面，而且在后来的中国思想进程中也是余响不绝。可以说，它带来了一次空前的马克思主义哲学大解放和大普及，也造成了哲学认识的简单化、庸俗化与政治化，影响的优点、缺点都十分突出。

历史唯物主义教育、批判各种非马克思主义哲学和马克思主义哲学大众化构成新中国成立后十余年的哲学语境的主要内容。经过一系列的运动，历史唯物主义、辩证唯物主义的基本原理深入人心，新中国社会成员对马克思主义哲学的整体认识获得了质的提升，马克思主义哲学获得了唯一合法性的地位，因而可以说中国哲学马克思主义化了。而中国哲学的马克思主义化也推动了中国美学的马克思主义化。具体到“美学大讨论”来说，就是由于唯物史观教育等系列措施改造了人们的世界观与方法论，像朱光潜这样的学者不管在新中国成立之前采取什么样的美学立场，现在都必须运用马克思主义的观点和方法来研究美学问题了。而在大讨论中，论者们无论对“美的本质”等问题的认识存在多大差异，却无一例外地宣称自己是站在马克思主义的立场上的。不止于此，由于对各种非马克思主义哲学的猛烈批判，像宗白华这样的对中国古典美学、中西美学比较研究等领域有深厚造诣的学者则在大讨论中基本选择了沉默，这就大大限制了中国美学的研究范围，让它局限在马克思主义哲学讨论所引发的几个问题的狭小范围内。而马克思主义哲学大众化虽不能说对美学大讨论产生什么直接作用，但是它营造的总体社会氛围，激发起的哲学学习热情和理论兴趣，以及由此而孕育的审美趣味，对于美学讨论引发全社会的关注而形成“美学热”，则不能说没有影响。

二、 哲学的唯心与唯物之辨限定了美学的主观与客观之争

众所周知，“美学大讨论”的核心问题是“美的本质”问题，对这个问题的解答虽然当时形成了四派相持不下的美学观念，但这些美学观念实际上都是围绕着“美是主观的？还是客观的？”的哲学叩问而展开的。而这一美学问题域的形成也是直接为当时的哲学语境所规定的，确切地说是为当时的哲学批判运动中对“唯心”与“唯物”问题的极端重视所限定的。

对于唯心与唯物问题，恩格斯将之明确为哲学的“最高问题”，这一界说在马克思主义哲学思想系统内产生了深远影响。他认为：“全部哲学，特别是近代哲学的重大的基本问题，是思维和存在的关系问题。”“哲学家依照他们如何回答这个问题而分成了两大阵营。凡是断定精神对自然界说来是本原的……组成唯心主义阵营。凡是认为自然界是本原的，则属于唯物主义的各种学派。”但他强调：“除此之外，唯心主义和唯物主义这两个用语本来没有任何别的意思，它们在这里也不是在别的意义上使用的。……如果给它们加上别的意义，就会造成怎样的混乱。”[①]在马克思、恩格斯的时代，给这两个概念加上“别的意义”的做法之一，就是将唯物主义庸俗化、将唯心主义理想化。费尔巴哈因此都不愿意承认自己的哲学是唯物主义的。但造成混乱的不止于此，恩格斯还告诫我们，由于思维与存在的同一性的存在，哲学家们会在自然、社会和历史等不同领域对二者的关系形成不同理解，这就造成唯心论与唯物论出现各种各样的相互渗透与转化。这与后来出现的给某一思想简单地贴上唯心主义或者唯物主义标签的做法是有根本区别的。

列宁继承了思维与存在的关系问题是哲学最基本的问题这一见解，并把唯心与唯物的区分提高到哲学的党性原则这一高度。他不仅把唯心主义与唯物主义当作划分哲学派别的“基石”，而且在他看来，马克思的哲学著作存在一个“始终不变的基本观点”，那就是“坚持唯物主义、轻蔑地嘲笑一切模糊问题的伎俩、一切糊涂观念和一切向唯心主义的退却”[②]。由此他发现了马克思主义哲学的党性原则，“马克思和恩格斯在哲学上自始至终都是有党性的，他们善于发现一切‘最新’流派背弃唯物主义以及纵容唯心主义和信仰主义的倾向”。[③] 列宁提炼的马克思主义哲学的党性原则就是要严肃而严格地区分唯心主义、唯物主义，并坚持唯物主义立场，与一切唯心主义坚决斗争。列宁对哲学的党性原则的认识经过斯大林等人的转化在苏联官方哲学中得以稳固，并用于指导意识形态斗争，但也因此在思想上将哲学的党性等同于政治的党性，在实践中使哲学论战蜕变为政治批斗。

---

① 恩格斯：《路德维希·费尔巴哈和德国古典哲学的终结》，载《马克思恩格斯选集》第四卷，人民出版社1995年版，第223—225页。

② 列宁：《唯物主义与经验批判主义》，载《列宁全集》第十四卷，人民出版社1963年版，第356页。

③ 同②，第358页。

恩格斯、列宁的思想，以及苏联式马克思主义哲学对中国马克思主义哲学的影响是显而易见的。在《大众哲学》中，艾思奇就实际上复述了恩格斯、列宁的观点，如哲学的基本问题是主观与客观的关系问题，实质上也就是思维与存在的关系问题；哲学可区分为两大基本派别：一类是观念论，即唯心论，另一类便是唯物论；等等。由于《大众哲学》在中国的广泛影响，以思维与存在的关系问题为哲学的最基本问题的认识对中国的影响也就可以想见。新中国成立后，时任中共中央马列学院副院长的杨献珍在为宣传“批判资产阶级唯心主义、宣传马克思主义唯物主义的运动”而作的一次重要讲座中，首先就阐述了恩格斯、列宁的相关见解，并说：“哲学史之所以能够成为科学，就是由于掌握了思维对存在的关系这个哲学上最根本的问题作为阐述哲学史的总的线索。”①而且，“真正严肃地对待唯物主义的世界观，把这个世界观彻底地运用到所考察的一切知识领域里面去，这是马克思主义哲学的党性的表现”。“我们现在学习马克思主义哲学，也应当真正严肃地对待唯物主义的世界观，并把这个世界观彻底地运用到我们的一切实际工作部门（包括经济建设文化建设的各个部门）。”②可以说，恩格斯、列宁等关于“哲学最基本问题”的认识就是新中国成立后中国哲学界执着于唯心与唯物问题的思想渊源。

由于把唯心唯物之辨视为攸关党性原则的问题，由于要把这种唯物主义的世界观彻底运用到一切实际工作部门中去，批判唯心主义成为一场在中国学术界全面铺开的运动。不仅哲学及其他人文社会科学领域展开了批判（参见前文所述对胡适哲学等的批判），而且整个自然科学领域也被要求肃清唯心主义的影响。于是，物理学、化学、生物学、遗传学、宇宙学、医学、心理学等领域的学者纷纷发表哲学论文，清算本学科领域内的唯心主义反动思想。这些批判文章的基本论调是，在自然科学领域肃清唯心主义的意义是极其重大的，因为，唯心主义对各自然学科的歪曲使这些学科披上了神秘的外衣，掩盖了其科学内容，妨害了人们对它的理解，把科学家的努力引入歧途，所以唯心主义阻碍了科学的发展。因此批判唯心主义就是捍卫真正的科学，帮助科学的发展。而且，批判唯心主义，就必然要指出怎样正确地用辩证唯物主义来理解自然科学取得的新

---

①② 杨献珍：《思维对存在的关系这个哲学上最根本的问题也是我们一切实际工作中最根本的问题》，《哲学研究》1955 年第 2 期。

成就，这样也就丰富了辩证唯物主义。因此在自然科学领域开展唯心主义批判会促进辩证唯物主义发展。总之，在他们看来：“辩证唯物主义是研究自然、社会以及认识的变化和发展的最普遍的客观规律。必须以这个最普遍的客观规律作为指南，才有可能正确地发展科学。”[①]坚持辩证唯物主义的指导，批判唯心主义，不仅被提到了发展科学的必然要求的高度，而且还被看作了意识形态斗争的一部分。因为，“我们是处在社会主义阵营日益壮大和发展，而资本主义日趋腐朽死亡的时代。在资本主义包围仍然存在的今天，不仅不会减弱，今后反将更会加强。只有依靠辩证唯物主义，才有可能警觉资产阶级对科学的曲解，才有可能维护科学的健康发展”。[②]

唯心与唯物之辨不仅限定了哲学批判的基本问题，而且限定了人们对辩证唯物主义的理解。列宁特别强调，辩证唯物主义认识论就以承认外部世界及其在人们意识中的反映为一切认识的基础。他又在《哲学笔记》中的《黑格尔辩证法（逻辑学）的纲要》中提出辩证法、逻辑学、认识论三者同一这样的命题，并且认为三者是由反映论统一起来的。受此影响，中国的马克思主义哲学也将反映论置于辩证唯物主义的核心位置。毛泽东在《实践论》中就提出：“从认识过程的秩序说来，感觉经验是第一的东西……认识开始于经验——这就是认识论的唯物论。”[③]李达在《〈实践论〉解说》中，对此作了进一步阐发：他从感觉对于整个认识的初始意义出发，把认识过程中的一系列因素如感觉、省悟、印象、概念、判断、推理、思想、法则、结论等都看作是客观世界的反映，又把反映看作是一个矛盾运动的过程，如本质与现象的矛盾、感觉与概念的矛盾等。这样，所谓从实际出发，“即是从感性认识的阶段出发”。因而反映论“是辩证唯物论的认识论的核心”。[④]

由于反映论被置于辩证唯物论的核心，或者说反映论、认识论的思维模式被当作最根本、最科学的哲学思维模式，“认识即反映”成为当时被广泛接受、甚至不容置疑的观点：“何谓认识？认识就是反映。马克思列宁主义的唯物主义的认识论就是反映论。离开了反映论，也就没有唯物主义的认识论。所以，只有根据‘存在是第一性的、思维是第二性的、思维是存在的反映’这个唯物主义

①② 孙承谔、戴乾圜：《辩证唯物主义认识论与化学》，《哲学研究》1955 年第 4 期。
③ 毛泽东：《实践论》，人民出版社 1953 年版，第 11 页。
④ 李达：《〈实践论〉解说》，三联书店 1978 年版，第 31—32 页。

的原理，我们才能走到主观和客观的统一。而主观和客观的统一，乃是认识世界、改造世界的关键。以毛泽东同志为首的党中央所领导的中国共产党，正是由于掌握了这个主观和客观统一的原理来指导中国革命，所以才能够把中国革命引上胜利的道路。"[①]在这样的思维模式中，主观即思维，客观即存在，而存在的第一性、思维的第二性也就决定了，强调主观即唯心主义，强调客观即唯物主义。又因为唯心与唯物的区分是关系党性原则的问题，所以必须从党性原则的高度来认识主观与客观问题，必须站稳唯物主义的立场，批判和反对唯心主义。

在这样的社会环境与思想氛围中，"美学大讨论"当然不能例外，只能跟在主导性的哲学思想后面亦步亦趋地讨论美学问题，从而使认识论、反映论成为美学探讨的唯一思维模式，使唯心与唯物这样的哲学基本问题不证自明地成为美学基本问题，使一代美学家只能在主观与客观的狭小问题域中寻找美的本质的答案。

三、 哲学的政治化增加了美学判断的意识形态色彩

在"美学大讨论"中，另外非常引人注目的一点是，各派美学观点，不管认为美在主观、美在客观、美在主客观的统一抑或其他，他们最后都要不遗余力地证明自己的观点是唯物主义的，而批判别人的观点是唯心主义的。如黄药眠批判朱光潜的美学是"唯我论"，甚至是"食利者的美学"；蔡仪将朱光潜、吕荧、黄药眠都批判为"唯心主义"；李泽厚批判蔡仪美学是"客观唯心主义认识论"；朱光潜则批判李泽厚是"客观唯心主义"，批判蔡仪是"机械唯物主义"；等等。为什么美学家们都要以唯心与唯物的区分为自己理论判断的落脚点呢？这是因为唯物主义还是唯心主义，不仅意味着理论上是正确的还是错误的，而且意味着思想上是革命的还是反动的。这种思维倾向的形成同样与当时哲学政治化的倾向有着密切联系。

马克思主义哲学的现实关怀使政治成为马克思主义哲学的必有向度。这种现实关怀在《关于费尔巴哈的提纲》中对于"改变世界"的重要性的强调上得以显著体现，它也使理论与实践的辩证统一成为马克思主义的内在要求："哲学

---

① 杨献珍：《思维对存在的关系这个哲学上最根本的问题也是我们一切实际工作中最根本的问题》。

把无产阶级当作自己的物质武器，同样，无产阶级也把哲学当作自己的精神武器”[①]，而“理论一经掌握群众，也会变成物质力量”。[②] 换言之，理论与实践的辩证统一的内在要求使马克思主义自觉地将哲学与政治联系起来，并要求哲学不能脱离政治，但这种要求不是以牺牲理论的探索性和否认科学理论对实践的指导意义为代价的。因此，承认马克思主义哲学内含政治向度不等于将哲学政治化。但是斯大林之后的苏联马克思主义，是通过歪曲马克思主义关于理论与实践的辩证统一的认识，而将哲学政治化了。他们的做法是，通过强调理论不能脱离实践、哲学不能脱离政治，而将实践置于更具基础性的地位，并据之来检验理论。但是“实践”是什么呢？1930 年 12 月 9 日斯大林就“哲学战线上的形势问题”发表“谈话”之后，“实践”实际上沦为政治领袖的现实形势判断和相应的政治路线的实施。这样的“实践”检验，实际上是以领袖意图和政策决议来检验理论，使哲学失去了其探索功能和作为理论对实践的指导地位，而沦为为政治辩护的工具。甚至在哲学辩论中，因为可以“为了进行战斗，需要所有的武器”[③]，苏联御用哲学家竟然通过寻找对手在政治生活经历上的污点来攻击对手，以揭露对手曾经的政治立场的错误来论证其现在的哲学立场的错误，使哲学批判彻底蜕变为政治批斗，并最终在政治权力的裹挟下沦为政治压迫。

苏联式的哲学政治化对中国新中国成立后的哲学语境造成了深刻影响，或者说，中国的马克思主义哲学也被政治化了。它在观念上的突出表现是，“哲学”概念本身成了阶级斗争的意识形态体现：“哲学，如毛泽东同志所指示的，是‘关于自然知识和社会知识的概括和总结’（整顿党的作风）。依据马克思列宁主义的理论，哲学史是唯心论与唯物论斗争的历史，本质上是唯物论发展的历史，是一定的意识形态适应着一定的社会形态而发展的历史，是把各种阶级的利益和要求曲折地表现而为理论斗争的历史”[④]，而“唯心论和唯物论是分别代表着反动阶级和进步阶级利益的两个相反的哲学方向”[⑤]。由此，哲学的两大阵营的区分变成了政治上的两条路线的斗争，哲学的党性原则被等同于政治的党

---

① 《马克思恩格斯选集》第一卷，人民出版社 1995 年版，第 15 页。
② 同①，第 9 页。
③ 米丁：《斯大林与哲学和自然科学红色教授学院党支部委员会的谈话》，《哲学译丛》1999 年第 2 期。
④ 侯外庐：《从对待哲学遗产的观点方法和立场批判胡适怎样涂抹和污蔑中国哲学史》，《哲学研究》1955 年第 2 期。
⑤ 胡瑞昌、胡瑞祥：《老子的哲学是唯心论》，《哲学研究》1955 年第 4 期。

性原则，一切思想文化现象都被政治化了。

中国的哲学政治化在实践上则突出表现在由于政权力量的直接介入，哲学议题紧紧跟随政治需要而被运动化。如前所述，新中国成立后最早的哲学议题是历史唯物主义教育。为了推进这一议题，当时的主要举措有：第一，利用各类培训班，在对广大工人、农民进行技术和文化知识教育的同时进行唯物史观的教育；第二，在高校开设"社会发展史""新民主主义论""辩证唯物主义与历史唯物主义"等课程；第三，从中央到地方建立各级党校，对党的干部进行系统的马克思主义教育；第四，发起《武训传》批判等文艺批判运动和思想改造运动，开设各类学习班、培训班，用马克思主义改造知识分子思想。同时，利用广播等媒体，组织艾思奇等专家学者进行面向全社会的宣讲。而这些举措离开政权力量的介入、安排是不能想象的。不止于此，新中国成立后的一系列哲学批判，如对梁漱溟哲学的批判、对胡适哲学的批判，乃至围绕"经济基础与上层建筑"问题、"思维与存在的同一性"问题等展开的论争，都有非常明显的政治动因。随着胡适哲学批判运动的推进，1955 年 3 月 1 日，中共中央发出《关于宣传唯物主义思想批判资产阶级唯心主义思想的指示》。指示要求："在党内外干部和知识分子中，宣传唯物主义思想，批判资产阶级唯心主义思想，并且通过他们，用唯物主义思想教育文化水平较低的广大的人民群众，是极为艰巨的任务。为此必须在全国范围内进行一个长期的思想运动。"[①]并要求报刊编辑部和学术机关应当在党委领导之下发起和组织学术问题的讨论，要求党的宣传部门要制定计划，以追求"唯物主义在各个学术部门中的彻底胜利"。3 月 21 日，毛泽东在党的全国代表会议上的总结发言中提出："我们要作出计划，组成这么一支强大的理论队伍，有几百万人读马克思主义的理论基础，即辩证唯物论和历史唯物论，反对各种唯心论和机械唯物论。我们现在有许多做理论工作的干部，但还没有组成理论队伍，尤其是还没有强大的理论队伍。……我劝同志们要学哲学。"[②]随后这一运动贯彻所有学术领域，并席卷全国。正是为了将对唯心主义的批判运动推向深入，澄清思想问题，朱光潜才在几位意识形态部门领导的直接授意下，写出了《论我的文艺思想的反动性》，从而引发了后来的持久美学争论。而密切关注

① 中共中央政策研究室：《建国以来重要文献选编（第六册）》，中央文献出版社 1993 年版，第 72 页。
② 《毛泽东文集》第六卷，人民出版社 1999 年版，第 405 页。

这一运动的李泽厚(他曾为这一运动写下《全国广泛展开批判资产阶级唯心主义宣传马克思主义唯物主义的斗争》的综述①),才会毅然从哲学领域介入美学论争,并发展出具有广泛学术影响的重要美学派别。

因此在"美学大讨论"中,由于哲学政治化思维模式的作用,仅仅在学理上阐明"美在主观""美在客观"或者其他观点是不够,还必须论证自己的观点是唯物的,而对手的观点是唯心的,即从政治上论证对手的错误性质,将学理批判上升到政治批判,才能体现批判的深刻性和论者本人的政治觉悟。也正因为如此,尽管相对同时期的其他批判运动而言,美学大讨论体现出了难能可贵的学术品格,但在讨论过程中,高尔泰还是因阐述"美在主观"的学术观点被打成"右派",黄药眠因讨论开始不久被打成"右派"而失去了继续参与大讨论的资格。这都使我们不得不承认,美学大讨论仍然烙上了高度意识形态化的时代印记。

第四节　新中国成立初期的美学发展

前文的分析意在表明,"美学大讨论"的出现,离不开新中国成立之初特定的政治形势、文化背景和哲学语境等因素的影响,但是,在揭示了前述种种因素的影响之外,美学领域内部的话语演进对"大讨论"形成的作用也是不容忽视的。为此,我们还有必要从文献史料爬梳入手,厘清从新中国成立前后到大讨论发生的美学话语发展线索。

一、 美学整合:新中国美学言说的初始形态

就言说形态而言,新中国的美学话语是从美学整合,而不是从美学争鸣开始的。甚至这种美学整合的指示,在新中国成立前夕就已经发出了。1948 年,革命与反革命的斗争已经处于短兵相接的关键时刻,在这年 3 月的《大众文艺

① 李泽厚:《全国广泛展开批判资产阶级唯心主义宣传马克思主义唯物主义的斗争》,《哲学研究》1955 年第 1 期。

丛刊》创刊号上，郭沫若发表了《斥反动文艺》一文。在文中，郭沫若开门见山指出，值此关键时刻，“衡定是非善恶的标准非常鲜明。凡是有利于人民解放的革命战争的，便是善，便是是，便是正动；反之，便是非，便是恶，便是对革命的反动”。[①] 秉承这种非此即彼的标准，他将朱光潜与萧乾、沈从文等人一道，列为反动文艺的突出代表。这里，郭沫若对朱光潜的批判，已不是40年代初蔡仪、黄药眠式的学理批评，而是一种政治漫画式的脸谱勾画。尽管如此，由于《大众文艺丛刊》是在中国共产党的领导下，向“国统区”广大读者传播革命文艺、指引文艺发展方向的重要阵地，刊物的地位和郭沫若在文艺界的地位决定了《斥反动文艺》不仅是一篇战斗檄文，更是一则划分敌我阵营、指导文艺整合的政策指令。此文一出，朱光潜就被完全置于革命文艺思想的对立面，成为新中国的美学整合中首要的批判对象。

朱光潜受到如此重视，与其身份的特殊性与重要性密切相关。因为他并非寻常的美学家，而是一个既在学术界和青年读者群体中有着重大影响的学术名家，又在国民党中有着极高地位的政治人物。这一点，直到新中国成立几年后胡风仍念念不忘：

> 在反动统治的许多年中间，我们看到朱光潜这个名字是会感到痛的。朱光潜，是国民党（或三青团）的中委，是第一个以名教授和名学者的身份自愿到蒋介石中央训练团去受训，起了“带头”作用，是蒋介石《中央周刊》的经常撰稿人，强烈地表现了污蔑革命的“思想”，他抗战前和抗战后主编过《文学》杂志，坚守资产阶级文学的阵地，到抗日胜利后蒋介石发动内战的时候，他是胡适所倡导的“和比战难”主张底支持者，到解放前蒋介石政权快要完蛋的时候，他又是所谓“新的第三方面”底主要策动者之一，但朱光潜又是名“学者”，大约二十年以来，他出版了《给青年的十二封信》《谈美》《文艺心理学》《诗学》等，在读者里面发生了极其广泛的影响。他用资产阶级唯心论深入到美学这个领域，“开辟”了广大的战场，在单纯的青年们和文学教授中间起了极其危害的作用。[②]

---

① 郭沫若：《斥反动文艺》，徐迺翔主编：《中国新文艺大系1937—1949理论史料集》，中国文联出版社1998年版，第406页。

② 胡风：《对〈文艺报〉的批评·胡风的发言》，《文艺报》1954年第22号。

胡风之“痛”反衬的恰是朱光潜身份地位之“重”：一个曾经在“学术—政治”两个方面都占据了显著位置的人，一个无产阶级在夺取文化领导权过程中必须打败的思想对手。因而对朱光潜的批判，就能收到从学术到政治的多重效果，难怪他会被列为首要的批判目标。

《斥反动文艺》的话语效果很快显现出来。1949年7月“第一次文代会”召开，朱光潜连代表资格都未获得，只能在《人民日报》上作自我检讨，成为知识界自我批判的第一人。

在排除了朱光潜的情况下（或许褫夺其代表资格亦可视为一种整合举措），美学整合首先从革命文艺队伍内部开始了。我们知道，“第一次文代会”是解放区与“国统区”两支文艺队伍的会师。会议期间还举行了戏剧音乐演出、文艺展览会等，进行作品的观摩与交流。来自解放区的作品自然占据了主要位置，因为它们“在毛主席的文艺方针下，在和工农兵群众相结合的基础上创造了许多范例”[①]，代表了“人民的文艺”的方向，但对这些作品的评价并不统一。为弥合分歧，树立正确的审美观，在党内负责文艺评论工作的王淑明特意在《文艺报》发表了《要求新的美学观点》。文章首先道明写作缘由：“近来有些人，对于解放区的作品的观感，觉得是‘不免粗糙’。”[②]继而，他一方面替解放区文艺辩护，一方面批评上述“观感”。辩护的美学根据在于形式与内容关系的不可分割，“而内容却决定着形式”。[③]也就是说，解放区文艺作品的形式是为作品的内容所决定的，因而这些作品并非形式粗糙，而是形式适应了内容的结果，甚至在他看来，解放区作品的形式恰是适应了新内容的新形式。批评的美学根据在于“美学，正和其他意识形态一样，都是有阶级性的”。[④]据此，王淑明也就把一定的艺术、美学观念，与一定的意识形态、阶级立场一一对应起来，认为“不免粗糙”的观感暴露的恰是观者在思想上还有“旧的美学观念的残余”，还没有“摆脱过去传统教养的束缚”。故此，当他说“新的人物，新的故事，就要求着新的美学观点”时，实质是要求整个文艺界的美学认识统一到解放区文艺所代表的马克思主义立场上来。因而文章最后发出召唤：

---

① 《中华全国文学艺术工作者代表大会纪念文集》，新华书店1950年版，第126页。
②③④ 王淑明：《要求新的美学观点》，《文艺报》1949年第10期。

> 对于一个新的文艺批评作者来说，也只有和新的作家一样，面向工农兵群众，学习马列主义，学习社会，把自己小资产阶级的思想感情，逐渐予以克服，只有这样的进行自我改造，然后才能建立起新的美学观念来，也只有这样，才能真正评鉴为工农兵的文学作品，而担负起新的文学理论建设的任务来！①

作为新的话语权的代表发出这样的召唤本无可厚非，但王淑明的论述由于依循明显的机械论逻辑而刻意制造出了"新"与"旧"的二元对立，一定程度上也暴露了其在马克思主义美学认识上的思维局限。值得注意的是，这并非个别现象。会议期间，吕荧也发表了一篇题为《新的课题》的文章，以理论家的姿态向作家们发出类似召唤，②思维方式也与王淑明基本一致。这种局限性思维作为一种惯性思维，在之后一段时间内的影响日趋显著。

新中国美学整合的另一重要方面是对文艺界之外的民众的审美观念的整合。新中国成立之初，党和政府采取了一系列措施来普及文化知识，提高人民群众的文艺水平。各地普遍开办了工农速成中学，并适当地加入了文艺娱乐活动，以提高广大工农群众的政治觉悟和文化水平。各类报刊对人民群众的文艺实践非常关注，经常报道。正是在这样的背景下，1949年10月一封提出美学问题的读者来信，引起了《文艺报》的重视。这位署名为"丁进"的读者，是浙江富阳人民政府的工作人员，他在新中国成立前读过朱光潜的美学著作，了解了"移情说"与"距离说"，自身的欣赏体验又颇能与之印证。但现在学习了毛泽东文艺思想，知晓了"文艺批评有政治与艺术的二个标准"后，又听说"朱光潜是用美学理论的手段来达到替资产阶级服务的目的"的，思想上产生困惑和紧张，希望通过讨论得到解决。③

"丁进的困惑"还原为美学问题，即美感是非功利性的还是功利性的问题。为解答问题，《文艺报》与这封信一起刊发了蔡仪先生的《谈"距离说"与"移情说"》。蔡仪解决问题的分析途径是抓住美感与现实感受的关系问题来揭示朱光潜观点的错误。他同样以来信中的《百万雄师下江南》的观感为例，指出人们

① 王淑明：《要求新的美学观点》，《文艺报》1949年第10期。
② 吕荧：《新的课题》，《文艺报》1949年第11期。
③ 丁进：《读者来信》，《文艺报》1949年第3期。

在观赏影片时不能不与发自内心的“具体的实际的感情”相联系，即与人民的革命事业和利益相联系，因此美感不可能和所谓“实感”无关，当然“距离说”中“美感态度是超脱的，是排除一切情感欲望的”的观点也就不能成立。至于“移情说”强调“忘我境界”，蔡仪认为朱光潜只是说到了美感具有的“情绪满足状态”的一面，而忽略了“美感原是社会生活决定的，也就是它是有社会性，而且是有阶级性的”另一面，从而不仅揭示了“移情说”的错误，而且也就论证了为什么必须是“艺术标准服从政治标准”。[①] 这也就同时为毛泽东美学观念的权威性进行了辩护。

因此，“丁进的困惑”也反映了美学话语权的争夺状况，内含一项美学整合必须完成的艰巨任务，那就是必须清除旧的美学权威话语的影响，增进广大民众对新的美学权威话语的信仰，以使新的美学观念获得牢固的社会基础。基于这种需要，朱光潜作为批判目标，重新获得了在新中国美学语境中出场的机会。

二、 大整合中的小讨论：新中国成立初期的美学议题转换

意识形态整合的大环境使美学整合的着眼点不得不与审美实践更紧密地联系起来。王淑明文章探讨的实际是审美问题，丁进来信提出的同样是审美问题，这也是朱光潜早期美学思想核心所在。而朱光潜的出场，使批评者与被批评者之间有了对话，竟然在整合的大背景下形成了讨论的小气候。当然，由于这几方面因素的影响，新中国美学的议题是从美感问题开始的，并且是由于美感问题讨论的触动才转向美的本质问题的。

这次讨论是丁进问题的延续。讨论同样由《文艺报》组织，并于 1950 年初将三篇讨论文章——朱光潜的《关于美感问题》、蔡仪的《略论朱光潜的美学思想》以及黄药眠的《答朱光潜并论治学态度》——一并发表。《文艺报》选择这三位在一起讨论是有道理的。因为蔡仪不仅是丁进问题的解答者，而且他和黄药眠都早在解放前就批判过朱光潜的美感认识了（蔡仪的批判见诸《新美学》，而黄药眠的批判文章则是 1946 年发表的《论美之诞生》[②]）。因而这一次讨论实际

① 蔡仪：《谈“距离说”与“移情说”》，《文艺报》1949 年第 3 期。

② 黄药眠：《论美之诞生》，载《黄药眠美学文艺学论集》，北京师范大学出版社 2002 年版，第 1—17 页。

上也将新中国成立后的美学话语与新中国成立前的美学话语联系了起来。

朱光潜的文章是为自己辩护。他的话语策略，不是质疑蔡仪的学术观点而捍卫审美无功利的观点，而是从治学方法上对蔡仪提出反批评。他强调审美无功利是康德、克罗齐等的观点，并不是他的，他只是评介。他尽管承认在美感问题的认识上受到了康德至克罗齐的形式论美学的影响，但更强调自己其实在《文艺心理学》中对此已有反思，并举了书中几处论述来印证。由此他反诘蔡仪："从何处看出我否认艺术与人生的关系?"并认为蔡仪的治学方法是"断章取义"的。[①] 对此，蔡仪从三个方面做出回应：一是重新从朱光潜的著作中摘引许多论述来印证自己并未歪曲他；二是再梳理朱氏与克罗齐的理论渊源，证明他并不只是在介绍，而是持同一理论立场；最后是剖析朱氏关于艺术与人生的主张，论证他的确是主张"为艺术而艺术"的。[②] 因而蔡仪认为并非是他本人断章取义，而是朱光潜避重就轻。

由于蔡仪主要承担了对朱光潜美学思想的理论批判，黄药眠则除了指出朱光潜美学的自相矛盾之处外，还就治学态度问题做出了答复。因为朱光潜在文中也提出了治学态度的问题，那就是在"无产阶级革命的今日"，是否要全然否弃过去的学术思想？还是承认历史发展的连续性，辩证吸收传统学说呢？朱光潜提出这个问题虽然在主观上是为自己辩护，但其实切中当时主流治学方法的要害，如由此引发认真反思，是可以减轻极"左"思想的危害的。但由于黄药眠认为，"朱先生的学说，是和我们今天马列主义的艺术思想直接处于冲突地位，是和我们今天的文艺运动背道而驰"，他也就得出结论："抱歉得很，朱先生所介绍的各种学说，乃正是我们所要扬弃的一部分。"[③]遗憾的是，"扬弃"实际上变成了"否弃""抛弃"，掌握了话语权的一方并未进行自我反思。

总体看来，这次讨论，受朱光潜话语策略的影响，讨论的问题已变成了"朱光潜的美学是否否认了艺术与人生的关系"，而不再是"美感究竟是功利性的还是非功利性"，因而在美感研究上的理论贡献并不大。而且在辩护过程中，朱光潜实际已放弃了美感是非功利性的观点，如他表示"现在从马列主义的观点"已能看出自己的许多地方是"错误的或过偏的"，美感问题的讨论此时也就难以为

---

① 朱光潜：《关于美感问题》，《文艺报》1950年第1卷第8期。
② 蔡仪：《略论朱光潜的美学思想》，《文艺报》1950年第1卷第8期。
③ 黄药眠：《答朱光潜并论治学态度》，《文艺报》1950年第1卷第8期。

继了。但是，由于朱光潜这个旧美学权威公开表达了向马克思主义美学靠拢的意愿："愿意在对于马列主义多加学习之后，再对美学作一点批判融贯的工作。"①因而就讨论的意识形态效果而言，新的美学话语的权威性还是得到了确认和巩固，故而也可以说讨论是有成效的。而对朱光潜来说，他此时已开始设想"'移情说'和'距离说'是否可以经过批判而融合于新美学"，这或许为大讨论中他提出"主客观统一说"埋下了伏笔。

这次讨论的另一收获是促成了新中国语境中美学议题的转换。在批评朱光潜对"苹果之红"性质认识的自相矛盾时，黄药眠就提出了"苹果之红""究竟……是主观的存在呢？还是客观的存在呢"这样的问题。讨论后不久，他为阐述自己对于"美和美学的基本看法"又发表了《论美与艺术》一文。值得注意的是，他在文章一开始就提出：

> 什么是美呢？美的标准是什么呢？这是古往今来聚讼纷纭的问题。但是现在我想把这两个问题暂时抛开，首先究明：究竟美是主观上存在的呢？还是客观上存在的呢？②

这个问题的提出实际上开启了新中国美学研究由"美感"问题向"美的本质"问题的转向，也初步规约了后来"美的本质"问题探讨的思考方向，即围绕"美是主观的还是客观的"而展开。

对这个问题，黄药眠自己的回答是"美在客观"，并得出了"美是典型"的结论。这些观点看似非常接近蔡仪，但是与蔡仪以哲学认识论为起点不同，黄药眠的分析路径是循着车尔尼雪夫斯基的生活实践观展开的。因此当他说"美就是在同一种类中既具有个性，而又具有普遍的代表性、典范性的东西"③他强调不是从自然科学的意义上，而是从社会形态的意义上来看待"种类"一词，这样他的"典型性"也就包含了社会性、集体性和阶级性的内涵，并呈现出一种向"主观能动性"敞开的理论姿态。看来，一进入"美的本质"问题，美学家们的认识就很难统一了。但由于随之而来的《武训传》的批判运动和知识分子的思想改造

---

① 朱光潜：《关于美感问题》，《文艺报》1950年第1卷第8期。
②③ 黄药眠：《论美与艺术》，《文艺报》1950年第1卷第12期。

运动，这个问题没能马上引发讨论。

运动告一段落之后，并非偶然的，美学问题上的批评又被推动起来。《文艺报》在1953年的第16号和第17号上，特意发表了吕荧的长文《美学问题》，并加"编者按"说："对于文艺理论的学术性的研究，我们现在还很缺乏，但这种研究在现在也很重要。吕荧同志这篇文章，是批评蔡仪同志的《新美学》的，这是一个值得重视的工作。我们发表它，希望引起研究者的注意和讨论。"[①]呼唤学术性讨论的"编者按"，隐隐透露了美学言说氛围的些许调整，以及深化马克思主义美学研究的期盼。

吕荧批评蔡仪"美的本质"的认识。他从蔡仪所举的《登徒子好色赋》的"东家之子"等例子中发现了蔡仪"美在客观""美即典型"命题的不足，那就是这一命题忽视了美的认识的社会性。在这里，"社会性"更明确地说就是阶级性，因为"东家之子"不过是封建贵族阶级眼中的美女典型。于是，吕荧重新依据车尔尼雪夫斯基的"美是生活"的命题提出了对立性的命题："美是物在人的主观中的反映，是一种观念。"当然，他也补充强调："作为社会意识形态之一的美的观念，它是客观的存在，但是是在一定的社会生活中和历史条件下的客观存在。"[②]可见，在大讨论之前，主观派和客观派的分歧已经出现。

不仅指出蔡仪理论命题上的不足，文中，吕荧还竭力论证蔡仪美学其实是一种唯心论美学。因为，蔡仪虽然强调"美在客观"，但这种看法只将物看作孤立的、抽象的个体，所以其美的本质观必将蜕变为一种形而上学的观念。概言之，由于未能从社会历史的角度观照事物，蔡仪的唯物论只是一种不彻底的唯物论，这就使他的理论难免最终沦为唯心论。总之，"《新美学》实际上是折衷德国唯心论各派美学的产物，从古典唯心论者到近代唯心论者。"[③]不仅指出对方的理论局限，而且还力图证明对方是唯心主义的，这是后来在"美学大讨论"中屡见不鲜的言说方式。从中，我们不难发现美学整合的话语逻辑的支配作用。

但同时，吕荧的批评也意味着批评态势的"开放"。因为与之前朱光潜只是质疑蔡仪的治学态度不同，吕荧则直接是对蔡仪学术观点的批评。这是第一次，在新中国语境中，蔡仪这样一位中国马克思主义美学的代表人物遭到公开

---

① 《美学问题》"编者按"，《文艺报》1953年第16号。
② 吕荧：《美学问题》，《文艺报》1953年第16号。
③ 同②，第17号。

批评。这对形成平等的批评立场，活跃批评思维无疑是有益的。

吕荧的文章发表之后，蔡仪准备了反驳的文章，可惜未获马上发表。[①] 但从黄药眠重新提出“什么是美”的问题并阐发自己的见解，到吕荧对蔡仪的批评，以及蔡仪反批评的论稿，实际已为大讨论的开展做了必要的学术思想上的储备。

三、美学争鸣的形成：美学话语的全面马克思主义化

虽然已经有了必要的学术思想储备，但美学讨论尚不能在新中国文化和意识形态建设的议程设置中占据重要位置。因为当时还有像俞平伯、胡适批判和胡风文艺思想批判这样更为重大的议题正在开展，主流意识形态对美学讨论的需要并不强烈，以至于延搁、压制了美学讨论（如蔡仪批评吕荧的文章向《文艺报》等投稿被退）。但是，当这些文艺批判运动基本停息后，弊端和危害就马上显露出来了。在总结对《红楼梦研究》的批判时，郭沫若就说：“解放以来……我们的学术文化部门在思想论争方面的空气却未免太沉寂了。”[②]批判胡风之后，知识分子受到的打击、伤害更为明显。为此，党才作出重大文艺政策调整，明确了“百花齐放，百家争鸣”的文艺方针，发起学术讨论以匡正极“左”的思想整合之错。因此可以说，是意识形态需要学术争鸣的氛围，“美学大讨论”才得以实现。这一点从大讨论的发起安排上可以看得非常明白。众所周知，大讨论的起点始于1956年12号《文艺报》上发表的朱光潜的《我的文艺思想的反动性》一文。朱光潜后来在自传中说：“美学讨论开始前，胡乔木、邓拓、周扬和邵荃麟等同志就已分别向我打过招呼，说这次美学讨论是为澄清思想，不是要整人。”[③]而黄药眠随之而来的批评文章也是响应“百家争鸣”的号召而作。这都表明，发起美学讨论是有意识形态诉求的。

但为什么是美学，而不是其他学科被选择形成了大讨论呢？作为大讨论的重要参与者李泽厚认为，与其他学科相比，“美学的自由度要大一些。五六十年

① 蔡仪：《唯心主义美学批判集·序》，载《唯心主义美学批判集》，人民文学出版社1958年版，第14页。
② 郭沫若：《三点建议》，《文艺报》1954年第23、24号。
③ 朱光潜：《作者自传》，载《朱光潜全集》第一卷，安徽教育出版社1987年版，第7页。

代美学之所以能够讨论起来,也是由于这个原因"。[1] 此诚有理,但仍不能忽略新中国美学话语的自身演进及其与文艺的密切联系所起到的作用。可以说,新中国美学话语经过了如前所述的几年发展,从议题、观念到理论积累,已经基本具备了讨论的条件,这是当时其他学科所不及的。同时,经历了文艺大批判之后,文艺批判严重失范,因而更需要美学来给文艺批评提供理论依据。至少,朱光潜对这一点是有所认识的:"美的问题之所以重要,因为对于美的看法就是文艺批评的根据。"[2]因此可以说,除了意识形态的需要之外,文艺自身也有了美学讨论的需要。

而且我们还可以说,唯有美学界提供了大讨论的合适的发起点。这个发起点与其说是朱光潜《我的文艺思想的反动性》这篇文章,不如说是朱光潜被赋予的身份内涵。回顾朱光潜这一段的思想转变历程我们可以发现,其身份内涵在主流意识形态定位中是渐次变化着的,即在新中国成立前,他处在无产阶级美学的对立面;在"第一次文代会"时,他是被排除在代表之外的边缘人;在思想改造运动中,他是重点思想改造对象;到了大讨论发起时,他已被视为思想改造成功的典型。其地位随着身份内涵的变化逐步提升。

之所以如此,是与他积极投身思想改造,在批判与自我批判中不断发展自己的思想分不开的。1951 年,朱光潜一面翻译哈拉普的《艺术的社会根源》,一面从他那里汲取马列主义的方法,化入到自己的研究中。如在同年的《柏拉图〈文艺对话集〉引论》中,文章的论证逻辑顺序即是先政治经济环境,再文化背景,再思想渊源,再柏拉图的文艺思想,最后于阐述的同时批判其"反动方面",[3]非常符合马克思主义从经济基础到上层建筑、从社会存在到意识形态的分析逻辑。批判胡风时,朱光潜"拿胡风的镜子照一照我自己,也拿我自己的镜子照一照胡风",由剖析自我到剖析他人,由自我批判到批判对方,得出胡风与自己过去的文艺立场相去不远的结论。[4] 如此,朱光潜在一次次批判改造中,实实在在地展示着自己向着马克思主义的思想转变。到了发表《我的文艺思想的反动性》时,他已能娴熟地运用马列主义原理,剖析自己旧美学思想的"反现实主义

---

① 李泽厚、戴阿宝:《美的历程——李泽厚访谈录》,《文艺争鸣》2003 年第 1 期。

② 朱光潜:《我的文艺思想的反动性》,《文艺报》1956 年第 12 号。

③ 朱光潜:《柏拉图〈文艺对话集〉引论》,载《朱光潜美学文集》第五卷,上海文艺出版社 1989 年版,第 127—148 页。

④ 朱光潜:《剥去胡风的伪装看他的主观唯心论的真面目》,《文艺报》1955 年第 9、10 号。

和反人民的本质”，并对“美是什么”问题表达些许看法了。至此，朱光潜已“自信在基本上已经从腐朽思想的泥淖中拔了出来”[①]，成为一个思想改造成功的典范了。《文艺报》在给这篇文章所加的编者按中清楚地确认了这重身份内涵：“近几年来，特别是去年全国知识界展开对胡适、胡风思想批判以来，朱先生对于自己过去的文艺思想已开始有所批判，现在的文章，进一步表示了他抛弃旧观点，获取新观点的努力。我们觉得，作者的态度是诚恳的，他的这种努力是应当欢迎的。”[②]因而，此时的朱光潜美学话语已经具备了重要的展示价值，这样的特殊人物，同样是其他学科中难觅的。

相应的，围绕批判朱光潜而展开的美学话语的意识形态定位也是不尽相同的：它在新中国成立前夕，构成了无产阶级夺取文化领导权的整体战略的一个方面；它在过渡时期（1949—1956），则构成了新民主主义文化和意识形态整合的必要措施；它在 1956 年之后的社会主义建设时期，已变成了弥补整合过失、响应“双百”方针的范例。实际上，从当年王淑明发出“担负起新的文学理论建设的任务”的召唤，到了大讨论确立“逐步地建设”“根据马克思列宁主义原则的美学”的目标[③]，以朱光潜为代表的所有非马克思主义的美学话语要么主动转变，要么被清洗，要么归于沉寂，中国美学已经实现了全面马克思主义化。因而，选择美学开展讨论、选择朱光潜为讨论的发起点，在当时实为一个能满足学术与意识形态的多重诉求的不可多得的选择。

总之，有了这样一个合适的发起点，美学讨论才得以发起，而有了之前美学言说中的思想储备，美学家们才能各抒已见、相互批评，形成各个学术流派，美学争鸣的大格局才得以形成。在这个问题上，尽管我们不能否认政治力量的推动作用，但一代美学研究者自身的努力也是不容抹杀的。

---

① 朱光潜:《我的文艺思想的反动性》,《文艺报》1956 年第 12 号。
②③《我的文艺思想的反动性》“编者按”,《文艺报》1956 年第 12 号。

第二章

俄苏美学的引入与影响

在新中国成立前的1949年6月，毛泽东发表了《论人民民主专政》一文，并在文中提出："十月革命帮助了全世界也帮助了中国的先进分子，用无产阶级的宇宙观作为观察国家命运的工具，重新考虑自己的问题。走俄国人的路——这就是结论。"[1]这种外交方针明确表示了即将成立的中华人民共和国在今后的国际斗争中，还将继续坚定地站在以苏联为首的社会主义阵营一边。于是，苏联被我们尊称为"老大哥"，"向苏联老大哥学习"成为那段时期最响亮的口号。在这股思潮的影响之下，我国在国家体制、发展政策、经济建设、中高等教育等方面展开了全方位、多层次的向苏联借鉴、学习的过程。也正是在这一时期，俄苏文学、文艺理论及美学思想被大规模地翻译、介绍到国内，并在很长时间内对我国的文艺创作和批评产生着重要的影响。可以说，俄苏文艺及美学思想对中国的持续影响，是与社会主义的政治意识形态性质紧密相关的，同时，俄苏文论在中国的走向，与中国与苏联两国的政治关系的远近亲疏，与中国在社会主义建设中的思想、政治、经济等领域的发展与独立等不可分割。

---

① 毛泽东：《毛泽东选集》第4卷，人民出版社1991年版，第1471页。

第一节　新中国成立后俄苏文论和美学在中国的历史回望

按照学界的习惯，我们一般把1949到1978年前后称为新中国成立后第一个30年，这30年可以分为三个阶段，新中国成立后“十七年”、“文革”十年以及“文革”后的三年调整时期。三年的调整期一般被看作是向新时期的过渡阶段，因此，人们在谈论前30年的时候，往往根据历史事件及影响情况，而习惯以1966年为界，将前30年主要分为“十七年”和“文革”十年两段来谈，本文在讨论包括俄苏文论和美学在内的我国文论和美学的发展情况时，为论述上的方便，也基本遵从这一习惯。可以说，“十七年”时期，虽然中苏关系面临了许多问题与考验，但总体上说是俄苏文艺和美学思想在我国最受追捧的时期，出现了新中国成立后译介与研究的第一次高潮，被学者们称为是俄苏文学与中国文学的“蜜月期”。“文革”十年是极“左”文艺思潮盛行泛滥的时期，包括俄苏文艺理论在内的整个马克思主义文论都遭到了前所未有的破坏和背弃，可以称之为是两者的“疏离期”。这种划分方法较为简单明了，使我们可以对新中国成立后俄苏文艺思想在我国的命运遭际有一个基本的判断。但不得不说，这种过于简单的划分方式其实遗漏了诸多历史的细节，就像任何两个恋人从相识到热恋再到离别一样，俄苏文艺和美学思想与中国文艺思想不管是在前“十七年”的“蜜月”期间还是“文革”“十年”的疏远期间，都有着诸多的倾心、追随、适应、磨合、分歧、揪扯、挣脱、超越等环节，风平浪静的表面之下有着诸多的暗潮涌动，不了解这些，就无法完整地理解俄苏美学与中国美学之间的“爱恨情仇”。

1949至1956年间，是我国对俄苏文论和美学的倾心、追随时期，或可称为“全面接受”时期。在这一时期，我国不仅大量地翻译了俄苏的文学作品、文艺理论、美学著作，积极地以苏联的文学思想、文艺政策为自己的创作和批评导向，同时还聘请苏联学者专家来华讲授文艺理论课程、编写文艺理论教材，而我国的一些重要的理论批评家，如周扬、冯雪峰、邵荃麟等都以苏联的文艺理论作为自己的思想资源和理论依据。可以说中国文学、文论和苏联文学、文论的发展在这一时期颇有步调一致的气象，呈现出同期相应的特点。

首先，表现在引入作品的数量巨大和专业上。卞之琳等人发表于1959年的《十年来的外国文学翻译和研究工作》一文中提到"仅从1949年10月到1958年12月止，我国出版的苏联（包括旧俄）文学艺术作品3526种，占这个时期翻译出版的外国文学作品总种数的65.8%强（总印数82505000册，占整个外国文学译本总印数的74.4%强……）"[①]。这个数据之大是非常惊人的。苏联著名文学史论家季莫菲耶夫在他的《苏联文学史》中也提到："仅仅在1950年，中国就出版了三百多种苏联作品，所有获得'斯大林奖金'的作品大部分都已经译成中文。著名作家如伊凡诺夫、革拉特珂夫、富曼诺夫、肖洛霍夫、费定、奥斯特洛夫斯基、列昂诺夫、诺维科夫-普利波依、阿·托尔斯泰、克雷莫夫、卡达耶夫、爱伦堡、西蒙诺夫、聂克拉索夫、潘诺娃、尼古拉耶娃、巴甫连柯、波列伏依、阿札耶夫、绥拉菲摩维支、拉夫列乌夫、马雅可夫斯基、别德内依、特瓦尔朵夫斯基、伊萨柯夫斯基、苏尔科夫、阿菲诺盖诺夫、维什涅夫斯基以及其他许多作家的作品都有了中文译本。"[②]这股对俄苏文学翻译的热潮，并非只是供给方的一厢情愿，国内的需求方也表现出了极大的接受热情。仅以国人耳熟能详的奥斯特洛夫斯基的《钢铁是怎样炼成的》为例，在1952年由人民出版社重版之后，仅在此年就印刷了50万册，截止到1966年，又先后印刷了20多次，发行了近百万册，这种盛况，是此前的任何一部作品都没有达到过的。与此同时，翻译的水平也有提高，"五四"之后，虽然也有数量不少的俄苏文学作品被翻译过来，但大多是从其他语种转译过来的，如郭沫若等从德语转译，夏衍、蒲风等从日语转译，周作人、刘半农等从英语转译，等等。而在新中国成立后，更多的学者开始倾心地学习俄语，也就此开始了直接从俄语进行作品翻译的专业化历程。正如有学者所说："如果说解放前每七八本译著中只有一本译自俄语的话，那么到了50年代中期以后平均每十本就有九本是根据原文翻译的。"[③]

其次，表现在对俄苏文艺政策的紧紧追随上。在1949年7月的"第一次全国文代会"宣言中，就提出要"坚决站在以苏联为首的世界和平民主阵营里，发扬革命的爱国主义和国际主义精神"[④]。茅盾在1949年10月创刊的《人民文

① 卞之琳、叶水夫、袁可嘉、陈燊：《十年来的外国文学翻译和研究工作》，《文学评论》1959年第5期。
② 季莫菲耶夫：《苏联文学史》，水夫译，作家出版社1957年版，第30页。
③ 陈建华：《20世纪中俄文学关系史》，学林出版社1998年版，第184页。
④《中华全国文学艺术工作者代表大会纪念文集》，"大会宣言"，第148页。

学》发刊词指出，在译文这一点上："我们的最大的要求是苏联和新民主主义国家的文艺理论，群众性文艺运动的宝贵经验，以及卓越的短篇作品。"[①]而创刊号的社论题为《欢迎苏联代表团，加强中苏文化交流》。周扬更是在1952年明确地提到："斯大林同志关于文艺的指示，联共中央关于文艺思想问题的历史性决议，日丹诺夫同志的关于文艺问题的讲演，以及最近联共十九次党代表大会上马林科夫同志的报告中关于文艺部分的指示，所有这些，为中国和世界一切进步文艺提供了最丰富和最有价值的经验，给予了我们最正确的、最重要的指南。"[②]不管是"第一次文代会"、《人民文学》杂志还是作为当时文艺工作领导者的周扬，他们都以自身的权威地位肯定了苏联文艺工作的先进性，并积极号召全国文艺工作者以苏联文学作为"最正确的、最重要的指南"，根据苏联文学的经验和方针开展自己的文艺工作。如果我们稍微梳理一下国内理论界50年代对于"典型性""写真实""形象思维""社会主义现实主义"的讨论就会发现，这些问题与当时苏联文艺理论界所关注的问题基本是一致的。

第三，通过大量引入和出版苏联文艺理论教材、著作规训中国文艺理论形态。季莫菲耶夫是当时苏联颇具影响力的文艺理论家，他的《文学原理》(1948)一书被称为是苏联文艺学的最早论著之一，是苏联高等教育部批准用作大学教材的文艺理论著作。该书于1953年翻译引入国内，在当时中国文论界产生了重要的影响。此外，维诺格拉多夫的《新文学教程》(1952)、契尔柯芙斯卡雅等的《苏联文学理论简说》(1954)以及从苏联大百科全书选译的《文学与文艺学》(1955)等著作也都被一一翻译过来。同时，1954年春至1955年夏，依·萨·毕达可夫在北京大学中文系为文艺理论研究生讲授"文艺学引论"[③]。1956—1957年北师大请了柯尔尊，为该校研究生和进修教师讲授"文艺学概论"[④]。这些著作和课程在当时国内的文艺理论界被奉为"圣经"，可以说为中国文学理论设定了一个基本框架，对中国以后的文艺理论教材体系产生了深远的影响，使中国整个文艺学和美学，从体系、框架到理论内涵，基本上都是模仿苏联，表现

---

① 《人民文学》"发刊词"，1949年第1期。

② 周扬：《社会主义现实主义——中国文学前进的道路》，载《周扬文集》第二卷，人民文学出版社1985年版，第190页。

③ 讲稿《文艺学引论》由北京大学中文系文艺理论研究室翻译，于1956年由北京大学印刷厂付印，后经整理于1958年由高等教育出版社正式出版。

④ 讲稿《文艺学概论》1959年由高等教育出版社出版。

出了严重的"苏化"特点。同时，在这一时期，列宁、斯大林等人的文艺论著及相关研究著作也被大量、完整地译介到国内。如列宁的《党的组织和党的文学》[①]《论托尔斯泰》[②]，以及斯大林关于民间文艺的论述、"社会主义现实主义"创作原则、文学艺术的"竞赛"原则、语言的非阶级性问题等，都被引介进来。此外，在1953—1954 年间，上海新文艺出版社还出版了七辑《文艺理论学习小译丛》，译介了大量当时苏联文坛的最新文艺动态。[③]

以上是 50 年代前中期国内对于俄苏文艺理论的接受状况。至于在新中国成立之初，中国人为什么选择了俄苏文论作为自身发展新文学的思想资源，这其中最主要的原因，自然避不开政治上的追随和意识形态上的相近，正如有学者所言："新中国刚刚建立，旧有的国民党时代文学，基本上被否定，中国传统文学并未像后来那样提倡，解放区文学无论数量、质量都还不能满足人们的精神需求，新一代作家，尚未蔚然成势，在'一边倒'的主导思想下这些苏联文学的大批入境，也是势所必然。"[④]其实，除了意识形态的相似性使两国文学的联系变得紧密之外，俄苏文学自身的魅力及其深层的思想上的共鸣也是它吸引国人的一个内在动因。就像卢卡奇在谈到一国文学对他国文学接受的外在条件时所说："只有当一个国家的文学发展中需要一种外来的刺激，需要一种动力为它指出一条新路时，外国文学才能在那里有所作为。"[⑤]在"五四"之后，国内学者也曾经向欧美国家寻找理论资源和思想启蒙，但并没有得到有益的启示，而俄苏与中国相似的文化制度背景及内在精神的契合，特别是他们把艺术和社会的变革紧密联系在一起，他们以自己的作品思考、指导、干预着社会现实，这些无疑都契合了当时国内学人深层的精神需求，也正是这种内在的心理共鸣，才是解释俄苏文艺思想在新中国成立初期在我国的接受盛况最充分的理由。

1956 年，是俄苏文艺思想在我国的命运遭遇转折的一年。学界一般认为，苏共二十大是中苏关系恶化的滥觞，它对后来中苏关系的演变影响很大。但从一些历史资料可以看出，苏共二十大之后一段时间，中共并没有否定向苏联学

---

① 列宁：《党的组织和党的文学》，司徒真译，新潮书店 1950 年出版。
② 列宁：《党的组织和党的文学》，载《论托尔斯泰》，林华译，北京中外出版社 1952 年出版。
③ 参见丁国旗：《建国后俄苏马克思主义文论在中国的基本走向》，《学习与探索》2013 年第 10 期。
④ 李国文：《并非陨星的苏联文学》，《文学自由谈》1993 年第 4 期。
⑤ 卢卡契（现通译卢卡奇）：《托尔斯泰与西欧文学》，载《卢卡契文学论文集（2）》，中国社会科学出版社 1981 年版，第 452—453 页。

习的方针，例如经中共中央政治局讨论、以《人民日报》名义发表的《关于无产阶级专政的历史经验》一文中，就肯定了苏共二十大的历史功绩，特别是揭露个人崇拜问题的勇气，并对斯大林问题展开了全面讨论。这篇权威性的文章可以看作中共中央对待苏共二十大的一个官方态度。在此后一段时间，毛泽东、周恩来等国家领导人依然在多次场合发表了继续向苏联老大哥学习的报告和指示。[①] 也就是说，在苏共二十大之后，中苏关系并没有明显的交恶迹象，但不可否认的是，从这一段时间开始，在风平浪静背后，中共领导人开始反思苏联的权威性地位，也开始尝试着探索一条独立的发展道路，这个迹象不仅表现在政治上，在文艺思想上也有明显的显现。

于是，从1956年开始到50年代末，是中国对于苏联文艺的反思和产生分歧的时期，我们不妨把这段时期称之为"有意疏离"时期。1956年8月24日，毛泽东在《同音乐工作者的谈话》中就有意识地强调了中国革命与苏联十月革命的不同："中国革命有中国的特点……我们的情况和苏联不同。中国不是帝国主义国家。我们打了二十多年仗，有军队，有二百万党员。中国的民族资产阶级也受帝国主义压迫。因此，革命的表现形式不同。"[②]进而又说到文学艺术问题："表现形式应该有所不同，政治上如此，艺术上也如此。"[③]"艺术的基本原理有其共同性，但表现形式要多样化，要有民族形式和民族风格。"[④]主管意识形态和文学艺术工作的主要领导人周扬也明确提出："我们在文艺工作中的总方针是建设社会主义的民族的新文化"，而这个新文化"只能在自己民族传统上面才能建成"[⑤]。可以看出，此时不管是在政治上还是在文艺上，中国的领导人们开始探索一条具有本民族特色、民族传统的发展之路，而不再时时强调"向苏联学习"或"以苏联为思想指南"的口号。思想上虽已先行，但行动和政策还需要一定的反应时间，表现出了一定的滞后性。这就使得我们在一段时间内，依然惯

---

① 周恩来在1956年5月的一次报告中指出："苏联是最先进的社会主义国家，我们首先要向苏联学习。这一点是肯定的，不容许动摇的。我们并不因为这次苏联共产党第二十次代表大会批判了斯大林，就说苏联也有错误，就不学了，那是不对的。"（《周恩来经济文选》，中央文献出版社1993年版，第256页。）毛泽东在中共八大的开幕词中又重申："我们的许多办法不可能在一切方面都规定得很恰当，……必须很好地继续发展同伟大的先进社会主义国家苏联和各人民民主国家的亲密合作……"（《在中国共产党全国代表会议上的讲话》，载《毛泽东选集》第五卷，人民出版社1977年版，第139页）

②③ 中共中央文献研究室：《毛泽东文艺论集》，中央文献出版社2002年版，第151页。

④ 同②，第146页。

⑤ 周扬：《在中国音协第二次理事（扩大）会议上的报告》，载《周扬文集》第二卷，第434—435页。

性地或翻译出版苏联学者的文艺思想著作，或聘请苏联专家来华讲学，并整理出版他们的讲义和教材，如朝花美术出版社1958年出版的涅陀希文的《艺术概论》，高等教育出版社1958年出版的毕达可夫在北京大学的讲义《文艺学引论》、1959年出版的柯尔尊在北京师范大学的讲义《文艺学概论》，人民文学出版社1959年出版的谢皮洛娃的《文艺学概论》，等等。甚至在1957年，苏联十月社会主义革命40周年之际，《文艺报》还特地举办了"感谢苏联文学对我的帮助"的征文活动，在一段时间内又把俄苏文学在国内推向一个小小的高潮。但同时，摆脱苏联文艺的束缚，发表自己的看法，走出自己的道路的努力也在积极地进行。1956年4月28日，毛泽东在中央政治局扩大会议上提出了"百花齐放，百家争鸣"的方针，此后，文艺界的高层领导也开始在公开场合支持对苏联文艺理论的单一化的批评。随后，秦兆阳的《现实主义——广阔的道路》、钱谷融的《论"文学是人学"》、巴人的《论人情》等一批切中时弊的理论文章相继发表，这些文章批判了"教条主义对我们的束缚"，批判了苏联的"社会主义现实主义"定义的僵化性等，这些充满了探索勇气的文章在当时的国内引起了巨大的反响，也在一定程度上打破了我国文艺界长久以来对苏联的迷信和依附。

从1960年起，苏联文学开始被定性为"苏修文学"，从此中国对苏联文学、文论和美学思想的态度急转直下，由全面学习、全面接受转向全盘批判、全盘否定。从1960年开始到"文革"前夕，国内图书市场流通的苏联文学作品中译本渐次消失，但值得注意的是，中苏此时在文艺上并非是"老死不相往来"，而是更像一对离异的老夫妻，对彼此的关注并没有一时变少，只是从"堂而皇之"转为了"地下"。"文革"的前几年，《世界文学》杂志出版了一系列内部刊物，如《世界文学参考资料》《外国文学参考资料》《外国文学情况汇报》《世界文学情况汇报副刊》等[1]，重点介绍苏联文艺界的动态及近期出现的文学作品。所不同的是，这些刊物不允许对外公开出版，而是标记有"内部刊物，请勿外传"字样。同时，由作家出版社和中国戏剧出版社为主出版的"供内部参考"的"黄皮书"（因其封面是黄色而得名）系列也刊印了大量苏联文艺作品。关于"黄皮书"刊印的背景，人民文学出版社的张福生在《我了解的"黄皮书"出版始末》中曾谈到："这个问题我曾请教过出版界的前辈、'黄皮书'最初的负责人孙绳武和秦顺新等先

① 古凡：《黄皮书及其他：中苏论争时期的几种外国文学内部刊物》，《文艺理论与批评》2001年第6期。

生。他们说，1959年至1960年以后，中苏关系逐步恶化，中宣部要求文化出版界配合反修斗争。人民文学出版社作为国家级文学专业出版社，为反修工作服务是责无旁贷的。根据当时苏联文学界争论的一些问题，如描写战争、人性论、爱伦堡文艺思想等，出版社确定了一批选题，列选的都是在苏联或受表扬或受批评的文学作品。”“这个问题，我也曾问过《世界文学》的老领导陈冰夷先生。那天(1998年10月15日)，他讲了许多，大致的意思是：1959年12月到1960年1月，中宣部在新侨饭店跨年度地开了一次文化工作会议，当然透露出来的是比中宣部周扬更高一层人物的精神。会后周扬找一些人谈话，讲要出版反面教材，为反修提供资料。这是很明确的，但没有正式文件。”①可以看出，这些内部翻译出版的读本，是专供批修参考之用的，正如有学者所说：“‘黄皮书’的出现可视为中苏关系破裂的表征，其当下性、及时性正反映了当时国内试图通过‘黄皮书’等内部书了解‘反修’对象以增强斗争力‘实力’的心态。”②

进入“文革”后，苏联文艺在我国很长时间内进入了“销声匿迹期”，俄苏文艺和美学在我国的盛况不再，可以说几乎停止了一切翻译、研究和出版工作。一直到“文革”的中后期，即1972—1976年间，社会秩序有所恢复，出版行业才开始重新启动，开始部分地出版苏联作家的文学作品，如上海人民出版社出版了沙米亚金的《多雪的冬天》(1972)，巴巴耶夫斯基的《人世间》(1972)，柯切克夫的《你到底要什么》(1972)、《落角》(1973)，肖洛霍夫的《他们为祖国而战》(1973)，艾特玛托夫的《白轮船》(1973)，西蒙诺夫的《最后一个夏天》(1975)，人民文学出版社出版了纳沃洛奇金《阿穆尔河的里程》(1975)等。上海的《摘译》期刊甚至开设了多期“苏修社会生活面面观”的专栏，此外，上海和北京等地公开或内部出版的《学习与批判》《朝霞》《苏修文艺资料》《苏修文艺简况》《外国文学资料》和《外国文学动态》等杂志③，其中刊登了批判“苏修文艺”的文章或供批判用的材料。可以看出，这一时期依然是以一种批判、排斥的心态对待苏联文艺的，这种状况一直到“文革”结束后才有所好转。

---

① 张福生：《我了解的“黄皮书”出版始末》，《中华读书报》2006年8月23日。

② 李琴：《“黄皮书”出版的政治文化语境》，《中国现代文学研究丛刊》2010年第1期。

③ 陈建华主编：《中国俄苏文学研究史论》(第一卷)，重庆出版集团重庆出版社2007年版，第105页。

第二节　新中国成立初期日丹诺夫理论体系的中国影响

解放初期，我国文艺界对日丹诺夫主义的介绍和接受，成为当时译介的重要内容之一。安德烈·亚历山德罗维奇·日丹诺夫是斯大林在文艺界实行一系列文艺政策的忠诚执行者，他用政治宣判的方法解决文艺问题，成为斯大林时期苏共文艺界的主要理论模式。日丹诺夫从30年代开始接管苏联的文艺工作，在1934年苏联第一次作家代表大会上，他代表联共（布）和苏联人民委员会致辞，声称苏联文学是"最有思想，最先进和最革命的文学"，"在资本主义国家里，没有而且也不能有一种文学，能像我们的文学一样彻底粉碎各种蒙昧主义、各种神秘主义，以及各种僧侣主义和恶魔主义"。[①] 而这一切文学成就的取得，"是以社会主义建设的成功为先决条件的"。[②]这篇颂扬斯大林文艺政策的报告，虽然还没有明显地表现出此后他在苏联国内所进行的以文艺作品来宣判政治地位的粗暴批判模式，但已经有迹象暗示着苏联的文艺事业已完全处于意识形态的臣属地位，并且他所表现出的对各种"主义""彻底粉碎"的决心和不共戴天的势头，都预示着将要到来的文学批评和文化大批判运动。到了1946年，大规模的文化批判运动开始了，此年的8月，追随着联共（布）中央发布的《联共（布）中央关于〈星〉和〈列宁格勒〉两杂志问题的决议》，日丹诺夫在列宁格勒做了《关于〈星〉和〈列宁格勒〉两杂志的报告》，在该报告中，他把文学定位于"对人们进行政治教育"，同时对苏联的一位讽刺小说家左琴科和女诗人阿赫玛托娃进行了猛烈的言语攻击，称左琴科是"非苏维埃作家"，称阿赫玛托娃是"发狂的贵妇人"[③]，并勒令发表了他们作品的《星》杂志改组，《列宁格勒》杂志停止出版。随后的9月，日丹诺夫又在《真理报》发表了社论《苏联文学的崇高任务》，将先前《报告》中已颇为激烈的言辞升级为谩骂，说左琴科"不能够在苏联人民的生活中找出任何一个正面的现象、任何一个正面的典型"，"惯于嘲笑苏联生活、苏维

---

①② 日丹诺夫：《在第一次全苏作家代表大会上的讲演》，载《日丹诺夫论文学与艺术》，戈宝权等译，人民文学出版社1959年版，第6页。

③ 日丹诺夫：《关于〈星〉与〈列宁格勒〉两杂志的报告》，载《日丹诺夫论文学与艺术》，第9—15页。

埃制度、苏联人"[1]，是"凶狠的下流胚和流氓"，而女诗人阿赫玛托娃是"离弃和歧视人民的文化残渣"，"并不完全是尼姑，并不完全是荡妇，说得确切一些，而是混合着淫秽和祷告的荡妇和尼姑"[2]。可以说，到了这个时候，正常的文学批评已不复存在，文艺问题成为人身攻击的利器，成为对人进行政治打压的借口。《报告》和《崇高》两篇文章，也开启了不需要理论依据的独断谩骂式的文艺批评模式，文艺问题也不再仅仅是审美趣味的问题，而成为直接关系政治倾向的阶级立场问题。1947 年，日丹诺夫又开始关注哲学领域，作了《在关于亚历山大洛夫著〈西欧哲学史〉一书的讨论会上的发言》，在讲话中，日丹诺夫指责亚历山大洛夫"连一点马克思主义分析的影子都没有了"，批评他是"资产阶级哲学史家的俘虏"，"对资产阶级献媚，夸大他们的功劳，剥夺我们哲学的战斗进攻精神"，并提出哲学就是要"以新的、有力的意识形态武器来武装我们的知识分子、我们的干部、我们的青年"。[3] 日丹诺夫企图用政治的逻辑规范哲学史研究，他对哲学"缺乏专业性"的批评，使得苏联的哲学史研究在很长时间处于停顿状况，而他对哲学的强制干预，也深深地影响了我国的哲学界，特别是在 50 年代末和 60 年代，日丹诺夫的《发言》成为指导我国哲学史研究工作的"圣经"，使得我国哲学史的研究工作出现简单化、公式化、教条化的情况。1948 年 1 月，在联共(布)中央召开的苏联音乐家会议上，日丹诺夫又作了讲话，批评了肖斯塔科维奇、普鲁科菲耶夫、米亚斯科夫斯基、哈恰都梁、波波夫和卡巴列夫斯基等苏联作曲家，谴责他们音乐中的反人民倾向，提出要对音乐事业进行组织上的整改。1948 年 8 月，日丹诺夫因病去世。

1946 年《关于〈星〉和〈列宁格勒〉两杂志的报告》，1947 年《在关于亚历山大洛夫著〈西欧哲学史〉一书的讨论会上的发言》，1948 年《在联共(布)中央召开的苏联音乐家会议席上的发言》，日丹诺夫分别对文学、哲学、音乐做了有指向性的指导，这三篇发言稿构成了日丹诺夫最核心的文艺方针。所谓的"日丹诺夫主义"也就此成熟，即是以政治倾向规约文艺问题，用政治批判代替文艺批评，用谩骂和侮辱攻击艺术家的一种文化专制行为。他的具体运作模式，是"以斯

---

① 日丹诺夫：《日丹诺夫论文学与艺术》，第 13—14 页。
② 日丹诺夫：《在第一次全苏作家代表大会上的讲演》，载《日丹诺夫论文学与艺术》，戈宝权等译，人民文学出版社 1959 年版，第 14—21 页。
③ 日丹诺夫：《在关于亚历山大洛夫著〈西欧哲学史〉一书讨论会上的发言》，李立三译，人民出版社 1954 年版，第 16 页。

大林的意旨为指针，以‘中央决议’为先声，以‘中央’主管领导的‘讲话’为后继，以中级干部的呼应为奥援，以全社会的群众性参与为‘热潮’，从而将一个纯粹的文学艺术问题，演化为一场轰轰烈烈的群众性的政治运动”。① 这种自上而下的文化批判运动，其实只是斯大林政治专制扩展到文化领域的一个具体表现，换句话说，政治上的“斯大林主义”，必然会催生文化上的“日丹诺夫主义”，两者是一主一从、一里一表的关系。

在新中国成立初期，日丹诺夫主义在一定程度上适应了一个新生政党对国家意识形态建设的需要，因此这种“主义”在50年代初的中国影响甚大，直接与毛泽东文艺思想一起成为当时我国文艺理论界的主要思想。国内对日丹诺夫主义的引入，可以追溯到1948年，当时在延安创刊的《群众文艺》第4期就发表了《日丹诺夫语录》。在日丹诺夫作了《在关于亚历山大洛夫著〈西欧哲学史〉一书的讨论会上的发言》后不久，这篇发言就被老革命家李立三在晋察冀解放区翻译成了中文，1948年由华东新华书店以《苏联哲学问题》一书出版，并和《联共(布)党史简明教程》一书一起，成为当时及新中国成立后很长时间中国哲学家们的必读书目。同年，一本名为《论文学、艺术与哲学诸问题》的文艺理论书籍由时代书报出版社出版，该书封面是一张日丹诺夫“领袖式”的大照片，书中收录了日丹诺夫分别于1934、1946、1947及1948年所作的关于文学、艺术和哲学问题的演说、报告等5篇，并附录联共(布)党中央委员会1946年及1948年关于文学、戏剧、电影、音乐的4个决议，书前有莫洛托夫在日丹诺夫葬礼时的演说《永别了，我们亲爱的朋友！》，书末附日丹诺夫传略。徐迟曾在《日丹诺夫研究》一文中回忆到：“一九四九年一月。正当中国人民胜利在望、一本文艺理论书籍叫作《论文学、艺术与哲学诸问题》的，由时代书报出版社，出版于上海。当时不少读者，怀着景仰之心，如饥似渴地阅读着一位安德烈·亚历山德罗维奇·日丹诺夫所作的几篇批判讲话，以及作为其附录的几篇决议，错以为这是苏联的、社会主义的，故我们必须遵循的文艺路线和方针政策，那时还不能将它和马克思主义文艺的理论之间的某些原则差别区分出来，误把它作为法式而认真地学习，最初几年里并诚惶诚恐地接受而奉行不渝……”② 1951年，日丹诺夫

① 李建军：《一头闯进瓷器店的公牛——论作为教训的日丹诺夫主义》，《名作欣赏》2015年第10期。
② 徐迟：《日丹诺夫研究》，《外国文学研究》1981年第1期。

《关于〈星〉与〈列宁格勒〉两杂志的报告》连同1946年联共（布）中央关于文学艺术的系列决议一起被列为文艺界整风学习的官方文件。1953年，人民文学出版社编辑出版了《苏联文学艺术问题》，其中选入了日丹诺夫的多篇报告和联共（布）决议。1959年6月，人民文学出版社出版了《日丹诺夫论文学与艺术》一书。可以看出，国内对于日丹诺夫文艺方针的贯彻也弥漫着一种浓重的“日丹诺夫主义”风格，即是由上而下、由中央到群众的输入路线，中央的大力推崇使日丹诺夫的理论思想在当时我国的文艺界成为不容置疑的金科律例，而这种树为楷模和精神领袖式的宣传方式，也使得日丹诺夫式的批判风格——政治宣判、无限上纲，人身攻击与谩骂式的“批评”被渗透和运用到了新中国成立后的历次思想大批判运动中。当时的文艺界，不仅领导人把日丹诺夫式的政治干预看作是加强党对文艺工作领导的必要手段，而且文艺理论家与作家们也都诚惶诚恐地按照这一标准校正着自己的方向。

1951年对电影《武训传》的批判，可以看作是新中国成立后文艺领域第一次重大的“日丹诺夫主义”式事件，正如有学者所言：“从批判的形式、批判的内容、批判的‘规格’等方面看，都能明显发现‘日丹诺夫主义’的影子。”[①]对电影《武训传》的批判由毛泽东亲自撰写的发表在《人民日报》上的《应当重视电影〈武训传〉的讨论》（5月20日）社论发起，批判的核心在于《武训传》让“资产阶级的反动思想侵入了战斗的共产党”，认为武训的个体善举是维护和宣传封建文化的“奴才”行为。6月5日，《人民日报》再次刊登了文章《赵丹与武训》，把批判的矛头由电影指向了扮演武训的演员赵丹，并由此展开了全国范围内的大批判运动。这次批判的直接后果就是该影片被禁播，直到2012年才重新搬上荧幕。该影片的导演、演员受到了批判，一众曾经给过该影片好评的文艺评论家们，如郭沫若、田汉、夏衍、朱光潜等也纷纷写检查检讨自身思想的落后性。同时，《武训传》的全国性大批判给新中国的电影创作带来了不小的冲击，导致1952年全国只创作出5部影片[②]。从“武训事件”我们可以看出明显的“日丹诺夫主义”的幽灵，它和日丹诺夫对于左琴科和阿赫玛托娃的批判有异曲同工之处，都是由国家高层领导人发起，以国家权威媒体为传播渠道，以政治手段干预文艺批评，

---

① 洪宏：《论“十七年”中苏电影关系——“日丹诺夫主义”与“解冻”思潮对中国电影的影响》，《电影艺术》2006年第3期。

② 根据中国现代文学研究中心《六十年文艺大事记》1952年统计数据，见该书第142页。

用阶级划分代替审美判断，进而对艺术家进行人身攻击和谩骂。1951年开始进行知识分子思想改造运动之后，这种“日丹诺夫”式的批判模式在我国愈演愈烈，如1954年批判俞平伯、胡适资产阶级学术思想运动，1955年反对“胡风反革命集团”运动，1955年的批判“丁玲、陈企霞反党集团”运动，1956年的美学大讨论等，莫不可以看到日丹诺夫的影子。如夏中义在《日丹诺夫与朱光潜美学——重读〈西方美学史〉的一个角度》中就认为：“可以说，朱光潜美学在1949年后所以蹉跎不止，缠上了日丹诺夫这一幽灵，当是缘由之一。”“虽然朱光潜著述中几乎没有提及‘日丹诺夫’这个名字，但日丹诺夫主义与朱光潜的关系是考察1949年后朱光潜美学的一个极为重要的视角。”[①]李圣传在《“他者”镜像中的美学史案：从日丹诺夫看中国》中说：“发生于上世纪五六十年代的美学大讨论是与‘日丹诺夫’这一镜像如影随形的。‘美学大讨论’作为逆行的‘日丹诺夫式批判’，两者的‘律令模式’都是文学服从于大一统的意识形态并在文艺领域内的贯彻执行。”[②]

如果要对“日丹诺夫主义”对中国当时的哲学、艺术、文学理论等造成的影响进行一下总结的话，可以大致概括为三点：

一是开启了文化领域谩骂式批评、棍子批评的先河。在五六十年代的文艺批评中，如果一些素养良好的评论家尚能让批评维持在学理讨论的范围之内，尚能维持一种彬彬有礼的探讨式态度的话，很多的“跟风而起”但又缺乏专业知识素养的“拍砖者”，则让原本的理论探讨升级为人身攻击。在那些年代的报纸或杂志上，经常可以看到“流氓”“无赖”“阴险”“狡诈”“卑鄙”等已经脱离了文化领域的词汇。如果说这种谩骂式批评只是让人觉得匪夷所思，欲辩不能的话，那么“棍子批评”则威胁到了人的生命安全，一旦在文艺争论中被扣上了“资产阶级”“人民公敌”或“唯心论者”“主观派”的帽子，则很可能被监禁、劳教、改造，这“棍子”伤害的就不是声誉，而是生命了。

二是用阶级标准进行道德评判。日丹诺夫在《关于〈星〉和〈列宁格勒〉两杂志的报告》中，把左琴科称为“非苏维埃作家”，把阿赫玛托娃称为是“发狂的贵妇人”，而在具体论述时，左琴科作为“非苏维埃作家”是如何破坏苏维埃社会主

---

① 夏中义：《日丹诺夫与朱光潜美学——重读〈西方美学史〉的一个角度》，《复旦学报》（社会科学版）2010年第4期。

② 李圣传：《“他者”镜像中的美学史案：从日丹诺夫看中国》，《美与时代》（下）2012年第10期。

义建设的，或者阿赫玛托娃作为"发狂的贵妇人"是如何压制和剥削"无产阶级"的，并没有任何理性的证据。但是不管是否有真凭实据，一旦被冠以这些头衔，任何艺术家都无法逃脱自身"道德的沦丧"，成为民族的罪人和敌人，这也深深影响着国内的批判模式。对于《我们夫妇之间》《关连长》等电影的批判，就是因为其中的"小资产阶级创作倾向"。在这些"小资产阶级倾向"的作品背后，隐藏的必然是代表"资产阶级思想"的文艺工作者，而他们也必然是社会主义建设的阴谋破坏者，是整个民族的敌人，这一并不严谨甚至漏洞百出的逻辑推理，却成为当时文艺界的一项金科玉律。

三是用政治运动解决文艺问题。正如一些学者所认为的，"日丹诺夫现象与其说是一个文艺现象不如说是一个政治领域的现象"。[①] 政治专制导致了文化专制，文化专制对政治专制是依附和从属的关系。苏联当时的国内局势，需要一个人把政治领域的"斯大林主义"贯彻到文化领域，日丹诺夫是一个应时而出的"时势英雄"，恰好担负起了这一历史使命。正是政治与文化之间如此亲密的关系，所以用政治运动解决文艺问题的方法就理所当然、顺理成章了，并且在很长一段时间成为一种惯性，进而漂洋过海成为我国一段时间内的文化批判模式。这种批判模式不尊重文学和艺术的规律，更不会尊重艺术家的人格和尊严，而批判的具体运作，往往是先由"上面"发出声音，进而由上而下，将一个文艺问题演化为轰轰烈烈的群众运动。

第三节　苏联文艺学教材的引入与文艺"党性"原则的巩固

一项科学知识的最广泛、有效的传播，莫过于设立一门正式的学科，美学也不例外。虽然在光绪二十九年（1904），由张之洞、张百熙、荣庆等奏拟的《奏定学堂章程》（又称《癸卯学制》）中，在"工科大学"第六学门系"建筑学门"的"补助课"里，已经出现了"美学"课程，但此"美学"远非我们当下意义中的"美学"，而

---

① 《对日丹诺夫文艺理论的反思——本刊召开第三次"回顾与反思"的研讨会》，《人民音乐》1989 年第 2 期。

是更接近于“审美学”或“美术”的含义，在体制上模仿的是同一时期日本的美学课程设置。此后，经过蔡元培的积极提倡，在壬子一癸丑学制中，美学成为文科中哲学门、文学门、历史学门等的核心专业，标志着美学在中国现代学术体系中开始具有独立的地位。但需要注意的是，此时的“美学”课程的内涵依然比较狭窄，正如蔡元培在《对于新教育之意见》中所提出的：“注重道德教育，以实利教育、军国民教育辅之，更以美感教育完成其道德。”[①]可以看出，此时的“美学”课程注重“美感教育”，目的是完善人的道德，更类似于西方的“宗教学”或东方的“伦理学”，其思想精髓也是借鉴了近代西方式的学科门类及知识系统。新中国之后，探索一条社会主义国家的建设道路成为首要任务，而“由于我们没有管理全国经济的经验，所以第一个五年计划的建设，不能不基本照抄苏联的办法”[②]成为当时的特殊国情。在当时全国“向苏联学习”的背景之下，国内“美学”学科的建设也在很长时间内对苏联亦步亦趋。

在美学问题上最先值得一提的是1949年10月《文艺报》第1卷第3期的“文艺信箱”栏目中登载的署名“丁进”的一位读者的来信，在信中他表达了自己在一些美学问题上的困惑：有一些人在杂志上批评“朱光潜是用美学理论的手段来达到替资产阶级服务的目的”，可是丁进对他在《文艺心理学》里所讲的一些理论觉得很有道理，比如“他的移情说与距离说，曾给我许多‘美感’”，难道是“我的理论或者染了朱光潜的什么毒”，“我希望这个问题，能够展开讨论”。[③]

---

① 舒新城：《中国近代教育史资料（上册）》，人民教育出版社1981年版，第226页。

② 中共中央文献研究室编：《毛泽东文集》第八卷，人民出版社1999年版，第117页。

③ 丁进：《读者来信》，1949年《文艺报》第1卷第3期，第26页。全文如下：

编辑同志：

在美学上，我很早就有个问题，到现在看了毛主席论文艺问题中说的：文艺批评有政治与艺术的两个标准后，对这问题的解决愈感迫切起来。因为一谈艺术，便使我想到美学上的问题了。

记得什么人曾在杂志上说：朱光潜是用美学理论的手段来达到替资产阶级服务的目的，可是我对他《文艺心理学》上讲的，至今还觉得他在许多地方有理。他的移情说与距离说，曾给我许多“美感”。

固然，这种美感经验是要我们用超世的思想、情绪和冷静到催眠状态时才能完成。但你若说这是一种资产阶级消闲法、享乐法，那么，当我们看到如《百万雄师下江南》，我们的“喜怒哀乐全凭它支配”（丁玲语）时的“忘我境界”，你能说不是正当的美感吗？

既然“忘我境界”可得美感，那么当我们看到一幅裸体画，而实感不被驱逐（性欲冲动）时，我们怎能得到“忘我境界”？为了驱逐实感，使艺术品与自然物间有距离的距离说也就有了价值。——我的理论或者染了朱光潜的什么毒，但我希望这个问题，能够展开讨论。

敬礼

浙江富阳人民政府丁进

十月六日

《文艺报》在刊发“读者来信”的同时，刊发了蔡仪《谈“距离说”与“移情说”》一文进行“答惑”，认为朱光潜将美感看成是与现实人生“孤立绝缘”的、“排除一切情感欲望”的理论是不符合实际的，因为对象的“社会的政治的意义，实是基本上决定它成为我们美感对象的条件”，并且“艺术标准要服从政治标准”。[①]《文艺报》此次全国范围的讨论，并不在于仅仅答复某个读者的美学困惑，其实质是清算和批判“旧”的美学理论和美学观念，树立新的有利于社会主义建设的、符合马克思主义的美学观念。这次“读者来信”事件在当时国内美学界明确了两项内容：首先，美学包含着大量的宣扬资产阶级思想的内容，因为这种潜在的政治危险，所以新中国成立后很长时间都没有开设这门课程；其次，以朱光潜为代表的西方资产阶级的美学理论是“旧”的、反动的思想，必须要清算和批判。所以，一方面是“向苏联学习”的全国大背景，另一方面是西方美学思想的反动性，向苏联美学学习就成为唯一的道路。

一、模仿苏联成立“美学组”

苏联美学在其发展初期，是把美学视为马克思、恩格斯、列宁文艺思想的重要组成部分，紧紧围绕如何建立马克思主义美学这一核心问题展开讨论的，如从20年代中期到30年代初，苏联报刊就围绕这一问题展开了论争，提出了有关美学的对象、界限和原则等一系列问题。50年代，苏联美学进入了活跃期，各种报刊围绕美的本质、美的对象、美的形式等问题展开了热烈的讨论。而这一时期一个特别需要注意的事件就是苏联科学院哲学研究所设立了“美学组”。1956年，苏联《哲学问题》杂志编辑部、苏联科学院哲学研究所连续举行了美学问题的讨论，在讨论中，发言者一致认为，苏联哲学界和文艺界对马克思列宁主义美学的研究已经取得了一定的成就，但是还远远落后于现实生活，落后于苏联艺术的迫切需要。而落后的主要原因之一，是研究者往往多从孤立的、抽象的方法去研究美学问题，彼此之间的创作活动还没有很好的配合与联系，因此就难免产生理论与实践之间、美学与艺术之间脱节的现象。[②] 因此，为了美学学

---

① 蔡仪：《谈“距离说”与“移情说”》，《文艺报》1949年第1卷第3期。
② 司马舒：《苏联美学问题讨论简况》，《学术月刊》1957年第9期。

科之间的交流合作，苏联科学院哲学研究所于当年设立了“美学组”。这一举措也迅速引起了国内美学界的关注，1956年七八月份，《文艺报》组织成立了“《文艺报》美学小组”，小组是以自愿结合的方式成立的，成员有朱光潜、宗白华、贺麟、王朝闻、蔡仪、黄药眠、张光年、刘开渠、陈涌、李长之、敏泽等，这是新中国第一个美学同仁的组织，也是一个组织松散而自由的学术社团。“美学小组”的讨论涉及了美学的对象问题、美的主观与客观问题、美的主观规律性问题、美感的差异性、形象思维和逻辑思维在创作和欣赏中的原则等问题，但进行过3次讨论后就停止了。[①] 而在当时的高校中，新中国成立后很长一段时间，因为美学被视为资产阶级的学科，所以没有美学的专业设置，也无人讲授。到了1956年，北京大学哲学系成立了“美学组”，挂在辩证唯物论和历史唯物论教研室，成员有王庆淑、杨辛和甘霖等人，在这个“美学组”的基础上，1960年，北京大学哲学系成立了全国第一个美学教研室，成员有杨辛、甘霖、于民、阎国忠、李醒尘、金志广、朱光潜、宗白华等[②]。国内“美学组”或“美学教研室”的设立，一方面是模仿苏联的“教研组”设置，同时也是当时国内“美学大讨论”的迫切需要，是当时学界探索如何用马克思主义观点来说明各种美学问题的现实需要，[③]因而是中苏双重背景共同促成的结果。总之，“美学教研室”的成立对于国内美学学科的发展具有重要的意义，它使得一些专业的美学研究者有了一个可以不断地从事美学教学和研究的阵地，并且可以开始培养此学科的学生，从而使美学学科得以持续发展，获得了生生不息的力量。

二、 译介苏联美学和文艺学教材

在新中国成立初期，因为国内没有开设美学方面的课程，所以也没有相关的美学教材被引进。但这并不意味着有关美学问题的讨论一无所获，事实上，因为有着共同的研究对象，所以很多时候美学问题和文艺理论方面的问题是杂糅在一起的，两者所探讨的问题大同小异，许多美学著作同时也是艺术理论著作，反之亦然。

---

① 敏泽、李世涛：《“‘国家不幸诗家幸，赋到沧桑句便工’——敏泽先生访谈录”》，《文艺研究》2003年第2期。

②③ 李醒尘、李世涛：《中国第一部美学教材〈美学概论〉的编写与出版》，《河北学刊》2010年第5期。

在50年代初期，文艺理论界组织了全国大规模的理论学习，由此引发了对文艺理论教材教学的讨论。从1951年11月到1952年4月，《文艺报》开展了关于高校文艺学教学的大讨论，[①]文艺学教学没有突出毛泽东文艺思想，理论脱离实际，流于教条主义等问题受到了理论界批评；1951年的文艺学教材大讨论则批判了文艺学教学中的资产阶级观点，这样一来，新中国成立前从西方引进的或自编的文艺教材被要求停止使用，而当时中国并没有自己的文艺理论教材，这样，1953年，查良铮翻译了季摩菲耶夫的《文学原理》，1954年春至1955年夏，依·萨·毕达可夫在北京大学中文系为文艺理论研究生讲授"文艺学引论"，1958年高等教育出版社正式出版了他的讲稿《文艺学引论》。这两本书给中国文学理论带来了一个基本框架，对中国以后的教材体系产生了深远的影响。季摩菲耶夫是苏联文艺学的权威，毕达可夫师承季摩菲耶夫，他们的文艺学教材体系和观点是一脉相承的。除此之外，1956—1957年北师大请了柯尔尊，他的讲稿以《文艺学概论》为名于1959年由高等教育出版社出版。

在50年代不长的时间里，我国翻译出版了苏联的文艺理论和美学教材十余种，其中产生重要影响的还有维诺格拉多夫的《新文学教程》(1952)、季摩菲耶夫的《文学发展过程》(1954)、涅多希温的《艺术概论》(1953)、契尔柯芙斯卡雅等的《苏联文学理论简说》(1954)、叶皮诺娃的《文艺学概论》(1958)以及从苏联大百科全书选译的《文学与文艺学》(1955)等；我国还翻译或编译出版了《文艺理论译丛》《苏联文学艺术论文集》《苏联美学论文集》等数种。由此，在拒绝西方文艺学教材之后，苏联文艺学教材在我国解放后的高校文艺学教学中占据了中心地位。尽管50年代中期，国内也出现了由我国学者自编的文艺学教材，但其观点和体系都来自苏联文艺学教材。在相当长的时期内，中国马克思主义文论家、批评家理论的开展主要依赖于苏联文论。

在美学教材方面，到了50年代中期，国内翻译引进了两本苏联美学教材。

---

① 在中国1950年代建构一体化的文艺观念过程中，苏联文论起了极为重要的作用，而《文艺报》又在其中扮演了一个十分重要的角色。如现实主义问题的论争、真实性问题的论争、典型问题的论争等，都是由《文艺报》发起的。《文艺报》主要是在历次重大文艺论争中，通过译介苏联文论来引导国内文艺潮流的。《文艺报》的译介工作强化了现实主义的地位，为真实性原则找到了合法性依据，同时又深化了对典型问题的认识。但《文艺报》的译介也存在着缺点，主要是对苏联文艺思想缺乏应有的批判和反思，助长了对苏联文艺观的盲从倾向。详情见陈国恩、祝学剑：《1950年代文艺论争与苏联文论传播中的〈文艺报〉》，《江汉论坛》2008年第2期。

一本是瓦·斯卡尔仁斯卡娅的《马克思列宁主义美学》，1957 年由潘文学等人翻译，该教材是瓦·斯卡尔仁斯卡娅在中国人民大学哲学系的讲稿，该讲稿主要论述了美学历史上唯物主义与唯心主义之间的斗争，同时讲述了马克思列宁美学中关于美的本质、艺术形象、艺术种类、艺术特点等内容。另一本是 1961 年陆梅林等人翻译、三联书店出版的《马克思列宁主义美学原理》，该书由别列斯特涅夫和涅托希文担任主编，苏联科学院哲学研究所和艺术史研究所集体创作，该书分上下两册，共四编，第一编主要讨论作为一门学科的马克思列宁主义美学和美学的发展历程。“马克思列宁主义美学”，主要探讨什么是美学、美学和实践以及美学的对象三个问题；第二部分“美学史的几个主要阶段”，分 12 节依次探讨了奴隶制时代希腊和罗马的美学、古代中国的美学观点、中世纪初期的美学、中世纪中国的美学观点、古代和中世纪印度的美学观点、欧洲资本主义关系形成时期的美学、古典主义的美学、启蒙运动的美学、德国古典唯心主义的美学、19 世纪俄国革命民主主义者的美学、马克思列宁主义美学的发生和发展以及马克思主义美学发展上的列宁主义阶段。第二编主要讨论艺术美学问题，如艺术对现实的审美关系，艺术的社会作用、艺术的党性、阶级性等。第三编主要讨论艺术与美范畴以及基本问题，如艺术形象、艺术的内容与形式、美的本质、艺术的种类与体裁等。第四编集中讲现实主义和社会主义现实主义问题。可以看出，这两本教材都紧紧围绕“马克思主义”这一核心为依托和评价标准，来建构美学理论或梳理美学历史，这一点也深深影响了我国的美学发展。在五六十年代的很长时间内，不管是发表美学方面的文章，还是学者之间的美学争论，都囿于“唯物”和“唯心”、“主观”和“客观”之中难以超越，在王国维之后发展起来的美学讨论深度不复存在，又回到了二元对立的思维模式之中。而更为惋惜的是，美学或文艺理论方面的二元对立同时波及了讨论者的社会政治地位，美学或文艺思想上的“唯心”“主观”必然等于政治上的落后、反动，甚至要被批判、清算和打倒，美学立场成为判断政治立场的重要标准。

三、 借鉴苏联经验编著美学和文艺理论教材

在上世纪二三十年代，国内已经有了较为完整系统的文艺理论教材，如被称为国内第一部文学理论教材，由伦达加编撰的《文学理论》（广东师范学校贸

易部,1921),还有潘梓年的《文学概论》(上海北新书局,1925),田汉的《文学概论》(上海中华书局,1927),姜亮夫的《文学概论讲述》(上海北新书局,1930),马仲殊的《文学概论》(上海现代书局,1930)等。进入40年代后,还有顾仲彝的《文学概论》(上海永祥印书馆,1945),蔡仪的《文学论初步》(上海生活书店,1946)等。这些文艺理论教材多以日本、西方的理论资源加以本土化,主要围绕文学艺术的概念、特征、发生和发展进行探讨,出现最多的核心词汇是诸如想象、情感、形象、国民性、时代性、道德、人生等,这些理论思想也在很长时间内指导着国内的艺术创作。新中国成立后,建立一套符合社会主义国家建设的理论话语成为一项重要任务,这个时候曾经以日本或西方为思想依托编著的文艺教材就显得不合时宜,也不再适用。于是,经过了最初单纯的译介苏联文艺理论和美学教材的过程后,国内开始着手编著自己的文艺教材。

五六十年代,新中国的文艺学教材经历了一个从无到"盛"的高速繁殖期。这一时期,国内的学人们多在维诺格拉多夫的《新文学教程》或季摩菲耶夫的《文学发展过程》基础上建构文艺学教材的理论体系及核心思想。同时,教材出版的种类和数量也是相当的惊人,我们现在能查阅到的曾出版的教材种类不下20种,而很多教材都是一版再版,发行量也是前所未有的。50年代初,新文艺出版社出版了巴人的《文学初步》(1950年1月初版)一书,该书是在其新中国成立前创作的《文学读本》和《文学读本续编》的基础上重新改写的。在该书的后记中,巴人写道:"全书的纲要,大致取之于苏联维诺格拉多夫的《新文学教程》,因为在它提出的各项问题,确是最基本的问题。然而我或者把它扩大,或者把它缩小,而充实以'中国的'内容。"[①]该书出版后虽然有一些概念学界有所争议,但仍大受好评并得到了广泛的推广,仅在1950年1月到1951年11月之间,就连续三次再版,先后发行了12000册。另一本较有影响的文艺教材,是光明书局1950年出版的齐鸣的《文艺的基本问题》。该书1950年6月初版,10月再版,可以看出在当时也是较受欢迎的。该书的前半部分主要探讨文艺的特质、发生发展、古典、浪漫、现实主义的创作风格以及内容和形式的统一等内容,看得出来所依据的大多还是西方文艺理论的话语资源。但是在该书的后半部分,如第六章"世界观和创作方法",第七章"社会主义的现实主义",第八章"文艺的

① 巴人:《文学初步》,新文艺出版社1951年版,第480页。

党性和党性的文艺”等内容,可以看出已经不可避免地受到了当时苏联文艺思想的影响,有着非常鲜明的“苏联痕迹”。

1957年,是国内文艺理论教材的“丰收年”,连续出版的近十本文艺方面的教材成为当时文艺界的一大景观,而这些教材的体系和内容,正如徐中玉在其回忆中所言:“1957年夏,高教部让黄药眠和我起草了一个文艺学教学的大纲供讨论,内容多半参考苏联。……当时总的情况是很‘左’的,大纲主要学习苏联机械、简单的那一套,强调阶级斗争。”[①]例如,蒋孔阳1954年在北京大学文艺理论研究班亲聆毕达可夫的课程后,编著了《文学的基本知识》一书[②],该书1957年由中国青年出版社出版,在谈到该书时蒋孔阳说:“本书的结构的顺序,主要是参考季摩菲耶夫的《文学原理》。”而在具体内容上,诸如“文学是什么”“形象”“典型”“阶级性和倾向性”“人民性”“党性”等章节,和季摩菲耶夫的观念大同小异。由于该书写得通俗易懂,所以发行量极大。蒋孔阳曾回忆说:“《文学的基本知识》一书,几个月之内,就销了20多万册。”[③]除此之外,同是1957年出版的文艺学教材还有:刘衍文的《文学概论》(新文艺出版社,1957),李树谦、李景隆编著的《文学概论》(吉林人民出版社,1957),冉欲达等编著的《文艺学概论》(辽宁人民出版社,1957),霍松林编著的《文艺学概论》(陕西人民出版社,1957),钟子翱编著的《文艺学概论》(北京师范大学出版,1957),吴调公编著的《文学概论》(南京师范学院函授科,1957)等。此后,在50年代末60年代初,随着“大跃进”的推进,还出现了大批以教研室或系为单位编著文艺教材的情况,如山东大学中文系编的《文艺学新论》(1959),湖南师范学院中文系编的《文艺理论》(1959)等。

可以说,1950至1960年这十年间,国内文艺理论教材的编写在数量上是可喜的,但这种向苏联“一面倒”的倾向以及教材创作上的“大跃进”之风,使得很多教材质量并不太高,正如周扬在一次报告中所说:“1958年以后,教育革命,解

---

① 李世涛:《回望我的学术生涯——徐中玉先生访谈录》,《艺术百家》2008年第5期。

② 吴中杰曾回忆了蒋孔阳《文学的基本知识》出版后的盛况:文艺理论讲习班上的学员们回到原来的学校之后,不但以毕达可夫带来的苏联文艺理论体系来讲课,而且,有好几位还从这个体系出发,写出自己的文艺理论教材,向全国教育界、文艺界辐射。孔阳先生回复旦后,也写了一本《文学的基本知识》,因为写得通俗流畅,发行量很大,影响远远超过那些高校教材。有一次,我下乡劳动,还在一位生产队会计家发现此书,纸张都被翻烂了。(吴中杰:《海上学人》,广西师范大学出版社2005年版,第128页。)

③ 蒋孔阳:《百花盛开庆天时》,《文艺与人生》,首都师范大学出版社1994年版,第433—434页。

放思想，青年人集体编了不少教材，出现了一种新气象，但由于对旧遗产和老专家否定过多，青年人知识准备又很不足，加上当时一些浮夸作风，这批教材一般水平都很低，大都不能继续使用。”[①]正是在这样的背景下，1961 年 4 月，中宣部组织召开了关于全国高等学校文科教材编选工作的会议，周扬在会上作了长篇报告，部署了全国高校文科 80 多个专业的教材编写工作，大学文科教材编选工作主要由时任中宣部副部长的周扬亲自来抓。在这些规划教材中，文艺理论和美学方面的就有蔡仪主持编写的《文学概论》、以群主持编写的《文学的基本原理》、王朝闻主持编写的《美学概论》。遗憾的是，这三部承载着诸多期望的教材在 60 年代都经历了一波三折。以群主编的《文学的基本原理》(上、下)，虽然 1963 年由上海文艺出版社出版，但由于“文革”未能投入使用；蔡仪的《文学概论》和王朝闻的《美学概论》则在“文革”期间被中断了编写工作，一直到“文革”结束后才又重新改编出版。这三本教材虽然道路坎坷，但在出版后都产生了巨大的影响力，两本文艺理论的教材在很长时间里都是全国高校的指定教材，特别是其“五论”(即本质论、创作论、发展论、作品论、批评鉴赏论)的体系雏形，成为此后文艺理论教材难以逾越的模型，具有不可撼动的权威地位。而王朝闻的《美学概论》则是国人自己编写的第一本美学教材，对推动美学的复兴和以后美学教材的编写产生了积极的影响，具有一定的历史意义。

除了模仿苏联成立“美学小组”、译介苏联美学和文艺学教材、借鉴苏联经验编著美学和文艺理论教材外，新中国成立后我们还积极实行“请进来”和“走出去”的交流互动活动，例如 1954 年春至 1955 年夏，聘请毕达可夫在北京大学中文系为文艺理论研究生讲授《文艺学引论》；1956 至 1957 年，聘请柯尔尊为北京师范大学中文系俄罗斯苏维埃文学研究生和进修教师讲授《文艺学概论》；1956 年，聘请瓦·斯卡尔仁斯卡娅为中国人民大学哲学专业学生讲授《马克思列宁主义美学基础》等。而王朝闻则在 1954—1959 年间三次赴苏交流，与苏联美学界交流了“马克思列宁主义美学”的诸多问题，为其此后《美学概论》的编写奠定了理论基础。

由以上可以看出，通过一系列举动，在 60 年代初我们基本解决了国内没有符合新中国建设的文艺理论教材的问题，新中国的文艺理论话语也从 20 世纪

---

① 周扬:《周扬文集》(第四卷)，人民文学出版社 1991 年版，第 143 页。

上半期的欧美日传统转变为50年代以后的苏联文艺传统，完成了当代文艺理论、美学的意识形态改造和话语转型的历史任务。

第四节 “以苏为鉴”与文艺工作的不断调整

新中国成立后，由于国内建设各方面的条件还不够成熟，所以在一段时期内照搬了苏联模式，提出了“以俄为师”“向苏联老大哥学习”的口号，这是当时新中国第一代领导人在初步建设一个新兴的社会主义国家的探索性尝试，也是当时国内、国际环境的必然选择。但随着新中国的逐步稳定和成长，亦步亦趋地向苏联学习显然已不是最好的选择。首先，经过几年的发展实践，我们已积累了一定的实践经验，开始慢慢摸索出一套更符合中国国情的发展之路，对苏联做法中的缺陷和不足也开始有所认识；其次，苏共二十大的召开，苏联的“自我否定”，也让我们重新思索苏联模式的权威性。

一、从“以俄为师”到“以苏为鉴”

本章前三节所讲述的内容，可以归为中国“以俄为师”的各种实践。学界一般认为，1956年赫鲁晓夫在主持召开的苏共二十大上发表反斯大林的“秘密报告”，这一事件可以看作中苏关系发生变化的转折点。从苏共二十大之后，国内开始反思苏联模式的弊端，进而提出了“以苏为鉴”的口号，标志着我们不再照搬苏联的社会主义建设模式，而是以苏联的经验教训作为参照和借鉴，开始积极探索一条适合中国国情的社会主义建设道路。但如果我们把目光再向前看就会发现，其实即使在一再强调“向苏联老大哥学习”的时期，新中国的领导人们也从没有迷失于“权威”之中，而是对苏联模式保持着清醒的认识。早在1954年6月14日，毛泽东在《关于中华人民共和国宪法草案》讲话的结尾，就提出了“破除迷信”的问题：“我们除了科学以外，什么都不要相信，就是说，不要迷信。中国人也好，外国人也好，死人也好，活人也好，对的就是对的，不对的就是不对的，不然就叫作迷信。要破除迷信，不论古代的也好，现代的也好，正确的就信，不正确的就不信，不仅不信而且还要批评。这才是科学的态度。”①这种拒绝迷信的态度，也在一定程度上暗示着毛泽东同志对待苏联的立场。苏共二十大后，在国际形势急剧动荡的情况之下，毛泽东用较为清醒和理智的目光注视着周围大环境的变化，他认为斯大林受批判，有利于我们“揭掉盖子，破除迷信，去掉压力，解放思想”，是完全有必要的，同时又反对苏联对斯大林的所作所为“一棍子打死”的做法，认为“这是不好的”。在1956年4月《论十大关系》讲话中，他指出：“特别值得注意的是，最近苏联暴露了他们在建设社会主义过程中的一些缺点和错误，他们走过的弯路，你还想走？过去我们就是鉴于他们的经验教训，少走了一些弯路，现在当然更要引以为戒。”②在这个讲话中，毛泽东一一对比了中、苏在经济建设，国防建设，国家、生产单位和生产者个人关系，中央和地方的关系，是非关系问题等方面的方法上的异同，更重要的是根据苏联的经验教训总结了我国社会主义建设的经验，提出了探索适合我国国情的社会主义建设道路的任务。可以说，正是以此为标志，我们正式明确了“以苏为鉴”的思想。此后，毛泽东曾多次提到了《论十大关系》，肯定了它在探索适合中国情况的社会主义建设道路中的地位和作用。例如，在1958年3月的成都会议上，他特别指出：“1956年4月提出十大关系，开始提出自己的建设路线，原则和苏联相同，但方法有所不同，有我们自己的一套。”③1960年6月，他在《十年总结》中又说：“前八年照抄外国的经验，但从1956年提出十大关系起，开始找到自己的一条适合中国的路线。”④

这条“适合中国的路线”，不仅仅表现在重工业、轻工业、农业、中央和地方、党和非党、革命和反革命、中国和外交关系等一系列直接关系社稷民生发展的建设路线，同时在文学艺术等意识形态领域，学者们也在进行着积极的探索。

二、“百花齐放，百家争鸣”的提出

赫鲁晓夫在主持召开的苏共二十大上发表了反斯大林的“秘密报告”，从根本上否定斯大林，组织了对过去某些案件的复查和平反工作，在社会主义阵营

---

①《毛泽东文集》第六卷，第330页。
②《毛泽东文集》第七卷，第23页。
③ 同②，第369页。
④《建国以来毛泽东文稿》第九册，中央文献出版社1996年版，第213页。

内产生了巨大的震动。因此，苏共二十大之后，我国国内政策出现调整，开始以苏联为借鉴，探索适合中国情况的建设社会主义的正确道路。正是在这样的背景下，如一些外国学者所说“中国共产党领导人打算给予学术与文化领域更多自由，希望化解日益临近的危险，避免招致激烈反对”①。1956年4月28日，毛泽东在中央政治局扩大会议上提出了“百花齐放，百家争鸣”的方针。此后，文艺界的高层领导也开始在公开场合支持对苏联文艺理论的单一化的批评，秦兆阳的《现实主义——广阔的道路》、钱谷融的《论“文学是人学”》、巴人的《论人情》等一批切中时弊的理论文章相继发表。与此相适应，我国高校文艺学教材的编纂也出现了试图突破苏联毕达可夫等建立的“苏联框架”的倾向，先后有蒋孔阳的《文学的基本知识》(中国青年出版社，1957)，霍松林编著的《文艺学概论》(陕西人民出版社，1957)，冉欲达等编著的《文艺学概论》(辽宁人民出版社，1957)，李树谦、李景隆编著的《文学概论》(吉林人民出版社，1957)，以及北大中文系1955级编著的《毛泽东文艺思想概论》等。尽管这些教材依然在强调文艺为政治服务的意识形态功能，却是中国学者自身努力的成果，这些成果构成这一阶段中国学者对自身文艺理论追求的积极探索。

三、从“保卫社会主义现实主义”到“两结合”的提出

1956年10月“匈牙利事件”给国际社会带来巨大震动，国际上掀起了反苏反共浪潮，对苏联为首的社会主义国家的文学进行肆意攻击，所有这一切迫使阶级斗争的神经再一次紧绷在中国国家领导人的意识之中。1956年11月召开的中国共产党八届二中全会，决定从1957年起开展党内整风运动。对意识形态层面控制的加强，在文艺理论方面的体现则是高调提出“保卫社会主义现实主义”②的文艺斗争路线。与捍卫苏联共产党主导的“社会主义现实主义”原则

---

① 佛克马:《中国文学与苏联影响(1956—1960)》，季进、聂友军译，北京大学出版社2011年版，第84页。

② 1958年7月，由译文社编辑、作家出版社出版的《保卫社会主义现实主义》第一辑出版，同年10月，该系列的第二辑出版。第一辑“前言”，在介绍本书编选背景时有这样的话:“为了保卫马克思列宁主义的文艺思想和社会主义现实主义文学，苏联和其他社会主义国家的文学界，在各国兄弟党领导下，对敌人进行了坚决的反击，同时也对错误的文艺思想和文学作品展开了讨论和批判。经过一两年时间大规模的辩论和斗争，马克思列宁主义原则终于在文学战线上取得了又一次伟大的胜利。”“前言”指出:“为了帮助我国读者比较全面和系统的了解这次斗争的情况，我们从两年来国外报刊上选择一部分最主要的有关这次斗争的批评文章，编辑成专集，以资参考。”(见“前言”第1—2页)

相一致，当时中国科学院文学研究所苏联文学组编写了《苏联文艺理论译丛》，包括《苏联作家论社会主义现实主义（第一次苏联作家代表大会前后的有关言论）》（人民文学出版社 1960 年版）、《世界文学中的现实主义问题》（主要是关于苏联文艺界有关“社会主义现实主义”的几次大规模讨论文章，人民文学出版社 1958 年版）；同时还翻译出版了一批有关社会主义现实主义的著作，如留里科夫的《关于社会主义现实主义的几个问题》（殷涵译，作家出版社 1956 年版）、奥泽洛夫的《社会主义现实主义的若干问题》（戈安译，新文艺出版社 1957 年版）、阿·杰明季耶夫的《社会主义现实主义——苏联文学的主要方向》（曹庸译，新文艺出版社 1957 年版）、特罗斐莫夫的《社会主义现实主义——苏联艺术的创作方法》（牛冶译，新文艺出版社，1958 年版）等论著。1958 年 10 月，苏联学者谢皮洛娃著《文艺学概论》[①]由罗叶、光祥、姚学吾、李广成翻译出版。在这本翻译的《文艺学概论》中，我们可以看到上世纪 50 年代末期社会主义对文艺研究的深刻影响，文学艺术已经成为意识形态的一种特殊形式，在这一思想指导下，“社会主义现实主义”自然成为解读所有文艺现象的有力法宝。

但是，“保卫社会主义现实主义”的文艺路线并非文艺界的不二准绳，在 50 年代中后期，伴随着这一路线且在一段时期内与之并肩存在，随后呈现压倒之势并几乎取而代之的，则是 1958 年 3 月，毛泽东在成都会议上谈到关于诗歌问题时提到“现实主义和浪漫主义的对立统一”的创作方法。随后的 5 月，毛泽东在中共中央第八届代表大会第二次会议上提出了“无产阶级文学艺术应该采用革命现实主义和革命浪漫主义结合的创作方法”，这一“两结合”的方法的提出，实际上对苏联主导的“社会主义现实主义”原则提出了挑战，是我国高层在文艺理论上自觉自主、试图走出苏联影响的一种表现。在 1960 年 7 月全国“第三次文代会”上，周扬所作的《我国社会主义文学艺术的道路》报告中，详细地论述了“两结合”的创作方法，称它是“毛泽东同志对马克思主义文艺理论的又一重大贡献”。他提出：“关于‘真实’，关于‘现实主义’，我们和修正主义者之间存在着截然不同的理解。修正主义者常常在‘写真实’和‘现实主义’的幌子下，反对社会主义文艺的倾向性。他们故意把真实性和倾向性对立起来，认为倾向性会妨碍真实性。其实他们所反对的只是文艺的革命倾向性，目的是要代之以资产阶

---

① 谢皮洛娃：《文艺学概论》，罗叶、光祥、姚学吾、李广成译，人民文学出版社 1958 年版。

级的反动倾向性。他们排除生活中的先进理想，他们的所谓现实主义，是没有先进理想的'现实主义'，实际上不是现实主义，而是卑琐的自然主义或颓废主义。他们的所谓'真实'，其实是对于现实的歪曲。我们从来主张文艺必须真实，反对虚伪的文艺。但是我们却不是'为真实而真实'论者。在阶级社会中，文艺家总是带着一定阶级的倾向来观察和描写现实的，而只有站在先进阶级和人民群众的立场，才能最深刻地认识和反映时代的真实。人民的作家选择和描写什么题材，首先就要考虑是否于人民有益。真实性和革命的倾向性，在我们是统一的。"①

可以看出，从1960年起，文艺上的修正主义被视为一种国际性现象，人性论和人道主义则被看作修正主义者的主要思想武器。与此同时，苏联文学开始被定性为"苏修文学"。从此我国对苏联文学和文论的态度急转直下，由全面学习、全面接受转向全盘批判、全盘否定。有关苏联文学和文论中的人性论、人道主义等著述，以及苏联对现代主义的重新探讨等著述，都被列入"现代修正主义文艺思潮"在内部翻译出版，专供批修参考之用，这就是那套内部刊行的"黄皮书"。

以上中苏政治关系与文艺事业关系的微妙变化，不仅成为"美学大讨论"的一个理论背景，同时许多思想和观点也成为"美学大讨论"中的直接内容，其与"美学大讨论"的关系及对"美学大讨论"的影响是无法分开的。

---

① 周扬：《我国社会主义文学艺术的道路》，《中国文学艺术工作者第三次代表大会文件》，人民文学出版社1960年版，第47页。

第三章

主观派的美学思想及其论争

50年代的美学大讨论，涌现出了大批美学家，形成了不同的美学派别，其中吕荧与高尔泰合二为一，都被视作主观派的代表。由于特殊的政治语境，在当时的美学家中，他们受到的批判和否定是更加严厉的，其个体命运也更加曲折。本章将分别论述这两位美学家的思想特质，以及这些特质带给他们沉重的人生轨迹。

第一节　20 世纪 50 年代的吕荧及其美学思想

在美学大讨论中，吕荧的“美是观念”说一经提出便成为众矢之的，遭到了很多学者的批评和诟病。近年来，虽然一些学者开始重新审视美学大讨论中吕荧的美学思想，并积极提倡摒弃思维惯性中的“帽子主义”，去客观、真实地还原吕荧的美学思想体系，但以目前的研究来看，这种公允的研究还很难抵抗长久以来的“帽子影响”，提到吕荧，人们还是习惯性地将之划分到“主观派”之中。这种派别上的归类，以当下的眼光来看，显然有着一种限于字词的机械性，并且由于这种划分，在很大程度上遮蔽了吕荧美学思想中的合理性和深刻性。本节对吕荧的研究，将尽量回归真实的吕荧及其美学思想。

一、 吕荧的个人遭际与美学思想历程

（一）《文艺报》对吕荧“资产阶级文艺观”的批判

1951 年，时任青岛山东大学中文系主任、教授的吕荧遭到了来自《文艺报》的批判。在该年 11 月 10 日出版的《文艺报》头版上，以“关于高等学校文艺教学中的偏向问题”为主题发表了六篇文章，并在“编辑部的话”中指出：“现在有些高等院校，在文艺教育上，存在着相当严重的脱离实际和教条主义的倾向，也存在着资产阶级的教学观点。有些人，口头上常背诵马克思列宁主义的条文和语录，而实际上却对新的人民文艺采取轻视的态度，对毛主席的《在延安文艺座谈会上的讲话》认识不足，甚至随便将错误理解灌输给学生……我们觉得，对于这一类错误论点与欧美资产阶级思想意识的残余展开批评，是完全必要的。”[①] 在该组的六篇文章中，有一篇署名张祺，以《离开毛主席的文艺思想是无法进行文艺教学的》为题目的读者来信，该信件向《文艺报》反映，他所在的山东大学的

① “编辑部的话”，《文艺报》1951 年 11 月 10 日。

文艺教学存在着“不是以人民的文艺和社会主义现实主义文艺为主要线索，而是以古典的外国文学作品如哈姆雷特、奥勃洛摩夫为主要例子”“不注重工农兵文艺，不注重当代写工农兵的文艺作品”“对于现实政治不积极”①等问题，并希望他们的文艺教学能回到正确的方向上来，以毛泽东的文艺思想作为文艺教学的基本原则。这封来信虽然没有指名道姓，但矛头已经直指当时担任文艺理论教学的吕荧。正如吕荧当时的学生李希凡在后来所作的《回忆与悼念》一文中所言，这封发表在《文艺报》上的信件，“不仅在山大中文系引起了思想震动（不如说是引起混乱），而且造成了‘运动’的声势”。② 于是，在该校的进一步组织下，经过全系学生的积极认真学习讨论后，很多学生又分别写信向《文艺报》反映了自己的感受和观点，分别是刘乃昌、任思绍和冯少杰以山东大学学生会名义发表的《这是我们迫切需要解决的问题》③，樊庆荣的《反对脱离实际的文艺教学》④，崔杰民、赵开华的《为甚么不热爱新的人民文艺》⑤，李希凡的《对我校文艺教学问题的几点意见》⑥等，这些来信或文章对吕荧保持了较为一致的声讨基调，从各自的不同角度指责了他们的文艺教学中的教条主义、轻视人民、小资产阶级倾向等，并纷纷呼唤对这门课程进行改革，建立新的文艺体系。

在这次事件中，《文艺报》虽然保持了一种开放的姿态，随后也刊发了吕荧为自己辩护的信件⑦，但显然势单力薄，并不能起到太大的挽回作用。于是在 1952 年第 2 期《文艺报》的“编辑部的话”里，对于吕荧的文艺教学有了基本的定

---

① 张祺：《离开毛主席的文艺思想是无法进行文艺教学的》，《文艺报》1951 年 11 月 10 日。

② 吕荧：《吕荧文艺与美学论集》，上海文艺出版社 1984 年版，第 548 页。

③ 文中写到：“我们的文艺学，虽然在概念上给了同学一些知识，但由于没有贯彻毛泽东文艺思想，片面地强调了外国的古典作品，错误地解释了普及与提高，这就使得同学距离人民文艺越来越远了。”

④ “编辑部的话”，《文艺报》1952 年第 2 期。

⑤ 文中写到：“现在我们明白了，我们感到这样下去非常危险，我们希望对文艺学这门课程进行改革，首先要求先生端正他的文艺思想和教学方法。”

⑥ 文章共分为六部分。(1) 小资产阶级思想改造问题。(2) 轻视人民文艺问题。(3) 西洋古典文学借鉴问题。(4) 理论问题上的选材。(5) 对所谓“系统化”“联系实际”“普及提高”等问题的理解。(6) 方法问题还是思想问题。李希凡在信中直接提到了自己的老师吕荧的名字。他认为：“吕荧先生的对于古典文学的介绍，客观上是引导我们陶醉于古典主义文学的迷窟里，不能自拔。”他在文章最后说：“我们热烈地希望先生，在文艺教学问题上，端正教条主义脱离实际的错误，粉碎主观主义的教学体系，从中国革命现实，从中国革命文学实际出发，建立文艺教学的新体系。”

⑦ 尽管吕荧先生在《文艺报》上极力为自己辩护，指出：“××同志没有去听过文艺学的课，可是他引了我在课堂上讲的话。这些话经他一写之后，和原意正相反。还有一些话我根本就没有讲过。”吕荧为自己辩护的例子，是他于 1949 年到 1950 年间写的关于学习毛泽东《在延安文艺座谈会上的讲话》文章。他说：“(这是) 我对毛主席文艺思想的尊崇和对人民文艺的重视。现在竟有人制造一些莫须有的话加在我的身上，这实在是不能缄默的。”但这样的解释，对吕荧已无意义。

论:“在该校的行政领导下,该系同学经过了热烈的学习和讨论之后,大都明确地认识了吕荧同志教学中脱离实际、脱离毛泽东文艺思想的教条主义的错误,并迫切要求改进。”①在此之后,时任山东大学校长的华岗劝说吕荧做一下自我批评以保护自己,但吕荧没有同意,于是离开了山东大学,并在1952年冬天,经冯雪峰介绍到人民文学出版社担任特约翻译工作。

在该事件过去32年之后,当时事件的亲历者和参与者反思说,所谓的全系学生热烈的学习和讨论,不过是“被动员起来给先生提意见,批评先生的‘教条主义’”②,而站在当下,当我们有条件把当时的历史在一定程度上做较为完整的还原后就会看出,吕荧这次有口难辩的遭遇,实是当时国内“知识分子思想改造”之下整个社会文化氛围的一个具体表现。吕荧成为这场运动的“众矢之的”,虽带有一定的历史偶然性,但不能不说这个“偶然性”遭遇,为随后学界对其美学思想中“主观性”因素的批判,起着“先入为主”的重要影响作用。

(二)“美,是一种观念”的首次亮相

1953年,吕荧在《文艺报》第16、17期上发表了《美学问题——兼评蔡仪教授的〈新美学〉》一文。关于写作这篇文章的目的,吕荧在文章的开头有比较明确的表示:关于美的问题,自古而来的美学家都有讨论和论述,但他们的美学如同他们的哲学思想体系一样,大多属于唯心论的美学。而中国的美学发展也不容乐观,如朱光潜和蔡仪的美学思想,特别是蔡仪的《新美学》一书,基本没有脱离旧美学的窠臼,带着鲜明的唯心主义色彩。③ 正是基于这一原因,吕荧试图通过对《新美学》一书的探讨和解剖,重新阐释美学研究中存在的一些问题。由对美的本质“美是什么”开始发问,吕荧质疑了蔡仪的“美的东西就是典型的东西”“美的本质……就是个别之中显现着种类的一般”的思想,并进而提出自己的美学观点:“美,这是人人都知道的,但是对于美的看法,并不是所有的人都相同的。同是一个东西,有的人会认为美,有的人却认为不美,甚至于同一个人,他对美的看法在生活过程中也会发生变化,原先认为美的,后来会认为不美;原先

① “编辑部的话”,《文艺报》1952年第2期。
② 吕荧:《吕荧文艺与美学论集》,第548页。
③ 同②,第412页。

认为不美的，后来会认为美。所以美是物在人的主观中的反映，是一种观念。”[①]这篇文章发表于1953年，距离第一次美学大讨论还有三年之隔，在这之前，吕荧的学术活动主要在文学翻译、文艺理论与作品批评方面，关于美学的探讨和研究相对较少，因此，这篇文章可以说是吕荧美学思想的首次亮相。在这篇文章中，可以说已经涵盖了后来学者所批判的吕荧美学思想中的大部分“主观性”观点，但从现有的资料来看，这篇文章在当时并没有引起人们太多的关注，更遑论争鸣和批判。就连在这篇文章中吕荧直接挑战的对象——蔡仪本人也并没有急于回驳，一直到大讨论已经开始，学界对于吕荧的“唯心主义美学思想”开始轰轰烈烈的批判之后，蔡仪才先后发表了《论美学上的唯物主义与唯心主义的根本分歧——批判吕荧的美是观念之说的反动性和危害性》[②]和《吕荧对“新美学”美是典型之说是怎样批评的？——我的美学思想和我的批评者之二》[③]两篇文章，一并批判了吕荧“美是观念”的唯心主义倾向，反驳了吕荧对自己“美是典型”说的误解。

在1950至1956年间，中国的文化环境悄然发生着改变，虽然观点还是同样的观点，但前后有着截然不同的待遇。在知识分子的思想改造运动之后，到1955年，中央又先后发出了《关于在干部和知识分子中组织宣传唯物主义思想批判资产阶级唯心主义思想的演讲工作的通知》《关于宣传唯物主义思想批判资产阶级唯心主义思想的指示》等文件，《人民日报》发表了题为《必须宣传唯物主义思想，批判唯心主义思想》的社论，这些指示的核心内容是要向全国知识界宣传与普及马克思主义基本理论，清除各种非马克思主义的思想观念。这些通知和指示迅速演变为思想观念的改造运动，又很快升级为非此即彼的政治斗争——强调“客观”就是忠实的马克思主义思想的坚守者，而突出“主观”就是“歪曲马克思列宁主义的原则”，就是“反革命活动”（蔡仪语）。正是在这一时代背景下，同样的“美是观念”的表述，却经历了从默默无闻到全民批判这样“冰火两重天”的待遇。

---

① 吕荧：《吕荧文艺与美学论集》，第416页。

② 蔡仪：《论美学上的唯物主义与唯心主义的根本分歧——批判吕荧的美是观念之说的反动性和危害性》，《北京大学学报（人文科学）》1956年第4期。

③ 蔡仪：《吕荧对“新美学”美是典型之说是怎样批评的？——我的美学思想和我的批评者之二》，《学术月刊》1957年第9期。

（三）惹祸上身——为胡风的辩解

1955年5月25日，中国文联主席团和中国作协主席团在北京召开了七百余人参加的“撤销胡风等反革命分子职务”的批判大会，在大会步调一致地对胡风的严厉声讨中，吕荧“不合时宜”地提出，胡风的问题是学术思想问题，不是政治问题。他因此被赶下台，并被定性为胡风集团的反动分子，经最高人民检察院批准后进行了为期一年多的隔离审查。在此期间，学界发表了一系列批判吕荧的文章，如：刘泮溪、孙昌熙《揭发吕荧反革命的文艺思想》（《文史哲》1955年第8期），邢福崇、袁世硕《彻底清算胡风分子吕荧的罪恶活动》（《文史哲》1955年第8期），赵俪生《批判吕荧的反马克思主义文学理论》（《文史哲》1955年第8期），袁世硕《吕荧是胡风的忠实信徒和帮凶》（《文史哲》1955年第10期），徐维垣《揭发胡风分子吕荧通过介绍俄罗斯文学和苏联文艺理论所犯的罪行》（《文史哲》1955年第11期）等。1956年6月25日，经过中央的批准，解除了对吕荧的隔离审查，并证明了吕荧“没有参与胡风反革命集团的活动”，但在这一年多的审查中，吕荧的脑神经受到了比较严重的伤害，健康状况也极度恶化。

在吕荧被隔离审查期间，虽然“胡风反革命分子”的罪名并没有确立，但对于这“莫须有”之罪的批判却已经轰轰烈烈的开始了。“起火的后院”首先就是吕荧曾经任教的山东大学，在山东大学文学院和历史语文研究所共同创办的综合性学术刊物《文史哲》杂志上，在1955年的第8至11期中，先后刊发了多篇批判吕荧的文章，其中有专门针对吕荧所犯下的“胡风罪行”的，但大多数文章，则主要是由“反革命”问题而引发的对吕荧文艺思想的批判。造成这种现象的原因，一方面可以看作是对其1952年文艺教学风波的批判“惯性”使然，而另一方面，我们也可以看出在人们心目中“政治批判”与“文艺批判”之间根深蒂固的联系。“政治上的反革命”必然等于“文艺上的反革命”，这一并没有严密逻辑依据的等式却是当时社会环境中大多数人的自然或必然判断。在这个时候，吕荧“美是主观”的观点虽然还没有引起人们的注意，但它被批判的命运已经被悄悄地注定了。

（四）重量级的回归

在1956年解除审查之后，吕荧重新开始了自己的美学研究工作。1957年

12月3日，《人民日报》发表了吕荧的美学论文《美是什么》，同时配发据说是由胡乔木拟稿、毛泽东亲自修改定稿的“编者按”指出：“本文作者在解放前和胡风有较密切的交往。当1955年胡风反革命集团揭露，引起全国人民声讨的时候，他对胡风的反革命面目依然没有认识，反而为胡风辩解，这是严重的错误。后来查明，作者和胡风反革命集团并无政治上的联系。他对自己过去历史上和思想上的错误，已经有新认识。我们欢迎他来参加关于美学问题的讨论。”[①]这篇颇具“重量”的“编者按”，一方面可以看作中央通过《人民日报》这个权威性的平台为吕荧公开平反，恢复名誉，但同时，如果我们结合1956年4月28日、5月2日，1957年2月27日毛泽东多次在国家重要的会议场合高倡的“百花齐放，百家争鸣”的“双百方针”就可以看出，[②]中央为吕荧安排的这次高调亮相，在一定程度上，有着一种为“百花齐放，百家争鸣”的方针做宣传的考虑。而从后来学界的反响来看，吕荧的这篇文章显然属于“百花”中的异数，注定了只能孤傲绽放。

在《美是什么》一文中，吕荧对其在《美学问题》中所提出的“美是一种观念”的论点加以进一步阐释，指出：“美是人的社会意识。它是社会存在的反映，第二性的现象。”[③]“作为一种社会意识，美为社会生活所决定，也反作用于社会生活，它随社会生活的发展而发展，在发展中美有它的相对独立性，有它的继承性和连续性，并且与其他的社会意识发生相互的影响，在阶级社会中美也有它的阶级性。”[④]在文末，吕荧还充满希望地期待，在厘清了“美是什么”这一关键性的美学问题之后，我们可以从马克思主义的观点进行新美学的研究，使美学也可以加入创造社会主义现实主义的艺术行列中去，从而创造出更伟大的美。在该文发表之后，吕荧受到了学界的直接批判，在《美学问题讨论集（第四集）》中，收

---

① “编者按”，《人民日报》1957年12月3日。

② 1956年4月28日，毛泽东在中共中央政治局扩大会议上的总结讲话中提出了百花齐放、百家争鸣的“双百方针”；1956年5月2日，毛泽东在最高国务会议第七次会议上说：“现在春天来了嘛，一百种花都让它开放，不要只让几种花开放，还有几种花不让它开放，这就叫百花齐放。”并主张在文艺上百花齐放、在学术上百家争鸣；1957年2月27日毛泽东在《关于正确处理人民内部矛盾的问题》的讲话中重申：“百花齐放、百家争鸣的方针，是促进艺术发展和科学进步的方针，是促进我国的社会主义文化繁荣的方针。艺术上不同的形式和风格可以自由发展，科学上不同的学派可以自由争论。利用行政力量，强行推行一种风格，一种学派，禁止另一种风格，另一种学派，我们认为会有害于艺术和科学的发展。”

③ 吕荧：《吕荧文艺与美学论集》，第400页。

④ 同③，第410页。

录两篇批判吕荧“美是观念”的文章，一篇是由余素纺、梁水台共同署名，发表于《羊城晚报》的《美是主观的，还是客观的？——评吕荧的美学观点》，该文认为吕荧是“在这种唯物主义词句的掩饰之下，他贩卖的还是十足的唯心论的货色”[①]。另一篇是朱光潜的《美就是美的观念吗？——评吕荧先生的美学观点》，认为吕荧的“美学观点是混乱的，自相矛盾的”[②]。而他认为吕荧之所以陷入自相矛盾的死胡同，是因为“美是人的一种观念”的提法的主观唯心主义色彩太过刺眼，于是只好采用“偷梁换柱”和“骑墙”的方式来打掩护，一方面用“社会意识”装饰他的“观念”论，一方面积极迎合流行的机械唯物主义思想。[③]

（五）对自身观点的不断补充与矫正

在受到来自学界的批判后，1958年，吕荧又先后在《人民日报》上发表了《美学论原——答朱光潜教授》和《再论美学问题——答蔡仪教授》两篇美学论文。在回答朱光潜的文章中，吕荧先是探讨了朱光潜“美是艺术的一种属性”的定义和“美是客观与主观的统一”的观点，认为这两个理论，前者是混淆了“艺术”这个词汇两种不同的意义，后者则是借“客观与主观的统一”把客观“统一”于主观意识中，于是美的自然事物和社会事物也被当成艺术的作品，是从唯心主义的观点出发所建立的美学理论。在该篇文章中，吕荧还进一步丰富了自己的美学观念，首先是对“美”的补充，认为“美”其实是在社会意识和个人观念的双向互动中形成的，因此一方面有它在社会中形成发展的历史，同时也有它在个人生活中形成发展的过程。因而，“美的观念”有一个从表象到概念到观念的形成发展过程，而这个过程全部是在个人生活与社会生活中实现的。[④] 吕荧以此来反驳他人对自己的唯心主义批判。在该篇文章中，另一个值得注意的问题，就是吕荧提出了要对“美是什么”有一个较为明确的认识，需要从本质论、认识论、实践论三个方面进行综合的研讨，[⑤]应该说，吕荧的这一认识，对于当时大多数人都专注于美本质的大讨论来说，确实具有开拓意义。

在《再论美学问题》一文中，吕荧对于蔡仪“意图求得美之客观规律，建立一

---

① 《美学问题讨论集》第四集，第19页，原载《羊城晚报》1957年12月24日。
② 同①，第24页，原载《人民日报》1958年1月16日。
③ 同①，第31—32页，原载《人民日报》1958年1月16日。
④ 吕荧：《吕荧文艺与美学论集》，第410页。
⑤ 同④，第456页。

种客观的美学，自然科学的美学”的希望深表同情，认为在当时科技已经发展到原子能的时代下，都没能在事物本身寻找到美的属性或客观规律，只能说明这样的想法既无科学根据又无事实根据。该文进一步丰满了吕荧的美学观点，他开始以一种发展论的眼光看待有关美的问题，提出“美不仅与事物本身有关，而且与人有关，与人的社会生活、历史时代，各种社会意识有关，并且，美不是固定不变的，它发生着，消灭着，变化着，发展着”①。

1962 年 9 月，吕荧发表了他的最后一篇美学论文《关于“美”与“好”》。在这篇文章中，吕荧指出：“美与好是人对于事物的评价，论美，论美与好，论及人与事物的关系，就必须考虑到人与事物的实际上的联系，就必须考虑到人的生活。”②吕荧把美与好看作是人对客观事物的判断和评价，把它们看成是人对客观事物的一种认识。

（六）最终难逃“胡风反革命分子”的命运

1966 年“文化大革命”开始，吕荧以“胡风反革命分子影响社会治安罪”的罪名被送到北京“268”集中营强制劳动。1969 年 3 月 5 日，吕荧含冤逝世于清河农场，终年 54 岁。1979 年 5 月，公安部为其平反，恢复政治名誉。

二、 吕荧美学的基本观点

（一）在批判和否定中的美学建构

吕荧的美学研究，是从对他人美学思想的批判开始的。他的第一篇较为完整的美学论文——《美学问题》，就主要是针对蔡仪的《新美学》一书中的美学问题展开讨论并进而猛烈批判的。在“美学大讨论”开始后，鉴于朱光潜对他的“美是观念”论的质疑，吕荧在《人民日报》发表了《美学论原》一文，主要回答了朱光潜的问题，同时也一并批判了朱光潜美学中的“主观唯心主义”思想。而在对蔡仪和朱光潜的美学批判中，吕荧溯源了他们的理论来源，顺带也对康德的

① 吕荧：《吕荧文艺与美学论集》，第 503 页。
② 吕荧：《关于“美”与“好”》，《人民日报》1962 年 9 月 16 日。

美感理论和克罗齐的“直觉论”美学进行了反驳。如果说对于国内理论家的相互批判和指责是当时国内学术研究的普遍风气和必然路径，那么吕荧表现出的对于当时大多数学者一味盲从西方美学思想的理性和清醒态度，就显得弥足珍贵。

1. 对蔡仪美学观的批判

吕荧对于蔡仪美学思想的批判，主要是围绕其在《新美学》中提出的“美的东西就是典型的东西，就是个别之中显现着一般的东西”“美的本质就是事物的典型性，就是个别之中显现着种类的一般”的相关论断展开的。在当时的美学界，由于蔡仪提出的“我们认为美是客观的，不是主观的；美的事物之所以美，是在于这事物本身，不在于我们的意识作用”中鲜明的唯物主义倾向，所以很多人都力挺蔡仪，认为他的美学观念是对马克思主义唯物论和反映论的忠实实践。但吕荧显然并不这样看，他一方面指出了蔡仪“美是典型”论背后的迷雾，同时也毫不留情地批评了其美学思想中的机械性和唯心主义实质。

首先，吕荧认为蔡仪的“美是典型”说无法在实际生活中得到验证，因而是超社会、超现实的东西。蔡仪在《新美学》中援引了宋玉的《登徒子好色赋》，认为这个“增之一分则太长，减之一分则太短，着粉则太白，施朱则太赤”的东家之子的形态颜色，一切都是最标准的，由此可知她的美就是在于她是典型的。吕荧针对这个例证提出疑问：“大多数眼睛都像它那副模样”的“典型的眼睛”究竟是什么样的？什么样的女人才是“典型”的女人？这一切似乎是个谜，依然让读过的人不知所以然。而科学的理论显然不是让人读后依然感觉像谜的理论，“科学的理论应该是从实践产生而又为实践所证实的理论”①。吕荧认为，蔡仪之所以存在这样的思想错误，就在于把事物当成了孤立的、固定的、不变的个体，即“把现实的事物的本质变为一种形而上学的观念”②，而这样的观念在实际中又根本无法自圆其说。就像如果“典型就是美”，那么“典型的恶霸”“典型的帝国主义者”，是否也是美的？因此，不管是对于蔡仪自己的例证所作出的发问，还是由他的理论逻辑所推导出的问题，“美是典型”的观点都无法作出合理的解答，这也就使这一理论有着空洞臆想的嫌疑。吕荧在对这一理论缺陷批判

① 吕荧：《吕荧文艺与美学论集》，第 414 页。
② 同①，第 417 页。

之后提出：

> 马克思主义文学理论家在自己的著作中，就不应该从抽象的“艺术原则”或“美的规范”出发，而应从具体的社会物质生活条件，即从社会发展的决定力量出发；不应从“伟大天才”的善良愿望出发或以“艺术”“普遍的美”等等要求为基础，而应从社会物质生活发展的现实需要出发。

在《再论美学问题》中，吕荧以“胭脂和粉”以及自然界中的现象为例驳斥了“美是物的属性”的观点：胭脂和粉搽在脸合适的位置上就是美的，若搽在鼻子或其他地方就不美了；自然界中的花有若干种，但并不是所有的花都是美的；风、雨、雪对于闲情逸致的人是美的，对于饥寒交迫的人就不是美的。在这些事例中，“物的属性”并没有改变，但美丑之感觉截然不同了。因此，美学不是自然科学，而是与人的生活和人的主观意识息息相关的。

其次，吕荧认为蔡仪的美学是打着唯物主义旗号的唯心主义。吕荧肯定了《新美学》是一本宣扬唯物论的著作，但仅仅是先在性地预定了这一前提，而在后来的进一步研究中，就偏离了这一前提，走向了唯心论的道路，陷入了思想上的混乱。在《新美学》中，蔡仪在对物的属性层层剖析之后，把诸如形体、音响、颜色、气味、温度及硬度等看作是事物低级的属性条件，这实际上是重蹈了马赫物是“感觉的综合”的覆辙，把事物当成了“观念的集合”。这样，“《新美学》虽然承认物的客观的存在，但是当它把物还原成‘属性条件的统一’的时候，就在实际上取消了物的现实性的客观存在，把它变成了抽象的主观观念中的存在，走向了主观唯心论的道路”。[①] 同时，对于蔡仪所认为的客观事物的属性条件是相对的、可以互相推移、错杂的、无限的观点，吕荧认为这其实又陷入了“不可知论”，这样“美”也成为不可知的东西，“典型就是美”的理论也就彻底地破灭了。而在把蔡仪的美学理论与西方理论家康德、克罗齐、叔本华、维齐尔等人的思想进行联系后，吕荧认为：“《新美学》实际上是折衷德国唯心论各派美学的产物，从古典唯心论者到近代唯心论者。”[②]

---

① 吕荧：《吕荧文艺与美学论集》，第422页。
② 同①，第433页。

不仅如此，吕荧还批判了蔡仪在《论美学上的唯物主义与唯心主义的根本分歧》一文中，修改、歪曲了马克思的意识论、列宁的反映论，杜撰了他自己的“马克思列宁主义的反映论”。[①] 吕荧认为，“美的观念是客观事物的美的‘映象’”的观念并不是唯物主义的，马克思主义哲学中的“社会存在”是指一切社会的生产方式的总和，而不限于某一具体的“客观事物”，列宁的“知觉和表象”也不等于“观念”，这些词汇之间虽有着一定的相似性，但蔡仪如此主观地，一而再、再而三地置换概念，就不仅违反了自然科学，而且也违反了马克思列宁主义的哲学。[②]

在对蔡仪的观点批判之后，吕荧公布了自己的研究结果：

> 美是人的观念，不是物的属性。人的观念是主观的，但是它是客观决定的主观，人的社会生活，社会存在决定的社会意识。在这一意义上它也有客观性。[③]

第三，吕荧认为蔡仪的美学走向了“美学至上”“为美而艺术”的道路。既然“艺术所要表现的是现实事物的种类的一般性，是它的本质真理，是它的典型性”，那么艺术就必然与社会的现实性、阶级性相脱离，因而无益于为帮助一定的社会基础而战斗。但是，自从有艺术的历史以来，就没有什么纯粹的“美的艺术”，而只有社会的阶级的艺术。在此，吕荧又进一步重申了自己的美学观点：

> 美是生活本身的产物，美的决定者，美的标准，就是生活。凡是合于人的生活概念的东西，能够丰富提高人的生活，增进人的幸福的东西，就是美的东西。美不是超现实的，超功利的，无所为而为的。美随历史和社会生活本身的变化和发展而变化发展，并且反作用于人的生活和意识。美不是超然的独立的存在，也不是物的属性。美和善一样，是社会的观念。[④]

---

① 吕荧：《吕荧文艺与美学论集》，第 484 页。
② 同①，第 486—487 页。
③ 同①，第 495 页。
④ 吕荧：《美学书怀》，作家出版社 1959 年版，第 30 页。

如以上所述，把吕荧对于蔡仪的批判进行一下条分缕析之后就会发现，批判的核心其实紧紧围绕“社会生活”四个大字。“美是典型”说脱离生活实际，无法在现实中自圆其说；对物的属性条件的分析最终陷入了唯心主义的窠臼，是对马克思“社会存在”的狭隘理解；艺术要表现“本质真理”“典型性”的观念，使艺术的目的离开了生活的大地，成为飘浮在空中的东西。由此我们也可以对“社会生活”在吕荧美学思想中的地位窥见一斑。

2. 对朱光潜美学观的批判

吕荧对于朱光潜美学思想的批判，集中在其《美学论原》一文之中，此文是他专门用来答复朱光潜 1958 年 1 月 16 日发表在《人民日报》上批判自己观点的《美就是美的观念吗？》一文的。表面上看，这是迫不得已的“兵来将挡”之举，但如果对吕荧的美学作一个回溯就会发现，早在 1953 年他批判蔡仪的《美学问题》一文中，就已经表露出对于朱光潜美学理论的质疑。在此文的开头，吕荧写道：“中国美学家所著的美学，也大都是唯心论的美学。朱光潜教授的《文艺心理学》是一个例子。”①虽只是只言片语，批判的锋芒却已毕露，并且此时对于朱氏的美学思想已定下了唯心主义的批判基调。在《美学论原》中，吕荧对于朱光潜的批判依然主要是针对其美学思想中鲜明倒退的唯心主义的，在归纳综合之后，我们认为，这种批判主要体现在以下三个方面。

首先，朱光潜的“美是艺术的一种属性”的定义混淆了自然、社会与艺术的区别。吕荧指出，朱氏的这个定义，会让人认为只要美的东西都可以归属到艺术之中，那么自然中的花草、社会中的道德，这些让人产生美感的事物是否都可以理解为是艺术的作品？显然，自然事物或社会事物与艺术作品之间有着根本的区别，那么朱光潜的这个关于“美的定义”也就不合事实，是不能够成立的。

其次，朱光潜“美是客观与主观的统一”论属于主观唯心主义的康德学派。批判的焦点主要围绕“统一”二字。吕荧认为，此处的“统一”不能仅仅理解为“一致”，如果说“美是客观与主观的一致”，这样的论点虽是唯物主义的，但在认识论上只有一般的意义，没有什么思想含量，只不过是一个“普通的思想”而已。再者，“一致”也有多种理解，“从唯物主义的观点来看，这个‘一致’需要具有客观的真实性，即主观认识应该是客观存在的表象或映象。从唯心主义的观点来

① 吕荧：《吕荧文艺与美学论集》，第 412 页。

看,这个'一致'则需要具有主观的真实性,即客观存在是主观意识产生或创造的形象或心象,可以任意的加以主观主义的理解或领悟"。[①] 而从朱光潜的"美感经验"论来看,他的"一致"显然属于后一种理解。朱氏在阐释"美感经验"时说道:"直觉除形相之外别无所见,形相除直觉之外也别无其他心理活动可见出。有形相必有直觉,有直觉也必有形相。"[②]由此可见,物的形相是与直觉共存的,而"这个'形相'并不是物本有的实在的形象,而是主观心灵直觉或创造出来的意象或形相"[③]。这样,"形相直觉"说与康德"先验的心理学"中的"物体仅为吾人外感之现象,而非物自体"[④],"在吾人之体系中,此等所名为物质之外物(在其所有一切形态及变化中),皆不过现象而已,即不过吾人内心中之表象而已"[⑤]以及"我若除去思维的主体,则全体物质界将因而消灭,盖物质不过吾人主观所有感性中之现象及主观所有表象之形相而已"[⑥],在本质上其实是相同的。不仅如此,朱光潜还进一步抛弃了康德哲学中的唯物论因素,而积极地向克罗齐"彻底的主观唯心主义"靠近。吕荧认为,在朱光潜最著名的"物甲物乙"论中,不仅割裂了物和物的形象,这个夹杂着人的主观成分的"物乙"必定因人而异,那么我们也就不可能通过"物乙"去还原、认识客观存在的"物甲",这其实就是克罗齐的"直觉即表现"、巴克莱(贝克莱)的"存在就是被感知"、休谟的"我们的知觉是我们的唯一的客体",是"从康德退回到休谟、巴克莱"[⑦]。

其三,朱光潜的美学排除了"现实美",曲解了毛泽东《讲话》的理论内涵。吕荧认为朱光潜对毛泽东《在延安文艺座谈会上的讲话》中的思想存在着严重的误读,《讲话》的中心并不在于"解决了自然美与艺术美孰高孰低的问题"[⑧],更不会认为艺术美要高于自然美。在美学上,毛泽东是认为社会生活与文艺作品并美的,并且指出现实是艺术的唯一源泉,艺术较之现实"有不可比拟的生动丰富的内容"[⑨]。但朱光潜认为"社会美"和"自然美"只是"一般意义上的美",只有

---

① 吕荧:《吕荧文艺与美学论集》,第444页。
② 朱光潜:《文艺心理学》,开明书店1936年版,第14页。
③ 同②,第445页。
④ 康德:《纯粹理性批判》,蓝公武译,商务印书馆1997年版,第291页。
⑤ 同④,第291页。
⑥ 同④,第306页。
⑦ 同①,第458页。
⑧ 朱光潜:《论美是客观与主观的统一》,《哲学研究》1957年第4期。
⑨ 毛泽东《在延安文艺座谈会上的讲话》,载《毛泽东选集》第三卷,人民出版社1991年版,第861页。

“艺术美”才是“美学意义上的美”，也就是认为，凡是没有经过自我的主观改造过的事物，都不能称之为是“美学意义上的美”，这显然就是排除了“现实美”，而彻底地沦为主观唯心论了。

《美学论原》一文中，在对朱光潜美学思想中的诸种不合理进行了分析批判之后，吕荧还一并对朱光潜的美学思想来源进行了探讨，历述了康德、克罗齐、巴克莱（贝克莱）的美学思想，并由邦格腾（鲍姆加登）开始，对“美学”一词进行了溯源，最后提出了“清理康德主义之感性学或直觉学的美学思想，与近百年来唯心论的诸流派分手，明确地走上历史唯物论的社会学的，亦即科学的道路”[①]的美学愿景。

综观吕荧对蔡仪、朱光潜的批判可以看出，他始终站在明确的唯物主义立场，重点强调“美”与社会现实不可分割的关系。脱离现实生活的，于现实无益的美学思想，最终会沦入唯心主义的泥淖。在近年学界对吕荧的研究中，虽然有学者一一对比分析了吕荧与他的批判者和被批判者蔡仪、朱光潜以及李泽厚、高尔泰在美学思想上的“五十步笑百步”，但不能不说的是，从吕荧的第一篇美学论文开始，他就坚实地踏在现实生活的大地之上。

3. 站立在现实生活之上的美学论断

如果说吕荧在美学方面的相关表述存在着概念上的混用，某些字词的使用也容易让人在理解时产生一定的误解，因而遮蔽了对于其美学思想的完整和真实理解，那么，回归到吕荧美学思想的根源上，去还原一下吕荧美的论述的思想来源，将有助于我们摒弃陷入某些字词上的片面判断，认识真实的吕荧及其美学观念。从吕荧较为重要的五篇美学论文[②]可以看出，对车尔尼雪夫斯基的“美是生活”和对马克思“反映论”“历史唯物主义”理论的继承和借鉴，是其美学观念的源头之水。

(1) 对车尔尼雪夫斯基“美是生活”的继承与发展

车尔尼雪夫斯基是对吕荧的美学思想产生最重要影响的一位，在吕荧五篇关于美的论文中，除了《关于“美”与“好”》一篇外，其他四篇都或多或少引用了车氏美学方面的相关论述，或以此证明自身观点的合理性，或以此批判他人思

---

① 吕荧：《吕荧文艺与美学论集》，第478页。

② 即《美学问题——兼评蔡仪教授的〈新美学〉》《美是什么》《美学论原——答朱光潜教授》《再论美学问题——答蔡仪教授》《关于“美”与“好”》，分别发表于1953至1962年间。

想的唯心性。在最早的《美学问题》中,吕荧就直接大篇幅地引用了车氏《生活与美学》中的话:"'美是生活'…… 任何事物,我们在那里面看得见依照我们的理解应当如此的生活,那就是美的;任何东西,凡是显示出生活或使我们想起生活的,那就是美的。""在普通人民看来,'美好的生活''应当如此的生活'就是吃得饱,住得好,睡眠充足;但是在农民,'生活'这个概念同时总是包括劳动的概念在内:生活而不劳动是不可能的,而且也是叫人烦闷的……总之,民歌中关于美人的描写,没有一个美的特征不是表现着旺盛的健康和均衡的体格,而这永远是生活富足而又经常地、认真地、但并不过度地劳动的结果。上流社会的美人就完全不同了:她的历代祖先都是不靠双手劳动而生活过来的;由于无所事事的生活,血液很少流到四肢去;手足的筋肉一代弱似一代,骨骼也愈来愈小;而其必然的结果是纤细的手足——社会的上层阶级觉得唯一值得过的生活,即没有体力劳动的生活的标志。"①正是在对车氏艺术与现实关系的学习与借鉴后,吕荧得出了自己后来备受瞩目的"美是观念"的论断:

> 美,这是人人都知道的,但是对于美的看法,并不是所有的人都相同的。同是一个东西,有的人会认为美,有的人却认为不美;甚至于同一个人,他对美的看法在生活过程中也会发生变化,原先认为美的,后来会认为不美;原先认为不美的,后来会认为美。所以美是4。②

这一段文字,正是吕荧"美是观念"的首次亮相。这里的"观念"就是马克思所说的"观念的东西不外是移入人的头脑并在人的头脑中改造过的物质的东西而已"③,也是恩格斯所说的"一切观念都来自经验,都是现实的反映——正确的或歪曲的反映"④。但遗憾的是,吕荧并没有对他的"观念"在此处作出更进一步的解释,以至于除了"美是物在人的主观中的反映"几个字外,其他各句确实会让人产生"唯心主义"的感觉。但紧接其后,吕荧重申了美与现实生活的联系:

---

① 车尔尼雪夫斯基:《生活与美学》,周扬译,新中国书局 1949 年版,第 6—7 页。
② 吕荧:《吕荧文艺与美学论集》,第 416 页。
③《马克思恩格斯选集》第二卷,人民出版社 1995 年版,第 112 页。
④《马克思恩格斯全集》第二十卷,人民出版社 1957 年版,第 661 页。

> 美是人的一种观念，而任何精神生活的观念，都是以现实生活为基础而形成的，都是社会的产物，社会的观念。……作为社会意识形态之一的美的观念，它是客观的存在的现象；但是是在一定的社会生活中和历史条件下的客观的存在的现象，并不是离开社会和生活的抽象的客观的存在的现象。所以，美的观念因时代、因社会、因人、因人的生活所决定的思想意识而不同。[①]

在《美是什么》中，吕荧又提到：

> 美是人的社会意识。它是社会存在的反映，第二性的现象。[②]

由此来看，吕荧对于车氏美学除了借鉴之外，还有一定程度的改造和发展。他将车氏艺术与生活的关系借用过来，同时放置在马克思反映论的框架之下，一方面像车氏一样强调现实生活对于美的观念的重要意义，另一方面还论述了两者之所以密不可分的哲学依据，即“作为社会意识形态之一的美的观念，它是客观的存在的现象”，也就是把他的“美的观念”放在了第二性的社会意识之中，因而是必然要受到第一性的社会存在的决定性影响，并且会在一定程度上反作用于社会存在的。这也正是吕荧在其后论述的“美随历史和社会生活本身的变化和发展而变化发展，并且反作用于人的生活和意识”[③]。

(2) 对马克思“反映论”及“历史唯物主义”的忠实坚守

不管当时学界认为吕荧的美学思想如何主观、如何反动，从吕荧的主观动机来看，他是一直忠实地以马克思主义思想为指导，以社会生活作为美的根本源泉的。吕荧对于马克思主义社会存在与社会意识理论的运用在上段文字中已有过论述，兹不赘述。以下重点论述吕荧对马克思“历史唯物论”的运用和坚守。

吕荧认为，任何美学理论，归根到底是一定社会经济状况的产物，因此，“美必须从社会科学观点，历史唯物论的观点加以说明，不是从离开了人的自然科

---

① 吕荧：《吕荧文艺与美学论集》，第416页。
② 同①，第400页。
③ 同①，第437页。

学观点可以得到解释的”。[1] 正是在此基础上，吕荧提出了进行马克思主义美学研究的两个基本原则，一个是它“必须在社会生活的基础上进行研究”，一个是它“必须在历史的关联上进行研究”。[2] 对于前者，吕荧引用了马克思在《1844年经济学哲学手稿》中的话，“假如认为人的情感、热情等等，不仅是狭义的人类学上的定义，而且是人性的真正本体的确定”[3]，那么就必须站立在现实生活的基础上，而不是在抽象的玄学冥想中去考察它们。唯心论美学正是离开了社会生活的基地，形而上学地讨论美的，因而只能限于在“玄学”的世界里兜圈子，而解释不了关于美的任何问题。实际上，坚守“美与社会生活”的关系，是吕荧的美学中最为清晰的思想主线。

对于后者，吕荧曾在论述“美”的起源时有过比较详细的说明，例如，他以我们的祖先为例，在他们茹毛饮血、身居洞穴的时代，是说不出“美”这个字的，只有随着人类的进步、历史的发展，人们对于周遭的事物有了审美上的判断，才在观念中形成了美，并且这个美的观念，也是随着历史的发展而不断发展变化的。因此，吕荧提出：“马克思主义的美学不仅应作社会的历史的研究和分析，批判的接受人类在历史过程中在美的方面的创造和成就，从而更向前进，而且必须彻底的批判各种超社会超现实的美的思想，使美学积极地为人民的利益服务，参加建设社会主义社会和共产主义社会的斗争。”[4]

吕荧的美学论述，或许因为某些字词的使用，确实存在着一些令人质疑之处，但不管是他对车尔尼雪夫斯基“美是生活”的借鉴和发展，还是对马克思主义哲学的吸收和运用，都可以在一定程度上说明其在“唯物”立场上的坚守，为其戴上“主观”“反动”的帽子，确实有些“欲加之罪”的味道。

三、吕荧美学思想中的“矛”与“盾”

吕荧的美学思想虽自始至终站立在现实生活的大地之上，但因为在某些概念使用上的含混，也使其美学论述中确实存在着自相矛盾之处，这也是他的“美

① 吕荧：《吕荧文艺与美学论集》，第400页。
② 同①，第437页。
③ 现译为“如果人的感觉、激情等等不仅是‘本来’意义上的人本学规定，而且是对本质（自然）的真正本体论的肯定”，马克思：《1844年经济学哲学手稿》，人民出版社2000年版，第140页。
④ 同①，第439—440页。

是观念”说不能被人理解、接受，进而遭受批判的原因所在。在美学大讨论中，对吕荧美学思想的批判，主要集中在蔡仪的《论美学上的唯物主义与唯心主义的根本分歧——批判吕荧的美是观念之说的反动性和危害性》《吕荧对“新美学”美是典型之说是怎样批评的？——我的美学思想和我的批评者之二》，余素纺、梁水台的《美是主观的，还是客观的？——评吕荧的美学观点》，朱光潜的《美就是美的观念吗？——评吕荧先生的美学观点》四篇文章之中，这四篇文章从各自不同的角度分析了吕荧“美是观念”说中的不合理之处，但基本上保持着吕荧的美学思想是“唯心论”的基本步调。

综合来看，他们对吕荧的批判主要集中在以下几个方面：

第一，客观世界中是否有美？

吕荧认为美是人的一种观念，但这种观念是以社会生活为基础而形成的，是社会的产物。蔡仪据此提出质疑：这是否意味着“客观事物本身没有所谓美，客观世界本也没有什么美的东西；我们平时所谓美的东西都不是真正美的东西，只是由于它适合于我们的美的观念而我们认为它是美的”[①]。那么，我们祖国的河山、云冈的雕像、战斗英雄或劳动模范，是否本身也不是美的，只是因为符合了我们美的观念所以才被看作是美的？蔡仪认为，按照吕荧的“美是观念”，这一判断是成立的，那么对于“美是生活本身的产物，美的决定者，美的标准就是生活”又该作何理解？可以看出，蔡仪用的是其“美是物的属性”来批判吕荧“观念说”的，所以吕荧在其后的文章中以胭脂和粉以及自然界的风、雨、雪来作出回应，认为这些事物如果不和人发生联系，是无法判断是否为美的，所以依然认为不存在一部客观的“科学”的美学，美学不是自然科学。但同时，吕荧又认为“现实中的美反映在人的意识中”，“在现实生活中没有美的存在，因而在观念中也没有美的存在”，这显然与对蔡仪的答复有一定的矛盾之处，对于这一点，朱光潜也有所意识，所以在文章中发问说：“‘现实中的美’是第一性的呢，还是第二性的呢？”[②]吕荧在其后的文章中承认“现实中的美”是第一性的，这等于承认了客观事物是具有美的，而这又确实重新陷入了蔡仪的批判之中。

其实对于这一问题，吕荧在《美是什么》一文中回答一些同志的来信时，曾

---

① 蔡仪：《论美学上的唯物主义与唯心主义的根本分歧——批判吕荧的美是观念之说的反动性和危害性》，载《美学问题论集》第二集，第 171 页。

② 《美学问题论集》第四集，第 31 页。

经有过阐释。他认为，我们确实会欣赏自然中的美，但没有意识到，我们所欣赏的自然其实是“人化的自然”，人类是在征服控制了自然，拥有了主人地位之后，才开始欣赏这种美的，“所以在一个人的美的观念里，自然美和社会性以至艺术美是统一的”。[①] 从这一点上来说，吕荧所强调的，还是“美”必须要与人发生关系，这样来看，吕荧确实有着一些主观派的嫌疑，但他又时时刻刻都在强调，这种美的观念、美的意识、美的判断并不是由个人凭空生发的，而是从人类第一次意识到美的存在时，就与他所生活的社会物质生活息息相关，并且受制于社会物质生活的，这样又给看似主观的美加上了一层坚固的“客观”外衣。吕荧在此备受诟病，其根源在于他的“自然”与其他学者的“自然”并不在同一个意义层面上，其他学者的“自然”是外在于人类的自然，吕荧的“自然”则是“人化的自然”，是处处刻印着人类痕迹的自然，所以这个“人化自然”中的美，都是经过人“再创造”之后的，正是在这一层面上，他得出了“美是人的一种观念”的论断。

第二，“美”和“美的观念”是否一样？

在余素纺、梁水台的文章中，他们认为吕荧犯下了一个原则性的错误，即把美和美学看作是同一样东西。他们认为：“美是客观地历史地存在于人类社会生活之中而又独立于人的意识之外的东西；而美学是研究美的科学，这是意识形态的东西，可以‘作为哲学的一部分来处理’（车尔尼雪夫斯基）。”[②]但吕荧在“美是人的社会意识”的表述中，显然把两者混为一谈了，这就意味着吕荧把“客观的美”完全等于“主观的意识形态”，显然走到了唯心主义的歧途上。朱光潜也提出了同样的问题，即“美是否就是‘社会意识’”。朱光潜认为：“美”只是表明某种实体（如艺术）的一种属性，艺术才是一种社会意识形态，所以“美”（属性）就不能同时是一种社会意识形态（实体）[③]。不管是余素纺提出的“美”与“美学”的混用，还是朱光潜提出的“美”是否是意识形态，其实最终都指向了“美”是否能等于“美的观念”，正像朱光潜所说，“花的观念”并不等于“花”，[④]“量布的尺不能就是所量的布”[⑤]。不得不说，在这一点上，吕荧确实存在着概念上的混用情况，在他的论述中，“美”“美的观念”“美的概念”“美的意识”“美的认识”等词

---

① 吕荧：《吕荧文艺与美学论集》，第440页。
② 《美学问题论集》第四集，第18页。
③ 同②，第25页。
④ 同②，第26页。
⑤ 同②，第27页。

汇常常纠缠在一起，所以只能授人以柄。[①] 从这一点上来说，吕荧虽一直主张要从本质论、认识论、实践论三方面去考察美，但在他的美学体系中，实际上并没有解决"美是什么"这一本质论问题，而大多还是有关美的认识论方面的内容。

第三，"美感"是否等于"美的概念"。

吕荧认为："美也是一种认识，它由感性认识上升为理性认识。美的认识必须经过感性阶段——美感，但是不能都用感觉（美感）代替乃至取消理性认识（美的概念、观念）。在人的认识中，美的感觉和美的概念、观念是统一的。"[②]朱光潜对此提出异议，他认为吕荧一是把"美感"等同于"快感"，二是在理性阶段取消了"美感"代之以"判断"，三是把"理性认识"等同于美的概念、观念。由于这些混用，吕荧不仅回到了康德"美感判断"的老玩意儿，同时又使"'美的观念'不但就是美本身，而且又是美的原因（判断的根据），又是美的结果了"[③]。

吕荧的美学研究，是在批判他人"唯心论"的美学思想中逐步建立和完善起来的，不管是在先前的以文艺评论和翻译为主的学术研究时期，还是在后来的美学研究中，他都始终站立在现实的大地之上，以马克思和车尔尼雪夫斯基作为自己最重要的思想资源，真正地成了理论研究中的"安泰俄斯"[④]。但在当时的学界，普遍有着"魔床"的通病，学者们大都以自己的一家之言去刻意裁剪他人的观点，所有的人，包括吕荧在此方面都未能免俗。在这种相互指责对方为"唯心论"的争鸣和批判中，一些观点越辩越明，一些观点被曲解、沉沦。吕荧的"美是观念"，因为在某些概念上的混用和言说不清，被划分到了"主观派"中。假以时日，吕荧或许能让自己的美学观点更为清晰、完善，但因为身体和社会环境等诸方面原因，他的美学研究没能再进行下去。

---

① 如："美是人的社会意识""作为社会意识形态之一的美的观念""既然我们认为'艺术'和'美术'是社会意识，那末也需要研究和认识艺术和美学之美的科学——'美学'，可以不是社会意识，而是一种自然科学吗？"

② 吕荧：《吕荧文艺与美学论集》，第406页。

③《美学问题论集》第四集，第30页。

④ 吕荧的学生曾在一篇回忆文章中写道，吕荧在讲授文艺理论课程时不止一次提到希腊的两则神话，一是大力神安泰的故事，一是魔床的故事。他总是告诫学生：搞创作的人要记住安泰的教训，作家不能离了生活就像安泰不能离了土地，创作只能从生活出发，不能从理论出发。搞文艺批评的人要以魔床为戒，千万不能把批评弄成死框框，到处硬套，像魔床那样，把人家按到床上，短了硬拉长，长了就砍短。

第二节　20世纪50年代的高尔泰及其美学思想

在“美学大讨论”中，高尔泰因《论美》一文备受瞩目，因为某些字词使用上的近似，和当时“美是观念”说的提倡者吕荧捆绑在了一起，都成为“主观派”的代表人物。但对两人的美学思想进行辨析会发现，他们的美学主张不仅在观点上有着本末之异，哲学基础更是南辕北辙。本节将结合高尔泰50年代的美学著述，重点阐述其在“美学大讨论”第二阶段中的美学思想和学者对他的相关争论。

一、美学大讨论中的高尔泰

（一）《论美》在学界掀起的轩然大波

1957年2月，高尔泰在《新建设》上发表了《论美》一文，在此文中他开门见山地提出：“有没有客观的美呢？我的回答是否定的：客观的美并不存在。”[①]“美和美感，实际上是一个东西。”“美，只要人感受到它，它就存在，不被人感受到，它就不存在。要想超美感地去研究美，事实上完全不可能”，“任何想要给美以一种客观性的企图都是与科学相违背的”。[②] 这篇文章中的观点，在当时的社会环境中显示着一种鲜明的不合时宜和自撞南墙的决绝，一时间在学界激起了轩然大波。虽然有着“百花齐放，百家争鸣”的文化氛围作为前提，但该文还是在刊出之时就已经被定下了“准备迎接批判”的基调。在文前的“编者按”中，直接表示了不同意文章的观点，但为了遵照党的“双百”方针刊出，以供讨论，并预告说下一期将刊出批评文章。文章发表后，《新建设》在3月份刊出了宗白华《读“论美”后的一些疑问》、侯敏泽《主观唯心论的美学思想》的批评文章，随后《文

---

① 《美学问题讨论集》第二集，第132页。
② 同①，第134页。

艺报》《哲学研究》《学术研究》《学术月刊》等杂志也相继刊登批评文章，这些文章一致认为《论美》的观点是唯心主义的。

宗白华认为《论美》行文的逻辑不够强，此其一，而最严重的错误，是他认为高尔泰所坚持的“善与爱的原则，是唯一正确的原则，因为只有它适用于一切场合”的观点混淆了美学和伦理学的研究范围：“美的‘自己的意义’就是‘爱’‘善’。那么，美学应该划归到伦理学的范围了。”①“如果说，‘爱’‘善’就是美，就是‘美的基本法则’，那么伦理学就该划归到美学范围里去了。”②此其二。其三，宗白华认为在“艺术和美”的关系上，高尔泰一会儿说“艺术在创造着美”，一会儿说“美是在读者受到感动的时候产生出来的”，显然是陷入一种思维的混乱之中。宗白华这篇批评文章仅两千余字，却直击要害，点出了《论美》中的一些硬伤。高尔泰对其意见相对比较认可，曾在其后的文章中提出“宗白华先生的意见对我说来是很珍贵的”③。

相比于宗白华止于学术观点的探讨，侯敏泽的文章则有着“上纲上线”的味道。在《主观唯心论的美学思想》中，侯敏泽认为，在无数生动的事例和实践已经证明了唯心主义美学的破产的今天，高尔泰在想方设法地证明已经被证明了是错误的东西的正确性，这充分说明了美学思想中的唯心主义是怎么地顽强，怎样地不甘于退出美学的舞台。④ 在具体的批评中，他主要指出了高尔泰主张一个人就是一个标准，是典型的美学思想上的绝对的相对主义；⑤“宣扬一种抽象的人性、超阶级的善恶等”⑥。这一观点主要还是集中在对“主观唯心论”的批判中，并没有太多实质性的学术探讨和问题意识，因而并没有显示出特强的反驳力量。

在学界接踵而来的批评中，高尔泰也对自己的美学观念进行了反思。他在《寻找家园》中回忆道：“后来我重读《论美》，发现问题很多。以人为本，却没有区别个体与整体，文中的‘人’字有时是指前者有时是指后者。概念不清造成逻

① 《美学问题讨论集》第二集，第154页。
② 同①，第155页。
③ 《美学问题讨论集》第三集，第390页。
④ 同①，第157页。
⑤ 同①，第164页。
⑥ 同①，第168页。

辑混乱。”[1]高尔泰虽认识到了《论美》中的缺陷，并为自己没有把文章多斟酌一下感到懊悔，但从后来的文章来看，其“美是一种感受”的基本思想并没有改变过。

（二）与“客观派”的针锋相对

在《论美》备受责难后，高尔泰对自己的美学观点进行了反思，但在反思之后，更决绝地走上了一条“背水一战”的道路。1957 年 7 月，高尔泰又在《新建设》上抛出了自己的《论美感的绝对性》一文，不留后路地与当时占主流思潮的“客观派”决裂，提出：“客观因素只是美的条件，并不就是美。”[2]“在美学上，是不能承认有客观标准的，否则，我们就要逼得去否定不可能否定的东西，弄得矛盾重重。”[3]“人的心灵，是美之源泉。”[4]高尔泰走上了一条与主流思想针锋相对的道路。

在该文的开始，高尔泰饶有趣味地写道：

> 读了“新建设”三月号上对我的“论美”一文的批判，我便试着假定美是客观的，这个假定的确给美学上许多问题的解决，带来了方便。谁不愿意走捷径呢，于是我就朝这条路走过去。可是，所遇到的许多矛盾使我懊丧地发觉，这条路似乎并不是通向真理的。[5]

高尔泰所说的矛盾，主要集中在以下几个方面：一是，产生美感的对象的客观条件是什么？高尔泰举例说：如果青蛙让人觉得美是因为背上碧绿的颜色和三根金线，为什么有人又对青蛙的丑陋不可忍？由此来看，这些让青蛙美的条件对于讨厌它的人来说并不能成为条件。二是，美的社会功利性质是否可以作为美感对象的客观性依据？高尔泰认为，美之所以为美，是因为它自己的特征，这特征并不因为它的形成原因而失掉意义，就像我们欣赏湖沼的美，是因为它是“充满静水的凹地”这一特征，而不会关注它是因为地壳陷落还是因为江流堰

---

① 高尔泰：《寻找家园》，北京十月文艺出版社 2014 年版，第 106—107 页。
② 《美学问题讨论集》第三集，第 389 页。
③ 同②，第 392 页。
④ 同②，第 394 页。
⑤ 同②，第 385 页。

塞而形成的。三是，对于美感，是否存在一个“社会标准”？高尔泰认为并不存在一个美感的社会标准，就像某些人具备了“幸福”的条件，而内心痛苦着一样，可见缺少了承认“美”的心理条件，其他的一切都失去了意义。因此，客观因素只是美的条件，并不就是美本身。

在该文中，高尔泰还否定了在《论美》中把“美”与“善”联系在一起的看法，重新思考了“美的标准”是什么的问题，但他否定了车尔尼雪夫斯基“美是生活”的观点，认为在美学上，“不能承认有客观标准”的存在。在这一点上，高尔泰显然陷入了一种不可知论的无意义探讨之中。

在《论美感的绝对性》发表之后，李泽厚在《关于当前美学问题的争论——试再论美的客观性和社会性》一文中，针对高尔泰的两篇文章提出了质疑。他认为，“美感总应该有个来源”，“美感总应该有一个客观标准”，否则跟人们的常识就是相冲突和违背的。但他对高尔泰并没有全盘否定，认为他的一些观点仍然值得重视和研究，比如：美不能从物的表面自然属性中分析出来，这个问题需要认为美是客观的人解答；美是人对事物的一种判断，有主观成分在内，因人而异，这个问题需要认为美感也是反映的学者来回答。[①] 综合来看，李泽厚对于高尔泰的批评较为中肯和客观，在对高尔泰的批判中，是为数不多的限于学术的交流和探讨。

（三）在工作单位第一个被打成“右派”

反右运动开始后，对高尔泰的批判由学术观点上升到政治立场。虽然在那段“整风”时期高尔泰对于时局已有清醒的嗅觉，所以什么也没说，什么也没做，但还是在当时的工作单位第一个被打成“右派”。[②] 被打成“右派”，其中的一个很重要的原因，就是因为《论美》在学界受到的批判[③]。原本的学术争鸣，终于还是演变成为政治斗争，当时的杂志《陇花》里写道：“敌人在磨刀霍霍，胡风的幽

---

① 《美学问题讨论集》第三集，第137页。

② 高尔泰在《寻找家园》里回忆：“我们学校有个四十多岁的女教师叫杨春台，丈夫是西北师范学院的地理系主任，家在西师。那天早上在院子里遇见，我问她西师的右派分子是怎么处理的。她说还没处理。当天下午墙上就出现了一张题为《质问高尔泰》的大字报，说你不是右派，为什么鬼鬼祟祟打听右派分子怎么处理？你不是右派，为什么鸣放声中噤若寒蝉？”载《寻找家园》，北京十月文艺出版社2014年版，第113页。

③ 《寻找家园》：“就像报纸的通栏标题。下面都是揭发我的大字报，内容除了摘抄报刊上对《论美》的政治批判，都是两年前在肃反运动中整过的材料。”载《寻找家园》，第113页。

灵又在高尔泰身上复活了……”[1]高尔泰因此被发配到戈壁滩的劳改营劳教，经历一段自以为“为真理而受苦难”的日子。

颇有意味的是，在《论美》发表时，高尔泰还是正常人的身份，而在《论美感的绝对性》被收录在《美学问题讨论集》时，他已成为“资产阶级右派分子”了。[2]

（四）80年代之后的美学活动

从20世纪80年代开始，高尔泰再次加入到了美学研究的队伍之中，一如往常，他在美学上与众不同的言说和特立独行的坚守备受瞩目，有人为之侧目，有人为之倾倒。此时的学术环境跟50年代相比，多了更多自由和新鲜的空气，是一段真正可以“百家争鸣”的黄金时期。于是，先前没有机会论说充分的美学问题又一次被学者们提起，高尔泰也继续深入发展和完善其美学思想。在此期间，他发表了一系列的论文，如《关于人的本质》《异化现象近观》《异化及其历史考察》《美是自由的象征》《美的追求与人的解放》《现代美学与自然科学》等。后来这些论文结集成书，即《美是自由的象征》。

在80年代的美学著述中，高尔泰一方面继续论述和补充其在《论美》中提出的“美是美感”理论，同时也在吸收大量西方美学理论和自然科学理论的基础上，试图构建基于人学之上的美学体系。正如他在《美是自由的象征》一书的前言中所说：“本书的内容有两个方面：一个是‘人’的问题；一个是‘美’的问题。而主要是‘人’的问题，即人道主义问题。”在当时，高尔泰对人的主体性地位的肯定，对人的本质即自由的提倡，对人的价值的揭示，令很多人紧紧追随，但不得不说，把“美学”与“人学”联系起来，这就使他的美学实质上又回到了宗白华最初对《论美》的批判：美学划归到了伦理学的范围，伦理学成了美学。这个错误，高尔泰在《论美感的绝对性》一文中其实有过反思，但现在显然又回到了原点。

在论述“美是自由的象征”这一核心思想时，他在马克思“美是人的本质的

---

① 高尔泰：《寻找家园》，第106页。

② 《美学问题讨论集》第三集出版说明中写道：“附录中的三篇是资产阶级右派分子许杰、鲍昌和高尔太写的，收在集内以便参考。”

对象化”的思想基础上，发展了自己的三段论，即：

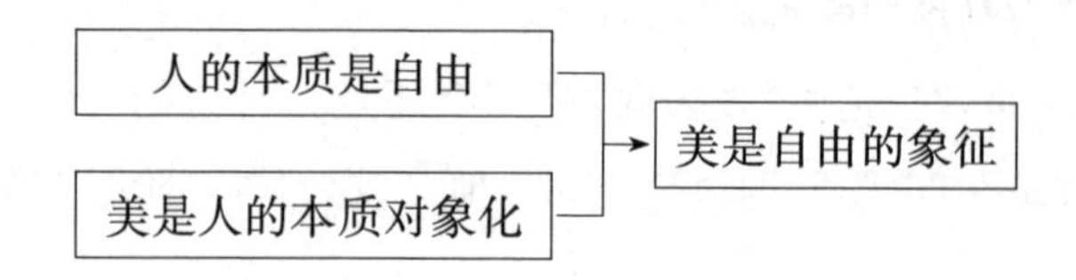

显然，在这个三段论中，前提和结论之间并没有严格的逻辑规则，“象征”能否替代“对象化”，是需要认真探讨的问题。但这些失误，并没有影响高尔泰美学思想的魅力，“美是自由的象征”这一充裕着浓浓人本主义色彩的思想，成为众多青年学子追捧的对象，而高尔泰也和蔡仪、朱光潜、李泽厚、宗白华并列成为国内最有影响的美学家之一。

二、 高尔泰美学思想的主要观点

80年代之后，学界对于高尔泰美学思想的评价日益提升，其美学主张甚至自成一家，成为一种美学风格的代表。如有学者认为，高尔泰建立了一种“主体性美学”，他对于自由内涵的美学解释、从人的需要论述审美活动的本质和动力、从人的感觉事实论述美感的绝对性、不可超越性、以价值体系为构架剖析美感的人类主体结构等方面，具有鲜明的人文主义特征，因而形成了自己的主体性美学。① 有的学者则认为高尔泰的美学思想是一种浪漫美学、启蒙美学等。② 这些研究，都对我们更进一步认识高尔泰提供了帮助。在80年代，高尔泰在美学上确实展露了自身立意创新的美学追求，特别是“美是自由的象征”的提出，奠定了其基于人学之上的美学体系。而我们回顾高尔泰50年代的美学理论，就会发现其后期的美学主张不过是在前期基础上的延伸发展，可以说，他50年代的美学主张已基本包含了80年代的美学思想。

（一）以“人”为主体的美学建构

高尔泰的美学贯穿着一条明显的以“人”为中心的思想主线，他强调从主观

---

① 冯宪光：《主体性美学——高尔泰美学思想的主要特点》，《文艺研究》1988年第2期。
② 李新亮：《论新时期高尔泰的美学追求》，《徐州师范大学学报》2011年第4期。

方面来研究美，认为研究“美”这门学问，必然绕不过对“人”的认识，正是在这一基础上，他提出了自己的一系列观点。

1. “美即美感”

在《论美》一文中，高尔泰开文指出，在生命发展到一定阶段之后，物质的满足已不再是人类最为迫切的需要，这个时候便会建成一个“抽象世界”，而这个世界只有对于思维着的人来说才存在，才有意义。而“美”就是这个“抽象世界”中颇为重要的一个部分。他认为，在认识“美”的过程中，如果没有“人”这一主体去发现，去感受，客体只是一个无关的外物，这时候所谓的“美”是根本不存在的。只有当客体成为主体的对象时，“美”才被发现、被感受和体验，因此，“美”这一概念只有对人来说才有意义。

美产生于美感，产生以后，就立刻溶解在美感之中，扩大和丰富了美感。由此可见，美与美感虽然体现在人物双方，但是绝对不可能把它们割裂开来。美，只要人感受到它，它就存在，不被人感受到，它就不存在。要想超美感地去研究美，事实上完全不可能。超美感的美是不存在的，任何想要给美以一种客观性的企图都是与科学相违背的。[①]

可以看出，高尔泰一方面承认美必须体现在一定物象上，同时又认为物象之所以能成为“美的物象”，必须具备一定的条件，即审美主体。审美主体是冷冰冰的客观物象转化为“美”的必要条件。因此，在整个审美活动中，审美主体，即人是第一性的，而审美对象则是第二性的。而我们平常所认为的自然界中美的事物，只是因为这个客观现象符合了人的心理，因而“人把美附加给自然”[②]，所有能引起人的美感的条件，都是“人化”之后的结果。

2. “美的条件，并不是美”

高尔泰认为，我们之所以会认为星星、雄鹰、杜鹃的啼叫是美的，是因为它们或无言，或高傲，或哀伤的特性，这些特性，与最初的事物本身并没有直接的关系，而完全是人类在历史的发展过程之中赋予它们的，即所谓“主观力求向客观去”的过程，在这一过程中，“人一面认识着和改造着自然，一面自发地或自觉地评价着自然。在这评价中，人们创造了美的观念”。[③] 所以我们看似在欣赏星

---

① 《美学问题讨论集》第二集，第134—135页。
② 同①，第133页。
③ 同①，第138页。

星的深邃、雄鹰的伟姿，究其根本是在欣赏人类自身的智慧。正是在这一基础上，他得出了“美底本质，就是自然之人化”。这一提法，与吕荧“我们现在所说的自然，已经是人工改变了的自然——人化的自然”①，“自然美也就是一种社会美”②的观点有不谋而合之处。所不同的是，吕荧从这一概念出发，最后又回归到了现实的土壤之上，得到了美之所以具有民族性、阶级性、地域性的答案，正是因为人类在“人化自然”时不同的生活环境和生存理念，不同的生活状态决定了人们具有不同的意识观念，这其实又在一定程度上证实了“美”归根结底是由“社会存在”所决定的事实。高尔泰虽然也承认我们所欣赏的是“自然之人化”，但是又认为“主观要人化客观，不仅要有客观条件，而且要有主观条件”③，“没有了人，就没有了价值观念。价值，是人的东西，只有对人来说，它才存在”④在《论美感的绝对性》一文中，他又重申了这一理念，认为人们所谓的“美的社会功利性质”，只是形成美的条件，但这些条件并不是美，“把这种内在的、沉潜的，非特征性的东西拿来作为美感对象的客观性之依据，是理由不足的。”⑤由此可以看出，高尔泰的“自然人化”的过程同时也是一个审美体验和审美创造的过程，这与大多数学者所认为的是人类社会物质生产实践的过程的观点迥然不同。

（二）以“善与爱”为核心的美学原则

高尔泰强调“人”这一主体在美学中的决定性地位，却并非是无限度的“随心所欲”，他认为主观在人化客观的过程中，不仅要有客观条件，同时更要具备主观条件，而这个主观条件的基本范畴，高尔泰把它限制在了“善与爱”两字之上。

> 爱与善，这是美学上的两个基本原则。美永远与爱，与人的理想关联着，黑夜的星，黑夜的灯，黑夜的荧光，在我们看来是美的，甚至美到诗的境界，因为我们爱黑暗中的光明，因为它们装饰了温柔的夜。但是，当我们知道了那是对于狼的眼睛的错觉的时候，我们就不再爱它，同时，它也就因此

---

① 吕荧：《吕荧文艺与美学论集》，第403页。
② 同①，第404页。
③《美学问题讨论集》第二集，第140页。
④ 同③，第138页。
⑤《美学问题讨论集》第三集，第387页。

消失了一切的美。同是一个现象，黑暗中幽微的亮光，从形式上、直觉上来说，它们是相同的，但是，人凭自己的主观爱憎，修改了它的美学意义。[①]

美是与善相联系的，恶的东西总是丑的。

任何东西，只有在不和至善相违背的时候，才有可能成为美的东西。[②]

高尔泰认为，善与爱的原则，是唯一正确的原则，不仅适用于美学，也适用于其他一切学科领域。他还认为，人作为社会成员的一分子，因此在感受时，不仅感受到大自然，同时也感受社会生活，所以当美学的对象是社会生活时，便不能不带上伦理学的色彩。在这一点上，宗白华在其《读“论美”后的一些疑问》文中批判了高尔泰的这些提法，认为混淆了美学与伦理学的范域。高尔泰在后来也承认了这一错误，并重新探讨了美的主观条件，但他在否定了车尔尼雪夫斯基的“美是生活”之后，并没有给出一个相对满意的答案。

高尔泰对“善与爱”在美学中的强调，使他的理论陷入了一种吊诡之中。正如他自己所说：“善就是个人言行与人类共同利益的符合，就是减轻别人的痛苦或创造别人的幸福。”问题在于，正像每个人对美的感受都不一样，“善和爱”的标准如何才能达到一个公认的标准？如果没有供大多数人都乐意接受的“善和爱”的标准，那么对于“美”或“美感”的探讨就无从说起。如果有一个社会所公认的“善和爱”的标准，那么就证明美的客观标准是存在的，这就与其在《论美感的绝对性》中所谈到的“在美学上，是不能承认有客观标准”的观点是相违背和冲突的。如果说用“主观”还能对其“美感”说有一个相对信服的解释，但在谈到美的条件和标准时，“主观”二字显然有种力不从心的感觉。在这一点上，高尔泰确实陷入了自相矛盾之中。

造成高尔泰美学思想上这一理论矛盾的，当然有其思维逻辑上的缺陷，但更为重要的原因，则是他对“美”负载的重任，他把美与人的理想联系起来，于是不再单纯地谈论美学有关问题，而是把“美”看作教人去“爱自然”“爱人类”“教人行动，勇敢地、热情地建设自己的生活”的必不可少的工具。这样他就把美学

---

① 《美学问题讨论集》第二集，第 140 页。

② 《美学问题讨论集》第三集，第 141 页。

带入了一个更为广阔的研究空间，或许正是在这一理论基础上，在80年代复出之后，他把“自由”引入美学研究领域，提出了“美是自由的象征”这一概念，把“人学”囊括到了美学研究的范域之中。

（三）“美感说”与“美是自由的象征”

80年代之后，高尔泰以饱满的热情重新投入到美学研究之中，提出了“美是自由的象征”这一著名论断。在这一时期，“人”则成为其美学研究中必不可少的关键性因素，“审美能力是人的一种本质能力。审美的需要是人的一种基本的需要。所以美的本质，基于人的本质。美的哲学，是人的哲学中的一个关键性的有机组成部分。研究美而不研究人，或者研究人而不研究美，在这两个方面都很难深入”。[①] 因此，在其写作时，“美”与“人”、与“自由”、与“人道主义”成为关键词的核心词汇。这种对个体的尊严、幸福的重视，对人的内在生命力的挖掘，对新生活的热切呼唤，现在看来虽是“不足为奇”，但在“文革”刚刚过去的那段时期，魔咒一样地吸引着众多的青年学子们。这也是我们至今仍不断地提起和研究高尔泰的原因所在。

1957年发表的《论美》《论美感的绝对性》等文章奠定了高尔泰美学思想的基础，其后一系列的美学论述，都是在“美感说”基础上的进一步延伸和拓展。而高尔泰之所以能在80年代成为很多人追捧的对象，恐怕不仅在于其美学思想上的独特性，更在于其一以贯之的特立独行的人格魅力。其实，不管是从性格特征、个性气质还是人文素养上来说，高尔泰都更适合做一名画家、诗人或散文家——他临摹的敦煌壁画在国外展出时备受欢迎，他创作的小说《在山中》被国外选入《当代中国小说选》，他写作的自传体文集《寻找家园》曾在国内被广为流传，但他偏偏做了一名美学家，并因“美学家”这个名分被争鸣、批判、流放和铭记。关于高尔泰美学思想的研究和争论，在当下的学界仍在继续，反对者贬之为缺乏学理、不值一提，誉之者认为思想启蒙、无可超越，在这毁誉参半中，高尔泰本人已宠辱不惊、去留无意，只留下他的那些文字任人评说，正像他一贯的美学主张——只有感受到了，它才存在，不被人感受到，它就不存在。

---

① 高尔泰：《美是自由的象征》，人民文学出版社1986年版，第4页。

第四章

朱光潜美学思想的马克思主义范式转换

第四章

1949年北平解放，朱光潜留在了北平。他努力适应新形势，积极参加文艺批判运动，思想有了很大的转变。1956年，他写作并在《文艺报》上发表《我的文艺思想的反动性》，批判了自己过去的文艺和美学思想。此后在“美学大讨论”中，他认真学习马克思主义，积极参加讨论，创立了独树一帜的美学上的“主客观统一”派。

第一节　“主客观统一论”及其美学交锋

朱光潜《我的文艺思想的反动性》发表后，批判声浪便接踵而至。贺麟、黄药眠、曹景元、侯敏泽等人纷纷撰文参与批判。正如朱光潜“自我批判”文章中所指出的：“我的文艺思想是从根本上错起的，因为它完全建筑在主观唯心论的基础上。主观唯心论根本否认物质世界，把物质世界说成意识和思想活动的产品，夸大‘自我’，并且维护宗教的神权信仰，所以表现在文艺方面，它必然是反现实主义的，也必然是反社会，反人民的。”[①]在特定意识形态背景下，“批判方”也依此逻辑将朱光潜西方渊源的“主观唯心论”美学置于反现实主义、反人民的对立面上加以抨击。

贺麟《朱光潜文艺思想的哲学根源》紧紧揪住朱光潜与克罗齐的思想渊源，批判朱光潜：方法论上“丢掉了黑格尔辩证法中的合理内核，趋向于形式主义和形而上学”；观点上“发展了黑格尔体系中的唯心的和神秘的一面，退回到康德，转变成了主观唯心论”；政治立场上则“替反动的资产阶级服务，反对辩证唯物论和历史唯物论”[②]。黄药眠《论食利者的美学——朱光潜美学思想批判》同早期《论美之诞生》一样，依次从“形相的直觉说”“心理距离说”“移情说”等层面予以社会学的美学批判，并在“生活实践”与“美学评价”的维度上批判其“孤立绝缘的‘形相’直觉”与“个人情趣意象化”[③]的美学局限。曹景元《美感与美——批判朱光潜的美学思想》则从“否认艺术与现实的联系；否认艺术的社会作用；宣传无思想性，为艺术而艺术等反科学的反动的观点”[④]等思想线索上批判朱光潜的主观唯心主义美学。侯敏泽《朱光潜反动美学思想的源与流》一文则更加色彩鲜明，也更传递出“批判资产阶级唯心主义”背景下对朱光潜施以思想整肃的根本性意图：“朱光潜先生虽然是克罗齐的忠实信徒，但他的美学中，却包含着

---

① 朱光潜：《我的文艺思想的反动性》，《文艺报》1956 年第 12 号。
② 贺麟：《朱光潜文艺思想的哲学根源》，《人民日报》1956 年 7 月 9 日。
③ 黄药眠：《论食利者的美学——朱光潜美学思想批判》，《文艺报》1956 年第 14 号。
④ 曹景元：《美感与美——批判朱光潜的美学思想》，《文艺报》1956 年第 17 号。

比克罗齐更为黑暗、更为反动的思想”，而“为建设起新的马克思主义美学，现在是加以彻底清理的时候了”[①]。

正当众人纷纷朝朱光潜“鸣枪”之时，“百家争鸣”方针的出台及时扭转了这一基于历史清算为初衷的“政治批判”局面。蔡仪因批评朱光潜文章屡遭《文艺报》《人民日报》“压稿”和“退稿”的郁愤情况下，调转了批判的矛头，将批判角色由朱光潜挪向了黄药眠，并得以在《人民日报》倡导“鸣放”的情形下发表《评“论食利者的美学”》一文。这不仅改变了批判的局面和形式，还意味着针对朱光潜的“政治批判”得以向“美学争鸣”发生学术转型[②]。

蔡仪文章同以上基于批判清算为目的的出发点不同，他是在“百家争鸣”呼声下站在“美学商讨”的角度试图在学理层面上对黄药眠文章提出批评：认为黄药眠依据“生活理想”“美学的意义”及“美学评价”等“人的主观的原因”出发批判朱光潜不但“不说明问题反而抹杀问题”，并且同样是“站在朱光潜的基本论点上”，只不过“朱光潜是所谓‘纯粹的唯心论’，而黄药眠也许是不纯粹的唯心论罢了”[③]。蔡仪文章同时提出了自己对于美的见解：“物的形象是不依赖于鉴赏者的人而存在的，物的形象的美也是不依赖于鉴赏的人而存在”，“客观存在是第一义的，艺术的美，主要的是在于它能够通过生活现象的描写，真实地表现出或者暗示出客观事物的本质和规律”[④]。

从文章论点看，蔡仪基本仍延续其20世纪40年代《新美学》中即已形成的“美在客观自然属性”的思想，且无大的理论变化。但这篇文章的意义在“百家争鸣”形势中打破了预定的组织秩序，不仅制造了“批判方”内部权威观点的美学分歧，还为“被批判方”的朱光潜提供了“反批评”的话语权。

于是，紧接着蔡仪文章，朱光潜随后便在《人民日报》上发表了《美学怎样才能既是唯物的又是辩证的——评蔡仪同志的美学观点》一文。如果说此前《我的文艺思想的反动性》还意味着意识形态压力下的“自我否定”，那么从这篇文章起，则可谓是先“破”后“立”中的“自我树立”。

文章中，朱光潜先是对蔡仪批评黄药眠的意见表示认同，并肯定蔡仪“用唯物主义的原则来解决美学问题”的方向，但又并不同意其美学观点。朱光潜认

---

① 敏泽：《朱光潜反动美学思想的源与流》，《哲学研究》1956年第4期。
② 李圣传：《美学大讨论始末与六条“编者按”》，《清华大学学报（哲学社会科学版）》2015年第6期。
③④ 蔡仪：《评“论食利者的美学”》，《人民日报》1956年12月1日。

为，蔡仪美学观的毛病重在三点：一是没有认清美感的对象，没有在“物-物的形象”中见出分别；二是否定美感影响美；三是将美看成一种绝对观念且将审美标准绝对化。在朱光潜看来，导致蔡仪这种美学观的原因同样在于三方面：一是片面、机械而教条地运用马克思列宁主义，进而导致将美视为永恒的客观实在；二是单方面强调“存在决定意识”而忽视“意识也可以影响存在”，进而在“逃避主观”中忽视主观决定的美感因素；三是没有依循“发展的观点”，进而将“美”视为绝对客观的实体而否认美、美感与美的标准的发展联系。正是基于以上问题与弊病的分析，朱光潜重新提出了自己对于美的见解：

> 我现在的想法是倾向于承认美感能影响美的。美感怎样影响美呢？这里我们须回到上文所分析的“物”（物甲）与“物的形象”（物乙）的分别。物甲是自然存在的，纯粹客观的，它具有某些条件可以产生美的形象（物乙）。这物乙之所以产生，却不单靠物甲的客观条件，还须加上人的主观条件的影响，所以是主观与客观的统一。[①]

应该说，仅从“主观与客观的统一”这一美学观点上看，其美学观并不新鲜，因为早在1932年出版的《谈美》中，朱光潜便已提出：

> 美不完全在外物，也不完全在人心，它是心物婚媾后所产生的婴儿。美感起于形相的直觉。形相属物而却不完全属于物，因为无我即无由见出形相；直觉属我而却不完全属于我，因为无物则直觉无从活动。[②]

在《诗论》中讨论“情趣与意象契合的分量”时，朱光潜更直呈其意：“诗的理想是情趣与意象的欣合无间，所以必定是‘主观的’与‘客观的’。”[③]然而，尽管在“主客观统一”的核心论点上，朱光潜美学与1949年前仍一脉相承，但在理论资源与思维逻辑上存在根本的差别。与1949年前建筑于克罗齐“形相直觉论”基

---

① 朱光潜：《美学怎样才能既是唯物的又是辩证的——评蔡仪同志的美学观点》，《人民日报》1956年12月25日。

② 朱光潜：《谈美》，中华书局2011年版，第47页。

③ 朱光潜：《诗论》，北京出版社2009年版，第57页。

础上而主张"意象与情趣"相统一所不同的是，迫于马克思主义思想改造的压力，此时朱光潜的"主客观统一论"已在《政治经济学批判》中"意识也可以影响存在"的阅读与运用上，逐渐将理论重心挪移置换到马克思主义维度上，并在超越"机械"而走向"辩证"的努力中重新提出了"物甲物乙说"。

但朱光潜的"主客观统一论"立即遭到了来自青年李泽厚等人的指责与批判。先是李泽厚在《人民日报》上撰文批判说：

> 朱光潜在这里的主要错误，过去在于现在就仍然在于取消了美的客观性，而在主观的美感中来建立美，把客观的美等同于、从属于主观的美感，把美看作是美感的结果、美感的产物。在文章中，朱光潜虽然提出了"美"和"美感"的两个概念，但却始终没有区分和论证两者作为反映和被反映者的主、客观性质的根本不同……这与"文艺心理学"中用"美感经验"来代替美、决定美，认为美是"美感经验"的结果和产物完全一样，朱光潜现在希望是"既唯物又辩证"的"主客观的统一"论就实际上仍然是美感决定美、主观决定客观、"心借物以表现情趣"的主观唯心主义。①

与李泽厚从"客观社会性存在"出发主张美是"客观存在的反映"，进而批判朱光潜"主观"即"唯心"思维理路类似的是：侯敏泽也对朱光潜的美学思想提出了批评。他首先肯定了朱光潜"独立思考"的学术精神，并批判了蔡仪"左的庸俗社会学和机械唯物论的倾向"，同时又对朱光潜"右的主观唯心论的倾向"加以了批评，认为朱光潜尽管有创见性地提出了"物甲物乙说"力图解决美感欣赏的差异问题，但他"把主观精神这样那样的看作艺术的美学性质的根源"而抹杀了"自然界的实在规律性"②。曹景元则更进一步认为朱光潜的"新"美学观既不"唯物"也不"辩证"，而只是"一个晃眼的花招"，因为"主观因素不但不影响事物的美，而且恰恰相反，人的审美能力、审美观点等正是为客观存在的事物的美所决定的。"③

---

① 李泽厚：《美的客观性和社会性——评朱光潜、蔡仪的美学观》，《人民日报》1957年1月9日。

② 敏泽：《美学问题争论的分歧在哪里》，《学术月刊》1957年第4号。

③ 曹景元：《既不唯物也不辩证的美学——评最近美学问题的讨论》，载《美学问题讨论集》第二集，第81页。

应该说，以上诸种针对朱光潜美学观的批评，既有合理处，也有其偏执的地方。一方面，这些批评提出了朱光潜美学中一直所缺乏的现实社会的实践性维度，另一方面则继续促使朱光潜竭力思考并扭转美学讨论中众人讨论美学的思维模式。不言自明的是，在思想改造压力中，朱光潜努力将美学视点转向马克思主义唯物论，但他又绝非转向到蔡仪式的“机械”唯物反映论立场上，而是试图在“唯物主义”立场上体现马克思主义的“辩证法”精神。这其中，除引入“发展的观点”以及在马克思“存在决定意识”中格外强调“意识也可以影响存在”、进而守护美感经验的主观性因素外，其更大的贡献与思考还在于——在初步接受的同时，挑战与质疑了列宁《唯物主义与经验批判主义》所阐明的反映论原则。

朱光潜认为，美学讨论难以发展而“走到死胡同里”的根本症结即在于思想方法上教条主义的、未经消化的、甚至是曲解和不正确地应用马克思主义，其表现有三：一是不加分析地套用列宁《唯物主义与经验批判主义》一书中所阐明的反映论；二是忽视主观能动性对于艺术的作用；三是对“主观”范畴怀有疑惧且妄图“消灭”主观。针对这三种倾向和不足，朱光潜在边“破”边“立”中进一步重申和阐发了“美是客观与主观的统一”这一核心思想。

首先，针对诸美学家所反复引证的列宁的“反映论”，朱光潜认为，其荒谬就在于“死守住列宁在‘唯物主义与经验批判主义’里所阐明的反映论”，且混淆了“科学的反映与意识形态式的反映之间的这个分别”①。他指出：

> 意识形态式的反映与一般感觉或科学的反映有一个基本的分别：一个是上层建筑，一个不是上层建筑；一个受主观方面意识形态总和的影响，对所反映的事物有所改变甚至于歪曲，一个不大受意识形态的影响（这当然也只是相对的），而基本上是对于事物的正确的反映；一个随基础改变，一个不是如此。②

在此，朱光潜同样站在辩证唯物主义的立场，通过引入马克思主义“意识形态论”进而反对用反映论硬套美学的做法。朱光潜信奉马克思主义，但并不代

①② 朱光潜：《论美是客观与主观的统一》，《哲学研究》1957年第4期。

表无条件不加分析地跟风而滥用马克思主义，这是其讨论中极其可贵的精神品质。朱光潜对马克思主义辩证法的学习运用就表现在这些具体问题的具体分析上。尤其是对两个不同反映阶段的分析，更体现出其理论审慎性思考后的良苦用心：

> 艺术和美感的反映要经过两个阶段：第一个是一般感觉阶段，就是感觉对于客观现实世界的反映；第二个是正式美感阶段，就是意识形态对于客观现实世界的反映。……列宁在“唯物主义与经验批判主义”里所揭示的反映论只适用于第一个阶段。在第一个阶段，这个反映论肯定了物的客观存在和它对于意识的决定作用，就替美学打下了唯物主义的基础。美学上的唯物主义与唯心主义的分别首先就在这个出发点上见出。……目前美学家们如蔡仪、李泽厚诸人却走到另一极端，他们把只适用于第一阶段的反映论套用到第二个阶段，否定了意识形态的作用，实际上就是宰割了第二个阶段，即艺术之所以为艺术的阶段。[①]

不难看出，朱光潜不仅辩证地区分了科学与艺术的不同反映方式，强调了“主观因素”在艺术反映阶段的重要性，还在马克思主义“文艺为一种意识形态”的论证中将美学的基础进一步由“反映论”推向至“意识形态论”。

顺此逻辑纵深，朱光潜还进一步引入“文艺是一种生产”的原则，进而更可无所避讳地强调“主观”在文艺和美学生产上的重要性。因为只从反映论看，只要强调“主观能动性”“意识的能动性”就必然在“违反列宁的反映论”路线上落入“唯心主义”。通过引入“意识形态论”和“文艺生产论”，便不仅将文艺视为一种认识过程，还是一种实践的过程。将此原则运用到文艺领域内，文艺就不只是要反映世界、认识世界，更要改变世界。

应该说，到此为止，通过由“反映论—意识形态论—文艺生产论”，在步步为营的战略中，朱光潜煞费苦心地在维护“主观性”或谓之“人性”在美感经验中的重要作用。通过马克思主义原则的选择与运用，朱光潜也基本委婉而有力地反击了列宁“反映论”在美学上的不足。朱光潜甚至从根底上提出问难：“我们应

---

① 朱光潜：《论美是客观与主观的统一》，《哲学研究》1957年第4期。

该提出一个对美学是根本性的问题：应不应该把美看成只是一种认识论？”①

众所周知，认识论强调感觉、知觉和概念对于客观现实事物的摹仿。将这种科学认知的理论运用到人文学科上，尤其是审美经验活动中，显然是行不通的。朱光潜立足于审美活动，尤其是其早期心理学美学的经验，他非常清醒地意识到这种方法论简单化地运用到美学问题存在的不妥。然而，包括他本人在内，在美学讨论初期，恰恰谨守哲学认识论，认为“美学科学的哲学基本问题是认识论问题”②，强调对于“客观事物的正确反映”③。对于朱光潜本人，早期对认识论的服从和拥护，显然有意识形态话语建构的外部因由，而对于蔡仪、李泽厚诸人，显然则是一种知识性的信服、推崇与认可。

因此，朱光潜这一问难，既是由“反映论”到“意识形态论”“文艺生产论”置换与挪移后的理论反击，又是基于审美经验活动自身特性基础上对认识论哲学模式的反思与超越。有此理论支撑，他不仅严厉批判了美学家们对于“主观”疑惧的态度，还对自己“主客观统一论”的美学观作了进一步澄清与申明。

朱光潜认为：首先应该区分“物”与“物的形象”，因为物本身只是“美的条件”，只有物的形象即艺术形象才是“美学意义的美”④；其次，艺术主要是探讨美感活动阶段，这一艺术生产过程由诸多因素起作用，尤其是意识形态通过个人生活经验的作用，因而美感也是“发见客观方面某些事物、性质和形状适合主观方面意识形态，可以交融在一起而成为一个完整形象的那种快感”⑤。在此，艺术活动既离不开“物本身”，同时也依存于“人的主观意识”，因而必然是客观与主观的统一。然而，无论是“物甲”与“物乙”，还是“美的条件”与“美”，朱光潜的意图是非常明确的，他既要在反映论与“物”这一“大前提”的强调中树立自己的“唯物主义”立场，同时又希望突破机械反映论模式在辩证立场上维护美学自身的特质。正如他所解释的：

> 我接受了存在决定意识这个唯物主义的基本原则，这就从根本上推翻了我过去的直觉创造形象的主观唯心主义。我接受了艺术为社会意识形态和艺术为生产这两个马克思主义关于文艺的基本原则，这就从根本上推

①④⑤ 朱光潜：《论美是客观与主观的统一》，《哲学研究》1957 年第 4 期。
② 李泽厚：《论美感、美和艺术》，《哲学研究》1956 年第 5 期。
③ 蔡仪：《评“论食利者的美学”》，《人民日报》1956 年 12 月 1 日。

翻了我过去的艺术形象孤立绝缘，不管道德政治实用等等那种颓废主义的美学思想体系。[①]

更具体地说，朱光潜接受反映论的“大前提”，试图在马克思唯物主义“话语潮流”的学习中摘除“唯心主义”的帽子，与此同时，又通过引入马克思主义“意识形态论”，试图证明主观性因素在美感活动中的重要性。然而，无论是机械反映论还是意识形态反映论，美感活动都仅仅只是第二性的，都是对第一性的“物本身”的反映，只不过意识形态反映较之机械反映注意到了人的主观因素的重要作用。为此，为突出强调审美活动自身的精神性与主观能动性，又规避“唯心主义”之嫌疑，朱光潜再次引入马克思“文艺生产论”，有效维护了审美活动中“艺术之所以为艺术”以及“人之所以为人”的主观的能动性、创造性。

当然，尽管朱光潜本人信心满满，认为自己在反映论基础上既树立了唯物主义立场，“摘掉了唯心主义这顶肮脏的帽子”，又在辩证立场上引入意识形态论和文艺生产论，进而坚守了审美活动的主观能动性和精神创造性，并且重新确立了自己马克思主义立场上的“美是客观与主观统一”的美学构型。但因他此时仍未完全摆脱哲学认识论，美学的立场与前提也仍然是唯物反映论，并且其西方渊源的心理学美学也使得他难以挣脱这种主客二分的思维模式，因而其美学构想也仍然留下了许多理论的盲点，并遭到众人的批判。如洪毅然指出：

显而易见，既然承认“物”是客观存在的，那么，就不应当不承认“物的形象”“物乙”，也同样是客观存在的。因为“物乙”是不能脱离“物甲”而存在；“物甲”也不能没有“物乙”而单独存在的。否则“物乙”既为无源之水，“物甲”也将成为抽象的存在了。……换言之，即原本为意识形态的美的观念（它是由美感逐渐形成的），在实践中转化为某种一定的物质力量，遂将现实世界改造成更美，亦即使客观现实事物不美者变美，美者变得更美。但绝不是说，仅由于美感那样的意识本身，不必转化为实践的物质力量，便可以把作为美感对象的事物之美或不美，及其怎样的美，直接加以转移和

① 朱光潜：《论美是客观与主观的统一》，《哲学研究》1957年第4期。

改变。可见这里存在的问题，不是美感能否影响美，而乃是美感怎样影响美。①

与洪毅然从实践角度批判朱光潜“物甲物乙说”缺乏最根本的社会性解释力度相似的是，黄药眠同样从“社会生活实践”角度批评其理论的不妥，认为“物甲—物乙”应该改成“物甲（一）—物甲（二）”，因为“作者描写甲，结果比甲更多些，也少一些，带有作者的感情和希望，描写必带有主观色彩”，并且“原来的事物已无所谓美，要经过作者的评价才有”②。应该说，且不论洪毅然和黄药眠两人自身的观点能否经得起检验，就其对朱光潜的责难与批判而言，都有其道理。这既是朱光潜方法论上必然遗留的学理缺陷，也是其长期贯行的西方心理学美学在社会实践层面上根本无力也无法解决的理论阴暗面。

总的说来，通过对马克思主义经典理论的学习与运用，尽管朱光潜这些论点也同样遭到了诸美学家的猛烈攻击，也有诸多遗漏与不足，但通过对意识形态论、文艺生产论的先后引入，朱光潜不仅煞费苦心地在唯物主义大厦内坚守了美学自身的感性学特质，还有效地将美学问题的哲学立场转向到美学立场，将“美是第一性，美感第二性”这一机械反映论模式更深地引向“美—美感”、美感经验等美学本体问题的讨论上。尤其是“物甲物乙说”这一颇具创见性理论的提出，更在中西美学精神的继承发扬中提出了新的美学理论话题，推进了美学讨论，并在荆棘丛生的政治语境中维护了美学论辩的学术性。

第二节　“物甲物乙说”与两种“反映形式论”

“物甲物乙说”是朱光潜美学讨论前期“主客观统一论”的理论内核，也是其思想改造过程中斩断与过去美学思想瓜葛后努力向马克思主义靠拢的首要步骤。在“主观”即“唯心”的政治语境下，为划清“唯心—唯物”的界限，同时又希

① 洪毅然：《美是什么和美在哪里？》，《新建设》1957年5月号。

② 黄药眠：《看佛篇》，1957年北京师范大学“美学论坛”听讲笔记速记稿，张荣生记录。另可参见《文艺研究》2007年第10期。

望在“辩证立场”上纠正蔡仪机械、教条的唯物反映论，维护美的“主观性”因素，因而朱光潜策略性地提出了“物甲物乙说”。他认为：

> “物的形象”是“物”在人的既定的主观条件（如意识形态，情趣等）的影响下反映于人的意识的结果，所以只是一种知识形式。在这个反映的关系上，物是第一性的，物的形象是第二性的。但是这“物的形象”在形成之中就成了认识的对象，就其为对象来说，它也可以叫做“物”，不过这个“物”（姑简称物乙）不同于原来产生形象的那个“物”（姑简称物甲），物甲只是自然物，物乙是自然物的客观条件加上人的主观条件的影响而产生的，所以已经不纯是自然物，而是夹杂着人的主观成分的物，换句话说，已经是社会的物了。美感的对象不是自然物而是作为物的形象的社会的物。[①]

显而易见，朱光潜“物甲物乙说”与1949年前《文艺心理学》中强调“美感中心所以接物者只是直觉，物所以呈现于心者只是形象”[②]在美学实质上内在相通，尤其是在美感的主观性维度上更一脉相承。但在美学讨论的政治语境中，“物甲物乙说”与早期“心物关系说”在话语建构的思想资源上悄然了发生改变，其支撑有二：一是基于“意识也可以影响存在”基础上对两种“反映形式”的界分；二是马克思《1844年经济学哲学手稿》的初步运用。

“物甲”（自然物）与“物乙”（物的形象）的区分目的就是要突显美感的对象不是“自然物”（物甲）而是“夹杂着人的主观成分的社会物”（物乙），且“主观条件”在美感反映过程中起着重要作用。因此，“物的形象的美”并非如蔡仪所说“是不依赖于鉴赏的人而存在”，美只是“真实地表现出或者暗示出客观事物的本质和规律”。[③] 为支撑自己关于“物甲物乙说”的论点，朱光潜在“意识也可以影响存在”的基础上进一步提出了两种“反映形式”的区别，即“美感的或艺术的反映形式”和“一般知识或科学的反映形式”：

> 科学在反映外界的过程中，主观条件不起什么作用，或是只起很小的

① 朱光潜：《美学怎样才能既是唯物的又是辩证的——评蔡仪同志的美学观点》。
② 朱光潜：《文艺心理学》，复旦大学出版社2009年版，第5页。
③ 蔡仪：《评“论食利者的美学”》，《人民日报》1956年12月1日。

作用，它基本上是客观的；美感在反映外界的过程中，主观条件却起很大的甚至是决定性的作用，它是主观与客观的统一，自然性与社会性的统一。[①]

应该说，朱光潜这种区分不仅扭转了美学的哲学认识论化倾向，还符合了美学学科自身的审美特性。从西方美学发展历程看，自鲍姆加登提出“美学的目的是感性知识的完善”[②]到康德认为鉴赏判断的根据不是任何客观表象的东西而只是“不带任何目的（不管是主观目的还是客观目的）的主观合目的性”[③]，再到里普斯、克罗齐等现代美学家，从美学的主体性出发探讨美感经验和审美现象，始终是美学研究的发展主潮。然而，以别林斯基、车尔尼雪夫斯基为代表的俄苏美学家从黑格尔的美学中将“精神实体”的“绝对理念”加以继承发扬，并在“美的事物存在于现实里”与“美是生活”的张扬中将美学拉向日渐远离“人”的客观“真实性”维度上。以后者为代表的“苏化”美学潮流在三四十年代中进一步与“社会主义现实主义”思潮并轨进而形成了苏联50年代初中期“自然派”美学的理论主张以及“社会派”美学的知识背景。中国语境中以蔡仪、吕荧、洪毅然及李泽厚为代表的学人与这种美学思潮均或多或少地存在着美学谱系上的历史亲缘性。

朱光潜正是在这种“苏化”理论笼罩的背景中提出两种“反映形式论”：一方面以期在“艺术反映形式”中突破“科学反映形式”，在“客观”与“真理”的战阵上维护美感的主观特性；另一方面则试图反击蔡仪“美感不能影响美”“美是一成不变，永远客观存在”的机械反映论。在此，“存在决定意识”与“意识影响存在”是辩证互动的：只承认前者，那就是科学式的反映，虽“唯物”却不“辩证”，容易导致机械反映论；而彻底否定前者，则又不是唯物主义。应该说，朱光潜处理这一问题的办法是审慎而独具创意的：他一方面站在“唯物主义”立场上肯定“自然物”（物甲）以突显美的“客观性”，另一方面又站在“艺术反映形式”的角度上，在意识形态、情趣等“主观条件”的“物乙”中强调美的“主观性”。

美感的主要对象是“物乙”，而“美是对物乙的评价”，因而美感也就能够影响“物乙”的形成，进而影响美。朱光潜这一基于“物甲”和“物乙”界分基础上的

---

① 朱光潜：《美学怎样才能既是唯物的又是辩证的——评蔡仪同志的美学观点》。

② 鲍姆嘉通：《美学》，载《西方美学家论美和美感》，商务印书馆1982年版，第142页。

③ 康德：《判断力批判》，人民出版社2011年版，第56—57页。

逆向性思维推断可谓圆融,不仅在“主观”即“唯心”的语境中有理有据地维护了美的现代性主体意涵,还自成一说。朱光潜甚至还通过对马克思《经济学—哲学手稿》[1]的引用来证明自己的论断:

> 我之所以作如此想法,是由于体会马克思在“经济学—哲学手稿”里论美感的发展时所说的一句话而得到的启发。这句话是:“最美的音乐对于不能欣赏音乐的耳就没有意义,就不是对象。”我想马克思这里所说的“不是对象”并不是要取消最美的音乐(物甲)的存在,而只是说这最美的音乐(物甲)对于不能欣赏音乐的耳(主观条件的差异)不能产生美的形象(物乙)。[2]

与诸美学家从认识论、反映论角度解读这段话——“一方面说,只有音乐才激起人的音乐感,只有音乐的美才激起人的音乐的美感;也就是说,只有现实的美才激起人对现实的美感。另一方面说,对于不辨音律的耳朵,最美的音乐也毫无意义,但这个音乐还是最美的”[3]——不同,朱光潜则极力从这种“物”的桎梏中将“人”的审美情趣、审美能力、审美个性等主观性因素呈现出来。

尽管此时朱光潜仍未将美学的“实践观点”引入论述中,未能将主观条件建立在社会实践基础上,更未能将审美意识对于“美的形象”的作用的基础落实到实践层面,尤其是未能将美学的思考方式从“思维—存在”的认识论关系中解放出来,因而仍然深陷在时代的桎梏中。但是,通过对马克思主义理论论点的吸纳与阐发,朱光潜的“物甲物乙说”在当时语境中仍可谓是蕴含着极为重要的理论意涵和历史价值:

首先,通过界分“物甲”和“物乙”,既在“物甲”说上贯彻了唯物主义,在向马克思主义理论靠拢中修正了过去的美学思想,更在“物乙”说的强调中超越了蔡仪式的机械唯物反映论,注意到了美学艺术的复杂性,为建构辩证唯物主义美学奠定了基础。

---

① 人民出版社 1956 年版。

② 朱光潜:《美学怎样才能既是唯物的又是辩证的——评蔡仪同志的美学观点》。

③ 蔡仪:《〈经济学—哲学手稿〉初探》,《蔡仪美学论文选》,湖南人民出版社 1982 年版,第 303 页。

其次，通过“科学反映形式”与“艺术反映形式”两种反映论的区分，进一步强调了美感活动中人的主观能动性和创造性，突显了人的“主观条件”在美感活动中的重要功能。两种“反映形式论”也为“物甲物乙说”提供了理论支撑。

第三，在“物甲物乙说”基础上，朱光潜将美学问题讨论进一步深入到美感经验活动中，不仅提供了新的美学理论话题，还深化了美学论争，为美学研究自然美和具体艺术对象开辟了方向。

此外，“物甲物乙说”还在一定程度上映射出朱光潜 1949 年后间接地融通中西美学精神的一种尝试。众所周知，朱光潜学贯中西，美学造诣极深，无论是西方美学还是中国古典诗学，他均有涉猎，《文艺心理学》和《诗论》可谓是这两方面的代表作。朱光潜早期的美学贡献也是将移情说、距离说、内模仿说等西方现代心理学诸流派熔铸于“直觉论”的网络中，从而搭建起了中国现代美学的学科范式。因此，虽然思想改造背景下的“美学大讨论”的目的就是要批判朱光潜这种“资产阶级唯心主义”的美学思想，但正如朱光潜“自我批判”中所言“这个看法我至今还以为是基本正确的”[①]一样，他仍然在美学改造中有所坚守和保留。高建平也指出：“朱光潜在实际上并没有完全放弃他以前的美学立场”，对诸如“距离说”以及审美中“想象”的作用等因素“仍有着情感上的亲和，试图将它放入到新理论的框架之中”，因此朱光潜 1949 年后的美学观点“不过是他旧观点的基础上，努力加入一些当时被人们普遍认定的唯物主义的因素而已”。[②]应该注意到，无论是早期“心物关系说”中的“物我同一”“情趣与意象的融合”[③]，还是后期“物甲物乙说”中的“主客统一”“客观方面某些事物、性质和形状”与“主观方面意识形态”的交融[④]，朱光潜都一以贯之地延续着对审美活动中主体审美心理经验的重视。若进一步观察思考，我们也能从“物甲物乙说”中窥见其美学实质上与早期思想一致的对于中西美学传统资源的吸纳与继承：在西方美学资源上，“物甲物乙说”最突出的是受到英国经验主义美学，尤其是洛克美学思想的影响，强调“物”与“人心构造”内外相应的观点[⑤]，因而在物自身属性“物

---

① 朱光潜：《我的文艺思想的反动性》，《文艺报》1956 年第 12 号。
② 高建平：《美学的当代转型：文化、城市、艺术》，河北大学出版社 2013 年版，第 9 页。
③ 朱光潜：《诗论》，北京出版社 2009 年版，第 57 页。
④ 朱光潜：《论美是客观与主观的统一》，载《美学问题讨论集》第三集，第 34 页。
⑤ 朱光潜：《西方美学史》，人民文学出版社 2011 年版，第 244 页。

甲”基础上突出主观方面“物乙”的重要作用；在中国古典美学资源上，“物甲物乙说”则吸纳了传统“画竹理论”中的营养：苏轼在《文与可画筼筜谷偃竹记》中曾言“画竹必先得成竹于胸中”[①]，清代郑板桥在苏轼“胸有成竹”的基础上进一步提出“胸中之竹，并不是眼中之竹也。因而磨墨展纸，落笔倏作变相，手中之竹又不是胸中之竹也”[②]。在此，朱光潜所指的“物甲”就是指“眼中之竹”，它是自然存在的，纯粹客观的；而“物乙”就是指“胸中之竹”，是它指眼中所见之物与人的主观情感观照相契合而成的意象，是艺术家审美意识熔铸加工而成的“物的形象”。“眼中之竹”（“物甲”）只是感觉素材，还只是“美的条件”，而只有经过艺术家的“意匠经营”后形成的“胸中之竹”（“物乙”），才能在艺术的欣赏与创造活动过程中体验到美学意义上的“美”。

由上可知，在“美学大讨论”中，从“物甲物乙说”的提出到两种“反映形式论”的界分，朱光潜均是希冀在唯物主义话语中坚守早期美学思想中的合理成分，进而达成一种辩证的唯物主义美学话语体系。从逻辑进路看，通过马克思“意识影响存在”到《经济学—哲学手稿》的引用，朱光潜在压力中已经逐步向马列主义艰难靠拢；但从思想脉络看，从早期“心物关系说”到“物甲物乙说”，朱光潜仍是在马克思主义美学基础上曲折性地融化并表述着过去的美学话语。“物甲物乙说”作为美学讨论前期朱光潜美学思想的理论创造，它仍是建立在上一时期西方美学思想以及中国传统美学思想的根基之上，是中西美学在当代语境中的批判融贯与合理继承，也吻合并延续了朱光潜毕生所坚持的融通中西美学思想的学术追求。当然，也正因“物甲物乙说”是对早期美学思想话语的延续改造，尽管朱光潜在两种“反映形式论”的界分上对“存在—意识”的美学阈限有所突破，并提出了审美意识、美感影响美、美感的发展变化等审美经验不同于艺术认识的复杂因素，但他在“唯心—唯物”的厘定廓清中仍未将美学的立学根基建立在实践论的基础上，因而无法解决诸如“物乙”（“物的形象”）何以具有“物甲”（“物本身”）所没有的“美”的属性等社会领域中的美学问题。

---

① 苏轼：《文与可画筼筜谷偃竹记》，载王振复主编：《中国美学重要文本提要》上，四川人民出版社 2002 年版，第 419 页。

② 郑板桥：《板桥题画》，载潘运告：《中国历代画论选（下）》，湖南美术出版社 2007 年版，第 203—204 页。

第三节　马克思的启示与美学的“实践观点”

通过上一阶段拉锯式的来回论争，朱光潜立足于“意识形态”基础上以“物甲物乙说”为内核的“主客观统一论”不仅未能获得众人的认同，反而招致蔡仪诸如“旧货新装”式的批判。朱光潜意识到：要想在批判他人美学观点基础上建立自己的美学观且能获得赞同，还必须寻求其他权威的理论资源和话语支撑。受马克思、恩格斯经典理论以及苏联学者论作的影响，“生产劳动”与“艺术掌握世界”的观点日渐进入朱光潜的美学视野内，并引入美学研究中，从而得以将美学思维模式转移到“美学实践论”的路线上。

1958 年，朱光潜替《译文》杂志翻译了英国马克思主义文论家考德威尔的《论美》一文，并作了评论。朱光潜发现考德威尔不仅在“主客观统一论”观点上与自己相似，还格外重视主体与客体（对象）关系中“社会环境”这一中介项的重要作用，认为“只有把美看作是一种社会的产品，是在社会演进过程中分泌出来的一种东西，美作为一种价值所现出的矛盾才能得到解决”[①]。针对考德威尔的美学观，朱光潜评论说：“作者的基本出发点是人在劳动实践中认识现实，改变现实从而也改变自己的这一马克思主义的基本原则。劳动过程或实践行动都是人（主体）对环境（现实、自然、客体）所采取的反应。在这反应中，人一方面根据对客观世界必然规律的认识，一方面根据自己的主观的情感理想和愿望，要在客观世界中掀起一种改变，结果不但改变了环境，也改变了自己。”[②]

受考德威尔“劳动实践”观的启发影响，朱光潜也在主客观辩证统一的基础上从“劳动实践”的角度来解释美学问题，并重新积极地从马克思《经济学—哲学手稿》《〈政治经济学批判〉导言》以及恩格斯、列宁、高尔基等人的著作中寻找相关理论依据。1960 年初，针对过去美学研究“停留在哲学阶段，停留在一般哲学原则，如艺术反映现实，艺术是一种意识形态，艺术是形象思维之类，没有足

---

① 克·考德威尔：《论美——对资产阶级美学的研究》，载朱光潜：《美学批判论文集》，“附录”，作家出版社 1958 年版，第 235 页。

② 朱光潜：《关于考德威尔的“论美”》，载《美学批判论文集》，第 212 页。

够地重视艺术之所以为艺术的特殊性"等问题，朱光潜进一步指出，美学既要"朝上看"，"从马克思列宁主义哲学的认识论和实践论出发"，又要"朝下看"，"找到各种形式的艺术掌握的一般规律，替各别艺术理论做基础"。[①] 此前，朱光潜主要从意识形态出发考察美学，现在"艺术掌握"与"劳动实践"观点的引入，则更加充分有力地成为他阐释审美艺术活动的重要基点。

如果说，考德威尔"劳动实践观"以及马克思《关于费尔巴哈论纲》《〈政治经济学批判〉导言》等思想的影响成为朱光潜实践美学思想轮廓的萌芽，那么在"自然人化""意识形态理论"与"艺术掌握""生产劳动"等整体思想的日渐融合促发下，朱光潜随后发表的《生产劳动与人对世界的艺术掌握——马克思主义美学的实践观点》一文，则意味着对"实践美学"的深入把握与阐释。该文中，朱光潜再次从《费尔巴哈论纲》入手，并紧紧抓住"直观观点"与"实践观点"两种相对立的哲学美学思想的差别，指出：

> 直观观点把现实世界看作单纯的认识的对象，只看到事物的片面的静止面，不是像实践观点那样就主客观的统一来看在实践中人与物互相因依，互相改变的全面发展过程。……实践观点是马克思主义以前所没有的，是马克思主义所特有的。[②]

朱光潜认为，与"直观观点"不同，实践观点既重视"客观方面"又重视"主观方面"，尤其强调将对象摆在社会历史发展过程和具体历史条件的大轮廓里去看，也即是说，与认识论孤立静止的反映不同，实践观点强调自然人化过程中人与对象的实践性关联。基于此，朱光潜对"美"以及"美学"与"实践观点"之间的关系作出进一步释义，认为美"是人在生产实践过程中既改变世界从而改变自己的一种结果。发现事物美是人对世界的一种关系，即审美的关系"，而"马克思主义的实践观点对于美学起了根本变革的作用"。[③]应该说，与过去孤立的意识形态论不同，通过劳动实践与意识形态观的结合，朱光潜的美学瞬间获得了

---

① 朱光潜：《美学研究些什么？怎样研究美学？》，载《朱光潜全集》第十卷，安徽教育出版社 1993 年版，第 183 页。

②③ 朱光潜：《生产劳动与人对世界的艺术掌握——马克思主义美学的实践观点》，《新建设》1960 年 4 月号。

阐释的动力与社会支撑，不仅突破了机械静止的直观反映论，还在人与对象的劳动生产过程中，在自然人化与人的本质力量对象化的逻辑路线上建立起了人与世界的实践关系及其审美关系。为说明美学实践观点对于美学研究的“变革性”，朱光潜基于马克思《经济学—哲学手稿》基础上，还着重从“生产劳动与人对世界的艺术掌握”“审美创造精神与实践的能动性”以及“人与自然相统一”三个层面对“美学实践论”进行了深刻阐发与学理建构。

一、 生产劳动与人对世界的艺术掌握

朱光潜认为，马克思主义美学的中心思想在于艺术掌握方式与实践精神掌握方式的联系，是对“现实世界的具体事物的整体”把握，这也是艺术的实践精神的掌握方式与科学掌握方式的不同。而这种整体性正是建立在“劳动或生产实践”这个基本原则上。根据马克思《经济学—哲学手稿》，朱光潜指出，最初人是无意识地与物同处于大自然中，直到人开始劳动、开始自觉地改造自然时，人才开始意识到自己与物之间的对象化关系，于是也就产生了“社会意识”，人变成了“种族的存在”或“社会的存在”，紧接着在“逐渐摆脱肉体的直接需要的限制”而进行广泛的物质生产和精神生产时，人的劳动实践就具有了普遍的社会性质。[①] 当人在自觉的劳动实践中进行有目的的活动时，人的本质力量就在生产实践中对象化，这样世界在人的自觉的有目的的实践中就不仅仅实现“自然的人化”，具有社会性，而且人在劳动过程中也实现了本质力量的对象化。简言之，生产实践，不仅依据人的主观需要进行创造，而且也依据客观事物的认识进行改造。以石刀为例：

> 人为着更好地生活，感到天然的石头不够锋利，不能应付他和他的种族的日益提高的需要。根据这种需要，结合到他对石头的客观属性的认识，人开始进行生产石刀的劳动，这正是根据“种族的标准”和“对象的内在的标准”，也就是“按照美的规律”来制造事物。[②]

---

①② 朱光潜：《生产劳动与人对世界的艺术掌握——马克思主义美学的实践观点》，《新建设》1960 年 4 月号。

这种对象已经不是“生糙的自然”，而是“人的劳动产品”，是“人化的自然”，“人的本质对象化”，它不仅具有了物质的性质，而且还具有人的精神的属性，可以见出人的本质力量。朱光潜指出过去的美学家都持“直观”的美学观点，把艺术或审美事实看作单纯的认识对象，把艺术或审美活动看作一个独立自足的领域，因此只能是一种片面孤立的看法，而马克思主义的实践观点则“把艺术摆在人类文化发展史的大轮廓里去看，要求把艺术看作人改造自然，也改造自己的这种生产实践活动中的一个必然的组成部分”，也即是说不仅看到了艺术的外在联系，同时又注重内在本质和发展规律，不仅看成是一种社会实践，同时也是“人对世界的艺术的或审美的掌握”[①]。从“生产劳动”出发，人在生产实践中产生了社会意识，成了“社会的存在”，而人的生产劳动也就成为一种“目的性的”自觉的活动，因此，劳动产品也在“自然人化”与“人的本质力量的对象化”中既适应了对象的内在标准，也在“美的规律”上体现了人的愿望需求。基于以上对马克思主义美学的理解与阐释，朱光潜指出：

> 劳动生产是人对世界的实践精神的掌握，同时也是人对世界的艺术的掌握。在劳动生产中人对世界建立了实践的关系，同时也就建立了人对世界的审美的关系。一切创造性的劳动（包括物质生产与艺术创造）都可以使人起美感。人对世界的艺术掌握是从劳动生产开始的。[②]

人对世界的艺术掌握从生产劳动开始，这是朱光潜美学实践观点的切入口，也是其“能动的认识论”迈入“审美实践论”的核心步骤。其重心与理路也意在重新说明：人与自然、心与物只有通过“劳动实践”才能达成“辩证统一”。通过“实践论”基点的确立，朱光潜不仅从过去平面静态的“心-物”关系完全转入多维动态的“生产论”中，有力地击破了“直观的”审美反映论，还在马克思主义经典理论著作中强有力地提出并阐明了建立在实践关系上的人与世界的审美实践关系。

①② 朱光潜：《生产劳动与人对世界的艺术掌握——马克思主义美学的实践观点》。

二、审美创造精神与实践的能动性

受马克思主义思想启发，朱光潜逐渐将“劳动实践”视为美学的出发点，这也是朱光潜美学思想向马克思主义转变的标志。在这种生产劳动的实践关系中，人与自然、主体与对象、物质生产与精神生产，都是相互联系、相互作用与相互促进的。为了说明实践关系中物质生产与精神生产的关系，朱光潜还突出强调了审美的创造精神，即试图通过艺术创作的主观能动性和创造性去解释实践的能动性。为说明艺术与美感活动中主观与客观通过能动的审美创造精神达成辩证统一关系，朱光潜从马克思《经济学—哲学手稿》《资本论》以及《德意志意识形态》等经典文献出发，加以了渐进式的阐明。首先，客观世界和主观能动性统一于实践。艺术并非“直观观点”的单纯的认识与反映，而是实践中的人与物互相因依，互相改变，是长久的生产过程中“自我意识”“社会意识”对自然对象的能动性的审美加工与创造。在艺术活动和审美活动中，只有“发挥主观能动性和创造性（社会意识形态，文艺修养和创作的劳动等）”[①]才能在认识世界的同时改变世界，达成主客观世界的对立矛盾与辩证统一。其次，精神需要的满足使得人对世界的单纯的实践精神掌握发展为艺术和审美的掌握。也即是说，人的主观丰富性随认识和实践能力的加强日益凸显，进而按照“美的理想”为依据对自然进行加工和创造。朱光潜举例说：

> 人开始凭抽象化和概括化的活动，把在生产实践中所发现的一些引起美感的形式，例如节奏、平衡、对称、整齐、变化之类，加以总结，得到一些抽象的“美的形式”，把它们运用来制造一些与直接实用需要无关或关系不大的，主要为满足审美要求的，多少带有独立性的产品，例如器具的花纹、着色、装饰、文身之类。这就是艺术的萌芽。[②]

尽管朱光潜对“美的形式”的艺术创造观的解释如洪毅然所批判的是“把

① 朱光潜：《美学中唯物主义与唯心主义之争——交美学的底》，载《美学问题讨论集》第六集，第232页。
② 朱光潜：《生产劳动与人对世界的艺术掌握——马克思主义美学的实践观点》，载《朱光潜美学文集》第三卷，第297页。

‘审美认识’的主观能动作用，无限制地夸大到淹没其为一种认识，超越其为一种认识的程度，因而简直变成就是‘实践’、就是‘生产’、就是‘创造’”，且将美和艺术简化成“美的形式”和“美的形式的创造”，[①]但无可否认的是，通过对艺术创作过程中人的精神需要等“主观因素”的强调，朱光潜突出强调了美感与艺术活动中人的主观能动性与审美创造精神的重要作用。再次，实践的能动性与审美创造性还体现在依据美的理想去改变世界，而美作为一种精神生产，不仅是“主观世界的反映”，还是“意识形态性的，有时代性，有民族性，有阶级性”[②]。

应该看到，在美学“实践观点”基础上，朱光潜反复强调主观能动性和创造性活动的重要性，并竭力整合艺术审美活动与劳动实践之间的关联。正如朱光潜所呼吁：

> 毛主席和党是一向从主客观统一这个马克思主义的基本原则出发来制定方针政策的，是一向看重人的主观能动性和创造性的，是主张既要见物又要见人，并且把人的因素看作比物的因素还更重要些，是不讳言主观可以改变客观和主观理想可以化为客观现实的。我们的文艺创作方法基本原则是革命的现实主义与革命的浪漫主义的结合，这也正是客观现实与主观理想的统一。能说这样给主观能动性和创造性的作用以充分的估计，就犯了主观唯心主义的嫌疑吗？[③]

很显然，朱光潜的美学意图正是为了强调审美实践过程中“艺术加工”等人的审美创造性，强调“人的世界观、阶级意识等主观因素”对于艺术审美活动的能动性作用。从这一理路逻辑看，朱光潜“主客观统一说”与前期观点实则仍有其一脉相承性，仍是突显其主观性的意识形态特性。只不过较之前期，后期论争中基于马克思“实践观点”上的朱光潜美学，更加重视生产劳动以及社会历史发展大轮廓这一美感形成的社会性动力机制。

---

① 洪毅然：《论“人对世界的艺术掌握”及其相关问题——对朱光潜先生美学近著的几点质疑》，《学术月刊》1960年第12期。

② 朱光潜：《美学中唯物主义与唯心主义之争——交美学的底》，载《美学问题讨论集》第六集，第230页。

③ 同②，第247页。

三、 人与自然既对立又统一的辩证关系

在美学论争的后期,朱光潜的美学方法论应该看成是认识论与实践论的结合。用朱先生自己的话说,在“存在决定意识,而意识又反过来影响存在”这一完整辩证发展过程中“不仅仅涉及认识活动,而更加重要的是涉及实践活动”[①]。依照这种认识与实践的辩证原则,朱光潜对人与自然(即主观与客观)的辩证关系也进行了有力的诠释,不仅从“人化”与“对象化”的角度说明了二者相互依存与影响的关系,还从人对世界的艺术掌握的产生发展说明了美感的发生发展过程。朱光潜认为,在人与自然、我与物、意识与存在、主观与客观等关系维度上,均是对立统一的,人里面有自然,自然里面也有人,因而美必然是主客观的辩证统一。从马克思《经济学—哲学手稿》出发,朱光潜的理据在于:

> 人自从进行生产劳动成为社会的人之日起,就在自然上面打下了人的烙印,自然便变成了“人化的自然”,体现了人的“本质力量”(能力、愿望、理想等),这就是说,自然里面也有人。另一方面,人的活动不外认识与实践,脱离自然,这认识与实践便没有对象,自然毕竟“对象化”了人的“本质力量”;人是社会关系的总和,社会关系便是客观存在而且本身由物质基础决定。所以人里面也有自然。总之,人与自然这两对立面是互相依存,互相渗透,互相转化的。[②]

应该说,朱光潜这一论点并不新鲜,其旨趣仍在主张“主客观的统一”(即“自然与人的统一”),但其妙处在于“实践论”基点上的新说明。而且,通过马克思的“人化”与“对象化”,朱光潜更加强有力地反击了单一片面的蔡仪派的“自然性”以及李泽厚派的“社会性”,进而在两者的辩证统一中巩固了自己“主客观统一论”的理论合法性。

朱光潜这一“主(人)客(自然)观统一”观点在新的理论支撑与论证中似乎

---

① 朱光潜:《美学中唯物主义与唯心主义之争——交美学的底》,第228页。
② 同①,第229页。

显得有理有据，但随后却遭到魏正[1]、李泽厚[2]等人的尖锐反驳与批判。尽管如此，但正如马克思所言："人依靠自然而生活。这就是说，自然是人的身体，人为了不致死亡，必须始终处在同它不断交往的过程中。人的物质生活和精神生活是同自然不可分割地联系着，这一事实不过是表明：自然是同它自身不可分割地联系着，因为人是自然的一部分。"[3]马克思的话中无疑暗含着自然与人的紧密关联，也即是说，自然离开人毫无意义，人也无法脱离自然而单独存在。美正是在"人的本质力量的对象化"中体现，也在"自然人化"的改造中丰富发展，世界没有"纯自然性"的美与艺术，自然要体现美，必须在"自然人化"中通过人的精神创造与艺术加工体现出来。正如朱光潜所说："从历史发展看，在人类社会出现以前，自然本身无所谓美丑，美是随着社会的人的出现而出现的。自然本来是与人对立的。人自从从事生产劳动，成为社会的人之日起，自然成为人的认识和实践的对象，成为人所征服与改造的对象，只有到了这个时候自然才对人有意义，有价值，有美丑。"[4]

综上可知，在"美学大讨论"中，通过对马克思主义经典理论以及考德威尔、苏联美学等论作与资源的不断学习，朱光潜后期美学也逐渐在"生产劳动"的枢纽上日渐过渡到"美学实践论"路线上。通过对"生产劳动与人对世界的艺术掌握""审美创造精神与实践的能动性"以及"人与自然相统一"三个层面的反复论述，朱光潜的美学"实践观点"也不断深入与成熟。朱光潜的美学"实践观点"，在认识论与实践论的辩证统一路线上，既极力发扬意识的能动性、审美的创造性以及人的本质力量的重要作用，同时也充分肯定客观存在、物质属性以及自然属性的构成性作用。美与艺术也正是在这种"自然人化"与"人的本质对象

---

① 魏正在《关于美学的哲学基础问题——与朱光潜同志商榷》一文中认为，朱光潜"人与自然统一说"的错误仍在于只"看到了社会里面有人的主观在其作用这一面，而否定了社会存在的客观性"，因为"人通过生产实践改造了自然，然而这并没有改变自然的客观性"，并反驳说"照朱先生这种说法，自然是主客观的统一，人也是主客观的统一"。参见《哲学研究》1961 年第 4 期。

② 李泽厚在《美学三题议——与朱光潜先生继续论辩》中指出，朱光潜因一直强调"主观能动性"，但他混淆了两种"主观"（实践与意识），从而也混淆了两种主观能动性，并且在"实践观点"上，也将实践、生产夹杂在一起，时而"生产实践"时而"艺术实践"，时而"物质生产"时而"精神生产"，而实质上却是用艺术实践吞并了生产实践，精神生产吞并了物质生产。因而其"主（人）客（自然）观的统一"美学也是一条"以唯心主义哲学作基础的美学路线"。参见《哲学研究》1962 年第 2 期。

③《马克思恩格斯论艺术》，曹葆华译，人民文学出版社 1959 年版，第 224 页。

④ 朱光潜：《山水诗与自然美》，《文学评论》1960 年第 6 期。

化”的劳动生产实践过程中体现，是人（主观）与自然（客观）在历史社会发展的整体性矛盾统一关系中的轮转、确证与生成。

第四节　从“直观观点”到“实践观点”

从考德威尔“劳动实践观”到马克思“用艺术方式掌握世界”再到“人与自然的对立统一”，在“自然人化”与“人的本质力量对象化”这一社会历史实践轮廓的路线展开中，朱光潜逐渐批判性地超越了前期认识论意义上的“美学的直观观点”并过渡到“美学的实践观点”上。美学实践观点上对“主客观统一说”的重新确立与阐明，也是“美学大讨论”中朱光潜美学思想完成马克思主义思想改造与角色转换的理论标志。

应该看到，通过反复论辩以及对马克思主义经典理论的不断学习和运用，朱光潜美学讨论后期建立在“实践观点”基础上的“主客观统一说”与美学讨论前期以及早期“直观观点”的美学思想，在思维方法、运思理路、核心观点等诸多层面上均存在着较大区别。其思想与理论上的转变主要表现在如下诸方面：

首先，方法论的转变。正如朱光潜所说“直观观点与实践观点的基本分别在于前者是从单纯认识活动来看美学问题，而后者则是从认识与实践的统一而实践为基础的原则来看美学问题的”[①]。这一思维方法的根本性转变，使得朱光潜美学得以从早期“物我两忘”“凝神观照”[②]的美感经验以及美学讨论前期“美是客观方面某些事物、性质和形状适合主观方面意识形态，可以交融在一起而成为一个完整形象的那种特质”[③]，在劳动实践的理路上转换为“人在生产实践过程中既改变世界从而改变自己”的人对世界的“审美的关系”[④]。无论是“心物关系说”还是讨论前期基于“物甲物乙说”为内核的“主客观统一说”，都还是从“物—我”对立的静止的认识论角度加以观照，而讨论后期实践观点上的“主客

① 朱光潜：《美学中唯物主义与唯心主义之争——交美学的底》，载《美学问题讨论集》第六集，第244页。
② 朱光潜：《文艺心理学》，复旦大学出版社2009年版，第9页。
③ 朱光潜：《论美是客观与主观的统一》，载《美学问题讨论集》第三集，第36页。
④ 朱光潜：《生产劳动与人对世界的艺术掌握——马克思主义美学的实践观点》，载《美学问题讨论集》第六集，第178页。

观统一论”则将审美的活动看作人改变世界的一种创造性的审美活动。通过审美活动与劳动实践的结合，既强调了艺术和审美活动与劳动实践之间的血肉联系，还将人的“主观能动性”和“审美创造性”在“人对世界的艺术掌握”及“美的规律”论证中凸显出来。

其次，在“人化的自然”路线上对“意识形态式的反映”这一运思理路的转变。这一变化尤其突出地体现在讨论前期“物甲物乙说”与后期“美学实践论”对待“美感”来源的动力机制这一问题的分析上。在50年代美学讨论前期，朱光潜认为，“物甲”只是“美的条件”，本身“还没有美学意义的美”，只有“物乙”（“物的形象”）才能有“美”，而“物乙”“不纯是自然物，而是夹杂着人的主观成分的物”。[①] 很明显，在早期论争中，虽然朱光潜也主张美感是一种意识形态的反映，但其基于“人的主观条件”和“意识形态”“情趣”基础上的美感论正如李泽厚所批判的“过去在于现在就仍然在于取消了美的客观性”[②]一样，缺乏美感来源的客观基础。到了60年代美学论争的后期，建立在“劳动生产实践”与“人对世界的审美关系”这一基点上的美学思想，则在“自然人化”与“人的本质力量对象化”路线上将“自然对象”（如石刀）视为“人化的自然”，而美则是劳动实践过程中“人的对象化”所见出的人的“本质力量”。这样，朱光潜就不仅找到了美与美感的客观现实基础，还将意识形态的艺术掌握方式有力地建立在社会劳动实践的现实性土壤中。正如朱光潜后来所省思：“单提‘艺术是现实的反映’而不提艺术是人对现实的一种掌握方式，侧重艺术的认识的意义而忽视艺术的实践意义。这就是仍旧停留在美学的直观观点。”[③]因此，从实践观点出发，将美与美感、主观力量和理想，在“自然的人化”路线上深深植根于广阔的生产劳动的现实生活土壤中，这是朱光潜后期“实践论美学”获得阐释空间与动力的关键所在。

再次，在人“人化”了自然与自然也“对象化”了人这一“审美实践活动”关系上对“自然美”等问题的思维转变。在美学讨论前期，朱光潜认为，任何自然状态的东西，包含未经认识的艺术品在内，都没有美，只有当自然美“引起意识形

---

① 朱光潜：《论美是客观与主观的统一》，载《美学问题讨论集》第三集，第31—32页。
② 李泽厚：《美的客观性和社会性——评朱光潜、蔡仪的美学观》，载《美学问题讨论集》第二集，第33页。
③ 朱光潜：《生产劳动与人对世界的艺术掌握——马克思主义美学的实践观点》，载《新建设》编辑部编：《美学问题讨论集》第六集，第207页。

态共鸣”且“投合了主观方面意识形态总和”[①]的霎时契合，才产生了美。此时，朱光潜对于“自然美”的理解在“物”与“主观意识形态”心物契合的关系路向上实则与早期“直觉论”的“心物关系说”逻辑一致。而到了美学论争后期，基于“美学的实践观点”路向上，朱光潜对于“自然美”的理解已然发生根本性变革：人在劳动生产过程中改变了自然，使得自然在“人化”中具有人的意义；与此同时又在对象的“本质力量”中认识自己，从而丰富物质生活和精神生活；自然对象的美也正是在这种创造者生产劳动过程中对世界的实践精神的掌握这一“本质力量”的“复现”中生成。

此外，从美学讨论前期的“物甲物乙说”和两种“反映形式论”到后期“审美活动四因素说”也深刻体现了朱光潜不断用马克思主义资源修正、补充与改造前期美学思想的理论努力。无论是“物甲物乙说”还是两种“反映形式论”，都是将美与美感问题置于马克思“存在决定意识”与“意识影响存在”这一原则上平面静态地展开，而后期“审美活动四因素说”则将美与美感置于社会历史发展的人与自然的有机关系上进行考察，并在“生理基础”（生物机能的有机体人）、“社会基础”（历史传统和社会意识形态的社会人）、“自然的自然性”（单纯的自然事物）与“自然的社会性”（社会意义的自然事物）四者的整体统一中加以观照[②]。依此逻辑，“自然”既是自然的“自然属性”，同时也是人认识与改造世界的实践对象，而“人”既是“生物有机体人”，同时也是受历史文化传统与环境影响的“社会人”，因而自然与人、美与美感的关系，就绝非简单而机械的认识与反映的关系，而更是一种人的感性的创造性的审美实践活动。

应该说，受马克思的启发，在“生产劳动”“人对世界的艺术掌握”“自然的人化”“人的本质力量的对象化”等命题的渐次展开中，朱光潜逐渐过渡到“实践”语义层面重新释义自己的美学思想。通过“实践观点”对“直观观点”的反驳，朱光潜不仅在审美实践论为基本方法的视域内，将审美与艺术活动重新定义为人既改造世界也改变自我的一种满足“人生第一需要”的创造性审美活动，还在自然（客观）与人（主观）、客观现实与主观理想、必然与自由等矛盾关系的辩证统一中树立起了自己基于“实践论”基石上的新的美学实践观，具有强大的阐释

① 朱光潜：《论美是客观与主观的统一》，载《美学问题讨论集》第三集，第40页。
② 朱光潜：《“见物不见人”的美学——再答洪毅然先生》，《新建设》1958年第4期。

效力。

回归历史语境，从朱光潜美学整体发展的逻辑脉络看：克罗齐与马克思无疑代表着两种不同的美学范式，用马克思主义的“药方”清除克罗齐的影响，是其终极目的。由此，在克罗齐与马克思的两种范式传统中抛舍、抉择与建构，则是朱光潜美学论争的整体线索。自1949年意识形态背景的更替始，久沐西学的“旧知识分子”朱光潜便抛入到另一种“学术范式”传统中。因此，马克思主义的思想改造，成为其重建美学合法性与扭转身份危机的唯一选择。借助“百家争鸣”语境中的“美学大讨论”，朱光潜得以在马克思主义理论的学习中斩断与过去美学思想的瓜葛，并通过论争中不断改造与修正自己的美学观点。从美学“直观观点”到“实践观点”的确立，则深刻体现着朱光潜在马克思主义话语改造与整合中充分完成了自己对前期美学思想的范式转换。如果说，因心理学美学的视角方法“不容易上升到哲学的、本体论的和价值论的层面”上，因而“没有实现从古典到现代的转化”且始终无法“完全摆脱传统的认识论的模式，即主客二分的模式”①，这是朱光潜在“美学大讨论”时期美学思想的严重不足，那么，从“直观观点”到“实践观点”的马克思主义范式转换，尤其是将“美—美感”问题从平面静态的“存在—意识”“反映—被反映”关系中拉出进而逐步深化到“物甲—物乙”、两种“反映形式论”、“审美活动四因素说”再到“美学的实践观点”图式中，则是朱光潜“美学大讨论”中不断拓展与深化美学论争“论题”与“论域”的巨大历史贡献。

然而，从“直觉论”到“实践论”，思想改造的“完成”并不意味着朱光潜美学事业的狂欢。在整个美学讨论中，当我们从朱光潜论争文字中细读深思，尤其是论战中运用马克思主义理论话语对过去美学思想的曲折表达与重复强调，则仍未免感受到丝丝“未竟”事业的凉意。因意识形态的干预，朱光潜不得不从马克思唯物主义和认识论出发，在充分肯定“唯物”与“客观”的前提下，在“物甲—物乙”“艺术是一种意识形态”“艺术是一种生产劳动”“人对世界的艺术掌握”中曲折而“辩证”地表述自己的美学见解。哪怕是到后期论争中，当朱光潜斩钉截铁地宣告克罗齐“艺术即直觉说”是把“直观观点”推演到“荒谬的极端”而只有

---

① 叶朗：《从朱光潜“接着讲”》，载叶朗主编：《美学的双峰——朱光潜、宗白华与中国现代美学》，安徽教育出版社1999年版，第18—19页。

马克思"实践观点"对于美学才起了根本变革的作用时，他仍不忘延续着前期美学思想中的某些成分。兹举理据如下：

其一，对"人"的"主观因素"（"主观条件"）或"主观能动性"的维护与延续。早在《文艺心理学》时期，朱光潜便主张美感经验是"观赏者的性格和情趣的返照"，是一种"艺术的创造"，"凡是美都要经过心灵的创造"①，强调艺术和美的主观决定性作用。顺此脉络，到美学讨论前期，与蔡仪"客观自然性"与李泽厚"客观社会性"不同，朱光潜"物甲物乙说"仍极力彰显"主观意识形态"作用，强调"唯物主义的美学也决不能忽视美的意识形态的基础"且不能"对主观存在着迷信式的畏惧，把客观绝对化起来"②。同理，到美学讨论后期，在美学实践观点的路线上，朱光潜同样将人的"主观情感"与"自我意识"凸显出来，并反复批评"美学讨论中有些人对于主观创造活动带有主观唯心主义嫌疑的危惧，就是顽强抗拒实践观点的一种表现"，极力申明"发挥主观能动性和创造性"③对于艺术审美活动的重要性。应该说，朱光潜对此一论点的延续，与其说是"意识形态话语"中对自我美学观合理的前后继承与延续，倒不如说是对美学"知识性话语"的一种求真性探寻，并将美学从政治话语中回归到感性学的学科知识体系内，维护了美学的现代性主体意涵。

其二，将美视为一种"意识形态性"。尽管在 1949 年前，朱光潜还未提及马克思的"意识形态"概念，但据其内在思想看，《文艺心理学》中关于美的"意象""形象""美感的人格"实则有其相通处。到美学讨论前期，依据马克思"文艺是一种社会意识形态"的原则，朱光潜便提出了美的"意识形态式的反映"这一观点。而针对洪毅然将美与美感视为"存在范畴"而非"意识形态范畴"④的反驳，朱光潜更明确提出："美必然是意识形态性的。所谓'意识形态性的'就是说：美作为一种性质，是意识形态的性质，而不是客观存在的性质。"⑤到美学讨论后期，朱光潜依然认为，"美是社会意识形态性的，有时代性，有民族性，有阶级性

---

① 朱光潜：《文艺心理学》，复旦大学出版社 2009 年版，第 10—11 页、140 页。

② 朱光潜：《论美是客观与主观的统一》，载《美学问题讨论集》第三集，第 29、40 页。

③ 朱光潜：《美学中唯物主义与唯心主义之争——交美学的底》，载《美学问题讨论集》第六集，第247 页。

④ 洪毅然：《美是不是意识形态？——评朱光潜"论美是客观与主观的统一"及其他》，载《美学问题讨论集》第四集，第 65 页。

⑤ 朱光潜：《美必然是意识形态性的——答李泽厚、洪毅然两同志》，载《美学问题讨论集》第四集，第 99 页。

的”且“肯定了美的意识形态性，并不等于否定了美的客观现实基础”[1]。从朱光潜美学实践观点出发，在人对世界建立的审美实践关系中，我们甚至还能从朱光潜的美学思考中找到 20 世纪 80 年代中期学界关于文艺是一种“审美意识形态性”的思想胚芽。

其三，对审美个体和个体审美能力的重视。早在《谈美》中探讨对古松的实用的、科学的、美感的三种态度中，朱光潜便强调个体的“心理直觉”与审美个体的“精神上的饥渴”，认为“真善美都是人所定的价值，不是事物所本有的特质。离开人的观点而言，事物都浑然无别，善恶、真伪、美丑就漫无意义”[2]。在美学讨论中，朱光潜更是以苏轼的“琴诗”“若言琴上有琴声，放在匣中何不鸣？若言声在指头上，何不于君指上听”为证，指出主体与客体、审美个体与审美客体在欣赏接受之间的紧密关联。只有个体先具备对外界客体的审美感知，审美价值活动才能发生，而个体的不同审美经验又会造成不同的审美个性，从而对审美客体的感受评价发生相应变化。同理，在美学实践观点的路线上，朱光潜同样高度重视个体的审美能力和经验，认为正是生产劳动中才使得“人”成为“一种有自我意识的存在”，进而才能依照“主观需要”和“美的规律”[3]去制造事物，而美也正是在这种本质力量的对象化中实现和生产。

除以上美学思想的转变与联系外，朱光潜前后期的美学思想及其学思体系还存在着其他诸多瓜葛与牵连，尤其是马克思主义思想改造背景下其美学观点由“直观论”到“实践论”的论争转变，不仅深刻体现了历史变革中朱光潜美学思想的沉浮波动与前后起伏，更隐射出意识形态更替下“旧知识分子”在意识形态压力中艰难而坎坷的心路历程。

总体而言，“美学大讨论”时期的朱光潜美学，通过对马克思主义的积极改造与理论学习，在斩断与过去学术的瓜葛中，重新建立起了以“物甲物乙说”为内核的“主客观统一论”，并在“唯物辩证”的认识论路线上强调美的意识形态特性。这一美学思想在屡遭批判后，在美学讨论的后期，通过对考德威尔“劳动实践观”、苏联美学以及马克思经典理论的深度阅读，进一步上升到劳动生产实践

---

① 朱光潜：《美学中唯物主义与唯心主义之争——交美学的底》，载《美学问题讨论集》第六集，第230 页。

② 朱光潜：《谈美》，中华书局 2010 年版，第 5 页。

③ 朱光潜：《生产劳动与人对世界的艺术掌握——马克思主义美学的实践观点》，载《美学问题讨论集》第六集，第 183 页。

的“美学实践观点”路线上。马克思主义美学“实践观点”的确立，既是主管意识形态部门通过“美学大讨论”平台对朱光潜等“旧知识分子”思想改造的完成，又是朱光潜最终完成马克思主义思想转变的标志，也是其美学方法上由认识论挪向实践论的象征。尽管朱光潜因时代局限，仍无法完全超越“主客观二分”的认识论模式，但其实践观点在强调人与自然的辩证统一以及宇宙人生的整体性观念上已推动了美学方法论的变革。尤其是后期论争中朱光潜努力沟通认识论与实践论的尝试，不仅在“自然人化”与“人的对象化”路线上找寻到了美感的客观现实基础以及艺术生成发展的动力，更在能动的实践论与艺术审美创造精神中开辟了当代实践哲学—美学的“心体论”[①]方向。值得注意的还有，在审美精神与能动的实践创造这一美学路线上，“美学大讨论”时期的朱光潜美学既合理延续着早期心理学美学的内在神韵，还开启了新时期实践美学弥补建构的学理方向，甚至还预示着美学感性回归的历史趋势。

① 参见尤西林：《朱光潜实践观中的心体——重建中国实践哲学—美学的一个关节点》，载叶朗主编：《美学的双峰——朱光潜、宗白华与中国现代美学》，第278页。

第五章

客观形象派美学的波折与“转正”

如果说新中国成立以前的蔡仪基本完成了自己美学思想体系的创立工作，但还没有受到学界的充分重视与检验，那么新中国成立以后五六十年代的蔡仪美学思想则经过了一段波折起伏后站稳脚跟，成为美学之一大学派。

第一节　建设与批判:文化领导权之争下的蔡仪美学思想批评

中华人民共和国成立以前,中国的文化界早已分为左右两大对垒阵营。左翼文艺运动的兴起,更加壮大了以中国共产党为领导的新文艺运动的声势。但在美学领域,仍然是朱光潜为代表的“封建阶级”与现代资产阶级“中西合璧”的唯心主义美学[①]占统治地位;此外,“左翼”内部由于不同时期政治路线的不同,也分化为“国防文学”与“民族革命战争的大众文学”,主观战斗精神派与强调政治倾向性的理论之争等。毛泽东《在延安文艺座谈会上的讲话》发表以后,确定了文艺为人民服务,为工农兵服务的政治方向,解放区文艺界统一了思想。

新中国成立前夕,1949 年 7 月召开的中华全国文学艺术工作者代表大会上,朱德、董必武、陆定一等领导人以毛泽东《在延安文艺工作座谈会上的讲话》为中心,提出文艺工作者要以马克思列宁主义毛泽东思想为指导,为工农兵服务,反对超阶级超社会的文艺思想,克服缺点,迎接新时代。周恩来针对文艺界的实际情况,特别就进步文艺界的团结、文艺为人民服务、普及与提高、改造旧文艺及文艺组织等问题做了深入的阐述。在文艺界的团结方面,周恩来指出要将解放区文艺工作者和“国统区”文艺工作者团结起来,领导全国的文艺工作;在文艺为人民服务方面,指出文艺工作者应由只熟悉小资产阶级生活、思想、感情转到熟悉工农兵,特别是熟悉工人上来;在普及与提高的问题上,指出要认识到旧文艺光鲜外表下内核的腐朽性,希望属于新文艺,现阶段要普及第一,不要因新文艺的粗糙而过度批评甚至“打骂”,要爱护帮助新文艺;在改造旧文艺方面,指出主要的是改造旧文艺的内容,并对形式进行适当逐步的改造,还要尊重团结愿意改造的旧艺人,动员他们积极参加改造运动;在文艺组织问题上,指出要像产业工会一样,在中华全国文学艺术界联合会之下分部门成立文学、戏剧、

① 见敏泽:《朱光潜反动美学思想的源与流》,载《美学问题讨论集》第一集,作家出版社 1957 年版,第 165—169 页。

电影、音乐、美术、舞蹈等协会，以便于工作，便于训练人才，便于推广，便于改造。[①] 郭沫若在为大会所做的主报告中指出，五四运动以来“三十年来的新文艺运动主要是统一战线的文艺运动”[②]，运动初期由初步具有共产主义思想的知识分子、小资产阶级知识分子和资产阶级知识分子联合组成，建立了以反帝反封建为内容的新文艺；第一次大革命失败后，中国右翼资产阶级背叛了革命，文艺方面产生了以无产阶级为领导，革命小资产阶级积极参加的左翼文艺运动；抗日战争爆发前后，中国文艺界又成立了无产阶级领导的，由无产阶级、小资产阶级、资产阶级以及其他一切爱国的新旧文艺人士组成的广泛统一战线；解放战争的三年，开始了在毛泽东文艺新方向的影响之下的和人民大众结合的努力[③]。郭沫若同时号召文艺工作者通过批评和自我批评，消除资产阶级和封建主义文艺的影响。一大批文艺界的领军人物纷纷从自己的角度自觉地阐释《在延安文艺座谈会上的讲话》精神。在文艺为工农兵服务方面，欧阳予倩认为：“应当倾全力为工农兵服务……集体主义往往被误认为完全淹没个人，其实个人得到集体的支持格外能丰富自己，表现自己。许多劳动英雄不都是集体中的个人吗？……一切为群众服务，才有个人的真正成就。”[④]郑振铎欢呼文艺界“共同走上了为人民大众，为工、农、兵服务的大道上去”。[⑤] 在整顿文艺工作作风方面，丁玲指出“作品不是属于个人的，而是属于人民的”，在写作以前要开座谈会，写好之后要反复讨论，再三修改。[⑥] 在改革旧艺术内容与形式方面，梅兰芳认为：“一方面要改革内容，配合当前为人民服务的任务，一方面又要保存技术的精华，不致失传。”[⑦]在解决文艺深度不够，艺术魅力持久性不长的问题方面，丁玲认为是“文艺工作者缺少马列主义，不够了解政策，了解的是些表面的问题……毫无预见的，因此只敢实录一些现象，不敢深入问题，不敢对当时当事有所批

---

① 周恩来：《在中华全国文学艺术工作者代表大会上的政治报告》，载《中华全国文学艺术工作者代表大会纪念文集》，新华书店 1950 年版，第 26—32 页。

②③ 郭沫若：《为建设中国的人民文艺而奋斗》，载《中华全国文学艺术工作者代表大会纪念文集》，第 37—38 页。

④ 欧阳予倩：《在新民主主义的旗帜下团结起来》，载《中华全国文学艺术工作者代表大会纪念文集》，第 388—389 页。

⑤ 郑振铎：《文代大会的前瞻》，载《中华全国文学艺术工作者代表大会纪念文集》，第 385 页。

⑥ 丁玲：《从群众中来，到群众中去》，载《中华全国文学艺术工作者代表大会纪念文集》，第 179 页。

⑦ 梅兰芳：《我们所演的戏剧有进一步改革的必要》，载《中华全国文学艺术工作者代表大会纪念文集》，第 391 页。

评……思想性不够，政治性不尖锐，战斗性不强烈”[①]。这次会议，强调了集体主义精神，强调了文艺为工农兵服务的政治方向，反对文艺的个人主义、形式主义倾向，正是这些使巴金等“国统区”文学艺术家们“感到友爱的温暖……总有一种回到老家的感觉”[②]，开始自觉地走上了贯彻《在延安文艺座谈会上的讲话》精神，以毛泽东文艺思想为指导的文艺界团结、改造文艺队伍，建设新民主主义文艺的道路上来。

虽然这次中华全国文学艺术工作者代表大会取得了成功，但值得注意的是，参加会议的文艺界的750多位代表仅仅代表着解放区的文艺工作者和“国统区”的进步文艺工作者，而更多的其他文艺工作者并不在此列。除此而外，具有广泛统一战线性质的新文艺工作者在思想上、组织上并非没有分歧。在这次代表大会上，茅盾就曾严肃地批评“一方面描写抗日战争，另一方面则故意避免暴露抗日阵营中的黑暗面，却用男女间的恋爱故事……达到了‘左右逢源’之乐”[③]。对于文艺理论界，茅盾更是尖锐地批评了胡风的主观战斗精神。他指出，持主观战斗精神的人“无条件地崇拜个人主义的自发性的斗争，以为这种斗争就是健康的原始生命力的表现，他们不把集体主义的自觉的斗争，而把这所谓原始的生命力，看做是历史的原动力”[④]。他同时劝告这样的文艺理论家要在思想上生活上真正摆脱小资产阶级的立场，而走向工农兵的、人民大众的立场。

新中国成立以后，中国共产党在制度、组织等各个层面进一步加强了对文艺工作的领导。针对文艺宣传工作薄弱的问题，中共中央指示要“拟定党关于文化艺术的政策或地方性方针，并监督其实施。领导文学艺术的创作和批评”[⑤]，对电影、剧目和其他全国性的重要艺术品进行审查，同时改革旧戏曲，“发扬人民新的爱国主义精神，鼓舞人民在革命斗争和生产劳动中的英雄主义为首要任务”[⑥]。但是，为了改造社会，已经取得政权的中国共产党采取了整体接收“国民政府”以及文教、医疗等整个体系的办法（即包了下来），因而在思想文化、

---

① 丁玲：《从群众中来，到群众中去》，载《中华全国文学艺术工作者代表大会纪念文集》，第181页。
② 巴金：《我是来学习的》，载《中华全国文学艺术工作者代表大会纪念文集》，第392页。
③ 茅盾：《在反动派压迫下斗争和发展的革命文艺》，载《中华全国文学艺术工作者代表大会纪念文集》，第53页。
④ 同③，第64页。
⑤ 中共中央政策研究室：《建国以来重要文献选编》第二册，中央文献出版社2011年版，第69页。
⑥ 同⑤，第225页。

组织建设等各个方面急需进一步整顿和教育。1950 年底，电影《武训传》上映。该片放映后在社会上有较强烈反响，好评甚多，却与当时官方倡导的意识形态转变的历史趋势有所龃龉。毛泽东认为，身处中国人民反对外国侵略者和反对国内反动封建统治者的伟大斗争时代的武训“根本不去触动封建经济基础及其上层建筑的一根毫毛，反而狂热地宣传封建文化，并为了取得自己所没有的宣传封建文化的地位，就对反动的封建统治者竭尽奴颜婢膝的能事，这种丑恶的行为，难道是我们所应当歌颂的吗”①？在这里，毛泽东所关注的是文化工作领导权的问题，特别是“一些号称学得了马克思主义的共产党员”，在观看了此片后，也“丧失了批判的能力，有些人则竟至向这种反动思想投降”②，这不能不引起人的深思和忧虑。1951 年 7 月 23 日到 28 日，《人民日报》发表了《武训历史调查记》。该调查记在调查了武训所生活的地区各阶层 160 多人，搜集到武训盘剥底层人民田亩地契等相当一部分确切资料的基础上，从“和武训同时的当地农民革命领袖宋景诗、武训的为人、武训学校的性质、武训的高利贷剥削、武训的土地剥削”揭开了“善人”的面纱。这一系列的讨论批判，澄清了在《武训传》这部电影问题上的混乱思想，并引起了社会各界对封建主义和资本主义文化侵蚀的警惕。蔡仪在这一运动的影响下，也参加了《武训传》的批判工作。他是从武训性格与阿 Q 精神的对比上进行分析的。蔡仪认为：“阿 Q 精神……最中心之点是要向压迫者反抗而又不知道如何反抗，以致不能正当地反抗、不敢正面地反抗，只好自欺自骗以求得自己精神的安慰。武训精神是比较明显的，对压迫者毫无反抗意图，只是故作下贱以求得他们的心满意足，兴义学就正是叫财主们心满意足的很好的一个办法。”③同年 10 月，在中宣部的一次关于文艺工作的座谈会上，有人提出要整顿从“国统区”接收的人员的文艺思想。当时在文艺学美学领域，成系统地以专著形式出版了的著作除了朱光潜的《文艺心理学》，还有蔡仪的《新美学》。朱光潜的文艺思想，主要是在吸收克罗齐、里普斯文艺思想的基础上的继承和发展，由于他强调形象直觉说、距离说，反对党派的、政治的文艺观，因而在全民族救亡和革命的历史氛围下，早在新中国成立前

---

①② 毛泽东：《应当重视电影〈武训传〉的讨论》，载张炯：《中国新文艺大系（1949—1966）理论・史料集》，中国文联出版公司 1991 年版，第 3 页。

③ 蔡仪：《武训性格与阿 Q 精神有本质上的不同》，载《蔡仪文集》第二卷，中国文联出版社 2002 年版，第 171 页。

就已被进步人士广为批判，所以新中国成立后不可能再版《文艺心理学》；对蔡仪的《新美学》进行研究评论的人在解放区则很少，国民党的《中央日报》评论道：“这书有它的新体系，无论这用新的方法所阐发出来的路线是正确抑疵谬，但至少对于旧美学的若干矛盾问题是解决了，故而这一册书是从破坏入手的。破坏了旧的美学系统，于是才建立新的系统，而处处可以发现在破坏的一方面优于建设的一方面，这是任何新科学的必然途径、必然性质。……综观全书，很多精彩的新见，尤其是批判方面确能使徘徊于旧美学圈子内的读者看到些曙光。可是作者也有他幼稚、未成熟甚至于仍带着观念论的色彩处，例如关于事物的典型性，作者还不能充分地从客观的根据去剖析，又如关于美感的种类，整章不过略为修正一些旧的解释等，未能使读者满意。然而对于美学的论说，这书已进步得多，并且借此还可以看出美学此后大概的发展的路向。”①可以看出，破坏旧美学、带有观念论色彩、一定的进步性是当时学人对于蔡仪《新美学》的基本看法。所以它第一版于 1948 年由上海群益出版社印行了 2500 册后②，于新中国成立后的 1951 年又印行了第四版，印数从 5501 册到 6500 册。当有人提出整顿文艺思想时，中宣部文艺处处长严文井责成蔡仪对《新美学》做出检查。蔡仪觉察出这次整顿不同寻常的味道，立刻通知上海群益出版社停止印行《新美学》，并准备写检查，而上海群益出版社已经印行的 1000 册《新美学》已经发行，有读者在 1952 年 4 月还在北京西单买到了第四版《新美学》。也许是历史给了蔡仪一个机会，也许是有人巧做安排，蔡仪还没来得及写检查，1951 年 11 月就被派到广西参加土改，避开了《武训传》批判风暴的锋芒。1952 年 7 月土改结束，蔡仪从广西回到北京，写成一份关于《新美学》的检查后交给中宣部负责人。真是此一时彼一时，这时中宣部的态度与前一年截然不同，负责人推说“自己不懂美学，让蔡仪去找王朝闻谈谈，蔡仪又去找王朝闻，王说自己没有什么意见，让蔡仪自己多考虑”③。这一连串的皮球，踢回了蔡仪的怀抱。个中的原因，从大背景来说，《武训传》批判派给蔡仪带来压力仅仅是事情的一个方面，更重要的是 1951 年的全国第一次宣传工作会议，提出十年或更长时间之后

① 转引自《蔡仪文集》第十卷，中国文联出版社 2002 年版，第 60 页。

② 蔡仪在《〈美学论著初编〉序》中说《新美学》于 1947 年出版，但群益出版社 1951 年版的《新美学》版权页标明 1948 年出第一版，因此本文以 1951 年版为准。

③ 乔象钟：《蔡仪传》，文化艺术出版社 2002 年版，第 73 页。

再搞社会主义的思想，或许会使一些本想在宣传领域做一番整顿工作的干部有所收缩。

社会文化运动既有有组织的、自觉的一方面，也有个人的、自发的一方面，自觉性和自发性都是其规律性的体现，否则就无法科学地解释社会运动。当有组织地批评蔡仪的美学思想变成“足球游戏”时，一个“不识时务”的美学家向蔡仪的美学体系发起了批评——这个人就是吕荧。

1953 年 7 月，《文艺报》刊发了吕荧的文章《美学问题——兼评蔡仪教授的〈新美学〉》。文章认为，蔡仪的《新美学》从根本上说，也像朱光潜的《文艺心理学》一样是唯心论的。因为《新美学》虽然强调了观念的根源在于客观世界，但它所宣扬的“一般事物的属性条件，也就是美的事物的一般的属性条件；美的本质就是事物的典型性，就是个别之中显现着种类的一般”的美学理论，在吕荧看来，这不是从社会物质生活的现实需要出发，更不是从人类阶级社会产生以来阶级斗争的实际出发，而是“抛弃了客观事物的现实性的本质，把事物当作孤立的、固定的、不变的个体，把现实的事物的本质看做是一种各个个体所共同具有的抽象的东西……是把现实的事物的本质变为一种形而上学的观念。”[①]特别是当《新美学》认为物是属性条件的统一[②]，物就是“形体、音响、颜色、气和味、温度和硬度等”[③]的统一时，吕荧断定蔡仪的唯物主义美学和马赫主义一样，“在实际上取消了物的现实性的客观存在，把它变成了抽象的主观观念中的存在，走上了主观唯心论的道路”[④]，并进而指出《新美学》就是“在唯物论的前提之下发展了唯心论的美学理论”[⑤]。

为进一步说清楚问题，吕荧的这篇文章历数了康德、黑格尔以来唯心主义美学的发展状况，指出《新美学》在理论实质上是折衷德国唯心论各派美学的产物，但还想借用唯物论的前提调和唯物论和唯心论。不仅如此，吕荧还指出之所以会出现这样的借唯物论前提宣扬唯心论的美学理论，也是 19 世纪中叶以来唯心论哲学与唯物论哲学战斗中所表现出来的新特点，即“在‘科学的’旗帜掩护下进行唯心论的说教”[⑥]。

---

① 吕荧：《吕荧文艺与美学论集》，第 417 页。
② 蔡仪：《蔡仪文集》(1)，中国文联出版社 2002 年版，第 244 页。
③ 同②，第 317 页。
④⑤ 同①，第 422—423 页。
⑥ 同①，第 434 页。

吕荧的批评，可能会使本以为已经过关的蔡仪再次紧张起来，猜测吕荧的文章“是有来头的”①。由于吕荧的《美学问题》一文是在《武训传》批判时隔两年后，第一篇运用马克思主义观点系统有力地公开批评蔡仪美学观点的文章，此时蔡仪感到“真正步入了艰难的处境”②。但事实是，《文艺报》上的批评文章并没有影响蔡仪的组织工作与生活。文章发表时间不长，蔡仪在何其芳、力扬等人的安排下于同年秋天从中央美术学院调到了北京大学文学研究所（即后来的中国社科院文学研究所）。

第二节　争鸣与转机：论争焦点的逐步展开

人生的命运往往是在历史的流转中波澜起伏的，蔡仪也不例外。1953 年秋天，当蔡仪被调到文学研究所后，依然念念不忘吕荧的批评，一到文学所，就与何其芳商量并表态：“吕荧的文章我是要回答的。”③但吕荧的文章并不是那么好回答，以至于文学所里“其他同志也不赞同他的观点”④。何其芳劝蔡仪不必急于动笔，蔡仪思忖再三，当年写成反驳文章后，没有急于发表。

1954 年 1 月，何其芳将教育部文科教材《文学概论》拟写提纲的任务交给了蔡仪，之后又由蔡仪主持《文学概论》提纲的讨论会。讨论会上，北京大学中文系主任杨晦提出《文学概论》应以刚刚在北大讲授过文艺理论的苏联专家毕达可夫的提纲为准，蔡仪则认为应以自己为教育部拟写的提纲为准。毕达可夫的提纲可以从 1958 年出版的毕氏讲课记录《文艺学引论》看出，它除了强调文学的意识形态性、历史性与全人类性、社会主义现实主义之外，更多地谈了艺术的形象、语言、诗法原理等，是一个在强调所谓社会主义意识形态前提下塞入人性论及艺术本体论的文学理论，具有浓厚的苏联时政色彩；蔡仪的提纲可以从何其芳给蔡仪安排《文学概论》任务后，当年蔡仪为中央美术学院讲授的《艺术理

① 乔象钟：《蔡仪传》，第 73 页。
② 同①，第 74 页。
③ 同①，第 76 页。
④ 同①，第 77 页。

论提纲》中看出来，该提纲谈论艺术的阶级性和党性、工农兵方向的艺术、新现实主义、艺术的思想性和形象性、艺术的民族形式和民族的艺术遗产、艺术史的发展和社会史的关系等六个方面的问题①。从蔡仪的提纲看，它既部分吸收了毛泽东文艺思想内容，又将自己的现实主义艺术论、形象思维论的观点表达了出来。由于杨晦与蔡仪各不相让，不得不请示领导后由教育部高教司司长解决问题。鉴于学习苏联的政策形势，更有可能的是毕达可夫提纲更受上层领导的赏识，最后决定由蔡仪做出检查，退出会议，毕氏提纲向全国颁发使用。虽然蔡仪的提纲没有被使用，但从文学所的角度来说，由蔡仪主持《文学概论》的编写工作并没有引起其他人的异议。

1954年3月，俞平伯在《新建设》上发表了《红楼梦简论》；9月，《文史哲》发表了李希凡、兰翎的《关于〈红楼梦简论〉及其他》的批评文章，又一场关于无产阶级文化领导权的斗争很快掀起。由于俞平伯的文章具有明显的唯心主义色彩，蔡仪美学体系则要坚持所谓"唯物主义"路线和意识形态色彩，因此蔡仪积极地写成长文《胡适思想的反动本质和它在文艺界的流毒》批判俞平伯的《红楼梦》研究。文中批判了俞平伯认为《红楼梦》不过是"闺阁庭帏之传"，不具深刻社会意义，是作者"色空"观的表现，是"尽文章之妙"的形式主义作品的观点；同时指出俞平伯的思想理论来源于胡适贩卖的实用主义哲学，而实用主义哲学"不顾理论，只看事实；不顾实质，只看效果"，必然会导致"惟利是图"②。这会让文艺工作者"脱离当时紧张的革命斗争，钻入故纸堆中再也爬不出来"③，"叫人民为眼前的事实，作个人的打算，只要取得点滴的好处，就是生活的改进"④，并认为这样的思想是反动的资产阶级、帝国主义思想的流毒。

历史的惯性依然在继续。1955年2月，中共中央决定对胡风的文艺思想开展批判。胡风文艺思想早在新中国前就引起了左翼内部的争论。1945年初创刊的《希望》杂志上，发表了胡风的《置身在为民主的斗争里面》和舒芜的《论主观》。胡风认为，文艺创作"在对象底具体的活的感性表现里面把捉它底社会意义……一方面要求主观力量的坚强，坚强到能够和血肉的对象搏斗，能够对血

① 蔡仪：《蔡仪文集》(7)，中国文联出版社2002年版，第336—360页。
② 蔡仪：《蔡仪文集》(2)，中国文联出版社2002年版，第358页。
③ 同②，第366页。
④ 同②，第363页。

肉的对象进行批判，由这得到可能，创造出包含有比个别的对象更高的真实性的艺术世界，另一方面要求作家向感性的对象深入，深入到和对象底感性表现结为一体，不至自得其乐地离开对象飞去或不关痛痒地站在对象旁边，由这得到可能，使他所创造的艺术世界真正是历史真实在活的感性表现里的反映，不至成为抽象概念底冷冰冰的绘图演义”①。胡风进而指出，在封建主义和法西斯主义向人民进攻的时代里，“不管他挂的是怎样的思想立场的标志，如果他只能用虚伪的形象应付读者，那就说明了他还没有走进人民底现实生活，如果他流连在形象底平庸性里面，那就说明了，即使他在‘观察’人民，甚至走进了人民，但他所有的不过是和人民同床异梦的灵魂”②。因此，胡风要与“没有思想力的光芒，因而也没有真实性的迫力的形象的平庸性，即所谓客观主义进行文艺思想上的斗争”③。由于胡风批判了以形象思维为中心的客观主义，正好与蔡仪的美学思想格格不入，所以蔡仪从批判胡风的唯心论出发写了长文《批判胡风的资产阶级唯心论文艺思想》。不过，蔡仪没有直接从形象思维、客观论的角度反驳胡风。蔡仪是从自己对《中共中央宣传部关于开展批判胡风思想的报告（一九五五年一月二十日）》的理解出发来批判的。《报告》认为，在文艺和政治的关系上，胡风及其一派否认艺术服务于政治的原则和为工农兵服务的方向，否认党对文艺工作的领导；胡风不承认革命作家的根本问题是如何站稳工人阶级的立场问题，却强调一种所谓“主观战斗精神”；胡风抹杀作家的世界观对于文艺创作的作用，否认社会主义现实主义作家应具有的先进的、共产主义的世界观，认为社会主义现实主义者的世界观和创作方法也是可以背道而驰的；胡风否认文学反映人民的重大政治斗争和表现现实中的迫切题材的意义，而片面地强调描写自发斗争，描写所谓“日常生活”和“私生活”；轻视民族遗产，否定文艺的民族形式等。蔡仪认为，胡风引用马列主义导师的言论，歪曲马克思主义的原则，“企图按照他的面貌来‘改造’社会主义的文艺事业”④。例如，胡风认为社会主义现实主义的本质意义就是“写真实”，而抛弃了斯大林要求苏维埃艺术家学习马克思主义，使作品浸透马克思主义精神的要求；再如，胡风主张“无产阶级的”和“人民大众的”是并列的，文学要通过“人民大众底立场去表现”无产阶级立

①②③ 胡风：《置身在为民主的斗争里面》，载《胡风全集》第三卷，湖北人民出版社 1999 年版，第 187—188 页。

④ 蔡仪：《蔡仪文集》(3)，中国文联出版社 2002 年版，第 1 页。

场。但“人民”的概念是宽泛的，小资产阶级也是人民，毛泽东指出“坚持个人主义的小资产阶级立场的作家是不可能真正地为革命的工农兵群众服务的”[①]，所以蔡仪认为只有最先进的无产阶级立场才能真正代表人民大众，胡风通过人民大众的立场表现无产阶级立场，“就是要把无产阶级立场迁就以至服从小资产阶级及资产阶级的立场……就是要取消工人阶级立场在我们的社会生活中的重要意义，在文学中的重要意义”[②]。当胡风在“写真实”的、用“人民大众”立场代替无产阶级立场的道路上滑行，最终把社会主义精神解释成不过是人道主义精神，从而抽去了“工人阶级立场与马克思主义观点”[③]，而代之以资产阶级的抽象的人道主义的时候，蔡仪指出，胡风这样做的目的，就是要反对文艺为工农兵服务的方向，反对知识分子出身的作家的思想改造。

1957年，《新港》杂志第一期刊登了巴人[④]的《论人情》。巴人写此文的起源，是在“学习了八大文件”之后，“使我觉得我们对一切事物，包括文艺在内，须结合当前现实，作一次新的估价了”。[⑤] 具体来说，是由于“自己做外交工作时，碰到大使们谈到中国电影艺术等等，总说‘政治味太浓，人情太少’”[⑥]。在国内“看各地演出时，有些人的意见，确是如此的”[⑦]，以及“文艺界里老前辈，一碰面论起当前的文艺作品来，也说缺少人情味”[⑧]。因而，巴人认定新中国成立以来的文艺作品就是缺乏人情味的。他认为，在土地改革时期和“三反五反”时期，有的青年团员和共产党员断绝了与家庭的来往，以划清思想界限，这样的做法不通人情。那什么是巴人的人情呢？在巴人看来，“人情是人和人之间共同相通的东西。饮食男女……花香、鸟语……一要生存，二要温饱，三要发展”，总而言之，那就是“出乎人类本性的”[⑨]东西。人情、情理“是文艺作品‘引人入胜’的主要东西”[⑩]。至于人类本性与阶级斗争的关系，在巴人看来，“文艺必须为阶级斗争服务，但其终极目的则为解放全人类，解放人类本性”。而这一人类本性是

---

① 毛泽东：《在延安文艺座谈会上的讲话》，载《毛泽东论文艺》，人民文学出版社1966年版，第11页。

② 蔡仪：《蔡仪文集》(3)，第7页。

③ 同②，第9页。

④ 本名王任叔，巴人是其笔名。巴人在上世纪50年代曾任中华人民共和国驻印尼大使、人民文学出版社社长。

⑤⑥ 巴人：《以简代文——关于〈评〈论人情〉〉的答复》，《北京文艺》1957年第5期。

⑦ 巴人：《给〈新港〉编辑部的信》，《新港》1957年第4期。

⑧⑨⑩ 巴人：《论人情》，《新港》1957年第1期。

亘古不变的，即使是阶级斗争也“必须有人人相通的东西做基础。而这个基础就是人情，也就是出于人类本性的人道主义”①。如此看来，巴人的人情，提高到理论层面，就是人道主义，而巴人的人道主义，就是超越了阶级的饮食男女，花香、鸟语，生存、温饱、发展之类的东西。巴人的这套理论，引起了广泛争论。《论人情》发表刚刚两个月的 1957 年 3 月，《新港》杂志发表了张学新撰写的争鸣文章《“人情论”还是人性论？》。该文指出，巴人歪曲了当时文艺创作的现实：“现在的戏剧里有几个不穿插一点爱情故事的？现在的抒情歌曲中不是曲曲都在唱着‘可爱的姑娘’吗？”②至于用人情论去约束甚至反对阶级论，该文认为，“工人与资本家很难相通，乡村的农民与小资产阶级知识分子也很难一致”，即使是当时的社会主义时代，“也有人要发展集体主义，有人要发展个人主义；有人要发展社会主义，有人要发展资本主义”。③ 所以，在张学新看来，人情是要以阶级性为基础的。至于巴人借马克思的言论及反对文艺作品的公式化、概念化倾向来宣扬人情论，张学新指出，马克思在《神圣家族》中所用的“人类本性”的字眼，是“站在无产阶级立场，积极的维护人的尊严，为了指出资本主义经济关系的‘违反人性的现实’，‘得出’‘否定私有制的结论’，却根本没有提倡什么超阶级的‘人情’和‘人类本性’”；而真正克服公式化概念化，“首先是要作家提高觉悟，长期深入生活，与群众同甘苦、共命运，深刻的理解群众的生活、斗争、思想、感情，从而在作品中正确的表现人民的要求、喜爱、希望和人情。而绝不是依靠什么超阶级的‘人情论’，和让‘人性论’借尸还魂”④。1960 年，中国掀起了批判人性论人道主义的热潮，《北京大学学报》人文科学版第三期出版了《批判巴人修正主义文艺思想专刊》，许多文艺家从不同角度对巴人的文艺思想做了批评。蔡仪从反对唯心主义、修正主义的角度写了《人性论批判》的长文，发表于 1960 年的《文学评论》第 4 期。他指出：“人性论和相关的人道主义，实质上是一种资产阶级唯心主义的人生观和历史观……南斯拉夫修正主义者所谓‘具有人性的人道主义’”和巴人所谓“出于人类本性的人道主义”是“根本一致的关系”⑤。

① 巴人：《论人情》，《新港》1957 年第 1 期。
②③ 张学新：《“人情论”还是人性论？》，《新港》1957 年第 3 期。
④ 张学新：《“人情论”还是人性论？》，《新港》1957 年第 3 期。
⑤ 蔡仪：《蔡仪文集》(3)，第 453 页。

从主持《文学概论》的编写工作到批判俞平伯、胡风、巴人，蔡仪既抓住了文科教材公共话语权的历史机遇，又在50年代除《武训传》批判外最重要的另外几次文艺批判运动中发了力，加之他的批判文章都在《文艺报》的头条或《文学评论》发表，所以获得了学界的肯定，以至在美学讨论开始时朱光潜自我批评的稿子和贺麟批评朱光潜的稿子都要蔡仪提意见。可以说，此时的蔡仪，决然不同于1953年为吕荧所批评的蔡仪，他的学术声誉比起1953年来有了新的变化。虽然蔡仪在《红楼梦》研究批判和胡风批判的运动中做出了贡献，赢得了声誉，但长久以来他一直没有机会专门就美学问题回答吕荧的批评。期间蔡仪除了寻求何其芳的支持外，还将文章送给胡绳、林默涵看。胡、林二人在友情上是支持蔡仪的，但在学术上还是觉得说服力不够[①]。但在蔡仪看来，新中国成立前在"重庆时写的《新艺术论》和《新美学》的出版都很顺利，哪里遇到过这样约了的稿件不予发表的怪事"[②]。就这样直到1955年，"百家争鸣"的方针出台后，蔡仪十分高兴，因为"只有争鸣的环境，他才有（在美学上——引者）发言的可能"[③]。

1956年，一场本着"为澄清思想，不是要整人"[④]的批判唯心主义的美学讨论开始后，组织上要对朱光潜前期的美学思想进行批判。蔡仪并没有把早于1953年写就的《吕荧对〈新美学〉美是典型之说是怎样批评的?》[⑤]一文拿出来投稿，而是从参与讨论的角度，又写成批评黄药眠的《评〈食利者的美学〉》后寄给《人民日报》。《人民日报》出于开展讨论的目的，"把蔡仪的文章打印、分发，号召批判"[⑥]。批黄的文章发表后，蔡仪又结合美学讨论的主题，从反对所谓唯心主义，坚持马克思主义的角度再写成新文章《批判吕荧的美是观念之说的反马克思主义本质——论美学上的唯物主义与唯心主义的根本分歧》。由于顺应了美学讨论的主题，《分歧》一文得以顺利在《北京大学学报》发表，基本达到了反批评的目的。这次，蔡仪也许认识到了"马克思主义"和"唯物主义"的政治话语

① 乔象钟:《蔡仪传》,第83页。
② 同①,第84页。其实此处是指《文艺报》不发表蔡仪对吕荧的反批评文章，并没有证据表明此前《文艺报》曾经就美学问题向蔡仪约稿。
③ 同①,第84—85页。
④ 朱光潜:《作者自传》,载《朱光潜美学文集》第一卷,第11页。
⑤ 该文后来收录进蔡仪所著《唯心主义美学批判集》中。
⑥ 同①,第88页。

权之利，随后在与朱光潜、李泽厚等的辩驳论战中，反复地批驳他人的美学理论是“唯心主义的”“非马克思主义的”，乃至在短短的两年时间里，蔡仪的美学讨论文章就集成小册子《唯心主义美学批判集》于1958年由人民文学出版社出版发行了。

美学讨论期间，蔡仪通过批判其他人美学的唯心主义性质，不断强调了《新美学》理论论调的正确性。按问题来说，主要有以下三类。

一、 坚持美在物性客观说

蔡仪在《新美学》中认为：“物本身具备着美，也就是这物是美的……同样，物的这种属性，也不只是美感的条件，不是的，它是美感的根源，若说引起美感的物的属性不是美本身，那么哪里去找美本身呢？我可以断言，是‘上穷碧落下黄泉，两处茫茫皆不见’的。”[①]这段话可以说是蔡仪美学思想的总纲。从这一思想出发，既可以批判美属于观念、意识的主观派美学，也可以批判美在于主客观间相互影响的主客观统一派美学，还可以批判强调美在于客观的社会实践的观点。

于是在50年代的美学讨论中，当吕荧提出“美是物在人的主观中的反映，是一种观念”[②]时，蔡仪反驳道：“美学上的两条完全相反的道路，一条是唯物主义的，一条是唯心主义的，它们的根本分歧，就在于承认或是否认客观事物本身的美，就在于承认或是否认美的观念是客观事物的美的反映，一句话，在于认为美是客观的还是主观的。”[③]在蔡仪看来，美的观念是客观事物美的反映，甚至美就是物或物的属性，所以凡是谈美是属于物的，就是唯物主义；凡是谈美是属于意识的，就是唯心主义。这样的观点，当然不能被人接受。因为美与物是两个完全不同的事物。在唯物主义看来，在第一性问题上，世界上除了物质是第一存在外，其他的存在方式都是意识的领域。我们无法从世界的客观存在中用化学的、物理的方法分析出“美素”来，美显然不是物质。将美与物或物的属性之

---

① 蔡仪：《新美学》，群益出版社1951年版，第49页。
② 吕荧：《吕荧文艺与美学论集》，第416页。
③ 蔡仪：《批判吕荧的美是观念之说的反马克思主义本质》，载《唯心主义美学批判集》，人民文学出版社1958年版，第22页。

间划等号，就是把本属于意识领域的“美”等同于物质的第一存在。这样的理论既违反常识，也有悖情理，甚至蔡仪本人在谈论到真实的问题时也认为“真实的存在未必都是美的”[①]。吕荧对此曾指出，按照蔡仪的美是物的属性条件的统一的路子走下去，就会将物进一步变成“形体、音响、颜色、气和味、温度和硬度等”的统一。但是吕荧由此批评蔡仪“把物还原成‘属性条件的统一’的时候，就在实际上取消了物的现实性的客观存在，把它变成了抽象的主观观念中的存在，走上了主观唯心论的道路”[②]，这种提法也并不确切。人们将对物的模糊的认识精确到形体、音响、颜色、气味等的统一并不意味着唯心主义，只有当人们进一步在哲学上规定“存在就是被感知”，这些形体、音响、颜色、气味等只是“心、精神、灵魂或自我”所感知到的“观念的集合”时[③]，才会堕入到唯心主义。蔡仪的问题在于，当他把物分解为形体、音响、颜色、气和味、温度和硬度等后，直接将形体、音响、颜色作为单象美来看待，也就是把物的属性直接作为美本身，把物质直接幻化成了意识，于是物质也就变成了意识，取消了物质的独立性和第一性。只有在这个意义上，吕荧所认为的蔡仪的美学理论是唯心主义的、是“在唯物论的前提之下发展了唯心论的美学理论”[④]才是正确的。

即使如此，吕荧对蔡仪美学体系的分析还是开创了一条蔡仪美学批判的道路，只不过有的是将蔡仪美学体系作为机械唯物主义来批评，有的直接将其作为唯心主义美学来看待。朱光潜就是美学讨论中蔡仪美学批评者的一员。

上文我们已经介绍过，蔡仪是通过批评黄药眠的美学思想来介入美学讨论的。黄药眠《论食利者的美学》批评了朱光潜所主张的美的形象直觉说、心理距离说、移情说、神秘灵感说等理论的谬误，强调“艺术文学不是要远离开生活，而是要更深入生活”[⑤]，指出作家要反映客观事物，“但这反映是经过作家的分析、选择、提炼、综合和概括的”，只有这样，才能创作出艺术典型，才能“反映客观事物的本质或本质的若干方面”[⑥]。但蔡仪是不满于黄药眠所说的作家反映生活，又要经过作家的主观能动创作的基本观点的，蔡仪认为黄药眠没有把作为第一存在的客观的美作为批评朱光潜的根本原则，反而说了一通“美学评价”的根据

---

① 蔡仪:《新美学》，上海，群益出版社1951年版，第54页。
②④ 吕荧:《吕荧文艺与美学论集》，上海文艺出版社1984年版，第422—423页。
③ 列宁:《唯物主义与经验批判主义》，载《列宁选集》第二卷，人民出版社1972年版，第18—19页。
⑤ 黄药眠:《论食利者的美学》，载《美学问题讨论集》第一集，第96页。
⑥ 同⑤，第92页。

是“生活理想”，“这就等于说客观事物本身无所谓美，只有被人认为美才是美的”。[①]

此时，本来处于美学讨论批判焦点位置上的朱光潜，看到蔡仪的文章后话锋一转，指出蔡仪“只抓住了‘存在决定意识’一点，没有足够地重视‘意识也可以影响存在’，没有足够地估计世界观、阶级意识等等对于审美与艺术创造的作用”[②]，进而指出完全是客观的，与主观成分毫无关系，不依赖于人，不依赖于社会关系而存在的美，就变成了“超时代，民族，社会形态，阶级，文化修养等等而存在的……脱离无数人的美感而超然独立的……柏拉图式的客观唯心论”[③]。而蔡仪则在其答辩文章中认为“描写现实的真实和创造艺术的美是不可分的，而且就是一回事”[④]，也就是说，现实中艺术中是不需要主观创造的，在这个意义上，现实就是创造，并且批评朱光潜那作为美感对象的在“自然物的客观条件加上人的主观条件的影响而产生的”物的形象（“物乙”）[⑤]“是主观意识的东西”[⑥]。朱光潜所强调的美学的唯物主义基础被主观意识（物的形象）偷偷换掉了，朱氏还在贩卖其唯心主义美学的旧货。

蔡仪对美属于观念、意识的说法的批判并没有赢得其他客观论者的赞同。美学讨论中，社会客观论者李泽厚也对蔡仪的美学思想做出了批评。在美是否是客观存在的问题上，李泽厚与蔡仪一样，是赞同美的第一存在性的，不过与蔡仪不同的是，李泽厚认为：“美是客观存在，但它不是一种自然属性或自然现象、自然规律，而是一种人类社会生活的属性、现象、规律。它客观地存在于人类社会生活之中，它是人类社会生活的产物。没有人类社会，就没有美。”[⑦]基于这一认识，李泽厚认为蔡仪把美作为自然物的属性来看待，就把美变成了“脱离人类的先天的客观存在……实际已成为超脱具体感性事物的抽象的实体，十分接近客观唯心主义了”。这样的认识路线是“由形而上学唯物主义通向客观唯心主

① 蔡仪：《唯心主义美学批判集》，人民文学出版社1958年版，第54页。
② 朱光潜：《美学怎样才能既是唯物的又是辩证的》，载《美学问题讨论集》第二集，第20页。
③ 同②，第24页。
④ 同①，第77页。
⑤ 同②，第21页。
⑥ 同①，第112页。
⑦ 李泽厚：《论美感、美和艺术》，载《美学问题讨论集》第二集，第232页。

义的哲学认识论老路”[1]。

蔡仪在吕荧、朱光潜、李泽厚等的批评下，转移了自己美学思想的论证路径，即否认了以前自己强调的美的本质是物的属性的观点，辩驳道：“美的本质是典型性，而典型性是事物的个别性显著地表现着一般性。这说的是事物的个别性和一般性的一种统一关系，决不是物体的某种或某些自然属性本身。”[2]其实不论美是物的属性也好，还是个别性显著表现一般性也好，都是从抽象的，与人的活动、情感、思想无关的角度论美，只是后者更抽象、更庸俗化而已。当然，蔡仪也不忘对李泽厚的批判，从三个方面批评了李泽厚的美学理论。第一，依然从美是物的属性条件的统一的观点出发批评李泽厚的社会客观说。他认为，社会客观说将自然也归入到了社会之中，“按这种逻辑就必然达到自然界是依存于人的，而没有人就没有自然界的唯心主义的结论”。[3] 第二是批评了李泽厚的所谓美感的矛盾二重性（即主观直觉性和客观功利性）。蔡仪指出一切具体的社会事物“都可能给予我们认识的直觉性和功利性”[4]，所谓直觉与功利基础上的美感的矛盾二重性，恰恰失去了美的特征。蔡仪进而认为，直觉只是“物的形象”的直觉，功利也只是客观功利性的观念，分别与“物的形象”和客观功利相对应而构成统一体，“直觉”与“功利”并不能构成统一体。只有美的认识的主观形式与作为物的形象的客观内容才构成“统一体”的认识，但也仅仅是“物的形象”的认识，而不是美的认识（美的认识在蔡仪这里，大概或者是“物的属性条件的统一”，或者是“个别性显著地表现一般性”）；同样，只有客观功利及其功利观念才构成统一体，但也仅是物的功利的认识。同时蔡仪否认人的感觉、实践可以将主客观两个方面统一起来，认为“两者根本没有什么互相依存的关系”[5]。第三是批评了李泽厚美学理论的非理性主义和功利主义的倾向。蔡仪批评李泽厚关于美感的直觉性特点是唯心主义的表现，主张“美的认识必须是事物的形象显现其本质规律的这样一种关系的认识”[6]，必须是理性的认识，而不是感性的、直觉的认识。至于李泽厚美感论中所体现出的功利主义倾向，蔡仪认为

① 李泽厚：《论美感、美和艺术》，载《美学问题讨论集》第二集，第232页。
② 蔡仪：《唯心主义美学批判集》，人民文学出版社1958年版，第125页。
③ 同②，第138页。
④ 同②，第152页。
⑤ 同②，第153页。
⑥ 同②，第161页。

"一切美的认识都是有功利性的……未必合乎事实"[①]。

二、 坚持客观形象说

蔡仪在《新美学》中认为概念具有两重性:抽象的和具象的。抽象概念是科学的认识;具象概念并非绝对排除表象的个别的属性条件,有时又有和表象紧密结合的倾向,是个别里显现一般,特殊里显现普遍的艺术的认识,是美的认识的基础[②]。既然个别的表象是美之所以成为美的东西,那么什么是表象呢?蔡仪认为:"表象是单纯现象的反映"[③],单纯的现象又通过感觉系统(蔡仪称之为"感觉形式"),"按照客观实体事物的规律而构成统一的形象"[④]。而这具体的、统一的、具象性的概念,"就是意识中的反映事物的典型形象",也就是"美的观念"[⑤]。

在美学讨论中,蔡仪重申了美学形象的客观性,即物的形象不依赖于作为鉴赏者的人而存在,物的形象的美也不依赖于作为鉴赏者的人而存在,并强调了形象的理性特点。从这一认识出发,蔡仪批评了三种关于美的形象性的不同倾向。一是批评了美的形象的根本是性格、情感、"理想的表现"的说法。当黄药眠在《论食利者的美学》中认为艺术形象之所以成为"美的对象",在于它作为作者的性格的象征、感情的抒发及"美的理想"的表现时,蔡仪批评这种观点"抹杀了形象性是艺术的根本特点,抹杀了形象是艺术的美的根本条件,也抹杀了现实主义的基本法则"[⑥],实质上还是"主观唯心主义的曲调"[⑦]。二是批评了虽然主张美的形象性,但将形象性建立在主观直觉或主观意识基础上的倾向。朱光潜在 1936 年出版的《文艺心理学》中认为:"心所以接物者只是直觉,物所以呈现于心者只是形象"[⑧],"美感经验是形象的直觉……它是艺术的创造"[⑨]。1956 年,朱光潜在美学讨论中又进一步认为:"物是第一性的,物的形象是第二

---

① 蔡仪:《唯心主义美学批判集》,第 162 页。
② 蔡仪:《新美学》,群益出版社 1951 年版,第 143 页。
③④ 同②,第 135 页。
⑤ 同②,第 145 页。
⑥ 同①,第 60 页。
⑦ 同①,第 56 页。
⑧ 朱光潜:《朱光潜美学文集》第 1 卷,上海文艺出版社 1982 年版,第 13 页。
⑨ 同⑧,第 19 页。

性的。但是这‘物的形象’……不同于原来产生形象的那个‘物’……是夹杂着人的主观成分的物……是社会的物了。美感的对象不是自然物而是作为物的形象的社会的物……美感在反映外物界的过程中，主观条件起很大的甚至是决定性的作用，它是主观与客观的统一，自然性与社会性的统一。”[①]蔡仪认为，朱光潜前期的形象直觉说，来源于克罗齐的理论，是主观唯心主义的；朱光潜在美学讨论中所说的夹杂着人的主观成分的物的形象，是“物反映于人的主观意识的结果，是一种知识形式，它很显然就是主观意识的东西，决不是什么‘物’了”[②]。因为蔡仪心目中的作为美学领域的“物的形象”，就是“物的形式，物的现象”，与其相对的是物的实质、物的内容、物的本质，“但无论‘物的形象’或物的实质都是‘物’的”，物的形象“不是可以和物相对待地区别开来谈的”。[③] 一句话，“物的形象”就是“物”本身！进一步来说，美就是物！三是批评了虽然承认美的客观性，但将美的形象性的基础落脚于客观社会性，把形象思维过程解释为移情说的倾向。李泽厚是主张美的社会客观性的，同时李泽厚也秉持形象思维说，认为形象思维不同于逻辑思维，有自己的一套“逻辑”，即利用心理学上的“‘联觉’现象，来涂上一层情感色彩的”[④]所谓“以情感为中介，本质化与个性化的同时进行”[⑤]的艺术思维模式。蔡仪一方面批评李泽厚把美归于社会客观性是把它抽象化、普泛化了，因为一切具体的社会事物，“都是既有形象性也有社会性的，却不能说这一切都是美的”[⑥]，另外，也不能说自然事物的美“本身有什么社会性”[⑦]。另一方面蔡仪又对李泽厚把形象思维解释为所谓心理联觉的移情说进行了批判，认为李泽厚“从外物上面认识了自己的情感等的外化，从自然物上面认识了社会性，从没有美的东西上面认识了美”，这样的理论“难道果然有点什么唯物主义的气息吗”[⑧]？

总的来看，在美学形象问题的讨论中，蔡仪反对将形象解释为理想和性格的表现，反对形象的意识色彩，反对形象思维过程的情感联觉特点，一句话，无

---

① 朱光潜：《美学怎样才能既是唯物的又是辩证的》，载《美学问题讨论集》第二集，第21页。
② 蔡仪：《唯心主义美学批判集》，第112页。
③ 同②，第111页。
④ 李泽厚：《形象思维续谈》，载《美学旧作集》，天津社会科学院出版社2002年版，第192页。
⑤ 同④，第189页。
⑥⑦ 同②，第170页。
⑧ 同②，第167—168页。

论是什么样的形象，都是物的客观性的表现；无论是什么样的形象思维过程，都是客观的物的形象之间的推移，毫无人的意识的色彩。

三、坚持美的种类说

蔡仪的美学体系还有一个比较大的特点是坚持美的种类说。蔡仪在《新美学》中认为："种类范畴是决定宇宙万物的存在的，也是决定宇宙万物的美的。"①美的观念就是事物种类性的反映，或者按客观事物构成状态分为单象美、个体美、综合美；或者按事物的产生条件分为自然美、社会美、艺术美。关于自然美、美的阶级性都可以在这两种分类法，或在这两种分类法下的多种具体分类法中找到其根据。

将美的根源归根于种类范畴，甚至把宇宙万物存在的根源也归根于种类范畴，引起了美学界各派的强烈反对。吕荧在美学讨论开始前的1953年，就对蔡仪关于美的种类范畴说进行了批判。吕荧是将蔡仪关于美的物性客观的特点、物的抽象性特点乃至种类的抽象性特点联结成一体进行批评的。吕荧认为蔡仪的《新美学》把美当作客观存在，而客观存在的美又是物的属性，同时又把典型还原为"事物种类的一般性"，从而构成的种类观念的美学②，超越了一切社会关系和历史过程，属于唯心主义的美学理论。李泽厚也对蔡仪的种类说进行了批评，主要是批评蔡仪关于美的本质是"种类的一般显现在个别之中"，"到处都泄露了实际上把'美的本质'归结为'普遍性'的看法"③，十分近似柏拉图的一个个理念，"是一种与客观唯心主义相接近的抽象理性的机械唯物主义"④。蔡仪辩驳说他曾将美划分为自然美、社会美、艺术美，社会美决定于阶级关系，说明自己的美学理论基础不是物性客观说，而是自然和社会各有其美的客观基础，甚至改口说"自然事物的美是在于它的个别性充分地显著地表现着种属的一般性……并不是说美就是……自然属性本身"⑤。

其实，蔡仪用个别性与一般性的关系，用自然、社会、艺术美种类划分的办

---

① 蔡仪：《蔡仪文集》(1)，中国文联出版社2002年版，第250页。
② 吕荧：《吕荧文艺与美学论集》，第436页。
③ 李泽厚：《美学旧作集》，天津社会科学院出版社2002年版，第71页。
④ 同③，第72页。
⑤ 蔡仪：《唯心主义美学批判集》，人民文学出版社1958年版，第128页。

法来规避美在于自然属性本身，并不能挽救其美学的形而上学性质。因为“最杰出的哲学系统总是一元论的，亦即认为精神与物质只是两类现象，其原因是唯一的、不可分地同一的”①。当蔡仪把美归根于物的属性条件时，无论他的美学存在着怎样的问题，但他还可以称得上是一位思想缜密的一元化的美学家。但蔡仪这时将自然界的单纯现象、综合现象，乃至作为自然的个体的人各自划分开来，成为不同的美；将社会美也划分成行为、性格和环境的美，把统一的东西生生地割裂了开来。这相当于“把一切内在的生命运动从现象中分割开来，使现象化为本性和联系都不可理解的化石”②，不仅落入了旧唯物主义乃至唯心主义的窠臼，而且成了“只是对庸人有价值”的，“满足于一种类似的‘多面性’的”折衷派美学！③

此时的蔡仪，虽然“下定决心，不怕牺牲，要和唯心主义的美学阵营进行决战，并且主动迎战”④，但面对学界的所谓“围攻式的大论战”⑤，还是让他不得不暂时承认《新美学》脱离革命实际，有些地方还表现着严重的形而上学的倾向，个别地方有显然的唯心主义形式主义观点，如美是物的属性，美与事物的个别及种类，美与种类范畴的关系，艺术种类论等⑥。但这样一来，等于系统地全面否定了蔡仪自己的美学思想。

就是在同一年，《哲学研究》杂志刊登了对于美学讨论总结性的文章——《几年来（1956—1961）关于美学问题的讨论》。该文分为两大部分，第一部分是“概况”，很短，大约只有一千多字，第二部分很长，大约两万多字，主要内容是“主要争论问题和各派论点”，列举了美是主观的还是客观的、自然美问题、美学研究的对象问题、美感问题等。该文并没有对各派论点做出结论，甚至笔名都叫“杉思”，落款为“杉思整理”，也就是说，此文只是对各派观点的整理而已，美学讨论的最终结论是没有的，与美学讨论之前批判《武训传》、批判俞平伯红楼梦研究中的资产阶级思想、批判胡风文艺思想等各次运动所本的文化领导权之争的论调完全不同。即使起始是有一个所谓学术性的批判唯心主义美学的由

---

① 普列汉诺夫：《唯物论史论丛》，人民出版社1953年版，第133页。
② 同①，第117页。
③ 同①，第133页。
④ 乔象钟：《蔡仪传》，第89页。
⑤ 同④，第88页。
⑥ 蔡仪：《唯心主义美学批判集·序》，《唯心主义美学批判集》。

头，但当时的中宣部分管副部长周扬对蔡仪说，他“对美的问题没有一定的看法”[①]，参与讨论的学术权威朱光潜更是公然说，“在美学上划清唯心与唯物的界限已经不是一件容易事”[②]，既然基本学术问题都搞不清，那么无产阶级的文化领导权也就更让位于“自由的”“学术讨论”了！

既然有这样一个宽松的学术讨论环境，加上蔡仪的直接领导何其芳在美学上支持其观点，在政治上、生活上也多有照顾。（事过三十年，蔡仪还感慨地说：“没有被打成右派或反革命，那是因为何其芳这位同志做文学所所长，敢于坚持自己的见解，不是一切都惟命是从。”[③]）经过“美学大讨论”，蔡仪对自己的美学观有所修正，但基本立场仍没有改变，到了 1961 年，蔡仪准备重新修改《新美学》时，依然“感到自己还是没有辜负自己，甚至原序也还照样可用”，只是要“多吸收中国的美学思想成果，尤其是多吸收马克思主义的言论”[④]。就这样，蔡仪在所谓批判唯心主义的学术气候下，在各报刊出于所谓自由讨论、澄清问题的指导思想下，终于摆脱了新中国成立初期吕荧对他的美学思想的批评的影响，确立了美学讨论之一家的学术地位。

第三节　文学概论：意味深长的任务

经过美学讨论，蔡仪从美学讨论之前处于被批评地位、紧急停印《新美学》、倍感艰难发展到高调门地批判那些批判过他的人为唯心主义，由自己的文章难以发表发展到出版《唯心主义美学批判集》，虽然做了些象征性的自我批评，但更大的收获是备受争议的《新美学》当时（1963）“有出版社约好再版”了[⑤]。这不能不说是拜“自由”的美学讨论之所赐。在蔡仪不断反思自己的同时，1960 年，中国社科院文学研究所分工由蔡仪主持《文学概论》的编写工作，六七月间便开始拟定提纲。到 8 月份，在“第三次文代会”讨论周扬在会上的报告《我国社会

① 乔象钟：《蔡仪传》，第 121 页。
② 朱光潜：《美学怎样才能既是唯物的又是辩证的》，载《美学问题讨论集》第二集，第 18 页。
③ 同①，第 73 页。
④ 同①，第 109 页。
⑤ 同①，第 130 页。

主义文学艺术的道路》时，蔡仪强调现实主义、真实性，认为只凭作者有理想，不能断言有浪漫主义；人性不就是阶级性。他认为这次会议比1959年底召开的文化工作会议开得好。因为文化工作会议主要是批判修正主义，批判19世纪文学，批判“写真实”，而这次会议把“工农兵方向下的百花齐放”摆在首位，并且只提批“人性论”。之后，蔡仪进一步认为，当前强调“理想的反映”不真实，题材狭窄单调，对遗产否定过多，总之一句话：“反右要彻底进行，但要防‘左’。”[①]

1960年下半年以后，《文学概论》被纳入周扬主持的大学文科教材的系列，还责成蔡仪来负责。但是，周扬领导下的《文学概论》编撰，在一些原则问题上与蔡仪的观点是并不完全相同的。蔡仪早于1954年初次接手《文学概论》时，就按照毛泽东文艺思想的要求搞过一个提纲。1961年8月，在这次提纲讨论之初，周扬就告诉蔡仪及编写组“你们的方案可能被否定”[②]。讨论中，周扬一方面用一些大帽子，如“没有贯彻两条路线的斗争，没有反教条主义，没有贯彻文艺工作座谈会精神”来给原提纲定性[③]，一方面又说《文学概论》“不能只讲政策，‘要给人予规律性’的知识”[④]，并在提到《在延安文艺座谈会上的讲话》时，用很重的话对蔡仪进行了“批评”[⑤]，取消了蔡仪作为《文学概论》副组长的职务，“以后召集会议也不要蔡仪参加”[⑥]。这些批评、讽刺、职务上的调动等种种手段，对蔡仪是一个沉重的打击。蔡仪认为自己的提纲是符合党的方针原则的，符合1958年以后中国摒弃苏联模式，文艺界以毛泽东文艺思想为指导，让“文艺为工农兵服务，文艺如何为工农兵服务”贯彻到整个文艺思想中的基本思想的。而周扬要《文学概论》“从对党的文艺政策的阐释中摆脱出来”，用文艺所谓自身的“规律性”使文艺“重新回到文艺学学科本身”。[⑦]直到8月底再次传达周扬讲话，蔡仪才明白“周扬不同意蔡仪把文学看作上层建筑的提法”[⑧]。

① 乔象钟：《蔡仪传》，第106页。
②③⑧ 同①，第111页。
④⑦ 程正民：《历史地看待蔡仪编写的文艺学教材》，载王善忠、张冰编：《美学的传承与鼎新：纪念蔡仪诞辰百年》，中国社会科学出版社2009年版，第200页。
⑤ 同①，第113页。
⑥ 同①，第112页。

就是在这样的组织气候下，周扬进一步“明确表示不赞同讲‘文学的党性原则’”[①]，并将这一思路贯彻到整个编写组，同时用一整套的形象思维理论体系组织《文学概论》的编写工作。但是，鉴于当时无产阶级运动的历史形势，《文学概论》还是单列一节讲了“无产阶级的党的文学的原则”，还是把文学作为社会的上层建筑，以至多年以后，参与《文学概论》编著的人回忆：“这些问题周扬不是不清楚，编写组的人也不是不清楚，但是在当时很难解决。”[②]

周扬作为文化官员，不可能到处公开表态反对文学的党性原则，反对文学的上层建筑性质。他必须有个抓手，这个抓手就是形象思维。以形象思维为抓手，可以说是从苏联借来的概念，可以避开政治运动的锋芒。周扬的苦心，大约也被他所欣赏的人所领会，1959 年《文学评论》第 2 期刊载了李泽厚的《试论形象思维》。周扬开始主持文科教材的编写后，1961 年朱彤《美学，研究人的形象吧！》、杨犁夫《美是形象的肯定价值》等一批文章发表。因为周扬认为“不承认形象思维，就会导致作品的概念化”，形象思维是“不借概念进行思维，也不借概念来表述”[③]的。为了贯彻这一理论原则，周扬对蔡仪非常重视。因为蔡仪早有关于形象思维成体系、成著作的东西，而至今又没有人对蔡仪的形象思维论进行过深入认真批判。

蔡仪的形象思维论在什么程度上和周扬是一致的呢？首先，他们在美是否是客观存在的认识上是一致的。周扬认为，“所谓真善美，都应该从客观上去找根据和标准”[④]。这个客观，在周扬看来，如同规律一样，“不管你是否正确反映了它，它总是客观存在的”，也就是说，美是不依赖于人的反映的客观存在，是第一性的，甚至认为排除阶级的、思想的“一定的色彩、线条、声音，就给人以美感”[⑤]。从这一点看来，周扬与蔡仪一样彻底，都把美看作了物的属性条件，属于美的物性客观论者。第二，周扬与蔡仪在形象思维的看法上也是一致的。蔡仪在《新美学》中把概念分为抽象概念和具象概念，抽象概念“以表象的一般属性条件而构成，并没有脱离表象的倾向”，具象概念则是指“既以表象为根据，且不绝对排除表象的个别的属性条件，有时又有和表象紧密结合的倾向……它是个别里显现一般，特殊里显现普遍”。在蔡仪看来，这样的具象概念，“就是艺术的

①② 乔象钟：《蔡仪传》，第 203 页。
③ 周扬：《在〈文学概论〉大纲讨论会上的发言》（1961 年 8 月 9 日）。
④⑤ 周扬：《对美学组部分编写人员的讲话》（1962 年 7 月 3 日）。

认识，美的认识的基础”[1]，并且，这具象性中的具体概念，“就是意识中的反映事物的典型的形象”[2]。周扬是赞同蔡仪这些观点的。周扬认为文学的“本质应包括形象”，“形象是文学的生命”，进一步讲来，“形象与思维在创作中都少不得，而且两者不能分”[3]，所以主张形象思维的提法。对于毛星提出的“描绘或塑造一个事物的形象，不仅要符合事物的外貌，而且要求表达和显示出事物的内在的实质和精神……一般认为，神似比形似难，也比形似更重要”[4]，也就是反对形象思维的提法，周扬并没有采用。周扬很清楚，他得坚持形象思维说，这毕竟是打破以毛泽东文艺思想为纲，搞所谓学科自觉性的最好的办法。所以周扬在美学教材编写工作会议上强调“只讲意识形态不能回答什么引起人的美感的问题”[5]，在《文学概论》提纲讨论会上一再声明自己的形象思维观点来自黑格尔、别林斯基、高尔基、普列汉诺夫这一红色传统，一面又说“除了毛星同志的文章，还没见到别人反对过”，并意味深长地说，“我主张把毛星同志的文章好好研究一下”，同时明确表态“教科书中可以采用形象思维的说法”，毛星等“个人的创建可以不写到书中去”。[6]

于是，在蔡仪主编的《文学概论》中，出现了一个奇特的现象，一方面强调文学的意识形态性、阶级性，一方面用文学直观地反映社会生活来贯彻美的物性客观性和形象思维论，在理论实质上走了一条形式主义的美学道路。这些与毛泽东的“源于生活又高于生活”“革命现实主义与革命浪漫主义相结合”的文艺方针及其背后的辩证唯物主义的哲学观是背道而驰的。那么，蔡仪在文艺的意识形态性和客观形象性这两极之间，是不是就丝毫没有怀疑自己的客观派美学的理论正确性呢？我们以为是有所怀疑的。蔡仪早在1952年出版的《中国新文学史话》中是这样评论革命文学派和革命的小资产阶级文学派的：

> 大革命失败后，原来曾参加了革命运动的小资产阶级的作家，这时大都退下来了，又形成了两大派，就是“革命文学”派和革命的小资产阶级文

① 蔡仪：《新美学》，《蔡仪文集》(1)，第292页。
② 同①，第293页。
③ 周扬：《在〈文学概论〉提纲讨论会上的讲话》(1962年10月21日)。
④ 毛星：《形象、感受和批评》，载《毛星集》，中国社会科学出版社2002年版，第75页。
⑤ 周扬：《对美学组部分编写人员的讲话》(1962年7月3日)。
⑥ 周扬：《在〈文学概论〉大纲讨论会上的发言》(1961年8月9日)。

学派……这就是创造社成了前者的中心，而文学研究会则是后者的主要部分。

从创作态度上说，浪漫主义者偏重主观，他们的政治认识有了变化，作品倾向也可以随之而变化，尤其是反抗的浪漫主义者，对于无产阶级革命思想的认识比较容易，以这种思想来改变创作的题材、主题等也容易，于是创造社的他们就成为“革命文学”的提倡者。而且事实上在正式提倡“革命文学”之前，早已理会到了革命和文学的关系，也早已论到了革命和文学的关系。至于旧现实主义的着重客观，难免拘泥于现实的现象，尤其是客观的现实主义者，纵然政治认识有了一些变化，而他的生活环境中尚不见这变化时，他们依然为感性的观察所囿，在作品中很难反映这种变化，因而文学研究会的主要作家还是保持他们旧的文学的道路。

这样在“革命文学”初期的新文学阵营，大致残存着前一阶段文学研究会和创造社的余风，形成为“革命文学”派和革命的小资产阶级文学派的对立。以创作精神来说，主要是革命的浪漫主义和客观的现实主义的对立。[①]

从上述引文我们可以看出，蔡仪不是不知道客观派的弱点，也不是不知道客观派参加革命后的实际阶级属性，但是由于蔡仪在组织人事方面以领导为中心的态度，在文艺的上层建筑本质论方面的让步及其美学体系中固有的物性客观论、形象思维论，使得蔡仪作出了妥协。1964 年 1 月底，《文学概论》初稿完成。其时周扬也发出指示，要讨论《文学概论》。

然而，1964 年 6 月，毛泽东批示：

这些协会和他们所掌握的刊物的大多数(据说有少数几个好的)，十五年来基本上(不是一切人)，不执行党的政策，当官作老爷，不去接近工农兵，不去反映社会主义的革命建设。最近几年竟然跌到修正主义边沿，如不认真改造，势必将来一天要变成匈牙利裴多菲俱乐部那样的团体。[②]

① 蔡仪：《蔡仪文集》(2)，第 310—311 页。

② 毛泽东：《关于文学艺术的两个批示》，载张炯：《中国新文艺大系(1949—1966)理论史料集》，中国文联出版公司 1994 年版，第 13 页。

在蔡仪等人看来，“这个批示像晴天霹雳”[①]，从1960到1964的几年来编写的《文学概论》何去何从，自然是个问号。当他们看到文艺界在热火朝天地整风、开会，于是《文学概论》编写组与高教部负责人商量后决定，先放假两个月。这时，“四清”运动开始了，先期到安徽参加“四清”的毛星也来电催促蔡仪等尽快赴皖报到。这样，到9月18日，《文学概论》编写组吃了一顿散伙饭后，其工作也就结束了。工作虽然停了下来，但作为蔡仪美学思想核心的形象思维论紧紧地糅合进了已成书的《文学概论》之中，待有时机，它还会重新发挥作用。

① 乔象钟：《蔡仪传》，第143页。

第六章

五六十年代
李泽厚的美学思想

李泽厚的美学思想无疑是美学大讨论时期的重要收获。在讨论开始后不久，年仅26岁、对美学怀有浓厚兴趣的李泽厚就凭借《论美感、美和艺术》[①]一文一鸣惊人，不仅对朱光潜、蔡仪的美学思想进行了批判，更有意识地提出了自己的"美感二重性""美的客观性和社会性统一"观点，旗帜鲜明地加入到讨论中；紧接着又在《人民日报》发表《美的客观性和社会性》一文，开宗明义地树起"客观社会论"大旗，由此成为被官方组织、讨论阵营和广大青年共同认可的独立一派。李泽厚的积极参与，[②]不仅为整个美学讨论增添了青春活力，更有力地推动了朱光潜、蔡仪、黄药眠、吕荧、高尔泰等各派观点在你来我往的论争中不断调整或深化；尤其是他从马克思《经济学—哲学手稿》(以下简称《手稿》)中引入"人化的自然"观点来讨论美的本质，初步奠定了"实践美学"的基本原则，为20世纪80年代"美学热"的兴起和实践美学的发展与繁荣创造了条件。

由于身处"苏联模式"影响和反复论辩的时代语境中，这一时期的李泽厚美学主要集中在对美的本质、美感以及艺术美等当时讨论的焦点问题上，这虽与他后来为"美学"所界定的三个方面(即美的哲学、审美心理学和艺术社会学)相对应，但实际上从其思想发展的脉络来看，他坚持的是对美和美感的哲学分析(美的哲学)、对艺术的美学分析(艺术美学)以及对美学的实践论分析(实践美学)。

---

① 刊于《哲学研究》1956年第5期。

② 文艺报编辑部等编的《美学问题讨论集》(一—六集)共收录李泽厚8篇论文，按发表顺序分别是：《论美感、美和艺术美》《美的客观性和社会性》《关于当前美学问题的争论——论再论美的客观性和社会性》《论美是生活及其他——兼答蔡仪先生》《山水花鸟的美》《以"形"写"神"》《美学三题议——与朱光潜先生继续论辩》《虚实隐显之间——艺术形象的直接性与间接性》；此外，他还参加了黄药眠在北京师范大学主办的"美学讲坛"并发表讲演(1957年5月)。

第一节　美的哲学:"美感二重性"与"美的二重性"

李泽厚美学思想是以论述美感为开端的,美感理论可谓李泽厚美学的精华部分,一直贯穿在他整个美学思想的建构过程中。颇有意味的是,虽然朱光潜和李泽厚都认同美感作为美学科学的"细胞组织","是一种最单纯而又最复杂、最具体而又最抽象的东西",[①]也都选择从美感开始自己的美学研究,但二人的根本出发点却不同:朱光潜从"审美心理学"出发,发现"近代美学所侧重的问题是:'在美感经验中我们的心理活动是什么样?'至于一般人所喜欢问的'什么样的事物才能算是美'的问题还在其次"[②];而李泽厚则从"美的哲学"出发,认为"近代美学正是随着近代哲学认识论理论的发展而发展起来的。美学史上的许多先行者们都从美感开始自己的探讨,这并不能看作是一种偶然的现象"[③]。虽然二人都提到"近代美学",却意义有别:前者指的是19世纪的心理学美学(如克罗齐的直觉说、布洛的距离说、里普斯的移情说等),后者则指的是16至19世纪的古典哲学理论(如英国经验派、大陆理性派以及康德等)。因此,李泽厚认为,"美学科学的哲学基本问题是认识论问题。美感是这一问题的中心环节。从美感开始,也就是从分析人类的美的认识的辩证法开始,就是从哲学认识论开始,也就是从分析解决客观与主观、存在与意识的关系问题——这一哲学根本问题开始"[④]。这意味着,李泽厚始终坚持对美感和美进行"哲学的分析"[⑤],更具体地说,是在哲学认识论的基础上来回答、分析和解决美感和美的问题。

一、"美感二重性":主观直觉性与客观功利性

正是从马克思主义唯物主义揭露和分析矛盾的主张出发,李泽厚认为,美

---

①③④ 李泽厚:《论美感、美和艺术》,《哲学研究》1956年第5期。

② 朱光潜:《朱光潜全集》第一卷,安徽教育出版社1987年版,第205页。

⑤ 1979年12月,李泽厚在为《论美感、美和艺术》做的"补注"中说道:"本文上述对美感的探讨,并非心理学的现象描述或规定,而仍只是哲学的分析,对美的探讨当然更如此。美的本质不是心理学课题,而是哲学课题。"参见李泽厚:《美学论集》,上海文艺出版社1980年版,第19页。

学的基本矛盾正是美感的矛盾二重性，研究美学科学的关键正在于分析和解决这一矛盾，这也是反对唯心主义的重要环节。在《论美感、美和艺术——兼论朱光潜的唯心主义美学思想》一文中，李泽厚首先对“美感的矛盾二重性”作了这样的明确界定：

> 美感的矛盾二重性，简单说来，就是美感的个人心理的主观直觉性质和社会生活的客观功利性质，即主观直觉性和客观功利性。美感的这两种特性是互相对立矛盾着的，但它们又相互依存不可分割地形成为美感的统一体。前者是这个统一体的表现形式、外貌、现象，后者是这个统一体的存在实质、基础、内容。①

由此，李泽厚认为，所谓“美感”就是“包含着伦理功利等社会内容，而以直觉判断为形式的一种高级的反映和认识”。② 在这里，我们不妨以朱光潜、黄药眠、李泽厚三人的“梅花之辩”为例，来看看各家对美感问题的不同观点，尤其是李泽厚“美感二重性”的独特价值。

在朱光潜的早期美学思想中，“美感的经验”就是直觉的经验，其特征在于“心所以接物者只是直觉而不是知觉和概念；物所以呈现于心者是它的形象本身，而不是与它有关的事项，如实质、成因、效用、价值等等意义”③。为了说明这个抽象的观点，朱光潜便以梅花为例做了这样的阐释：

> 比如见到梅花，把它和其他事物的关系一刀截断，把它的联想和意义一齐忘去，使它只剩下一个赤裸裸的孤立绝缘的形象存在那里，无所为而为地去观照它，赏玩它，这就是美感的态度了。在科学态度中，梅花因与其他事物有关系而得意义；在实用态度中，梅花因其可效用于人而生价值。在美感态度中它除去与其他事物有关系以及可效用于人两点之外，自有意义，自有价值，梅花对于科学家和实用人都倚赖旁的事物而得价值，所以它的价值是“外在的”(extrinsic)，对于审美者则独立自足，别无倚赖，所以它

① 李泽厚：《论美感、美和艺术》，《哲学研究》1956 年第 5 期。
② 李泽厚：《关于当前美学问题的争论——试再论美的客观性和社会性》，《学术月刊》1957 年第 10 期。
③ 朱光潜：《文艺心理学》，复旦大学出版社 2011 年版，第 5 页。

的价值是“内在的”(intrinsic)。[1]

在一株梅花所引起的三种态度(美感、科学、实用)中,美感态度的独特性在于:审美者斩断一切与梅花形象无关的外在干扰(与其他事物的关系、联想与意义等),以一种无所为而为的直觉方式观照孤立绝缘的梅花形象本身,从而获得梅花自身的意义和价值,这种价值也就是“美”,因为“美就是事物显现形相于直觉时的特质”。[2]

黄药眠在《论食利者的美学》一文中针对朱光潜的“梅花”一例做了非常细致的批评。他认为:“我们对于梅花的直觉的形象,乃是我们对于客观世界底主观的反映。而它之所以形成,乃是经过长期的生活实践积累起来的,这里面没有一点神秘的东西。”[3]这“生活实践”既包含对自然梅花的感觉,也包含对有关梅花的诗、图画、传说等的记忆,在他看来,“正是由于我们的感觉是人化了的感觉,能从这许多方面联系起来看这株梅花,所以梅花这个形象有可能成为我们的高度的审美的对象。割断了梅花和别的事物的关系,割断了梅花和人类历史文化的传统,我们就是把赤裸裸的梅花看上一二个钟头,它也不会给我们以更高的审美的意义——除了在视觉上给予我们以一些快感以外”[4],他还以“经验证明”的方式表明个人的带有情绪色彩的联想和记忆、生活情调及心境与美感的产生密切相关。

李泽厚对朱光潜的美感直觉观既给予了适当肯定,又进行了批评改造,进一步阐发了自己的“美感二重性”观点。他所肯定的是,朱光潜对“美感存在的直觉性”的认知是合乎事实的,因为“在事实上,美感的确经常是在这样一种直觉的形式中呈现出来,在这美感直觉中的确也常常并没有什么实用的、功利的、道德的种种个人的自觉的逻辑思考在内。一个人在欣赏梅花的时候,他的确并不一定会想到这种欣赏有什么社会意义或价值”[5];他所批评的是,美感直觉又并非像朱光潜所认为的那样完全限制、规定和满足在这个“独立自足”“无沾无碍”“孤立绝缘”的个别具体形象中,其“背后”有着更深层次的内容,即“我们能

① 朱光潜:《文艺心理学》,复旦大学出版社 2011 年版,第 6 页。
② 朱光潜:《谈美》,中华书局 2011 年版,第 5 页。
③④ 黄药眠:《论食利者的美学》,载《美学问题讨论集》第一集,第 81 页。
⑤ 李泽厚:《论美感、美和艺术》,《哲学研究》1956 年第 5 期。引文重点为原文所有,下同。

从直觉中对个别事物有知识，是因为我们在日常生活和文化教养的影响和熏陶下，不自觉地形成了对这个个别事物的了解，对这个事物在整个生活中的关系和联系的了解”①。对此，他也进一步以“梅花”为例来加以说明：

> 我们所以能欣赏一株梅花，我们所以能从观赏梅花或梅花画中得到一种刚强高洁的美感享受，绝不是因为我们仅仅对这株梅花本身有一种“孤立绝缘”的神秘的“知识”，恰恰相反，而正是因为我们在生活中对梅花与其他事物的关系、联系的认识而不自觉地获得了十分牢靠丰富的知识。没有社会生活内容的梅花是不能成为美感直觉的对象的。②

可见，朱光潜因信奉克罗齐的“知识二分法”（“直觉的知识”与“名理的知识”）并恪守其“形象的直觉”说，所以有意夸张了直觉形式本身，截断了梅花“与其他事物的关系”，将其置入“孤立绝缘”的真空之境；李泽厚则一方面尊重事实，承认美感的主观直觉性，另一方面又借用黑格尔《小逻辑》中“存在之反映他物与存在之反映自身不可分”的哲学反映论，认为“梅花”只有在其与他物的关系中才真正存在，才能被把握和了解。同时，李泽厚进一步强调，美感直觉“不是简单的生理学或心理学上的概念，而是人类文化发展历史和个人文化修养的精神标志”，“具有着更高级的社会生活内容和文化教养的内容和性质”③，因此与低级的感性直觉不同，也不能还原或归结为一种生理学上的观念，即不能用快感也不能用朱光潜介绍的“内模仿”筋肉运动说来解释美感。为了论证美感的这一社会本质，他还分别援引了车尔尼雪夫斯基、普列汉诺夫、马克思的理论作为论据。总之，李泽厚赋予了直觉形式以社会生活的内容，并强调了这一内容的绝对优先权和决定权，主观直觉性与客观社会功利性犹如一枚硬币的正反面被绑定在一起，成为美感不可分割的两个特性。

需要注意的是，李泽厚在与朱光潜的“梅花之辩”中，虽然只字未提黄药眠与朱光潜的“梅花之辩”，也从未有正面批评黄药眠的文章，但他对美感的社会生活、历史文化、个人主观性等内容的强调显然与黄药眠的“生活实践”论有着

①②③ 李泽厚：《论美感、美和艺术》，《哲学研究》1956 年第 5 期。引文重点为原文所有，下同。

一定的关联。尽管李泽厚和蔡仪把黄药眠与朱光潜都视为主观唯心主义，但比较来看，在与朱光潜的"梅花之辩"中，李泽厚和黄药眠的同异显而易见：相同的是，二人都坚持哲学反映论的立场，都批评朱光潜割断了审美对象与其他事物的关系，都指出了朱光潜的"联想"说无益于弥补"直觉"论的缺陷，都着重从直觉形象的生成原因上予以辩驳，都强调社会生活、人类历史文化和个人因素对美感生成的重要影响。不同的是，信仰马列主义唯物论的黄药眠，反对朱光潜的孤立绝缘的形象直觉说，主张美感的"社会性""实践性"，又联系自身实际从创作心理学角度承认"个人主观性"，最终把美感视为"一个人对于某种事物之审美的评价"①；而李泽厚则既没有因为"美感的直觉性质"是克罗齐或朱光潜美学理论的核心就简单将其否定或抹杀，也没有"对主观存着迷信式的畏惧"，而是借用黑格尔、车尔尼雪夫斯基、普列汉诺夫、马克思等哲学思想资源，兼取朱光潜与黄药眠的理论之长，提出主观直觉性与客观社会功利性矛盾统一的美感主张，既承认美感具有不同于科学和逻辑的直觉性质，"把美感直觉看作是能够把握和认识真理的一种人类高级的反映形式，尽管它所采取的形式是感性的"②，又强调"这一直觉本身是社会历史的功利的理性的产物"③，还对"美感的社会性质"作了更进一步的阐发："一方面，作为直觉的反映，美感具有客观的内容；另一方面，作为感情的判断，它包含着评价态度等主观因素在内。正确的美感就是这二者的和谐一致，即作为主观感情判断的美感，同时又还是一种对客观世界的正确认识和反映。前者不但不妨碍后者，而且还正是后者的必要条件。"④

由上可见，李泽厚的"美感二重性"理论很好地吸收和整合了朱光潜的主观直觉论以及黄药眠的"历史文化积累""个人性""主观评价"等思想，⑤从而实现了对朱、黄二人美感论的批判性改造。

"美感二重性"是李泽厚进入美学领域提出的第一个富有丰富容量的命题，是其美学思想体系的奠基石，也是其建构"实践美学"的理论前提。由于主客观条件限制，李泽厚在这一时期对美感构成诸要素虽有提及但未及深入，如在《试

---

① 黄药眠：《黄药眠文艺论文选集》，北京师范大学出版社，第 431 页。
②④ 李泽厚：《关于当前美学问题的争论——试再论美的客观性和社会性》，《学术月刊》1957 年第 10 期。
③ 李泽厚：《论美感、美和艺术》，《哲学研究》1956 年第 5 期。
⑤ 关于黄药眠"生活实践论"对李泽厚早期实践美学的影响详见下节。

论形象思维》(1959)中提到情感和理解因素，在《审美意识与创作方法》(1963)中提出美感是感知(表象)、想象、情感、思维(理解)四种心理功能的复杂的动力综合等。这说明，他关于审美心理结构的基本思考已经形成。他后来在《美的历程》(1981)中首次提出以“美感四要素”(感知、理解、想象、情感)为基石的“美感心理数学方程式”猜想乃至“审美双螺旋”等看法，在给刘纲纪的信(1982)中又首次提出“美感三层次”(悦耳悦目—悦心悦意—悦志悦神)等创见，他在为滕守尧的《审美心理的描述》一书中所设计的关于审美心理的图表，以至他在《美学四讲》中对审美心理的总结整理，都是从审美心理学角度对“美感二重性”进行的继续发展和完善。

二、 “美的二重性”：客观性与社会性

美是主观的还是客观的还是主客观的统一，这个关于“美的本质”的哲学基础问题“是这次美学讨论中最早提出的，也是争论得最激烈的焦点所在”[①]。当时论争各方都试图从马克思主义哲学中找寻理论支撑以确立其言说的“合法性”，李泽厚也不例外。在评述当时的几种意见时他就说道：“美是主观的，还是客观的？还是主客观的统一？是怎样的主观、客观或主客观的统一？这是今天争论的核心。这一问题实质上就是在美学上承认或否认马克思主义哲学反映论的问题，承认或否认这一反映论必须作为马克思主义美学的哲学基础的问题。”[②]换言之，在他看来，“美是客观的”(蔡仪)、“美是主观的”(高尔泰、吕荧)、“美是主客观的统一”(朱光潜)等观点的根本谬误正在于否认了马克思主义哲学反映论，否认了反映论必须作为马克思主义美学的哲学基础。姑且不论这是否也是对马克思主义哲学的“误解”或“曲解”，事实上李泽厚也并未完全机械地坚持反映论，在“存在(客观)—意识(主观)”的二元对立模式中转圈，而是根据论辩需要比较灵活地增加了“社会性”的维度，提出“美是客观性与社会性的统一”这一“不合逻辑”的组合型观点；尤其是为了批驳蔡仪的“美是典型”论和朱光潜的“移情”说、“物甲物乙说”，他率先提出“自然美”问题并进行了多次阐释，

---

① 杉思：《几年来(1956—1961)美学问题的讨论(资料)》，载《美学问题讨论集》第六集，第 396 页。

② 李泽厚：《关于当前美学问题的争论——试再论美的客观性和社会性》，《学术月刊》1957 年第 10 期。

通过强调自然的客观性、社会性以及形式美的特征来论证美的客观性、社会性以及形象性，从而建立起与“美感二重性”相映成趣的“美的二重性”理论。

（一）美的客观性

首先需要说明的是，李泽厚特意选择从“自然美”这个极端复杂的问题入手进行“破”和“立”，由此可见其敏锐的洞察力、强烈的问题意识以及过人的学术胆识。正如他后来在《美学四讲》“自然美”一节开篇所言：

> 就美的本质说，自然美是美学的难题。1956 年我在自己第一篇美学文章中特地把它提出来，有如《美学三题议》所说，“在自然美问题上，我觉得各派美学观暴露的最为鲜明。因为在这里，美的客观性与社会性似乎很难统一。……不是认为自然无美，美只是人类主观意识加上去的（朱光潜），便是认为自然美在其本身的自然条件，与人类无关（蔡仪）。我当时主要是企图说明这两条路作为哲学都行不通，只有认为自然美的本质仍然来自客观的社会生活、实践，才是正确的道路”。①

自然美究竟是来自主观的情感意识，还是来自自然本身的色彩、形体、姿态等条件，这不仅是朱光潜和蔡仪向他“提出”的论辩难题，更是美学研究必然遭遇到的棘手问题。对此，李泽厚提出了“美的客观性与社会性的统一”即“自然的人化”说，表明“美不是物的自然属性，而是物的社会属性。美是社会生活中不依存于人的主观意识的客观现实的存在。自然美只是这种存在的特殊形式”②。即自然美的本质来自客观的社会生活实践。

所谓美的“客观性”是指美具有不依存于人类主观意识、情趣而独立存在的性质，也就是说，自然美不是来自主观的情感意识，而是社会存在，是客观事物的属性。正是在这一点上，李泽厚批判吸收了蔡仪的“客观典型论”思想，并将自己与朱光潜、黄药眠、高尔泰、吕荧等人区别开来。在他看来，朱光潜虽然用社会意识或意识形态代替了过去的超理智功利的个人直觉，但对美在心（主观）

① 李泽厚：《美学四讲》，三联书店 2008 年版，第 294 页。
② 李泽厚：《论美感、美和艺术》，《哲学研究》1956 年第 5 期。

还是在物(客观)这一美学基本问题还是"一直有所保留的"①,虽然他承认"物甲"(自然物)的客观存在,但又认为物甲之成为"物乙"(物的形象,指美)完全依赖于、被决定于人的主观意识、美感,因此,"朱光潜在这里的主要错误,过去在于现在就仍然在于取消了美的客观性,而在主观的美感中来建立美,把美感等同于、从属于主观的美感,把美看作是美感的结果、美感的产物"②。其"主客观统一"论("物甲物乙"论)实质上是"一种康德式的主客观统一论",仍然是美感决定美、主观决定客观、"心借物以表现情趣"的主观唯心主义。

需要注意的是,讨论中的多数人都会在文章中言及"美的客观性",但在李泽厚看来,只有宗白华、洪毅然、周谷城等与他看法一致,而侯敏泽、鲍昌、许杰等虽然也讲"美的客观性"③,"却根本没有弄清美的'客观性'到底是什么意思,都把美的客观性等同于美有没有客观标准或客观的内容了"④。在论辩过程中,常常由于各家对同一术语的用法不同而造成理论的混乱和对话的艰难,李泽厚注意到这一问题,因此提出"讨论中要特别注意每个人用语的含义"⑤,并一直强调理论思维、概念辨析、学理逻辑的重要。

(二)美的社会性

所谓美的"社会性"是指"美是客观存在,但它不是一种自然属性或自然现象、自然规律,而是一种人类社会生活的属性、现象、规律。它客观地存在于人类社会生活之中,它是人类社会生活的产物。没有人类社会,就没有美"⑥。换言之,自然美与社会美一样,都要依存于人类社会生活,都具有社会性,正是在这一点上,李泽厚与蔡仪、朱光潜产生了根本分歧。

在李泽厚看来,自然美的论点是蔡仪理论中最薄弱的一环。虽然蔡仪在《新美学》中以自然美为论证根据和主要对象,但他"拒绝从自然与实践(社会生活)的活生生的关系中去考察和把握自然的美,认为自然美与人类生活根本无

①⑥ 李泽厚:《论美感、美和艺术》,《哲学研究》1956年第5期。
② 李泽厚:《美的客观性和社会性——评朱光潜、蔡仪的美学观》,《人民日报》1957年1月9日。
③ 参见敏泽:《主观唯心论的美学思想》,载《美学问题讨论集》第二集,第46—63页;鲍昌:《论美感、美及其他》,载《美学问题讨论集》第三集,第370—384页。
④ 李泽厚:《关于当前美学问题的争论——试再论美的客观性和社会性》,《学术月刊》1957年第10期。
⑤ 李泽厚:《论美是生活及其他——兼答蔡仪先生》,载李泽厚:《美学论集》,上海文艺出版社1980年版,第101页。

关，认为自然美在于自然本身，它先于人类而存在”[1]，这种自然美观念正是其整个美学体系缺乏社会性的突出体现。蔡仪的“新美学”虽然认为“美在于客观的现实事物……因此正确的美学的途径是由现实事物去考察美，去把握美的本质”[2]，但他“在考察美的客观的现实存在时，从来没有谈到人对于现实作为实践者的存在”[3]，也就是说，他只是抽象地坚持了美的客观性，而根本上否认了活生生的社会生活，否认了美的社会性，从而错误地把人类社会中极为复杂的现实的美归结为一种不依存于人类社会的简单不变的物体自然条件或属性（“典型”）[4]，把形式的规定性当作美的本质：这是一种静观的、机械的、形而上学唯物主义的美学观。

相较而言，自然美的论点却是朱光潜理论中最强的一环。针对朱光潜早期所钟情的近代西方美学家最喜谈论的“移情说”自然美理论，李泽厚认为，“移情”现象虽然存在，但它只是美感的一种形式，“为什么会‘移情’，移什么情，这完全是客观地被决定和制约于整个人类社会生活，是人类长期社会生活环境和文化教养熏陶教化的结果而形成的一种不自觉的直觉反射，它具有深刻的客观性的内容”。[5] 可见，移情的内容和美感的内容一样，都具有严格的社会功利性，是一种社会意识的表现，是美的社会性的反映。虽然朱光潜后来也主张社会意识论，承认自然美有社会性，但他所依照的却是“物甲＋社会意识＝美”的公式，因此，他的社会性只是社会意识，是主观的社会性。总之，朱光潜始终认为自然本身无美，“自然美是人类主观社会意识（社会性）作用于自然物客观属性的结果”[6]。那么，自然美的社会性究竟是怎样的社会性？李泽厚提出了自己的观点：“自然美的社会性基本上就是自然物本身的社会性，因而就是客观的，它不是社会意识的结果，而是社会存在的产物，它不属于社会意识而属于社会存在的范畴。”[7]针对论敌庸俗化的直线演绎，他又郑重强调，自然美的社会性“只是一个最一般的大前提”，不能将它“直接套用到某一具体自然物或自然美上面”，

---

① 李泽厚：《〈新美学〉的根本问题在哪里？》，载《美学论集》，第128页。
② 蔡仪：《新美学》，群益出版社1947年版，第17页。
③ 同②，第121页。
④ 蔡仪在《新建设》座谈会发言时说：“我的看法，认为自然美在于自然事物本身，却不是说美就是自然属性。”参见《怎样进一步讨论美学问题》，载《美学问题讨论集》第五集，作家出版社1962年版，第13页。
⑤ 李泽厚：《论美感、美和艺术》，《哲学研究》1956年第5期。
⑥⑦ 李泽厚：《关于当前美学问题的争论——试再论美的客观性和社会性》，《学术月刊》1957年第10期。

而是要在这前提下，“对具体自然对象作多方面包括社会意识形态作用在内的具体分析”。①

更为重要的是，李泽厚通过引入马克思“人化的自然”观点来阐明“自然美”的社会性。他认为：“自然对象只有成为‘人化的自然’，只有在自然对象上‘客观地揭开了人的本质的丰富性’的时候，它才成为美。”“自然本身并不是美，美的自然是社会化的结果，也就是人的本质对象化的结果。自然的社会性是自然美的根源。”②从这个意义上说，自然美是社会美（现实美）的一种特殊的存在形式，是一种“对象化”的存在形式，“自然美的本质在于‘自然的人化’”。③ 与此同时，李泽厚还从艺术史角度考察了自然美，说明自然（物）的社会性随着人类社会变化发展而变化发展，也就是说，自然美是随着人们社会生活的变化、发展而变化、发展的。虽然朱光潜、高尔泰、张庚等人也提出了“人化的自然”或“山水的人化”等概念，但李泽厚认为：“我们所理解的自然美的所谓‘人化的自然’的意义：通过人类实践来改造自然，使自然在客观上人化，社会化，从而具有美的性质，所以，这就与朱光潜、高尔泰所说‘人化的自然’——社会意识作用于自然的结果根本不同。”④主张自然美是由于社会生活所造成的“自然的人化”，而不是由于意识作用所造成的“自然的人化”。可见，社会生活实践使自然与人的丰富关系充分展开，使自然成为美的自然：这是“自然的人化”的真正含义。

此外，李泽厚还敏锐地指出“自然的人化”的过程是一个漫长的人类历史过程，“在这个过程中，人类创造了客体、对象，使自然具有了社会性，同时也创造了主体、自身，使人自己具有了欣赏自然的审美能力”。⑤这也就意味着，“自然的人化”（“实践”）不仅创造了客体（自然），也创造了具有审美能力的主体（人），由此，他不仅将美的客观性与社会性统一起来，而且也将美与美感历史地、客观地统一起来。虽然他此时还未能就此话题深入展开，但实践美学最核心的一个概念——“自然的人化”的提出，无疑为此后“积淀”“情本体”“新感性”等实践美学理论的产生和发展奠定了坚实的基础。

在以“客观社会性”确定“美的本质”的同时，李泽厚不忘指明美的根本特征在于具体形象性。所谓“具体形象性”是指“美必需是一个具体的、有限的生活

---

①④ 李泽厚：《关于当前美学问题的争论——试再论美的客观性和社会性》，《学术月刊》1957年第10期。
②⑤ 李泽厚：《论美感、美和艺术》，《哲学研究》1956年第5期。
③ 李泽厚：《美学三题议——与朱光潜同志继续论辩》，《哲学研究》1962年第2期。

形象的存在，不管是一个社会形象还是一个自然形象"[1]很显然，"形象性"的提出针对的还是蔡仪"美是典型"的观点。在蔡仪看来，构成具体自然形象的某些自然属性本身——如均衡、对称、性能、形态等——就是美；而在李泽厚看来，这些自然属性本身并不是美，而是"构成美的重要或必要的条件"，其作用在于"帮助美的形成和确定"。[2] 具体到自然美，其本质、内容是"自然的人化"，而其现象、形式则是形式美，前者是唯一的，而后者则是丰富多样的，且是一种相对独立的外在形式的美，比如山水花鸟等自然物的形式美。而这些形式之所以能成为美的要素，关键在于它们在人类的社会生活进程中"逐渐带有社会性质"，即"形式本身具有了社会性"[3]。从这个意义上说，"美必须是具有具体形象的社会存在物。没有形象的社会机构、制度等等的存在不能是美"[4]一言以蔽之，"美是形象的真理，美是生活的真实"[5]。

正如李泽厚所言，"自然美问题上的论争实质上是哲学基础问题论争的具体化和引申"[6]，正是在这一问题上，充分显露出各派美学观的差异和交锋的深度与力度。李泽厚审时度势地率先提出这一关键问题，并通过批判地吸收和融合朱光潜、蔡仪、黄药眠等人的美学思想，将"似乎很难统一"的美的客观性、社会性与形象性统一起来，既以"客观性"矫正了朱光潜、黄药眠、高尔泰、吕荧等人的"主观性"之偏，又以"客观社会性""具体形象性"矫正了蔡仪抽象的"客观自然性"之弊，补苴罅漏，以一种综合、调和又稳妥的姿态建立起自己的哲学美学学说。在今天，公允地来看，李泽厚、朱光潜、蔡仪都对"美的本质"问题尤其是"自然美"问题做出了各自的学术贡献，诚如有学者所言："朱光潜从审美心理学的角度深化了自然审美心理，指出自然审美过程中主体审美心理的主动性功能；李泽厚则从人类学角度指出自然审美中超自然的人类文化内涵，均深化了自然审美研究。但所有这些深化，当以蔡仪对自然美独立性的承认为前提。"[7]

①⑤　李泽厚：《论美感、美和艺术》，《哲学研究》1956 年第 5 期。
②③④　李泽厚：《关于当前美学问题的争论——试再论美的客观性和社会性》，《学术月刊》，1957 年第 10 期。
⑥　李泽厚：《美学三题议——与朱光潜同志继续论辩》，《哲学研究》1962 年第 2 期。
⑦　薛富兴：《新中国前期蔡仪美学述略》，《贵州师范大学学报》(社会科学版)2004 年第 1 期。

第二节　艺术美学:艺术的基本美学原理

无论是在“《新建设》座谈会”[①](1959)之前还是之后,李泽厚自始至终都有意识地从哲学美学的角度探讨艺术和艺术美问题,既不惧惮因“脱离艺术实际”而陷入“哲学式的贫困”,又坚决反对洪毅然等人“离开美学的规律来讲艺术的规律,不通过艺术来讲美学”[②],因为在他看来,“美学问题的讨论不能看作是与艺术实际无关的学院式的繁琐争论,它与现实的文艺创作在理论上是有联系的”[③],“要求美学与现实紧密地联系,并不也不应该妨碍它的哲学的抽象的概括性质。把美学搞成一些琐碎的失去概括意义的东西,我觉得也不合适”[④]。后来通过对艺术与现实的关系、艺术形象与典型、艺术的美学范畴等基本问题的美学阐释,李泽厚将讨论的话题由抽象哲学引向了具体艺术问题、由美的本质论延伸到美的功能论,更加坚定了自己最初对“美学对象问题”的看法,即:“美学基本上应该研究客观现实的美、人类的审美感和艺术美的一般规律。其中,艺术更应该成为研究的主要对象和目的,因为人类主要是通过艺术来反映和把握美而使之服务于改造世界的伟大事业的。”[⑤]可以说,艺术在美学中占有重要地位,[⑥]它不仅是李泽厚哲学美学的主要研究对象,也是检验其美学理论有效性的最理想的场所,考察李泽厚的艺术美学思想,不仅能准确把握其美学思想

---

① 1959年7月11日,《新建设》编委会邀请北京部分哲学、美学和文学艺术工作者座谈怎样进一步地贯彻党的“百家争鸣”的方针、展开美学讨论的问题。其中归纳起来的五点意见的第一条就是:“今后的美学讨论,应当避免从概念出发,而更多地从丰富多彩的艺术实践和现实生活出发,来探讨美学问题。”参见《怎样进一步讨论美学问题》,载《美学问题论集》第五集,第1页。

② 李泽厚:《美学三题议——与朱光潜同志继续论辩》,《哲学研究》1962年第2期。

③ 李泽厚:《论美是生活及其他——兼答蔡仪先生》,载《美学论集》,第101页。

④ 李泽厚:《美学的研究和讨论应该更多地体现时代精神和民族特色》,《怎样进一步讨论美学问题——〈新建设〉编委会邀请北京部分哲学、美学、文学艺术工作者举行座谈》,载《美学问题讨论集》第五集,第26页。

⑤ 李泽厚:《论美感、美和艺术》,《哲学研究》1956年第5期。

⑥ 李泽厚后来从人性培育角度再次强调了艺术在美学中的重要意义和价值,按其所言:“美学不能归结于研究艺术,但艺术之所以在美学中占有突出地位,却在于此,即在培育、发展人的个体特性(能力和感情)上的极大可能性,而不是伦理教训或理性认识。”参见李泽厚:《关于“美育代宗教”的答问(2008)》,载《哲学纲要》,北京大学出版社2011年版,第390页。

的艺术之维，也能更好地看清其美学理论对当时文艺创作的批判和引导作用。

一、艺术与现实的关系：艺术美学的根本问题

这一问题实质上也就是艺术美与现实美以及自然美的关系问题。在坚持反映论的李泽厚看来，美感是美的反映，美感的主观直觉性是美的具体形象性的反映，美感的客观社会性是美的客观社会性的反映。由此他认为，艺术（品）作为美感的对象，作为美，是不以人们意志为转移的客观物质的社会存在，这意味着：艺术是现实生活的反映，在本质上是与科学一致的、共同的（只是形式有别），艺术美客观地存在于生活之中，这正是与朱光潜的分歧和争论所在，因为朱光潜恰恰认为科学是反映，艺术不是反映，艺术美不是客观的存在而是主客观的统一。当然，李泽厚也并未忽视艺术美的主观性一面，按其所言，"艺术美只是美的反映，相对于观赏者的意识，它诚然是客观的存在，但相对于现实美（包括社会美与自然美）来说，它却是第二性的，意识形态的，从而也就是属于主观范畴的"①。换言之，艺术美虽然是现实美的摹写和反映，但同时也是现实美的集中和提炼。这种属于主观范畴的"集中和提炼"正是艺术美区别于现实美、自然美的特性所在。

这是因为：在人类的历史进程中，社会美内容丰富却形式拘束，自然美形式生动却内容模糊，相形之下，艺术美却实现了内容（社会性、思想性、政治标准）与形式（形象性、艺术性、艺术标准）完满和谐的统一。李泽厚认为："只有当社会美被当作反映的主题，通过提炼集中成为广阔明确的艺术内容，自然美当作被运用的物质手段，经过选择琢磨成为精巧纯熟的艺术形式，在艺术中融为一体，美的内容与形式，社会美与自然美才高度统一起来，成为一种更集中、更典型、更高的美。这就是艺术美。"②可见，艺术美虽然是第二性的，但因为融合了自然美的形式和社会美的内容而完满地体现出社会生活的本质真理，将美引向了更高级的形态和阶段：这也正是人们在自然美、社会美之外仍须要通过艺术美来感知美的原因所在。在这里，李泽厚和蔡仪一样吸收了毛泽东《在延安文

①② 李泽厚：《美学三题议——与朱光潜同志继续论辩》，《哲学研究》1962 年第 2 期。

艺座谈会上的讲话》的精神，也持守一样的“艺术美的根源在现实生活”[①]的反映论（艺术反映现实、艺术美反映现实美）观点，虽然没有像朱光潜那样明确强调“要发挥主观的能动性和创造性”[②]，但一定程度上也肯定了艺术家“集中”和“提炼”生活尤其是把自然丑转化为艺术美的主观能动性，这对于纠正当时普遍的机械反映论美学观以及概念化、公式化的文艺创作弊端是非常有价值的。

更重要的是，李泽厚在《论美感、美和艺术》《美学三题议》中，明确提出“艺术反作用于生活”“艺术美反作用于现实美”的观点。他说：

> 美诞生于生活、实践与现实的能动关系中（第一性的美、客观），它经过艺术家的主观意识的反映，成为艺术中的美（第二性的美，主观），这物化形态的艺术美（相对于欣赏者的主观来说是客观），经过人们的思想情感（主观）影响人们的活动，又去创造和增多生活、实践中的美（第一性的美，客观）。于是反复循环，不断上升，人们就不断创造出了更新更美的生活，也创造出了更新更美的艺术。[③]

需要注意的是，这种“反作用”与朱光潜所指出的美感“影响”美的“反作用”不同。朱光潜的意思是美随美感的发展而发展，而李泽厚的意思则是美感随美的发展而发展，具体到艺术美就是：现实美经由艺术家的主观意识的反映而成为艺术美，而艺术美又经由欣赏者的主观思想情感而影响其实践活动，创造更多的现实美。具体来说，这种“影响”体现在两个方面：一方面，艺术美以其无实用价值的自由形式来深刻明确地反映广阔丰富的社会生活，通过满足精神需要，塑造心灵，进一步推动社会生活实践的发展，即反作用于现实美的内容，另一方面，艺术美作用于社会物质生活的形式外貌，使之多彩化、条理化、韵律化，以进一步将世界美化，即反作用于现实美的形式。经过这种“反复循环，不断上升”，“艺术美就日益渗透在现实美中，使人们在生活实践的各方面日益自觉地‘按照美的规律来造形’”。[④]于是，美与真、善渐渐融合在一起，生活越来越美，艺

---

① 蔡仪：《鲁迅论艺术的典型与美感教育作用》（写于“1956年9月20日”），载杜书瀛编：《蔡仪美学文选》，河南文艺出版社2009年版，第369页。
② 朱光潜：《美学中唯物主义与唯心主义之争》，载《美学问题讨论集》第六集，第232页。
③④ 李泽厚：《美学三题议——与朱光潜同志继续论辩》，《哲学研究》1962年第2期。

术越来越美。李泽厚很自信地表明:“这才是真正的思维与存在的同一性,主观与客观、艺术与现实的辩证法,这才是真正的美学实践观点:艺术来自现实,又为现实、为政治服务的观点。”[①]撇开“为政治服务”不谈,这种“艺术与现实的辩证法”一定程度上降低了现实(客观、存在)对艺术(包括艺术家)的绝对支配作用,缓解了艺术与现实之间的紧张关系,既有利于艺术与人生的互化,也有利于美的丰富、美感的提升以及二者的和谐。

二、 艺术形象与典型:艺术与现实关系问题的具体化

艺术形象与典型是艺术的中心环节,而推动其展开的正是美的客观社会性和具体形象性。在李泽厚看来,“美的社会性是寓于它的具体形象中,美感的功利性是寓于它的具体直觉中”。也就是说,艺术美是通过具体感性的艺术形象来反映社会生活的真实和真理的,“艺术美感是真理形象的直观”[②],其特点就在于从整体上、从具体形象中去把握、反映现实。在李泽厚的艺术美学中,对艺术形象和典型形象以及意境形象的考察,是其重心所在。

(一) 艺术形象的美学特性

形象问题的提出,一方面是由于形象对于艺术至关重要,另一方面是由于当时的艺术品未能创造出具体的感性的形象。在李泽厚看来,“艺术美是现实美的反映和集中,艺术的形象也即是现实生活的形象的反映。所以,形象就是艺术生命的秘密,没有形象,就没有艺术”[③]。正是在这个意义上,李泽厚批评了当时公式化、概念化的艺术创作,他说:“一切苍白的公式化、概念化的艺术品,就是因为它们没有创造出真正的形象,它们用逻辑的议论来代替形象,违反了、破坏了艺术美的反映论的原则。现实美本身就是具体的感性的形象,而这些作品却根本没去反映它。”[④]在这里,李泽厚虽然没有(也不可能)追问这种公式化、概念化文艺创作之所以产生的根本原因,但至少从美学上批评了当时流行的以逻辑议论代替形象塑造、以贫乏僵化的公式概念代替丰富生动的现实生活的创

---

① 李泽厚:《美学三题议——与朱光潜同志继续论辩》,《哲学研究》1962年第2期。

②③④ 李泽厚:《论美感、美和艺术》,《哲学研究》1956年第5期。

作现象，强调了形象创造对于艺术、艺术美的重要作用，其积极意义是值得肯定的。

在《论美感、美和艺术》中，因为篇幅和论题关系，李泽厚并未对“如何创造真正的形象”“艺术形象具有怎样的美学特性”等问题进行细致分析。后来，在《以“形”写“神”》(1959)、《虚实隐显之间》(1962)两文中，李泽厚将由美的社会性和形象性所引出的三对哲学范畴(有限与无限、偶然与必然、直接与间接)与艺术形象相结合，对上述问题作了细致解答。在李泽厚看来，艺术中的形象是有限的、偶然的、直接的(实、显)，而要突破形象的有限、偶然与直接，就必须使形象具有深度和空间，使其最大限度地反映和表达出丰富的生活内容和广阔深远的情感思想，在有限中蕴含无限，在偶然中体现必然，在直接中寓藏间接，即以一当十，以“形”写“神”，“只有‘形’中见‘神’，以‘形’写‘神’才成为美”。[①] 可见，美的艺术(形象)必然是有限性与无限性、偶然性与必然性、直接性与间接性和谐统一即“形神兼备”的产物，这正是其美学特性所在。

需要注意的是，在论证过程中，李泽厚从中国传统艺术美学中借来“形—神”“虚—实”“隐—秀”等意涵丰富的古典范畴，并加以转化，实现了中西话语、理论与实际之间的亲密接触与融合。一方面，特别强调了突破“形似”达到“神似”、追求“象外之旨”“弦外之音”“言外之意”对于创造艺术形象、艺术美的重要意义，据此他直言不讳地批评了当时的文艺作品困于“形”(“写炼钢就只是炼钢，画积肥也只是积肥”)而不能传其“神”(“反映广阔的时代生活的本质”)的弊病，另一方面，又辩证地指出这些矛盾双方相互依存、相互制约的关系，强调神似必须寓于感性的形似之中，既反对自然主义或形式主义的艺术，又反对公式主义和推理论文式的艺术，据此他又批评了当时艺术创作中仅从逻辑概念上表现无限、必然和间接的“突出毛病”，特别是从读者接受角度强调了情感观照和想象的重要性。总之，李泽厚对艺术形象美学特性的批判性思考和倡导，汇通中西，熔铸古今，为“创造一个万紫千红、百花齐放、富有多样性独创性的艺术形象的园地”[②] 提供了可能。

---

①② 李泽厚:《以“形”写“神”——艺术形象的有限与无限、偶然与必然》,《人民日报》1959年5月12日。

（二）典型形象的艺术特性

“形—神”的问题实质上也就是典型形象的问题。如果说形象问题是艺术美的核心问题，那么，典型问题就是艺术形象的核心问题，换言之，艺术美通过典型形象来集中、强烈、真实地反映现实美，典型形象是美的社会性与形象性的统一。在《新美学的根本问题在哪里》(1959)中，李泽厚着重批评了蔡仪用“典型”将现实丑改造为艺术美的谬误，认为他混同了美的艺术品与美的艺术形象，从反面表明“无论在现实生活中或艺术形象里，典型的东西并不就等于美”，“艺术不能通过典型来美化现实的丑”。[①] 在《典型初探》(1963)中，李泽厚又围绕典型作为共性与个性的统一、典型与审美意识和审美理想、典型形式的历史发展这三个问题，正面阐明了自己对典型形象的艺术特性的认识。其主要观点是：

其一，典型是具有历史具体的特定社会普遍性（共性、必然、本质）的艺术形象。李泽厚既反对用共性和个性的一般关系来剖析典型，反对脱开种种历史具体的社会矛盾，将典型的共性简单地归结为某种阶级属性，又反对将典型的共性作一种离开时代、阶级特定具体内容的理解（如蔡仪），反对任何把典型看作是一种抽象的性格类型的倾向。与这些由于平面的、静止的、抽象的方法论错误而造成的谬见不同，他将辩证法运用于认识论，将共性与个性的范畴推进到本质与现象、必然与偶然的范畴，认为：“艺术典型是体现特定的社会生活和历史发展的本质必然和规律（在阶级社会里，经常是阶级关系、阶级斗争的本质必然和规律），而具有历史具体的特定社会普遍性（共性）的。”[②]这一观点从阶级关系的“动力学的状态”（借自列宁的概念）中来历史具体地阐释和把握艺术典型的必然性的本质内容，坚持了辩证唯物主义与历史唯物主义的统一，具有一定的合理性。

其二，典型是鲜明地表现艺术家主观审美意识和审美理想（个性、偶然、现象）的艺术形象。审美意识即人们反映现实、认识现实的一种方式，是情与理、感性与理性的统一，审美感受和审美理想各有侧重地体现着这个统一。艺术家如何捕捉集中审美感受上升为审美理想的过程，与艺术家在创作中所遵循的原

① 李泽厚：《〈新美学〉的根本问题在哪里？》，载《美学论集》，第132页。
② 李泽厚：《典型初探》，《新建设》1963年第10期。

则和途径、精神和方法(即创作方法)有着内在必然的关系。[①] 如果说客观生活的社会普遍性与艺术典型的内容必然性方面密切相关的话,那么,审美理想的个体经验性则与艺术典型的形式偶然性方面密切相关。与蔡仪轻感性、轻个别以及把美的本质归结为普遍性不同,李泽厚从美的客观社会性和具体形象性统一的美学观出发,认为艺术典型的基本特征在于典型(本质必然)与个性(偶然性)相反相成的统一(即"形神兼备"),虽然他认为共性—本质—必然是矛盾的主导方面,但格外强调了个性化、偶然性对于构成艺术典型特性的极大意义,这为创造多样性、丰富性、复杂性、独特性的典型艺术形象提供了理论依据,也有力矫正了那些把典型说成"种类的一般性""阶级的共性"等简单化、庸俗化的文艺理论。

其三,艺术典型的形式是历史的产物。李泽厚认为:"艺术典型作为共性与个性、本质与现象、必然与偶然的统一,其统一体的矛盾双方所处的地位,它们相互联系的特点,随着这种发展也是各有不同的。这种不同便形成了艺术典型的多种历史的和现实的形态。"[②]典型的最显著的历史形态或形式可概括为两种:古代(资本主义以前)的类型性的典型与近代(资本主义以来)的特征性(或性格性)的典型,前者的特点是共性、本质、必然在现象形式中直接呈露,以美为理想和目标,后者则是个性的、偶然的、现象的方面被突出出来,以"崇高"和"表现"为理想和目标。这种从中西艺术史角度对典型的动态考察,表明了典型不是一成不变的、单一的形态,而是随社会历史条件不断变化和发展的多样形态,这有力地回应了蔡仪的静观式的典型论。

值得注意的是,在阐述典型在艺术现实中的不同形态时,李泽厚将中国传统美学范畴"意境"创造性地转化为马克思经典美学范畴"典型"。他认为,作为美学范畴的典型具有对各门艺术的普遍意义,但在不同的艺术种类中具有不同形态:"典型"是以再现(模仿)为主的艺术(如小说、戏剧、雕塑、风俗画等)所特有的形态,而"意境"则是以表现(抒情)为主的艺术(如建筑、音乐、抒情诗、山水画等)所特有的典型形态。这种会通"意境"与"典型"的意义正如有学者所言:"李氏不是将'意境'(为王氏'境界'的另一表述)简化为'形象',而是将'意境'

① 参见李泽厚:《审美意识与创作方法》,载《美学论集》,第 363 页。
② 李泽厚:《典型初探》,《新建设》1963 年第 10 期。

升华为足以同‘典型环境—典型性格’相平行，且相媲美的现实主义美学范畴。”[①]而二者会通的基础正是他早在《“意境”杂谈》(1957)中就提出的“形与神”“情与理”两对范畴。国内已有学者对此进行了研究，此处不赘。[②]

总之，为了深入阐释典型形象的艺术特性，李泽厚从共时(主客)与历时(历史)角度进行了考察，尤其是对当时很少讨论的典型的主观一面即艺术家个性化的审美意识(审美感受和审美理想)进行了初步探讨，揭示了其共性与个性之间历史的、矛盾的统一，比较合理地解释了艺术典型的倾向性与多样性、艺术创作的典范性与独创性、典型形式的古代类型性与近代特征性以及艺术手法的现实主义和浪漫主义等各种复杂关系，这构成了其艺术美学的核心内容。需要注意的是，李泽厚在把艺术与现实的关系问题具化为典型问题之后，又再次将典型问题具化为艺术创作中的形象思维问题。形象思维问题是李泽厚持续关注的重要问题，也是贯穿两次美学热的关键问题，故另辟章节专门论述。[③]

三、 艺术的两对美学范畴：时代性和永恒性、阶级性和人民性

在《论美感、美和艺术》中论及“艺术批评的美学原则”时，李泽厚第一次明确提出了艺术的这两对重要的美学范畴：时代性和永恒性、阶级性与人民性，这是对“现实美的历史和时代性如何反映在艺术美中”以及“反映着一定历史时代的现实美的艺术美如何能够长久地保留下来供后人欣赏”两个问题的回答。事实上，早在李泽厚加入“美学大讨论”之前就写作发表的《关于中国古代抒情诗中的人民性问题》(1955)、《谈李煜词讨论中的几个问题》(1956)中，就涉及艺术的这两对美学范畴，尤其是后者严肃批评了当时“后主词讨论”[④]中暴露出的一

① 夏中义：《世纪初的苦魂》，上海文艺出版社1995年版，第179页。

② 参见朱维：《“意境”创造性转化的启示和问题——由李泽厚入选〈诺顿理论和批评选集〉引发的思考》，《文艺争鸣》2011年第2期。

③ 在二十年间，李泽厚相继写下五篇专论“形象思维”问题的论文：《试论形象思维》(《文学评论》1959年第2期)、《形象思维的解放》(《人民日报》1978年1月24日)、《关于形象思维》(《光明日报》1978年2月21日)、《形象思维续谈》(《学术研究》1978年第1期)、《形象思维再续谈》(1979年6月)。其相关论点参见第九章，此处不赘。

④ 1955年8月下旬，《光明日报》于“文学遗产”专栏发起了有关李煜及其词的讨论。此次讨论持续至1956年底，词学界许多老一代知名学者和青年学者纷纷参与讨论，公开发表在报刊上的李煜词评论文章计20余篇。《文学遗产》编辑部将这次讨论的成果收集起来编为《李煜词讨论集》(作家出版社，1957)。此次讨论主要涉及以下几个重要问题：一是，李煜词的人民性问题；二是，李煜词与爱国主义的问题；三是，李煜词中的爱情问题；四是，李煜词的艺术性问题；五是，李煜词成就地位的评价问题。

些基本理论观点和研究方法问题，一定程度上奠定了其哲学美学的基本框架、思路和方法：这是目前学界尚未关注的重要问题。

在李泽厚看来，这两对范畴有着相互依存、相互制约、矛盾而又统一着的极为生动、丰富、复杂的辩证关系，实质上是一个问题的不同表现方面，这个问题就是“艺术产生在一定时代、反映一定阶级的情绪、利益，为一定阶级服务，同时却具有着能超越其时代、超越其阶级的性质”[①]。问题的关键正在于“超越”如何成为可能。对此，李泽厚认为，历史地、形象地反映一定时代的生活本质、规律和理想，反映一定的先进阶级、阶层的利益要求、思想情感的美好的艺术作品，正确地描写和揭示了生活真理，表达了与人民共同或相通的思想情感，因而一定能突破时代和阶级的局限而成为永恒的、人民的艺术。正是在这个意义上，古代的抒情诗、李煜的词才能“世世代代地激起人们普遍的共鸣和反应”[②]。很显然，这两对范畴正是美的社会性、形象性的显现：社会性决定艺术（品）超越时代和阶级的永恒性、人民性，而形象性则决定其特定的时代性、阶级性，马克思主义艺术批评的美学准则（政治标准和艺术标准）正与此一一对应。

虽然由于时代和个人学识的限制，李泽厚此时对阶级性的强调要高于审美性，并且也只是从社会心理角度分析艺术作品（如后主词）的真正历史背景，没有涉及更实质性的“人性心理结构”问题[③]，但他对唯心论美学和庸俗社会学或形式主义文学研究的批判，对继承优秀的中国古代文艺批评传统的倡导，无疑对新中国初期的美学研究、古典文学研究以及文学理论研究等都发挥了积极的引导作用。

---

① 李泽厚：《论美感、美和艺术》，《哲学研究》1956年第5期。

② 李泽厚：《关于中国古代抒情诗中的人民性问题——读书札记》，《光明日报》1955年6月19日。

③ 在1979年所作的“补记”中，李泽厚写道：“后主词长久引起后人‘共鸣’，以及文学艺术的永恒的感染力，实质涉及所谓人性心理结构问题。这种心理结构，不是动物性的先天属性，而是社会的产物，历史的成果。如同物质财富一样，它是人类精神财富的表现，是人区别于动物之所在。”参见李泽厚：《美学论集》，第456页。

第三节　实践美学:从“生活论”到“实践论”

在20世纪中国美学史上,实践美学可以说是影响最大、争议最多、时间跨度最长的美学学派,而“美学大讨论”正是孕育其诞生的土壤,也是李泽厚实践美学思想的开端。虽然李泽厚在大讨论时期并未明确提出“实践美学”这一概念[①],但作为学界公认的实践美学的代表人物,李泽厚的意义却是在大讨论时期就开始显露的。通过考察李泽厚早期实践美学的思想资源,比较其与论敌朱光潜的实践美学思想的异同,可以更深入地把握李泽厚实践美学的独特意义乃至中国实践美学的独特价值,更好地理解八九十年代实践美学的繁荣和新实践美学、后实践美学的兴起。

一、从“生活论”到“实践论”:“苏联模式”与“中国模式”的思想会通

概括来说,李泽厚早期实践美学的思想资源主要来自两个方面:一是“苏联化的马克思主义”哲学和美学,主要包括车尔尼雪夫斯基的生活论美学、普列汉诺夫的艺术社会学、列宁的辩证唯物主义认识论哲学、以万斯诺夫和斯托诺维奇为代表的“社会派”美学,以及俄文版马克思著作(如《经济学—哲学手稿》)[②];二是中国化的马克思主义哲学和美学,主要包括毛泽东的“实践论”哲学和黄药眠的“生活实践论”美学。无论是外部影响的“苏联模式”,还是内部生成的“中

---

① 在2004年9月18—20日于北京第二外国语学院召开的“实践美学的反思与展望”研讨会上,李泽厚说:“我自己从来没有用过‘实践美学’这个词,包括我在50年代所写的文章里,也没有用过‘实践美学’这个词。我讲‘实践’讲的很多,当然也讲‘美学’,但从来没有把这两者合在一起叫‘实践美学’。这是别人加在我头上的。在这次会议上,我愿第一次表示接受这个词。”参见王柯平主编:《跨世纪的论辩——实践美学的反思与展望》,安徽教育出版社2006年版,第26页。

② 1932年,苏联正式发表马克思《经济学—哲学手稿》;1956年,苏联将《手稿》与马克思、恩格斯其他早期著作一起编为《马克思恩格斯早期著作》第一次出版;1956年9月,何思敬据此版本翻译为中文,以《经济学—哲学手稿》为名由人民出版社正式出版。美学大讨论中,李泽厚、高尔泰等人的相关引文皆引自该中文版,朱光潜则根据俄译参照英译自行译出。

国模式”,归根结底都是“马克思主义模式”,这是苏联美学家或中国美学家在当时都无法逾越的理论框架。需注意的是,对于中国美学家来说,在“必须以苏联为师”[①]的特殊语境中,为了建设“真正科学的、根据马克思列宁主义原则的美学”[②],实质上不得不背负双重的话语要求:既要挪用移植苏联化马克思主义的美学话语,又要借鉴引入经典马克思主义的美学话语,两种话语纠缠交错,界限不明,既为中国美学家提供了充分的理论资源,又由于被个性化地解读、取舍和应用而造成了美学家内部的种种分歧和论争。李泽厚的独到之处在于,不拘一格地会通这两种模式,取长补短,渐进发展,在借用和批判车氏“美是生活”观的基础上,走出了一条从“生活论”到“实践论”的美学道路。

(一)“美是生活”:批判武器与武器批判

车尔尼雪夫斯基的“美是生活”观点虽然在西方美学史上一直被忽视,但由于“恰好适应了当时的革命文艺和革命人生观的需要”[③],而对20世纪50年代的中国美学界、文艺批评界产生了巨大影响,尤其是提出该观点的车氏著作《生活与美学》由周扬翻译出版,更使得“美是生活”被当作俄苏唯物主义美学的代表性观点在中国广泛传播和接受。[④] 从某种意义上说,“从1954年开始的‘美学大讨论’,正是在普遍接受了‘美是生活’的思想之后,对车尔尼雪夫斯基思想实现的突破。李泽厚的实践美学的萌芽,也是脱胎于‘美是生活’思想的。”[⑤]所谓“脱胎”是指李泽厚对车氏“美是生活”命题“作了一次解释学的援用”,[⑥]然后以此为“武器”批判朱光潜、蔡仪的美学思想,并对该武器本身进行了批判,从而迈出了实践美学的第一步。

在《论美感、美和艺术》中,为了表明自己所谈的“美的客观性和社会性”观点的合理性,也为了引出自己对美的基本性质的看法,李泽厚第一次正面论及

① 朱光潜:《把美学建设得更美!》,《文汇报》1959年10月1日。
② 参见1956年第12号《文艺报》发表朱光潜《我的文艺思想的反动性》时配发的“编者按”。
③ 参见李泽厚:《批判哲学的批判:康德述评》,三联书店2008年版,第430页。
④ 参见施昌东:《论“美是生活”》,《文史哲》1954年第9期;[俄]车尔尼雪夫斯基:《生活与美学》,周扬译,人民文学出版社1957年版。
⑤ 刘悦笛:《从“实践”美学到“生活”美学——当代中国美学本体论的转向》,《哲学动态》2013年第1期。
⑥ 李泽厚认为:“车氏所用‘生活’一词本意是生命、生命力,虽然其中也包括社会生活,但基本上仍是抽象人本主义以至生物学的。在中国,人们却甩开车氏的这层含义,突出强调了其中的社会生活以及这种生活中的阶级内容等意义,作了一次解释学的援用。”我们以为,李泽厚本人也在这“人们”之列。参见李泽厚:《批判哲学的批判:康德述评》,第430页脚注。

车尔尼雪夫斯基的"美是生活"，并认为"这无疑是强有力的接近于马克思主义唯物主义的观点"[①]；在《论美是生活及其他——兼答蔡仪先生》一文的开篇，李泽厚又高度肯定了这一"武器"的功用："车尔尼雪夫斯基这一观点，恐怕仍是迄今较好的简明看法。这个看法鲜明地反对了唯心主义，坚持了唯物主义；它肯定美存在于现实生活之中，艺术只是现实生活的反映和复制"；[②]在《〈新美学〉的根本问题在哪里》一文中，李泽厚再次肯定其"虽然还不是科学的马克思主义，但毕竟是革命民主主义者的斗争产物"，"把美与生活、与革命实践联系起来了"，"比以往唯心论和静观唯物论高出一头"。[③] 总之，这种革命的、唯物的、"准马克思主义"的特性，使"美是生活"成为批判唯心论和静观唯物论美学的理想武器，如其所言："'美是生活'说不但是反唯心主义的有力武器，而且也还是反对机械唯物主义和形式主义美学的有力武器。"[④]

在李泽厚看来，"我们与朱先生的分歧是根本前提的分歧，是承认还是否认'美是生活'这一唯物主义基本原则的分歧。这一分歧实质上也就是在美学中承认或否认马克思主义哲学反映论的分歧"[⑤]。在这里，"美是生活"仿佛成为马克思主义哲学的"化身"而被当作区分唯心和唯物的唯一标准。朱光潜的"主客观统一论"以"美是艺术的属性"为根本前提，因此由"艺术作为一种意识形态"而认为美必然是意识形态性的，即美必须是主观意识形态作用于客观对象才能产生；而李泽厚则以"美首先必需是生活的属性"为根本前提，因此认为艺术美来源于生活美，是生活美的集中反映。正是在这个意义上，李泽厚批评朱光潜提出的"在列宁反映论之外加上马克思的意识形态论"的主张，批评其把艺术作为意识形态与艺术美作为客观存在混为一谈。反过来，李泽厚的"客观社会论"也被朱光潜批评为"把车尔尼雪夫斯基的'美是生活'和黑格尔的'理念从感官所接触的事物中照耀出来'两个水火不相容的定义合并在一起"，[⑥]在这一点上，朱光潜确实抓住了车尔尼雪夫斯基"美是生活"观抽象的、主观概念的软肋，逼迫李泽厚必须对"美是生活"的弱点进行批判和改造。

---

① 李泽厚：《美学论集》，第29页。
② 同①，第100页。
③ 同①，第123页。
④ 李泽厚：《论美是生活及其他——兼答蔡仪先生》，载《美学论集》，第111页。
⑤ 同④，第102页。
⑥ 朱光潜：《论美是客观与主观的统一》，载《美学问题讨论集》第三集，第11页。

虽然李泽厚认为自己在这次讨论中的主要论战对象是朱光潜、吕荧等人的唯心论而不是蔡仪的机械唯物主义论，但实际上，李泽厚的多篇文章尤其是“美是生活”观点主要针对的还是蔡仪的“美是典型”论。与批判“唯心论”（朱、吕等）相比，批判“静观唯物论”（蔡）似乎更能显示出自己的学说才是真正的马克思主义唯物主义美学。在李泽厚看来，蔡仪的“美是典型”论实质上是一种僵死的、机械的庸俗社会学和教条主义的典型论，因为他以一种机械的、抽象的“一般性”“本质真理”来规定“自然美”和“社会美”，认为美可以脱离人类社会生活而存在，并且从来没有谈到人对于现实作为实践者的存在。他说：“正因为蔡仪在哲学问题上不了解生活、实践的观点的这种根本谬误，就使他连车尔尼雪夫斯基的‘美是生活’说也不能接受”[①]；又说：“对于蔡仪来说，美是生活、实践的理论，却始终是他的‘美是典型’说的格格不入的对头。”[②]可见，作为唯物主义美学底线的“美是生活”倒成为蔡仪美学无法抵达的上线，按黄药眠的话来说，“蔡的美学其实是前车氏的美学”。[③] 对李泽厚的这一批评，蔡仪在近二十年后写了《论车尔尼雪夫斯基的美学思想》一文[④]，以批判车氏美学的方式给予了回应。而在批评蔡仪抽象地规定“美”的同时，李泽厚也意识到“美是生活”观点自身的抽象性问题。

总之，李泽厚利用“美是生活”作为“有力武器”对朱、蔡的唯心主义、机械唯物主义作了有力批判，但在这过程中，其自身的缺点也暴露无遗，因此李泽厚又不得不返身对“武器”本身进行了批判。

其一，“美是生活”最显著的缺点在于“这个理论的哲学基础还只是费尔巴哈的抽象的人本主义，它对生活内容还不能达到历史唯物主义的了解。因此虽然它坚定地否定现实、要求革命，却仍不能科学地指示出现实发展和变革的必然方向和进程”[⑤]。因此，“生活”只是一个抽象、空洞的、非社会历史的人类学的

---

① 李泽厚：《论美是生活及其他——兼答蔡仪先生》，载《美学论集》，第123页。

② 同①，第124页。

③ 黄药眠：《看佛篇——1957年5月27日对研究生进修生的讲话》，《文艺研究》2007年第10期。

④ 参见蔡仪：《论车尔尼雪夫斯基的美学思想》，载杜书瀛编：《蔡仪美学文选》，河南文艺出版社2009年版，第192—233页；首发于《美学论丛(2)》，中国社会科学出版社1980年版。该文发表后又引起杨恩寰等人的批评。参见杨恩寰：《评车尔尼雪夫斯基的‘美是生活’说——兼与蔡仪同志商榷》，《河北师范大学学报》1981年第4期。

⑤ 同①，第106页。

概念,“美是生活”只是模糊的、抽象的理论。其二,李泽厚借用普列汉诺夫的观点[①]指出,车尔尼雪夫斯基对“美是生活”的补充,又造成了一个尖锐的无法解决的矛盾,即美必须是客观的“美好的生活”,同时又必须是合乎主观概念的“应当如此的生活”。之所以有这些缺点,归根结底是因为“美是生活”还只是一种接近马克思主义美学的“旧美学”观,而非真正具有科学的哲学基础的马克思主义美学观。

为了解决这些矛盾,有效回答朱光潜的质疑并预备蔡仪的反批评,李泽厚主张“把‘美是生活’的唯物主义贯彻下去,把车尔尼雪夫斯基的‘应当如此的生活’从主观概念的世界中搬到客观现实生活中去”[②],也就是说,“用历史唯物主义的关于社会生活的理论,把‘美是生活’这一定义具体化、科学化”[③]。为了实现这样的“企图”和“任务”,“历史唯物主义”的典范理论——马克思主义“实践论”被适时地召唤出场了,成为改造车尔尼雪夫斯基“美是生活”论的更有力的武器。

(二)“实践论”转向:马克思主义实践论思想的内外合力

在“美学大讨论”时期,从车氏的“生活美学”转向李氏的“实践美学”不是一蹴而就的,也不是某一方力量作用的结果。仅从话语层面来看,从“生活”到“实践”就至少经过了三次转变:在《论美是生活及其他》(1958)之前的文章中,“生活”被当作独立的、核心的概念广泛使用(如“社会生活”“现实生活”);在大讨论期间未公开发表的《〈新美学〉的根本问题在哪里?》(1959)一文中,“生活”与“实践”被组合在一起,“生活、实践”或“实践(生活)”成为一种过渡的、特殊的表述方式;在《美学三题议》(1962)之后,“实践”被当作一个独立的、核心的概念开始广泛使用(如“生产实践”“艺术实践”)。从“生活”到“实践(生活)”再到“实践”,“生活”的隐退,“实践”的凸显,充分表明:随着论辩的深入,“实践”逐步摆脱“生活”的束缚而从后台走到前台,为“客观社会说”注入了至关重要的实践内涵,旧唯物论所坚持的反映—认识论(蔡)逐渐被马克思主义所坚持的实践—认识论(朱、李、蔡)所取代。而这一转向的实现,与其说是马克思“一家”的功劳,不如

---

① 参见普列汉诺夫:《车尔尼雪夫斯基的美学理论》,《哲学译丛》1957年第6期。
② 李泽厚:《论美是生活及其他——兼答蔡仪先生》,载《美学论集》,第108页。
③ 李泽厚:《论美感、美和艺术》,《哲学研究》1956年第5期。

说是马克思主义实践论思想的内(中国模式)外(苏联模式)合力的结果。

1. 外力:“苏联模式”的马克思主义实践论

以《手稿》为代表的俄文版马克思著作对李泽厚早期实践美学的影响是直接而深远的,它不仅为其赢得了“马克思主义美学”的先机,更为其提供了重要的、长期的思想资源,为其指明了与苏联美学乃至世界美学同步的实践美学方向。

在《论美感、美和艺术》《美的客观性和社会性》《美学三题议》中,李泽厚三次援引马克思《手稿》中有关“人的本质力量对象化”的同一段话,引入了“人化的自然”观念,对上述“自然美”问题作了深入阐发;尤其是在《〈新美学〉的根本问题在哪里?》这篇被普遍忽视的文章中五次引用《手稿》来说明“自然的人化”“实践”的内涵,强调实践作用于自然,“使自己对象化,同时也使对象人类化”。[①]总之,马克思“自然的人化”思想的引入,不仅为李泽厚自己的“客观社会说”提供了坚实的哲学基础,还恰当地批判了蔡仪静观唯物论、朱光潜唯心论的谬误,更将“见物不见人”(蔡)、“见人不见物”(朱)的美学引向了“见人见物”的美学,将“美的本质”的追问方式从绝对的、静态的、偏执于“客体”一方或“主体”一方转变为“自然(现实,客体)—人类(实践,主体)”之间辩证的、历史的关系,将“解释世界”的静观认识提升到“改造世界”的革命实践高度,一定程度上改变了后期美学大讨论的整体走向。

需注意的是,学界至今很少关注到马克思《费尔巴哈论纲》[②]对李泽厚实践美学的影响。事实上,李泽厚在讨论中多次引用其中的观点,而此后也多次谈到其“主体性”的提出与之有关。[③] 比如,在《〈新美学〉的根本问题在哪里?》中,李泽厚在指出车尔尼雪夫斯基对“生活的本质”理解得很不明确之后,紧接着就援引马克思在《费尔巴哈论纲》中的一个非常重要的判定——“社会生活在本质上是实践的”,并由此认为“马克思主义发现了历史发展的科学规律,把人的社

---

① 李泽厚:《〈新美学〉的根本问题在哪里?》,载《美学论集》,第144页。

② 根据李泽厚《美学论集》第156页的注释,其所引用的《费尔巴哈论纲》应出自由莫斯科1949年出版的《马克思恩格斯文选》(两卷集)译介的中文版,由集体翻译、唯真校订,莫斯科外国文书籍出版局1954年出版,《费尔巴哈论纲》收录于第二卷第401—404页。

③ “当年我提出主体性,是在中国特殊的环境下,是要突出个人,不过马克思的《费尔巴哈论纲》里也讲到主体和客体的问题。我所谓的主体……是指人作为一种物质的、生物的客观存在,他的活动能力、他与环境的关系。这个思想是想遵循马克思的《费尔巴哈论纲》,回到那个论纲。”参见李泽厚访谈《历史眼界与理论的“度”》,《天涯》1999年第2期。

会生活理解为生产斗争和阶级斗争的实践，说明了它们不以人们意志为转移的客观性质，这在美学上也就为含糊笼统的'美是生活'说提供了一个科学发展的基础"[①]；而在《美学三题议》这篇重要文章中，他又说："自然美的本质——'人化'，是一个极为深刻的哲学概念，而不能仅从表面字义上来狭隘、简单、庸俗地去理解和确定；正如马克思主义所讲的'实践'是一个深刻的哲学概念，不能从它表现为'污秽的小商人活动的方面加以理解和确定'，而要理解为人类的生产斗争、阶级斗争的革命批判活动一样。"[②]可见，李泽厚的"人化""实践"观吸收的是马克思对费尔巴哈人本主义的批判思想，即作为哲学概念的"人化"和"实践"要在普遍的、整个社会历史成果的基础上来理解，而不能在偶然的、个人主观意识活动的基础上狭隘、简单、庸俗地理解。这种实践哲学观使李泽厚的实践美学在革命批判性上接通和发展了车尔尼雪夫斯基的"生活美学"，但也使其在最初比较偏重于必然性、社会性、客观性的一面。[③]

作为"苏化马克思主义"的化身，列宁哲学在中国无疑享有和马克思主义哲学同等的地位，这从李泽厚以及其他讨论者的引证频率即可看出。但也正如朱光潜所指出的："我们看到的企图运用马克思主义去讨论美学的著作几乎毫无例外地都简单地不加分析地套用列宁的反映论，而主要的经典根据都是列宁的'唯物主义与经验批判主义'一书。"[④]对善于吸纳和发现的李泽厚而言，关注的不是谁的哪本书哪种理论，而是能否合理地为我所用。比如，一方面，他吸纳"社会的存在是不依存于人们的社会意识的"（《唯物主义与经验批判主义》）、"观察的客观性"（《哲学笔记》）等"客观"思想，[⑤]为其"美的客观社会性"观点提供了有力论据；另一方面，他又发现了"生活、实践的观点，应该是认识论的首先的和基本的观点"（《唯物主义与经验批判主义》）、"'善'被理解为人的实践"（《哲学笔记》）等"实践"思想，[⑥]从而较早地从反映认识论中抽身出来，踏上了实

---

① 李泽厚：《美学论集》，第 124 页。
②⑤ 李泽厚：《美学三题议——与朱光潜同志继续论辩》，《哲学研究》1962 年第 2 期。
③ 李泽厚很早就注意到"偶然性"，认为偶然性不仅是必然性的表现，而且是它的补充。尤其是在《典型初探》中，他提出，"典型（本质必然）与个性（偶然性）的统一，是艺术典型的基本特征"。在梳理西方艺术典型形式的发展史时，他又指出浪漫主义艺术的特点在于"艺术形象在共性与个性、本质与现象、必然与偶然的统一中，个性的、偶然的、现象的方面被突出出来"。参见李泽厚：《美学论集》，第 311、318 页。
④ 朱光潜：《论美是客观与主观的统一》，载《美学问题讨论集》第三集，第 14 页。
⑥ 同①，第 123、183、161 页。

践认识论的道路。当然，与此同时，李泽厚也把列宁实践论的前提即“把人类实践的总和当作认识论的基础”[①]当作自己实践论的前提，强调以人类群体为认识（实践）主体，而不是以个人个体为认识（实践）的主体。总之，列宁的唯物反映认识论在讨论前期也被李泽厚机械地套用到美和美感的关系上，使其和蔡仪、吕荧等人一样，一度困囿于“主观—客观”“唯心—唯物”的非此即彼的二分模式之中；但列宁唯物主义实践认识论的发掘又为李泽厚讨论后期的实践美学提供了重要的启示和哲学基础，既促使其从“真”（客观现实）与“善”（主体实践）的相互作用和统一中探寻“美”的本质，又为实践“主体”限定了“人类学”内涵，可谓利弊共存。

如果说苏联美学大讨论与中国美学大讨论在“时间维度、理论向度上”[②]有着相似和同构关系的话，那么其突出表现正在于苏联“社会派”美学、自然派美学和“主客观统一论”美学对李泽厚“客观社会说”实践美学、蔡仪“客观典型说”美学以及朱光潜“主客观统一论”美学有着直接或间接的深刻影响。当时国内几乎与苏联同步的理论作品的译介和发表，使这种“影响”成为可能。比较来看，李泽厚与万斯诺夫、斯托诺维奇等“社会派”美学家之间存在着诸多相似之处：其一，马克思《手稿》是他们共同的思想资源，“人化的自然”“人的本质对象化”等观点是他们探究“美的本质”的共同哲理依据；其二，边破边立的论辩策略是他们的共同选择，即一面批判“客观派”或“自然派”，一面建构自己“美在客观性与社会性统一”的美学理论；其三，“实践观点的美学理论”成为他们共同的美学追求。

比如，万斯诺夫在《客观上存在着美吗?》一文中，从“脱离了人们的社会历史实践”的角度批评了“客观唯心论”“主观唯心论”和“直观唯物论”，接着又从“客观性”和“社会实践性”两个维度对车尔尼雪夫斯基“人本主义”的美学观提出了批评，并援引马克思“人化的自然”说对主张美在客观自然物属性的“自然派”进行了反驳，指出“自然界只有成为人的生活活动的场所和条件，成为人的自然生活的环境，即人所掌握了的世界的时候，自然界对人才是美的”。[③] 斯特

---

① 列宁：《列宁选集》第2卷，第142页。
② 章辉：《苏联影响与实践美学的缘起》，《俄罗斯文艺》2003年第6期。
③ 伏·万斯诺夫：《客观上存在着美吗?》，《学习译丛》1955年第7期。

洛维奇也认为"'人化的自然界'是人的一切感觉和感受的基础"①。李泽厚同样在多篇文章中从"客观性"和"社会实践"两个方面批判了车氏"美是生活"观脱离"社会实践"的"人本主义"缺陷，同样援引马克思"人化的自然"观对本土的主张美在自然物典型属性、否认人的社会历史实践的"客观论"进行了批评，指出"只有社会实践的发展，使自然不断地'向人生成'，成为'人类学的自然'的时候……它才成为美"。② 总之，无论是在逻辑演进上，还是在观点学理上，强调"社会历史实践"的"社会派"美学对李泽厚的早期美学具有重要的启示作用。当然，由于文化和国情的差异，60 年代中期之后，"社会派"美学在逐渐从哲学认识论美学转向了价值论美学以及符号学美学，而李泽厚则通过将康德的批判哲学、儒道互补的中国传统哲学融入马克思实践哲学而建立起更为完善的以"人类学历史本体论哲学"为基础的实践美学。

2. 内力："中国模式"的马克思主义实践论

毛泽东的"实践论"思想作为"马列主义实践论中国化"的代表产物，被引入"美学大讨论"是本土革命语境中建设"马列主义美学"的必然。在新中国成立初期，为了在意识形态上实现破"旧"立"新"，全国上下掀起了学习、讨论和运用毛泽东"实践论"的理论高潮，《人民日报》《光明日报》《新建设》等中央权威报刊在"头版头条"刊发学习毛泽东"实践论"的理论文章，《解放日报》《北京大学校刊》等报刊还专门列出了"学习'实践论'参考文献"，并且人们都从"阶级斗争经验"的角度，把毛泽东的"实践论"当作"充实发展了的马克思主义的认识论"③。在此影响下，李泽厚不仅一开始就从《在延安文艺座谈会上的讲话》汲取话语资源，阐明艺术美"集中"地反映现实美的特性，而且也自觉地从《实践论》中获取实践认识论思想并融入其对美和美感的理论建构过程中。

比如，在《论美感、美和艺术》中，李泽厚为了强调理性认识和逻辑思维对美感直觉和形象思维起着极为巨大的影响、制约和决定作用，他这样说道："毛泽东同志告诉我们：'感觉到了东西，我们不能立刻理解它，只有理解了的东西才能更深刻地感觉它。'这一马克思主义认识论的原理，对于艺术创作、艺术欣赏

---

① 斯托洛维奇：《论现实的审美特性》，载《美学与文艺问题论文集》，学习杂志社 1957 年版，第51 页。
② 李泽厚：《〈新美学〉的根本问题在哪里？》，载《美学论集》，第 147 页。
③ 《人民日报》"社论"：《学习毛泽东同志〈实践论〉》1951 年 1 月 29 日。

具有深刻的指导意义。”[①]可见，李泽厚将毛泽东《实践论》中的认识论视为“马克思主义认识论”，并以此为“指导”来建构感性与理性、主观直觉性与客观社会性相统一的唯物主义美学理论。正如他后来所说：“从马、恩、列、毛到卢卡契，反映论的认识论成了马克思主义美学的基石”[②]，“从恩格斯到普列汉诺夫、列宁，到毛泽东《实践论》，讲的都是认识论”[③]。为了在中国建设马克思主义美学，他尽管有意从反映论的认识论中抽身而出，却依然惯性地从“认识论”角度去理解“实践”（无论是马克思的、列宁的还是毛泽东的）。这使其在《〈新美学〉的根本问题在哪里？》中引用并认同毛泽东《实践论》中的这一核心论点——“实践的观点是辩证唯物主义的认识论之第一的和基本的观点”[④]，并将此作为与旧唯物反映认识论绝然不同的马克思主义实践认识论的注脚之一。总之，毛泽东实践认识论思想作为马克思主义实践论在中国本土的特殊映射，使李泽厚在批判旧唯物主义反映认识论美学（蔡）和唯心主义认识论美学（朱）这一“本土问题”时获得了某种话语优势，但也因此而陷入“认识论”的牢笼之中，没能最大化地发挥出“实践”的理论效力。

被打成“右派”（1957年6月）的美学主将——黄药眠，在失去发言机会之前就已从马克思《费尔巴哈论纲》和列宁《哲学笔记》等理论资源中汲取了“实践”思想，积十余年之功建立起自己独树一帜的“生活实践论”，对李泽厚产生了一定的影响。早在文章《论约瑟夫的外套》和《论美之诞生》（1945）中，黄药眠就指出：“我们首先要加强实践，只有在实践的过程中，才能使主观更明显和更有力……我们所说的‘实践’‘生活’是指根据于一定的社会的历史的任务去斗争”[⑤]，“只有从生活这个角度去看，从阶级意识这个观点去看，才能获得一个满意的美学上的答案”[⑥]。黄以此分别批评了舒芜剥离社会生活和人类历史的“主观论”、朱光潜脱离生活和社会历史的“直觉论”；在《论美与艺术》（1950）又指出“人类是从生活实践中去找寻出美”，并批判吸收车尔尼雪夫斯基和蔡仪的美学观点，将“美”定义为“美是人们在当时历史的具体条件之下，各自根据其阶级立

① 李泽厚：《论美感、美和艺术》，《哲学研究》1956年第5期。
② 李泽厚：《批判哲学的批判：康德述评》，三联书店2008年版，第252页。
③ 李泽厚：《与高建平的对谈》，载《世纪新梦》，安徽文艺出版社1998年版，第252页。
④ 参见李泽厚：《美学论集》，第123页。
⑤ 黄药眠：《论约瑟夫的外套》，香港人间书屋1948年版，第20页。
⑥ 同⑤，第28页。

场民族传统，从生活实践中去看出来的一个系列的客观事物的典型性”①；在美学大讨论时期最后一次公开发表的“不得不说的话”(1957)中，他明确表明：“离开人的生活去谈线条色彩是不对的，因为线条在人的社会生活实践中才有意义，故美不是存在于事物本身中，而是对于客观事物的美的评价。”②可见，黄药眠始终坚持从“生活实践”的角度阐释美学文艺学问题，并以此为基础逐渐形成了自己独特的“美学评价”说。虽然李泽厚认为“右派军师黄药眠”的《论食利者的美学》“只是对美感作了一些极零碎的日常经验式的叙述，而并没有什么真正科学或理论上的系统论证，因此它并没有什么理论上的代表性”③，但事实上他吸纳与继承了黄药眠的“生活实践论”思想并用以批评黄药眠、朱光潜和蔡仪等前辈。比如，针对朱光潜脱离社会生活实践而强调个人主观审美经验的美感论，李泽厚借用上述黄药眠的“生活实践”“阶级立场”“民族传统”等美学思想批评道：“美感这种表面上的个人主观偶然的心理活动，就完全是客观必然地决定于那个时代和社会的……是作为人类认识和改造世界的有力工具而服务于人类的生产斗争和阶级斗争的社会实践的。”④而针对蔡仪美在事物本身自然属性以及抽象的社会美等观点，李泽厚又借用上述黄药眠“生活实践”的思想批评道：“一切的美都必需依赖于作为实践者的‘人’亦即社会生活实践才能存在。”⑤

李泽厚并没有停留于黄药眠的“生活实践论”或是任何一家一派的理论，而是在综合上述中苏模式的马克思主义实践论思想的基础上，适时地引入了“自然的人化”思想，进一步丰富和发展了黄药眠的“生活实践论”，为自己的“客观社会说”打下了实践哲学的基础。虽然他依然无法摆脱强大的认识论哲学框架的束缚，也无法像苏联“社会派”美学那样强调文学艺术自身的审美规律，但至少通过这种内外思想的会通，实现了由“生活”到“实践”的美学转向，不仅部分地化解或转移了其理论内部由于主观—客观、感性—理性等二元对立带来的紧张和冲突，更为自己以及“美学大讨论”突破反映论局限找对了马克思主义的方

---

① 黄药眠：《黄药眠美学文艺学论集》，北京师范大学出版社2002年版，第22页。

② 黄药眠：《美是审美评价：不得不说的话》，载《黄药眠美学文艺学论集》，第28页。这是黄药眠于1957年6月3日在北京师范大学“美学讲坛”上的最后一次美学讲座的讲稿。

③ 李泽厚：《关于当前美学问题的争论——试再论美的客观性和社会性》，载《美学问题讨论集》第三集，第181页。

④ 李泽厚：《论美感、美和艺术——兼论朱光潜的唯心主义美学思想》，载《美学问题讨论集》第二集，第21—22页。

⑤ 李泽厚：《〈新美学〉的根本问题在哪里？》，载《美学论集》，第122页。

向。总之,李泽厚的这次"实践论"转向,对其早期实践美学乃至整个实践美学体系的建构以及"美学大讨论"的后期发展来说可谓至关重要。

二、李泽厚"人类学实践美学"与朱光潜"艺术实践美学"比较

按上所述,李泽厚在"自然的人化"基础上通过兼收并蓄实现了实践论的美学转向,尤其是在《〈新美学〉的根本问题在哪里?》一文中第一次明确提出了"美的本质就是现实对实践的肯定""自由的实践就是创造美的实践"[①]等重要命题:这标志着其实践美学的正式诞生。紧接着他又在《美学三题议》中提出"美是现实肯定实践的自由形式"这一更加完善的命题,在美的"必然内容"之外揉进具体形象性(自由形式)一面,即美是现实的对象世界以一切感性的东西(即美的形象性)肯定着人的实践,从而在"实践论"的基础上重新解释了美的客观社会性与具体形象性,并据此对"美的本质"的具体展开——美学范畴进行了重新界定,比如崇高(包括悲剧)是现实肯定实践的严重形式,滑稽是这种肯定的比较轻松的形式,[②]这成为其在美学大讨论时期实践美学的基本内涵。

总体来看,其突出的特征在于:他借用马克思《手稿》中有关"人类的普遍性""人类的自然""历史是自然向人的生成"等话语资源,从一开始就赋予了这种美学的"实践"观以"人类学"的视野与内涵。因为在他看来,现实之所以成为美的现实、具有美的性质,是因为它们肯定着人类的实践,实践使人类自身对象化,"同时也使对象人类化"。因此,"现实的美在本质上都是人类的、社会的",无论是自然、社会,还是人的社会生活、人的自然,"都具有人类的社会的性质"[③]。总之,他的结论在于:"美的本质就是现实对实践的肯定;反过来丑就是现实对实践的否定。美或丑的多少取决于人类实践的状况、人类社会生活发展的状况,取决于现实对实践的关系。"[④]拿"自然美"来说,只有当"自然"成为"人类学的自然"的时候它才成为美,这种"自然"不仅指可被人类劳动实践所直接

① 李泽厚:《美学论集》,第 147、148 页。
② 李泽厚:《关于崇高与滑稽》,载《美学论集》,第 197—225 页。
③ 同①,第 146 页。
④ 同①,第 147 页。

征服的对象(如大地园林、水库港湾),也指那些非劳动所直接征服的对象(如高山大海、日光月色),因为它们"与人类社会生活实践发生了良好有益的关系(即这些现实事物也是肯定着人们实践的)"①;而自然的"向人生成"的状况和程度也就是人类改造自然的状况和程度决定了自然是"美"还是"丑"。可见,李泽厚所谓的"实践"("自然的人化")是历史的、社会的、"人类的"实践,而非"个人"的实践,其过程是"一个长期的人类历史过程",其内容是"在漫长的实践史过程中……实践在人化客观自然界的同时,也就人化了主体的自然——五官感觉,使它不再只是满足单纯生理欲望的器官,而成为进行社会实践的工具"②。换言之,人类几十万年实践的历史成果实现了"客观自然的人化"与"主体的自然人化",亦即他后来所命名的"自然的人化"的两个方面——"外在自然的人化"与"内在自然的人化"。虽然他此时只将"实践"视为认识论范畴,但不容否认,这种认识论实践美学的"人类学"内涵与其后来实践美学的哲学基础"人类学本体论哲学"的"人类学"内涵是一以贯之的。按其在《批判哲学的批判:康德述评》中所言:"本书所讲的'人类的''人类学''人类学本体论',就完全不是西方的哲学人类学之类的那种离开具体的历史社会的或生物学的含义,恰恰相反,这里强调的正是作为社会实践的历史总体的人类发展的具体行程。它是超生物族类的社会存在。"③从这个意义上说,李泽厚的这种早期实践论美学可称之为"人类学实践(认识论)美学",正如有学者所言:"人类学视野是李泽厚哲学与美学提出与回答问题最根本的学理依据,是这一理论学术个性的根源,同时也是其有效性的明确边界。"④

相较而言,从同一起点(马克思主义实践论)出发的朱光潜则走上了与李泽厚迥然不同的"艺术实践美学"的道路。联系其实践美学的代表文章《美学研究些什么?怎样研究美学?》(1960)、《生产劳动与人对世界的艺术掌握》(1960)、《美学中唯物主义与唯心主义之争》(1961)等来看,朱光潜在根据马克思的"美学的实践观点"建立自己的"美学的实践观点"时,始终紧扣"艺术""艺术实践"来进行驳论和立论,"美是文艺的一种特质,文艺是一种社会意识形态,所以美

① 李泽厚:《美学论集》,第139页。
② 李泽厚:《美学三题议——与朱光潜同志继续论辩》,《哲学研究》1962年第2期。
③ 李泽厚:《批判哲学的批判:康德述评》,三联书店2008年版,第89页。
④ 薛富兴:《李泽厚后期实践美学的内在矛盾》,《求是学刊》2003年第2期。

必然带有意识形态性或阶级性”①，这是其“实践美学”的根本论点；美学研究应以艺术为中心，艺术实践等同于劳动实践，这是其“艺术实践美学”最突出的又紧密相关的两个特点。

在朱光潜看来，“因为艺术是人类艺术掌握的最集中最高度发展的形式，只有先把艺术认识清楚，然后才能认识一般现实生活中的审美的性质”。这正如马克思所言的“人脑解剖是猴脑解剖的基础”；又因为“美是艺术的一种属性”，“美的本质只有在弄清艺术的本质之后才能弄清，脱离艺术实践而去抽象地寻求美，美是永远寻不到的”。所以，美学研究要以艺术（实践）为中心即主要对象，“离开‘用艺术方式掌握世界’，离开人的认识和实践活动，不能有所谓美”②。正是从“用艺术方式掌握世界”（即“在自己所创造的世界里观照自己”）这一命题出发，朱光潜首先区分了“科学的理论性的掌握世界的方式”和“艺术的实践精神的掌握方式”，并指出实践掌握与艺术掌握既密切相关又有区别，继而指出，马克思主义美学实践观要求艺术应视为生产（劳动）实践的必要构件，按其所言，“实践观点就是唯物辩证观点，它要求把艺术摆在人类文化发展史的大轮廓里去看，要求把艺术看作人改造自然，也改造自己的这种生产实践活动中的一个必然的组成部分”③，继而在“人化的自然”（“人的本质对象化”）这一共同原则的基础上将“艺术实践（创造）”与“劳动实践（创造）”相等同；最后借用“劳动的异化”理论阐明劳动实践与艺术实践原本就是一体的，只不过在阶级社会中脱了节，而马克思主义的共产主义的理想就是要“使劳动和艺术活动由在阶级社会中的分裂回到二者之间里所应有的统一”④。

由此可见：朱光潜的艺术实践美学始终贯穿着他从《手稿》《〈政治经济学批判〉导言》《资本论》《费尔巴哈论纲》等经典著作中所理解的“马克思主义美学”的精神要义；尤其是其坚持“艺术是一种社会意识形态”这一认识与实践相统一的主张，强调艺术家个人的主观“意识活动”对艺术和美的重要作用，一定程度上减弱了美学讨论中其他讨论者“对于主观创造活动带主观唯心主义嫌疑的危惧”，纠正了仅仅从认识、客观、社会等方面单向性地理解艺术和美的偏颇。

---

① 朱光潜：《在中国科学院哲学社会科学学部委员会第三次扩大会议上的发言》，《新建设》1961年第1期。

② 朱光潜：《美学研究些什么？怎样研究美学？》，《新建设》1960年第3期。

③ 朱光潜：《生产劳动与人对世界的艺术掌握》，载《美学问题讨论集》第六集，第205页。

④ 朱光潜：《美学中唯物主义与唯心主义之争——交美学的底》，载《美学问题讨论集》第六集，第245页。

当然，朱光潜的问题也显而易见：他既认为一切实践活动包括生产劳动和艺术、一切创造性的劳动包括物质生产与艺术创造，又认为“艺术审美活动起于劳动或生产实践”“劳动就是艺术活动”，那么，劳动与实践、艺术活动（实践）与生产活动（实践）究竟是什么关系？由此看出，朱光潜对“艺术”“劳动”“生产”“实践”这些核心概念的表述混乱不清，尤其是对“艺术”和“实践”作了最广义的理解。洪毅然很快就指出“朱先生混淆了审美认识与生产实践的界限，把两者等同起来混为一谈”[①]，而李泽厚则更敏锐地揭示出这种“概念的迷乱”（蔡仪语）背后的隐秘“心思”：“朱先生实际上是口讲生产，心指艺术，在两种实践、生产的混淆中用艺术实践吞并了生产实践，精神生产（劳动）吞并了物质生产（劳动）。”[②]与其说这表现了朱光潜言说策略的高妙，不如说表现了他试图继承欧美心理（经验）主义美学的最后一点遗产，又迫于形势不得不以马克思主义实践论加以改造的两难与不彻底。这种不彻底也集中表现在他哲学方法论上的进步性与保守性的并存。“进步”是指他看到并指出了从单纯认识活动来看美学（艺术）问题的“直观观点”（以柏拉图为代表）的错误，并试图以马克思主义的“实践观点”——即从认识与实践的统一且实践为基础的原则——来看美学（艺术）问题，因此特别强调人与自然、个人与社会、认识与实践这三组关系的“对立统一”[③]；“保守”是指由于时代氛围和学术视野的限制，他最终又退回到他所批判的反映论框架内，尤其是在提出以马克思主义社会意识形态论打破列宁反映论之后，又不得不对自己所犯的这一“严重错误”进行“自我批评”，于是他只能在强调“存在决定意识”的同时补充强调“意识反过来影响存在”，在马克思主义“实践”观的掩护下极力为艺术的“主观的能动性和创造性”争得最后的一席之地。这种“明修栈道暗度陈仓”的实践美学自然遭到了李泽厚以及蔡仪、魏正等人的共同批评。[④]

---

① 洪毅然：《论“人对世界的艺术掌握”及其相关问题——对朱光潜先生美学近著的几点质疑》，载《美学问题讨论集》第六集，第 214 页。

② 李泽厚：《美学三题议——与朱光潜同志继续论辩》，《哲学研究》1962 年第 2 期。

③ 朱光潜：《生产劳动与人对世界的艺术掌握》，载《美学问题讨论集》第六集，第 206 页。这种“对立统一”的观点来自于对黑格尔美学的辩证法基础的吸收，在他看来，黑格尔“替美学上的实践观点种下了种子”，“提出了一系列的辩证的对立与统一的原则，例如人与自然，精神与物质，主观与客观，感性与理性，特殊与一般，认识与实践，个人性格与当时社会流行的人生理想等对立范畴的辩证的统一”。参见朱光潜：《黑格尔美学的评价》，载《美学问题讨论集》第五集，第 338 页。

④ 参见李泽厚《美学三题议》，蔡仪《朱光潜先生旧观点的新说明》，魏正《关于美学问题的哲学基础问题》，载《美学问题讨论集》第六集，第 304—355 页，第 166—175 页，第 256—303 页。

李泽厚的“人类学实践美学”与朱光潜的“艺术实践美学”可谓中国实践美学的两种最早形态。比较来看，二者的相同之处在于：二者都从中苏马列主义经典著作中汲取“实践论”思想营养，也都竭力将其熔铸到各自的理论框架中，以一种不断调整的积极姿态抢占中国化马列主义美学的话语优势；都反对机械的静观的唯物主义美学（蔡仪），都主张在现实与实践的关系中、在具体的社会历史过程和历史条件中考察美的（实践的）对象。而二者的根本差异在于：是以“艺术”还是以“生活”为“美”定性。朱光潜认为“美是艺术的一种属性”，因此他“最关心的是‘找’艺术，其次才是‘找’美”，“把艺术美放在首要地位，把自然美放在次要地位”，[①]可以说，艺术是其实践美学的出发点、研究对象和归宿；而李泽厚则批评朱光潜“把美圈定在艺术的范围内，圈定在艺术创作和艺术欣赏的过程中，否定在艺术和艺术活动之外还有美的存在”，认为“美首先必需是生活的属性”，[②]因此在其实践美学观念中，生活（实践）是第一性的，艺术作为“现实生活的反映”必然是第二性的，也因此“自然美”“生活美”被放在着重探讨的首要地位，而来源于或者说集中反映生活美、自然美的“艺术美”只能屈居次要地位（见上节所述）。正是由此根本差异，才导致了二人对“实践”“生产”“人化”等核心概念的理解差异。[③]

之所以有如此差异，主要原因恐怕在于二人对现代西方美学在理解和接受上存在差异。朱光潜因受现代西方美学思想——尤其是克罗齐“艺术即直觉（表现）”的美学观[④]——的影响而倾向于将美学完全聚焦于艺术，从而形成了一

---

① 朱光潜：《美学中唯物主义与唯心主义之争——交美学的底》，载《美学问题讨论集》第六集，第240、228页。

② 李泽厚：《关于当前美学问题的争论——试再论美的客观性和社会性》，《学术月刊》1957年第10期。

③ 比如对“人化”的理解：在李泽厚看来，“‘人化’者，通过实践（改造自然）而非通过意识（欣赏自然）去‘化’也”（《美学三题议》）。也就是说，马克思所谓的“人化”不是指人类的审美活动，而是指人类通过改造自然这一客观实践活动赋予自然以社会的（人的）性质、意义。因此，“自然的人化是指经过社会实践使自然从与人无干的、敌对的或自在的变为与人相关的、有益的、为人的对象”，即马克思所言的“自然向人生成”，自然变成“人类学的自然”，成为“人类的非有机的躯体”。而朱光潜则认为：“人‘人化’了自然，自然也‘对象化’了人。这个辩证法原则适用于人类一切实践活动（包括生产劳动和艺术）”（《美学中唯物主义与唯心主义之争》），即艺术被看作使自然“人化”的实践活动。二者的根本区别正如李泽厚所言：“朱先生的‘人化的自然’是意识作用于自然，是意识的生产成果；我所理解的‘人化的自然’是实践作用于自然，是生产劳动的成果。”（《美学三题议》）

④ 参见克罗齐：《美学原理》，朱光潜译，正中书局1947年第一版（或作家出版社1958年第二版）。此外，还可能也受到美国马克思主义美学家路易·哈拉普艺术美学理论的影响。如朱光潜在翻译哈拉普著作《艺术的社会根源》（新文艺出版社1951年版）的“序”中所言，“这部书想介绍马克思主义的美学中的一些为人熟知的原则，并且提出一些问题，以备许多学者和思想家们以集体的努力，作进一步的研究”。参见哈拉普：《艺术的社会根源》，朱光潜译，载《朱光潜全集》第十一卷，第296页。

种“艺术批评”的元理论；而在俄苏模式和中国模式共同影响下的李泽厚则对此不以为然，他反对欧美流行的并占主导地位的分析哲学的美学和艺术本体论的美学，按其后来所言：“现代资产阶级美学中，对审美经验的分析和对艺术的研究，几乎成了美学的主体甚至唯一主题，在另一些人那里，对艺术的‘元批评学’替代了美学。对美的哲学探讨的兴趣完全消失，一概斥之为形而上学，这是我所不敢苟同的。”[①]可见，“对美的哲学探讨”（哲学美学）才是李泽厚所坚持的作为“元批评”的美学。从某种意义上说，这种差异也是他们身份差异的显现：朱光潜是出身教育学专业、有着深厚的中外艺术修养和丰富文学创作经验的作家型学者，而李泽厚则是出身哲学专业并以哲学研究为业的专家型学者。

饶有意味的是，朱光潜将艺术与人生、与自我实现联系了起来，赋予“美”以实在的、个人性的内涵，当他说在共产主义社会里“每个人都是多面手的劳动者，同时也是艺术家”的时候，我们不难发觉这与其早期最具代表性的美学观点——“人生的艺术化”之间的密切关联。与其说这是一种乌托邦的美学理想，不如说这是他在理论和实践两方面都始终坚持的一种以艺术塑造人（生）的美育主张，李泽厚自 20 世纪 80 年代以来格外强调“教育”（尤其是作为美学内容的“美育”），强调“把艺术和审美与陶冶性情、塑造文化心理结构（亦即建立心理本体）联系起来”，[②]无疑是一种迟到却殊途同归的呼应。

第四节　李泽厚早期美学思想的贡献与局限

作为一个坚持“走自己的路”的思想者，李泽厚在美学大讨论中所表现出的学术姿态和求真品格是有目共睹的。通过批判吸收车尔尼雪夫斯基、普列汉诺夫、列宁以及“社会派”等苏联哲学和美学思想以及黄药眠的“社会生活实践”论美学思想和毛泽东“实践论”思想，尤其是从马克思《手稿》中汲取“自然的人化”思想，针对朱光潜、蔡仪等人的理论缺陷而提出了以“客观社会论”为中心的哲

① 李泽厚：《美学论集》，第 33 页。
② 李泽厚：《美学四讲》，引自李泽厚《美学三书》，天津社会科学院出版社 2003 年版，第 418 页。

学美学和艺术美学理论；继而将车尔尼雪夫斯基的“美是生活”命题进一步具体化、科学化，即把抽象主观的“生活”转换为具体客观的“实践”，把“美是生活”转换为“美是现实肯定实践的自由形式”，初步建立了实践美学的基本原则和理论框架。

从思想观念上来说，李泽厚早期美学思想重要的一个贡献是率先将马克思的“自然人化”思想引入美学大讨论，促使其他各派都纷纷运用马克思的“自然人化”思想来改进自己的美学研究，确保了马克思主义美学的建设方向和质量。比较来看，蔡仪恪守“客观典型说”而根本否认了“自然人化”的美学意义，朱光潜、高尔泰用“自然人化”来直接揭示审美活动，理解上都有偏差，而李泽厚则从“人化的自然”提出的具体文献语境出发，认为“马克思并不是谈艺术或审美活动问题时提出这个概念，而是在谈人类劳动、社会生产等经济学和哲学问题时用这个概念的。所以，马克思用它（‘人化’）……是指人类的基本的客观实践活动，指通过改造自然赋予自然以社会的（人的）性质、意义”，[①]这使得以此作为理论基石的“客观社会论”在当时的论争中获得了较大的影响力和生命力，开辟出一条以实践论为哲学基础来探索“美的本质”的道路。

从哲学方法论来看，李泽厚坚决反对庸俗实用主义者（如姚文元、庞安福等）贬低和轻视理论思维和抽象分析的方法，而始终主张和坚持辩证的、理性的方法，使得整个美学大讨论保持住了思辨的哲学品格，避免了滑向庸俗实用主义的泥潭。在他看来，“美学问题能够提到哲学根本问题上来争论，尽管抽象，有时且带有学院派的繁琐缺点，但总的说来，却是值得注意而不只是值得厌烦的事情。这种争论远比去提倡争论‘衣裳打扮’之类的所谓具体问题重要得多”[②]。这种方法论态度以及他本人的理论文章促使理论思维的科学方法即“从抽象到具体、从简单到复杂”逐渐成为美学科学的独特方法，从而有效抵制了姚文元“照相馆里出美学”的经验主义的庸俗实用主义美学观对美学科学的渗透，确保了美学大讨论始终在学院派的学术话语中围绕“哲学的根本问题”来深入展开，而没有被政治化的革命话语所绑架：这是历来论者所未曾注意到的李泽厚的一个重要贡献。

---

① 李泽厚：《美学论集》，第171—172页。
② 李泽厚：《美学三题议——与朱光潜同志继续论辩》，《哲学研究》1962年第2期。

从理论内涵上来说，李泽厚提出别具一格的“美感二重性”和“美的二重性”理论，批判吸收了朱、蔡二人的理论之长，突出强调了“客观社会性”的统摄作用，为美学大讨论贡献了独特的具有可持续发展的一派理论，尤其是个人心理的主观直觉性与社会生活的客观功利性相统一的“美感二重性”命题，极富见地，因为“与‘美是生活’、‘美是典型’等命题相比，这一命题，更深地进入审美世界，也更紧密地联系到文学艺术的内在规律”①。虽然由于特定的时代限制，李泽厚对其中的“主观直觉性”言之寥寥，“主观”“直觉”等概念在其艺术美学、实践美学中也被迫隐退，但他对“情感”在审美心理活动中的地位和作用非常重视，明确提出艺术创作中的形象思维必须“包含情感”，甚至认为情感性比形象性对艺术来说更为重要，这种对情感逻辑的坚持在“谈情色变”的阶级斗争年代是难能可贵的，某种程度上为艺术创作摆脱公式化、概念化的束缚提供了一线生机，也为其后期“情感本体说”“新感性说”等思想的诞生奠定了学理基础。

事实上，李泽厚的这些理论观点在“美学大讨论”中就遭到其他各派的强烈质疑和批评，尤其是其“客观社会论”观点更是招致四面八方的反驳和批判。比如侯敏泽说：“李泽厚同志认为：要么承认美是客观的，要么就承认它是主观的，这其间没有中间的路线。这样的提问方法事实上表现了一种形而上学的观点，企图把复杂的美学现象简单化。”他虽然肯定李泽厚对“美的社会性问题”的强调是“十分必要”的，但同时指出其缺点在于用“一种简单的阶级和社会分析方法”“机械地去套一切自然的现象”。② 在朱光潜看来，李泽厚“客观社会论”的基本出发点——“自然物同时是一种‘社会存在’”——是“非常模糊的、混乱的”，因为“自然与社会的区别是常识所公认的，也是马克思主义者所公认的。如果说，自有人类社会以后，自然就已变成社会存在，那么世间一切都是社会存在了，自然和社会就用不着区分了”。朱光潜还通过辨析李泽厚所举的国旗和货币的例证来说明自然与社会性之间的关系，证明其“思想的混乱”。此外，他还指出李泽厚“把艺术是一种社会意识形态或上层建筑这个马克思主义的基本原则一笔抹杀了”。造成这些混乱的根本原因在于李泽厚“想把车尔尼雪夫斯基的‘美是生活’和黑格尔的‘理念从感官所接触的事物中照耀出来’两个水火不

① 刘再复：《李泽厚美学概论》，三联书店 2009 年版，第 72 页。
② 敏泽：《美学问题争论的分歧在哪里》，载《美学问题讨论集》第二集，第 61—62 页。

相容的定义合并在一起”，“结果却是拿黑格尔压倒了车尔尼雪夫斯基”。[1] 黄药眠认为李泽厚“忽视了艺术，似乎整个美就是社会存在，就是生活”，“也没有谈到人如何创造艺术，也没有谈到人在艺术创造中的主观作用”，并且“他把社会存在就看为客观，而不是看作是通过人的意识去表现出来的”，“没有看到美感的个人因素”，也“没有注意到审美现象的本身特点”，就“认为美感决定于美”，这是“不妥的”，根本错误在于李泽厚“把哲学上的认识论拿来生搬硬套”。[2] 在高尔泰看来，李泽厚“社会性和客观性的统一”这一提法是“片面和狭隘的”，因为“首先在语法上就是不合逻辑的。社会是相对于自然而言的；客观是相对于主观而言的。社会的东西有其主观方面，也有其客观方面；客观的东西有其自然方面，也有其社会方面。把任何事物描述为社会性和客观性的统一，或者自然性与客观性的统一，如果不是毫无意义的同语反复的话，就只能是语法不通了”[3]。

从这些批判中，我们不难发现李泽厚早期美学的局限所在。概括起来，主要表现在这样几个方面：

其一，始终没有摆脱认识论哲学的束缚，一定程度上存在着以哲学认识论硬套美学问题的弊病。这是李泽厚早期美学思想的最大局限。

在美学中，认识论是不能轻易放弃的。正如有学者所言，“在审美活动中，仍然时时刻刻都依赖知识，通过审美活动增长知识，同时有知识增长的快感”[4]，我们可以借用语言论来“融化”主客观，在新层次上回归知识论和认识论，但如果完全在认识论的框架中探讨美学问题，则势必陷入重存在轻意识、重理性轻感性、重客观轻主观的偏狭之中。在美学大讨论中，李泽厚最初像其他各家各派一样深受列宁反映论的认识论哲学影响，坚持存在－意识、客观－主观、唯物－唯心等非此即彼的二元对立立场，在美的本质问题上拒绝在“美是主观”与“美是客观”之间选择“折中调和”的中间路线，从而提出“不合逻辑”的“美是客观性与社会性的统一”；在美与美感的关系问题上则认为：“美是第一性的，基元的，客观的；美感是第二性的，派生的，主观的。承认或否认美的不依存于人类

① 朱光潜：《论美是客观与主观的统一》，载《美学问题讨论集》第二集，第8、10、11、12页。
② 黄药眠：《看佛篇——1957年5月27日对研究生进修生的讲话》，《文艺研究》2007年第10期。
③ 高尔泰：《现代美学与自然科学》，载《谈美》，甘肃人民出版社1982年版，第214页。
④ 高建平：《美是主观的还是客观的？》，《文史知识》2015年第3期。

主观意识条件的客观性是唯物主义与主观唯心主义的分水岭。”[1]而在引入“自然的人化”并经历“实践论”的转向之后，马克思主义的实践一认识论哲学成为其实践美学的哲学基础，一方面，“美”被重新界定为“现实以自由形式对实践的肯定”[2]，这表现出在“实践”基础上对反映一认识论的反思和僭越以及试图统一人与自然、理性与感性的对立的意愿，但根本上还是认识论哲学束缚下“客观社会论”的翻版，是物质生产实践完全“统治”的美，另一方面，美感本身的特性问题被转换为“美感从根本上如何可能”的审美发生学问题，认为“美感的实质就是人们能在精神上把握和肯定着自己的实践（生活）”，强调主体的自然人化与客体的自然人化是“社会历史实践”的产物，“客观自然的形式美与实践主体的知觉结构或形式的互相适合、一致、协调，就必然地引起人们的审美愉悦”，但同时又认为这种审美愉悦之所以是“一种具有社会内容的美感形态”，是“因为它是对现实肯定实践的一种社会性的感受、反映”，[3]也就是说，美与美感的关系仍被理解为“反映”与“被反映”的关系。总之，李泽厚早期的哲学美学、艺术美学和实践美学是在认识论哲学的有限范围内建构和发展的，相对缺少哲学价值论视角的美学追问，这既是他个人的思想局限，更是那个时代的集体的思想局限。

其二，这种拘泥于哲学认识论的时代局限，使得李泽厚在理解“实践”“主体”“艺术”等核心美学范畴时也停留于认识论阶段，从而造成了其早期美学的学理局限。

尽管李泽厚在综合吸纳中苏马克思主义实践论思想基础上很快建立起自己的“人类学实践美学”，但“实践”仅仅被当作认识论的概念，并被狭义化地理解为物质生产实践，正如有学者所言：“李泽厚虽然强调的是美的客观性和社会性，但实际上他还是从客观认识论的立场上来强调实践而没有从真正的本体论立场上来规定实践，并没有把实践赋予本体地位。”[4]事实上，直到李泽厚在《批判哲学的批判》（1979）中提出“人类学历史本体论”或“主体性实践哲学”时，“实践”才真正成为一个本体论概念。同样，虽然他此时也提出了“主体”概念，并将实践的“主体”与“人类”“社会实践的历史总体”相关联，但很显然他对实践认识

---

① 李泽厚：《论美感、美和艺术》，《哲学研究》1956年第5期。

②③ 李泽厚：《美学三题议——与朱光潜同志继续论辩》，《哲学研究》1962年第2期。

④ 张伟：《认识论·实践论·本体论——当代中国美学研究思维方式的嬗变与发展》，《社会科学辑刊》2009年第5期。

论的“客体”更加信赖，在他看来，“具有主观目的、意识的人类主体的实践，实际上正是一种客观的物质力量”[1]。因此这里实践的“主体”还只是一个完全由“客体”决定的、缺乏“主体性”内涵的一般概念，而这为他此后吸收康德主体性思想提供了可能。此外，他也从认识论出发，简单地把艺术等同于认识，视艺术为现实生活的反映，直到《形象思维再续谈》(1979)他才明确提出“艺术不只是认识”，“仅仅用认识论来说明文艺和文艺创作是很不完全的”，“艺术创作、形象思维主要属于美学和文艺心理学的研究范围，而不只是、也主要不是哲学认识论问题”。[2]

其三，这种学理局限还表现在他过分夸大了“社会性”的统摄力，试图用社会性解释人类所有的审美对象，把一切事物之所以“美”的根源都归结于“社会性”即“人类集体的理性”，一定程度上掩盖了自然美、艺术美本身的独特内涵与个体价值。

虽然李泽厚最先将马克思《手稿》中的“自然的人化”观点引入到美学中，但由于没有充分理解和消化，所以过分夸大了“人化”的美学功能，认为“一切的美都必需依赖于作为实践者的‘人’亦即社会生活实践才能存在”[3]，忽视了自然事物、艺术作品等审美客体本身的审美属性以及审美主体的审美意识和趣味。这从他对“国旗”“货币”等例证的阐述以及对“艺术”的理解可以见出。比如李泽厚在以“国旗”为例说明“自然美的社会性”时认为，国旗的美“是一种客观的（不依存于人类主观意识、情趣的）、社会的（不能脱离社会生活的）存在，是新中国的国家、人民和社会生活的客观存在，而我们的美感（我们感到国旗美）就仍然是这一客观存在的美的主观的反映，是我们对我们今天的国家社会的美的认识”[4]，且不论李泽厚误将本为“社会物”的“国旗”当作“自然物”，单就这种观点来看，李泽厚至少忽略了“五星红旗”本身在应征的3000多种图案中所体现出的与众不同的审美属性，否定了参加设计、投票的所有人的个人的主观意识和审美情趣在审美评价过程中的作用，可见其对“自然人化”思想理解上的局限。同样，在他看来，“艺术创作如果不去把握和表现自然对象的人的、生活的内容，

---

① 李泽厚：《美学三题议——与朱光潜同志继续论辩》，《哲学研究》1962年第2期。
② 李泽厚：《美学论集》，第555、560、561页。
③ 李泽厚：《〈新美学〉的根本问题在哪里？》，载《美学论集》，第122页。
④ 李泽厚：《美的客观性和社会性——评朱光潜、蔡仪的美学观》，《人民日报》1957年1月9日。

也很难成为美的山水诗、风景画”[①]。艺术只是现实的摹写和反映，艺术美（艺术的本质）只是现实美的集中反映，“是现实肯定实践的一种自由形式”[②]，这种“自由”显然是“客观社会性”（群体性、理性）作用的结果，而非“主观能动性”（个体性、感性）作用的结果，可见其相对忽视了艺术自身的审美特性和价值以及艺术家艺术创造的主体性、审美情趣的个别性，只把艺术当作了社会现象。[③]

此外，由于对美学学科的科学化、客观化要求，李泽厚倾向于将“美”与“真”“善”相提并论，并赋予它们以“统一性”和“客观性”，这是“美学大讨论”中的其他各家各派直接或间接表露出的某种普遍的思维病症。在他看来，“真”是不依存于意识、意志的客观必然性，“善”是社会普遍性，而对象化的善（对应于“美的内容”）与主体化的真（对应于“美的形式”）便是“美”，“美是‘真’与‘善’的统一。真、善、美都是客观的”。[④]可见，原本是感性活动的“美”与科学认知的“真”、伦理要求的“善”混为一体，在“实践”（人类的物质生产实践）基础上被视为一种合目的性和合规律性的“客观存在”，所谓“美的普遍必然性正是它的社会客观性”，而非人与对象之间的“审美价值关系”。诚如有学者所言：“心体与美的能动性价值自始就是李泽厚实践观最薄弱的一环……当李氏倾力强调将美与‘心’还原于物质生产的实践时，这种作为人类学本体基础条件的物质生产实践同时已自觉不自觉地吞并了价值的本体。”[⑤]李泽厚的这种客观性的“真善美相统一”的思想归根结底还是苏化马克思主义认识论哲学的中国化表现，这既为其后来的“以美启真”“以美储善”“以美立命”的实践美学命题奠定了基础，也表明了其“人类学实践美学”在“美学大讨论”中的先天性理论缺陷。

总之，在“美学大讨论”的激烈论辩中，年轻的李泽厚凭借其过人的智慧和学养，批判吸收各家观点，兼容并包中外理论，边破边立，初步构建起以马克思“自然人化”为哲学基础的“客观社会论”实践美学思想，虽然不可避免地存在着一些局限，但在论争中还是占据了有利地位，赢得了极高的学术声誉。也正是以此为起点，通过融合康德的批判哲学、马克思的实践哲学以及儒道互补的中

①②④ 李泽厚：《美学三题议——与朱光潜同志继续论辩》，《哲学研究》1962年第2期。

③ “在对‘美是生活’的命题的批评中，李泽厚只看到文学艺术是一种社会现象，没有强调或者不确认文学也是一种生命现象，因此，他批评把文学视为生命现象是‘生物学化的倾向’，力图把‘美是生活’命题推向更彻底的境地。这一批评也有值得商榷之处。”参见刘再复：《李泽厚美学概论》，第71页。

⑤ 尤西林：《朱光潜实践观众的心体》，《学术月刊》1997年第7期。

国文化传统等思想资源并进行“转换性创造”，李泽厚在 20 世纪 80 年代实现了对早期实践美学思想的进一步充实、提升和完善，建构起以“人类学历史本体论”（主体性实践哲学）为基础的“实践美学”体系，创生出“积淀”“情本体”“新感性”“工艺—社会结构”“文化心理结构”等一系列美学新概念、新命题，有力地推动了中国实践美学和当代美学学科的繁荣发展。

第七章

五六十年代其他美学观点

很显然，新中国成立最初的十几年中，不仅仅是“美学大讨论”中四个学派的“四重唱”，而是“百家争鸣”“百花齐放”式的集体大合唱，尽管是在一个“指挥家”(马克思列宁主义哲学)的指挥下演出的。我们既不能否认这些代表性的学派和人物在论争中所发挥的积极的学术引领作用，也不能无视那些由于多种原因(尤其是政治意识形态原因)而被学界所忽略甚至被历史所遮蔽的其他人物，及其所做出的重要贡献。[①] 从某种意义上来说，“美学大讨论”之“大”正在于后者所呈现出的规模性、丰富性、复杂性和深远性。在这里，我们谨对“美学四派”之外在当时具有一定影响力和代表性的其他美学家的观点予以简述，以期窥斑见豹，还原历史本真。

---

① 据不完全统计，除上述代表性的四派美学家之外，参加此次美学大讨论的还有(按姓氏拼音排序)：阿甲、鲍昌、曹景元、陈克明、陈辽、陈鸣树、程代熙、程至的、冯契、冯文炳、佛雏、甘霖、贺麟、洪毅然、胡经之、华耀祥、黄药眠、继先、蒋孔阳、李淮春、李可染、李醒尘、梁水台、刘纲纪、刘宁、陆贵山、陆梅林、马奇、梅宝树、敏泽、庞安福、钱锺书、钱中文、汝信、施昌东、孙潜、萧平、许杰、杨恩寰、杨黎夫、杨辛、姚文元、叶秀山、余素纺、王朝闻、王先霈、王向峰、王子野、魏正、吴大、吴调公、吴汉亭、伍蠡甫、吴元迈、赵宋光、张庚、周谷城、周来祥、朱彤、宗白华等近百人，这其中许多中青年学者后来成为八九十年代“美学热”“文化热”的积极参与者和推动者。

第一节　黄药眠的价值论美学

黄药眠，广东梅县人。早年加入创造社，出版诗集《黄花岗上》，后从事文艺与美学方面的批评和理论研究。新中国成立后，任教于北京师范大学。其文艺理论和美学方面的著作有《沉思集》《批判集》《初学集》等。在"美学大讨论"中，他无疑是独立于"美学四派"之外的一个"特殊"人物。言其"特殊"是因为甘霖和杉思在综述美学讨论的文章中对黄药眠只字未提，朱光潜认为他"还未形成一种学派"[①]，李泽厚认为"右派军师黄药眠的'论食利者的美学'一文……只是对美感作了一些极零碎的日常经验式的叙述，而并没有什么真正科学或理论上的系统论证，因此它并没有理论上的代表性"[②]，许多年后仍说"黄药眠因为没什么理论，不算一派"。[③] 而童庆炳则认为，黄药眠不但有"派"，而且还是"中国 20 世纪 50 年代美学大讨论的第一学派"。[④] 究竟应如何评价这个"特殊"人物呢？

一切从历史事实出发。事实是：1956 年，黄药眠在《文艺报》率先发表《论食利者的美学——朱光潜美学思想批判》，正式拉开"美学大讨论"的序幕[⑤]；接着

① 黄药眠：《看佛篇——1957 年 5 月 27 日对研究生进修生的讲话》，《文艺研究》2007 年第 10 期。

② 李泽厚：《关于当前美学问题的争论——试再论美的客观性和社会性》，载《美学问题讨论集》第三集，第 181 页。

③ 李泽厚，刘绪源：《该中国哲学登场了？——李泽厚 2010 年谈话录》，上海译文出版社 2011 年版，第 17 页。

④ 童庆炳：《中国 20 世纪 50 年代美学大讨论的第一学派——为纪念黄药眠先生诞辰 110 周年而作》，《北京师范大学学报(社会科学版)》2013 年第 6 期。

⑤ 在新中国成立初期，《文艺报》就邀请了蔡仪和黄药眠对朱光潜的美学进行批判。1950 年，《文艺报》第一卷第八期发表了黄药眠的《答朱光潜并论治学态度》，第一卷十二期上又头条发表了黄药眠《论美与艺术》，黄在批判朱光潜唯心论美学的同时，从生活实践的角度阐发了自己对于美的思考。

又在北京师范大学中文系组织举办"美学论坛"[1]，并在蔡仪、朱光潜、李泽厚之后连续作了"看佛篇"与"塑佛篇"（即《美是审美评价：不得不说的话》）两场学术报告，不仅明确反对"各派"美学"用哲学上的认识论的命题硬套在美学上"[2]，还提出了"美是审美评价"的观点，由此将马克思主义美学视野转向到"价值论"。[3]通过美学思维方式由"美是什么"向"美学评价""审美评价"的视域转换，黄药眠不仅摆脱了"主客模式"的认识论窠臼，还对美、美感与艺术进行了全新思考与解答，进而形成了一套以生活实践为基础、以价值论为核心的"价值论美学"思想体系。尽管黄药眠这一美学思想因"反右"运动被剥夺话语权在当时未能传播开去，从而被历史遮蔽，但今天，我们有必要拂去历史尘埃，破除种种成见或偏见，客观还原黄药眠美学思想的真实本色及其独特价值。

一、以"生活实践"为基石，对朱光潜、蔡仪与李泽厚的美学进行批评和破解

1956年，为响应"中共中央关于宣传唯物主义思想，批判资产阶级唯心主义思想的指示"[4]，《文艺报》就朱光潜"资产阶级唯心主义美学思想"率先发表了黄药眠《论食利者的美学——朱光潜美学思想批判》这篇"发难"之作。黄药眠此文主要从两方面对朱光潜给予批判：一是延续早期社会学美学的思路，从"生活实践"角度批判朱光潜的"美感论"仅仅局限于"孤立绝缘的形相直觉"，而忽视"直觉"之外丰富的社会生活实践；二是从创作心理学角度在肯定朱光潜倡导的

---

① "美学论坛"由北京师范大学中文系于1957年3月开始举办，是"又一个'百家争鸣'的讲坛"（《文汇报》1957年5月8日）。其中，蔡仪讲了四次；朱光潜讲了二次，第二讲即是后来发表的《论美是客观与主观的统一》一文；李泽厚讲了一次，即是后来发表的《关于当前美学问题的争论》一文；作为东道主的黄药眠讲了两次，第一讲即是《看佛篇》，是对前面三人所讲内容的点评，第二讲是《塑佛篇》，是对自己"美是审美评价说"思想的阐发。可惜的是，讲坛一结束，"反右"便开始，黄药眠被打成了"右派"。《看佛篇》与《塑佛篇》没来得及发表，直到1999年和2007年才分别以《看佛篇》和《不能不说的话：美是审美评价说》为题发表在《文艺研究》（2007年第10期）和《文艺理论研究》（1999年第3期）上。详细史料可参阅张荣生：《记上个世纪五十年代的美学大讨论》，《新华文摘》2012年第7期。"美学讲坛"引起社会各界的广泛关注，《文汇报》1957年4月24日以及《光明日报》1957年5月8日均对此进行了宣传报道。

② 黄药眠：《美是审美评价：不得不说的话》，《文艺理论研究》1999年第3期。

③ 李圣传：《黄药眠：生活实践土壤中的价值美学倡导者——从朱光潜与黄药眠的"梅花之辩"说开去》，《北京师范大学学报》（社会科学版）2013年第6期。

④ 参见《人民日报》"社论"：《展开对资产阶级唯心主义思想的批判》，《人民日报》1955年4月11日。

美感“个性”因素（认为“个人心境”“个体意识”及“美学理想”等“个人主观性”因素对于美感具有重要影响）前提下，又主张“心境乃是和那个人意识，即被社会存在所决定着的意识有关”。[①] 针对朱光潜后来强调“物甲—物乙”说的“主客观统一论”思想，黄药眠在“美学论坛”上又表现出与蔡仪、李泽厚不同的态度。他首先肯定了“朱光潜有进步”，并赞同朱光潜强调美“要有主观能动性，艺术是社会意识形态”的观点，认为“我们批评他，要具体地分析，不必扣大帽子”。但与此同时，他也提出了对朱光潜美学的不同意见。

首先，黄药眠认为朱光潜将美学局限在艺术学的范围不妥，因为“在艺术之外还有审美现象”；另外，在基本同意艺术“是社会意识形态”的基础上又指明其不足，黄药眠认为艺术除社会意识形态外还应包括“个人的感觉、情感等”，因为“社会意识形态包括不了社会存在，后者比它更丰富”。其次，黄药眠认为朱光潜“物甲—物乙”的说法不妥，而应改成“物甲（一）—物甲（二）”，因为“作者描写甲，结果比甲更多些，也少一些，带有作者的感情和希望，描写必带有主观色彩”。第三，黄药眠认为“朱认为美的社会性就是主观性，也不能令人同意。社会意识形态有主观性，但也有客观性。美的社会性也有客观性。通过个人的头脑是主观的，但也是客观决定的。如有的看法某一阶层都这样想，就有客观性”。[②] 应该说，黄药眠对于朱光潜美学的批评与破解是客观合理的，他既肯定了朱光潜向“唯物主义”转向的积极性以及对“主观能动性”的重视，同时又指出不能将美学仅仅局限于艺术学，因为艺术之外的各种审美现象，如自然美等问题也亟须解决，也不能将艺术仅仅看成是社会意识形态，因为艺术在社会意识形态之外还包括有个人的感觉与情感等因素。

针对蔡仪“客观典型说”美学的缺陷，黄药眠在“美学讲坛”上也以“社会实践”的视角从三个方面进行了批评和“破解”：首先，他认为蔡仪美学“不新”，“其实是前车氏的美学”，尽管蔡仪强烈要求用马克思唯物主义的“新方法撰写新美学”，但他美学思想实际近乎是一种机械式的旧唯物主义论。其次，他以花为例，认为蔡仪“不是从社会、个人对花的实践关系去谈美，这种脱离社会生活实践去谈美，是机械的唯物论”。他认为花之所以美并不是因其“自然属性”，而是

---

① 黄药眠：《论食利者的美学——朱光潜美学思想批判》，《文艺报》1956年第14—15号。

② 黄药眠：《看佛篇——1957年5月27日对研究生进修生的讲话》，《文艺研究》2007年第10期。

“在人的生活实践中，人与花发生了关系，有情感，于是人对花的关系，也就是人与人的关系的反映”[①]。与蔡仪机械唯物论不同，黄药眠能够在“物”之外见出“人”的“生活实践”的重要性，将花的美看成是人与物在实践关系中形成的情感活动，而这种人对物在实践关系中形成的情感态度，在黄药眠看来是因为“人的社会生活与人的文化教养”。正是在生活实践的基础上，黄药眠破除了蔡仪“见物不见人”的美学观，并在“文化教养”等维度上真正赋予了“人”在审美活动中的主体地位。第三，他认为蔡仪的典型论“脱离了人的社会实践，不是从阶级斗争的实践去把握”，而且还把“艺术只看为现实的描写，至于作者对现实的态度则没有谈”。[②]虽然黄药眠也强调“客观事物美的典型”，但与蔡仪“纯客观”的理解不同的是，黄药眠主张从“生活实践”的角度去解释“美的典型”，认为“美的典型性虽然是客观的存在着，但它是从人类生活实践中的立场去显现出来的，各人的立场不同，因而各人所遵循着的序列不同，而所谓典型也就不同了”。[③] 他同时认为“艺术的特点，不能简单地归结为形象性的反映现实，还要看有没有个性，有没有情感的激动，然后才讲有没有形象”[④]。总之，黄药眠紧紧抓住社会实践，强调生活实践以及人的情感、文化教养的重要性，在对蔡仪“见物不见人”式的机械唯物论的反驳中辩证地看到主体与对象的整体性关系，尤其是指出了“人”在审美活动中的核心地位，强调了“实践性”与“社会性”对于正确理解美的重要作用。

尽管讨论中李泽厚受黄药眠美学思想启发提出了“美感二重性”思想，但他在具体的美学阐发中只强调“客观的社会性”一个维度，对“主观直觉性”的涉及“唯心”的一面近乎“丢弃”。不但如此，他在来回论辩中甚至还对之加以否定，比如在“国旗”的例子中，否定人的主观美感而认为国旗之所以美“是因为国旗本来就是美的反映”。[⑤] 这种思考逻辑显然因陷入蔡仪式的反映论模式中而难以成立。李泽厚的这一“失误”并非偶然，因为他的美学思考逻辑同样是“心—物”二分的哲学认识论。尽管李氏在后来的论辩中增加了对社会生活和实践的马克思主义“元素”的阐释，但他始终将美学问题与马克思主义反映论捆绑在一

①② 黄药眠：《看佛篇——1957年5月27日对研究生进修生的讲话》，《文艺研究》2007年第10期。
③ 黄药眠：《论美与艺术》，《文艺报》1950年3月10日。
④ 黄药眠：《塑佛篇》，载《中国现代学术经典·黄药眠卷》，北京师范大学出版社2012年版，第206页。
⑤ 李泽厚：《美的客观性和社会性——评朱光潜、蔡仪的美学观》，载《美学问题讨论集》第二集，第44页。

起，这使得其美学在客观社会存在的背后“空缺”着人的丰富的意识情感。在“美学论坛”，黄药眠同样对李泽厚美学的这些缺陷进行了批评：首先，“李没有估计到人类发展到今天，人已有各种各样的生活面，而各种不同的生活面，可以欣赏不同的生活现象”。黄药眠认为，“美感包含有功利主义的使用目的，这对，但不能把所有的美感包括进去。原始时的人的美感是与实用直接联系或间接联系的，而现在则不，有时间接而间接，甚至没有联系”。其次，“他忽视了艺术，似乎整个美就是社会存在，就是生活”。黄药眠认为，“美存在于生活中，但不仅仅是，更主要是在于艺术中，艺术是美的中心，是美的最高表现”，并指出李泽厚还忽视了“人在艺术创造中的主观作用”，仍停留于车尔尼雪夫斯基“美是生活”的层面上，认为美就是生活的模仿和反映。第三，“他把社会存在就看为客观，而不是看是通过人的意识去表现出来的，他没有看到美感个人因素”，此外，“他还认为美感决定于美，这不妥”，黄药眠认为“这是把哲学上的认识论拿来生硬套”，“没有注意到审美现象的本身特点”。[①] 总之，李泽厚美学的巨大贡献在于将马克思“自然的人化”观点引入美学研究中，同时也注意到了美的社会性，这些都是黄药眠极为赞同的，因为这也是他的一贯主张。李泽厚美学的缺陷在于将美感的“主观直觉性”这一重要维度“遗弃”，认为美感决定于美，甚至依据“存在决定意识”的反映论原则得出红旗的美仅仅是“客观存在着的红旗本身决定的”这一结论，这些都是黄药眠所不能认同的，也是他与李泽厚美学的分歧和批评的重点所在。

可见，黄药眠与蔡仪、朱光潜以及李泽厚美学观的根本差异，就在于他将美学的地基建立在“实践性”的生活土壤中。正是从“生活实践”出发，黄药眠既批判了朱光潜“孤立绝缘”的“直觉论”，也间接地驳斥了蔡仪机械的“客观典型论”，以及李泽厚“遗弃”主观作用的“客观社会论”。可以说，黄药眠通过对马克思、列宁关于“实践”观点的吸收，提出建筑于社会生活土壤上的“实践论”的社会学美学观，尤其十分重视审美过程中文化的积累和传承，在当时的学术语境中来看，不仅具有理论上的闪光点，而且在各种实际问题的解决上也显得十分有力、有效。

---

① 黄药眠：《看佛篇——1957 年 5 月 27 日对研究生进修生的讲话》。

二、以“审美评价”为核心，建构超越认识论模式的价值论美学

黄药眠的这种既强调“社会性”“实践性”“阶级性”，但又不否定“个性”“审美差异”的社会学美学，也遭到了来自同一阵营的蔡仪的批判。蔡仪因同样批判朱光潜的文章先后被《文艺报》和《人民日报》退稿，于是在“百家争鸣”气氛中将批判矛头调转瞄准“同伴”黄药眠，写作发表了《评“论食利者的美学”》一文，认为黄药眠“和朱光潜是没有什么不同的”，“实质上还是主观唯心主义的‘曲调’”。[①] 而颇有意味的是，率先批判黄药眠的是蔡仪，但最早发现黄药眠价值论美学“新说”的也是蔡仪，其文章同时指出：

> 按“美学的意义”和“美学评价”，相同于一般所谓“美的评价”；“美学理想”大约相同于“美的理想”或“艺术理想”之类。黄药眠在这里着意避免用“美”之一词而以“美学”代之，当亦自有其用意。[②]

众所周知，蔡仪美学思想是极力反对滥用“审美”一词的，认为“美”就是“美”，是“客观的”。[③] 在此，黄药眠提出“美学评价”与“美学理想”，则显然与蔡仪这种“客观论”美学思想不符。但确如蔡仪所说，在黄药眠的美学思考中，他着意用“美学”代替“美”，用“美学评价”去代替“美是什么”，这不仅将“美的本质”的知识论追问转换到“审美评价活动”内，还预示着美学范式的变革。因从哲学本质出发，“美是什么”的回答只能得出“主观—客观—主客观统一”三种结论，而将之置换为“美学评价”或“审美评价”，就上升到“审美评价活动”这一价值论视域中，既有效化解了哲学原点上“主观—客观”“唯心—唯物”的思维阈限，还避免了“主观”即“唯心”“反动”的政治认定。

然而，蔡仪《评“论食利者的美学”》引发了黄药眠的不满与深思。对于这种“主观”即“唯心”的唯物反映论的“正统”思维，黄药眠先是在1957年2月写作的《问答篇》中作了侧面回应。他认为，在文学艺术中，除从社会科学去研究外，

---

①② 蔡仪：《评“论食利者的美学”》，《人民日报》1956年12月1日。

③ 参见杜书瀛：《蔡仪先生——纪念蔡仪先生百年诞辰》，载《美学的传承与鼎新：纪念蔡仪诞辰百年》，中国社会科学出版社2009年版，第239页。

还应从心理学进行研究以揭示探索个人的主观情感世界，却不能说“从主观出发就是唯心主义”。[①] 再就是1957年初《文艺报》“美学小组”部分同志举行的小型座谈会上，黄药眠也从《论食利者的美学》一文谈起并进行了口头反击，认为：“我有没有讲清楚的地方，但说我是唯心主义，缺乏事实的根据。我是想从创作心理学的角度研究美感和艺术创作的特点。但批评文章却很少从这样的角度去考虑，只是用一般哲学原理代替对一切具体现象的分析。”[②]

黄药眠真正直接而正面的回答是在“美学讲坛”上。在“看佛篇”“塑佛篇”的两场学术报告中，黄药眠认为：蔡仪、朱光潜、李泽厚在“批评别人时都有正确之处，但自己提出的看法又不能令人满意”[③]，原因在于“各派”美学家均束缚于“哲学认识论”的框框中，将“美”视为外在于“人”的孤立固定的实体化存在。他明确指出：

> 从认识论来说，从哲学来说，客观现实是先于人发生的，但不能因哲学有此命题而认为美也先于人而存在。若说美的存在，是先于人的存在，那就是将哲学上的认识论命题（物先于人存在）硬套在美学上，是不适当的。这样会抹杀美是作为社会生活现象而存在的这样命题。[④]

为反驳这种脱离“人”的美学思路，黄药眠延续此前“美学评价”的思路，竭力从“人”出发，并将美学问题延伸到“审美评价活动”视域中。为此，黄药眠集中从马克思主义价值论进行立论，围绕“美是审美评价”命题依次从“美学是什么”“美与美感”“形式美”“自然人化”“审美能力”“审美个性”以及“艺术美”等多个层面进行了充分系统的阐发，由此确立了其“审美评价说”的价值论美学思想雏形。黄药眠“审美评价”思想的提出，一方面源于当时“美的本质”问题上普遍的哲学认识论化倾向，忽视并排斥人的情感因素，另一方面则得益于生活实践基础上对马克思《资本论》等经典著作中关于“审美需要”与“价值”“评价”思想的启发借鉴。

---

① 黄药眠：《问答篇》，载《初学集》，长江文艺出版社1957年版，第91—92页。
② 转引自方青《什么是美的本质？美是客观的？是主观的？抑是主观与客观的统一？美学家们有不同的看法》，《文艺报》1957年5月12日。
③ 黄药眠：《看佛篇——1957年5月27日对研究生进修生的讲话》。
④ 黄药眠：《美是审美评价：不得不说的话》。

“美学大讨论”中，各派美学的一大弊端均在于将马克思主义哲学基础仅仅窄化为单一的认识论或反映论，并将审美活动等同于认识活动或物质实践活动，未能看到马克思主义思想中蕴藏的其他丰富多维的方法论，这其中，价值论便同样是重要的方法论武器之一。马克思在《资本论》中指出，人们只是按照“满足于人的需要”及“有用的方式”去“改变自然物质的形状”，“一切商品，当作价值，都是物质化的人类劳动”[①]。在阐释“剩余价值理论”时，马克思更指明：“一个歌唱家为我提供服务，满足了我的审美需要；但是，我所享受的，只是同歌唱家本身分不开的活动，他的劳动即歌唱一停止，我的享受也就结束；我所享受的是活动本身，是它引起的我的听觉的反应。”[②]可见，价值本质不仅与对象（商品）相关，更与人的“审美需要”相关，只有对象能够满足主体的某种审美需要，人才会感到审美的享受。《德意志意识形态》一书中也指出：“在任何情况下，个人总是‘从自己出发的’，但由于从他们彼此不需要发生任何联系这个意义上来说他们不是唯一的，由于他们的需要即他们的本性，以及他们求得满足的方式，把他们联系起来（两性关系、交换、分工），所以他们必然要发生相互关系。”[③]在马克思看来，价值不仅与对象的属性有关，更与主体人的需要与评价息息相关，正如马克思指出的：“只有当对象对人来说成为人的对象或者说成为对象性的人的时候，人才不致在自己的对象中丧失自身。”[④]依照马克思价值论的逻辑思路：“美”作为人的一种价值评价，不仅不能脱离现实生活，更与主体的内在尺度与需要相关；对象之于人所谓“美”，正是包含着劳动实践中人的物质愿望以及生活的理想与价值满足。

马克思这种将“人的需要”视为人的本质之一，并将价值视为人对客观对象的“审美需要”与“评价”，不仅构成了马克思主义价值哲学的基本原则，还同样成为黄药眠贯彻马克思主义价值美学的话语资源和理论依据。受此启发，在“美”被普遍实体化、简单化的学术语境中，黄药眠凭借自己丰富的创作经验，不仅格外重视主体的情感体验，还充分注意人在“审美评价活动”中的主体性地位。因此，在《论食利者的美学》一文中，黄药眠在生活实践基础上就已充分注

---

① 马克思：《资本论》第一卷，人民出版社1975年版，第46页，第72页。

② 马克思：《资本论》，《马克思恩格斯全集》第二十六卷（第1册），人民出版社1972年版，第435—436页。

③ 马克思：《德意志意识形态》，《马克思恩格斯全集》第三卷，人民出版社1960年版，第514页。

④ 马克思：《1844年经济学哲学手稿》，人民出版社2008年版，第86页。

意到“个人意识”“审美需要”“审美能力”等多重因素对于美感形成的重要影响，并从“美学的意义”“美学理想”“美学评价”等学理维度上进行美学思考。黄药眠这种自发自觉的关于“美学评价”的构想到了“反右”前夕“美学讲坛”上所作的《美是审美评价》讲演中发挥到极致。该讲演不仅在“美学是什么”替代过去“美是什么”的思路置换中严肃批评了“哲学认识论硬套美学”以及“离开人去谈物的属性”[①]的方法论迷失，更在生活实践基础上提出“美不是存在于事物本身中，而是人对于客观事物的美的评价”[②]这一核心思想，并从人的审美需要、审美能力、审美个性等多重维度上对“美是审美评价”这一马克思主义价值美学命题予以了集中阐明。

依据马克思主义价值论思想，所谓“评价”，是主体依据一定的价值标准对客体所作出的价值判定，价值不仅与人的需要及内在尺度相关，更与评价紧密相连，离开了价值就无所谓评价。“美”也正是主体在实践活动中依据自身需要而与对象形成的价值看法和评价，倘使“在价值活动和价值现象之外寻找美”[③]则无异于缘木求鱼。因此，黄药眠从“审美需要”与“审美评价”这一价值论视角对“美的本质”的重新阐发，不仅将美学问题纳入审美评价活动视域内，还在社会实践与审美评价的路径上完成了价值论美学对认识论美学的模式超越，并率先开启了马克思主义美学路线上“价值论美学”的大门。

三、 价值论美学的基本主张与历史贡献

尽管黄药眠并没能将自己的美学体系命名为“价值论美学”，也缺乏系统深入的理论阐明，但透过一系列审美艺术现象的美学诠释，我们仍可从中抽绎并归纳出其价值论美学思想轮廓。依照其理论思考的逻辑向度与学理脉络，我们可从“美论”“美感论”“艺术论”这一网状结构中依次加以总结评析。

就“美论”而言，黄药眠最初也从“主客模式”去追问“美的本质”[④]，并主张“美是典型”，只不过与蔡仪“客观典型论”美学不同，黄药眠是从“生活实践”角度去阐释“典型”。在意识到“哲学认识论硬套美学”的不足后，他又率先将美学

①② 黄药眠：《美是审美评价：不得不说的话》，《文艺理论研究》1999 年第 3 期。
③ 杜书瀛：《价值美学》，中国社会科学出版社 2008 年版，第 68 页。
④ 黄药眠：《论美与艺术》，《文艺报》1950 年第 1 卷第 12 期。

视点转向价值论，从“审美需要”与“价值评价”去解释“美的本质”。其核心主张在于：

（一）美是“审美的评价”

为反驳“客观”“实体”化的认识论美学倾向，黄药眠转换视野，从“人”出发，并凸显人在审美评价活动中的主体性。黄药眠认为，“离开人去谈物的属性，将美归结为类的典型。那是错误的”，因为“离开人去谈，会将美的法则抽象化”，“美不是存在于事物本身中的，而是人对于客观事物的美的评价”，“美是人对客观事物的审美的评价”①。在此，黄药眠实际要表达的就是价值主体对于评价的重要性，因为价值与评价密不可分，评价又是依据主体的内在尺度对客体的评定，因而脱离人，离开价值主体，对象则毫无意义。

（二）美应从“生活实践”中找寻

黄药眠认为，“美必须是经过人类的认识才能成为美，而人类对于美的认识则又是从生活实践出发的”②，审美现象也首先应“从生活与实践中去找寻根源”，因为正是在“劳动创造”中，既“产生了人的主观力量”，又“造成了人们对它的需要”，并且“人的主观力量不断发展，人的情感与审美评价也日益变化”③。在此，黄药眠不仅从价值的“主体性”层面意识到“审美评价”随“主体需要”的变化而变化，还格外强调“生活实践”的重要性，这也恰恰是马克思主义价值论哲学的出发点与根本源泉。

（三）美存在于审美评价活动之中

黄药眠认为“美是有客观性的，不以某个人的意志为转移”，但“离开人就谈不到美”，因此，“美存在于能满足我们物质生活与精神需要的对象之中，同时也存在于人们为追求人类幸福生活而斗争的生活中”④。这里，黄药眠实则强调美的审美活动基础，美既非独立“人”之外的“客体性实体”，也非脱离对象的“主体性实体”，而是“主客体间”相互构成的审美评价关系。

---

①③④ 黄药眠：《美是审美评价：不得不说的话》，《文艺理论研究》1999年第3期。
② 黄药眠：《论美与艺术》，《文艺报》1950年第1卷第12期。

（四）美是“劳动的创造”也是“自然的人化”

黄药眠认为，一方面因“人在劳动中”及“生活经验”的约定俗成，进而“在生活中不断地接触了事物，而发现了形式的美”，另一方面“人与自然的关系是人化了的人与人化了的自然之间的关系”，因而“人与自然的历史演变关系，决定于人的生活力”并“表现出人的生活的本质”。[①] 黄药眠把审美活动作为一种人的本质力量的对象化结果，实则仍是要强调“主客体相互作用”的“互动性”生成过程，这也是价值关系区别于认识关系和实践关系的重要特点之一。

尽管黄药眠对“美”的诸种理解稍显零碎，也缺乏系统性，但他始终是以一种价值论的眼光从“人”的价值尺度出发将“美的本质”建立在人与对象的“审美评价”关系中来打量和诠释。在20世纪50年代普遍宣扬“唯物—反映”的主导性学术语境中，这不仅在思维方法上冲破了“主-客”“心-物”的认识论桎梏，还在审美评价活动中为深入揭示美感经验及艺术现象开辟了方向。

就“美感论”而言，黄药眠对美感的阐释基本越出了“思维—存在”的界面，不仅从“历史文化积累”的角度论说了美感生成的历史动因，分析了美感与美、快感及移情作用的辩证关联，还在价值论路线上深入探讨了美感经验与审美能力、审美个性等深层审美经验现象，初步形成了自己开放独特的美感论体系。其核心主张在于：

（一）“美—美感”并非机械静止的“心-物”和“反映-被反映”关系，而是辩证统一的

黄药眠反对抓住哲学上的教条来回答美与美感的关系问题，竭力摆脱“美是第一性、美感是第二性”[②]的错误认识，而坚持从“审美评价”这一价值论视点予以新的诠释：一方面从“生活实践”看，美感与个人的气质情愫及“审美趣味”相关，又“直接或间接地决定于生活”，且“各阶层的生活不同，趣味不同，美的价值亦不同”[③]；另一方面从“文化积累”看，美感还与历史文化的“层累涵濡”相关，

① 黄药眠：《美是审美评价：不得不说的话》，《文艺理论研究》1999年第3期。
② 李泽厚：《美的客观性和社会性——评朱光潜、蔡仪的美学观》，《人民日报》1957年1月9日。
③ 黄药眠：《论美之诞生》，《黄药眠美学文艺学论集》，北京师范大学出版社2002年版，第2—3页。

形象的直觉实际是“长期的生活中积累起来的结果”①，正是这种长期的沉淀才“逐渐形成我们的审美能力”②。黄药眠对美感的论述并没有拘泥于浅表的“什么是美和美感”与“美感是美的反映”等机械推演上，而是试图在审美活动的动态关系中对美感进行科学阐明。

（二）美感的生理心理学基础及其与“内模仿说”“移情说”的关联

在“唯物”与“客观”主流的意识形态语境中，黄药眠不但勇于对“文学反映客观现实”的律条提出质疑，还从创作心理学的角度明确反对“从主观出发就是唯心主义”③的做法，重视美感的生理与心理学基础。在黄药眠看来，“美感是由于快感，或是快感的渴望而生的”，在许多时候“快感正是美感的基础”，因而不能将快感与美感划分开，正如谷鲁斯“内模仿说”所指“美感经验是由于主观的丰富的感情的外射而起的”，以及里普斯“移情作用”引发美感一样，美“不仅是包涵作者，而且也包含欣赏者，不仅是客观的线条，色彩，声音，也是主观的要求和倾向”。④

（三）美感与“审美能力”“审美个性”等审美经验活动

黄药眠极为重视主体的审美能力与审美个性对于美感形成的重要性，认为“没有审美能力，就不能发生美感”⑤，因为只有具有了“审美能力”，事物才构成审美对象，审美评价活动才能进行。此外，“审美能力又有个性之别，故审美现象不同于科学，科学只要得出公式后，则人人必须承认。有些人完全将审美现象中的个性色彩抹掉，认为承认了个性就没有发展规律了”⑥。在黄药眠看来，美感现象之所以不同于科学，是因为“审美个性”十分重要，文学艺术的形象思维“常常是和他的情感的活动伴随在一起的”，并在这种情感活动中完成对形象本身的评价。⑦ 当然，这种审美能力和审美个性“并不是由一个美的事物来决定的，而是从生活习惯、知识教养、能力趣味等形成的整体生活结构来决定”，“教养不同，阶级不同，美的评价也会不同”，因而审美评价既“带有个人的情绪色

---

① 黄药眠：《论食利者的美学——朱光潜美学思想批判》，《文艺报》1956年第14—15号。
②⑤⑥ 黄药眠：《美是审美评价：不得不说的话》，《文艺理论研究》1999年第3期。
③ 黄药眠：《问答篇》，载《初学集》，第92、95页。
④ 黄药眠：《论美之诞生》，《黄药眠美学文艺学论集》，北京师范大学出版社2002年版，第8、10页。
⑦ 同③，第109页。

彩”，也“不仅受到社会存在的影响，而且也受到其他意识形态的影响”。①

由上观之，黄药眠的“美感论”已从“美感是美的反映”这一唯物静态反映论模式转向到“审美评价活动”这一多维动态的价值论美学视野内。不仅从美感的生理学和心理学基础延伸内化了美感的意涵，还在审美能力、审美个性等审美现象的多维视野中拓展深化了美感的结构层次，且始终将“美—美感”嵌入到审美评价活动中加以整体思考。这种思维范式的转换，无论在理论还是方法层面，均将当时的美学思考向前推进了一步。

就“艺术论”而言，黄药眠始终没有“脱离艺术”去抽象地“谈美”，而是将艺术现象的考察纳入自己的美学范围中，并将艺术问题视作美学问题的核心，这使其价值论美学在人的审美活动中既关注到美、美感及美的规律，还在艺术与现实生活的审美关系中深入触及创作规律、美感经验及形象思维等理论范畴，极大地丰富了其思想体系。其核心主张在于：

（一）美学问题集中体现在艺术中

黄药眠认为，美和艺术“是相连贯的”，如果一味追究“什么是美”那就“毫无意义”，因为“我们之所以要研究它，目的是在于探究出美的规律性，并从而建设美的艺术。所以从现代人的眼光看来，美学的问题，主要的就是艺术学的问题”②。此外，艺术作为人的创造，不仅是“满足我们自己的审美要求”，还是人的“有意识地创造”，因而美学的问题也“集中地高度地表现在艺术中”③。

（二）美学研究“审美现象”特别是“艺术的基本规律”

黄药眠认为“美学是一种科学，研究审美现象的基本规律，特别是美的最高表现——艺术——的基本规律的科学”，因为艺术是“审美现象里面的一部分”，而且是人依据自身审美要求而有意识进行的一种创造，更复杂地体现着审美现象的基础规律。④因此，既应“将艺术看作美学研究的最高标准”，还应将美学研究视为研究“艺术美的规律”的科学。⑤

---

①③④⑤ 黄药眠：《美是审美评价：不得不说的话》，《文艺理论研究》1999 年第 3 期。
② 黄药眠：《论美与艺术》，《文艺报》1950 年第 1 卷第 12 期。

（三）艺术与生活既矛盾又统一，既是意识形态又不完全是意识形态

黄药眠认为“艺术既反映了现实生活中的美，又反映了艺术家对生活对艺术的评价”，前者可以说“生活高于艺术”，而后者则可以说“艺术高于生活”，因此，艺术与生活既矛盾又辩证统一①。尽管“美是社会生活现象”，却并不意味着“美就是生活”，因为“美存在于生活中，但不仅仅是，更主要是存在于艺术中，艺术是美的中心，是美的最高表现”②。此外，黄药眠还指出，因艺术创作中常夹杂着“社会内容”，并含有“阶级性情调”与“时代色彩”，因而具有意识形态性，但与此同时，在许多音乐和文学作品中，却并无明显的社会意识形态倾向。

（四）艺术是感性与理性、形象与情感的辩证统一

黄药眠认为，文学艺术“反映客观现实的本质”这一观点严重“贬低艺术文学的价值”，因为文学艺术不仅“具体、生动和丰富地表现生活”，还“常常带有情绪色彩，可以在情感上感染人们”③。黄药眠认为：“一般地说，艺术是形象性地反映生活。但这样说不够”，“它必然也包含有个性”，“如果光是本质没有个性，则不能动人”；此外，“艺术一定是感性的具体的，同时又是理性的”，“过去只重视理性”但“缺乏感性”，“艺术要求形象与思维的统一”。④据此，黄药眠指出：“艺术的特点，不能简单地归结为形象性的反映现实，还要看有没有个性，有没有情感的激动，然后才讲有没有形象。”⑤

可以说，与“美学大讨论”中“各派”美学普遍与现实生活中的审美现象及艺术活动相隔离并“脱离实践和实际而凌空虚蹈、自说自话”⑥不同，黄药眠不但擅长以丰富鲜活的实例去印证自己的美学观点，还将艺术上升到美学研究的最高标准加以探索。这不仅为其艺术论深入到审美经验现象中，为探究审美趣味、审美能力、审美个性等诸形态开辟了道路，还为进一步思考“文艺的本质”“形象思维”等文艺理论命题奠定了美学基础，由此也充分彰显其艺术理论主张的现实意义和理论价值。

---

①④⑤ 黄药眠：《美是审美评价：不得不说的话》，《文艺理论研究》1999年第3期。
② 黄大地编选：《中国现代学术经典·黄药眠卷》，第196页。
③ 黄药眠：《问答篇》，载《初学集》，第95、100页。
⑥ 谭好哲：《二十世纪五六十年代美学大讨论的学术意义》，《清华大学学报》（哲学社会科学版）2012年第3期。

总之，黄药眠的价值论美学不仅将美学问题置于“审美评价”的价值论平台上进行研讨，有效突破了“主客二分”的认识论美学模式阈限，将“美—美感”统一起来，还格外强调“生活实践”这一马克思主义价值哲学的出发点，重视“主体需要”这一马克思主义价值哲学的内驱力，并在主客体相互作用的过程之中去追问美学的意义。将“社会实践”作为人类存在发展的前提，将“人的需要”视为“人的本质”之一，这也可谓是黄药眠价值论美学思考的核心主线。这种美学思路，不仅在审美实践活动中因强调审美“需要-能力”而维护了“人”的“主体性”，还在“主客体间性”层面上同“美学大讨论”中偏重“客观性”与“社会性”、忽视个体意识的以李泽厚为代表的“实践论美学”划出了界限。若联系 80 年代“后实践论美学”对李泽厚等“实践论美学”的批判、“新实践论美学”对“后实践论美学”的批判以及晚近兴起的“认知美学”对“实践论”美学谱系的批判等来看，我们仍可从黄药眠所开辟出的“价值论美学”路线中寻找到“新的做美学的方式”[①]。而就价值论美学的世界发展历程来看，黄药眠在 1950 年代针对当时中国美学讨论的实际困局提出的这一迥异于“认识论美学”的“价值论美学”新观点，不仅扭转了美学研究的范式，为“实践论美学”及其谱系的建设发展提供了经验性的启示和参考，还早于苏联学界率先开辟了马克思主义美学的价值论方向，[②]并为“价值论美学”的本土发扬与建构勾勒了一幅历史的理论草图，[③]其贡献和意义值得当下学界重新关注与重视。

第二节　洪毅然的“社会功利”论与“美的科学”论美学

洪毅然是 20 世纪著名的美学家、艺术理论家和艺术教育家，大众美学的开

① 高建平：《美学的当代转型：文化、城市、艺术》，河北大学出版社 2013 年版，第 18 页。

② 1960 年，苏联美学家图加林诺夫《论生活和文化价值》的出版及随后《马克思主义中的价值论》的出版(1968)，才象征着马克思主义价值理论的起步，直至 1972 年斯托洛维奇《审美价值的本质》一书的出版，才将马克思主义价值论美学推向世界。

③ 当前学界普遍认定价值论在中国的正式兴起是在 20 世纪 80 年代初，其标志信号是 1980 年《学术月刊》发表的《马克思主义论事实的认识和价值的认识及其联系》一文，参见李德顺：《价值论在中国》，载王玉樑、岩崎允胤主编：《中日价值哲学新论》，陕西人民教育出版社 1995 年版，第 13—15 页。

拓者、现代中国艺术大众化的践行者。1937年，洪毅然毕业于国立杭州艺术专科学校绘画系，后逐渐由绘画实践转向艺术理论与美学研究，先后出版《艺术家修养论》《新美学评论》《美学论辩》《新美学纲要》《大众美学》《艺术教育学引论》等著作，还有《艺术论大纲》《美学文钞》《美学笔记类钞》《美学论辩续编》《生活的美学》《艺术心理学教学大纲》《国画论丛》《艺术概论》《敦煌艺术初探》等未出版的著作以及大量零散手稿。在20世纪五六十年代的美学大讨论中，洪毅然以极大的热情积极参与论辩，《美学问题讨论集》六集收录其八篇文章，[①]占总数的近八分之一，可见其在当时的活跃度和影响力。在这些文章中，他坚持马克思主义哲学立场，围绕美学的研究对象、美的性质、美感实质及美与艺术的关系等关键问题，提出了“美是在物，不是在心”“美的科学”等“不少有益见解”，有力地批驳了“艺术科学论”的错误和纠正了“艺术为主论”的偏颇，为美学研究的科学化、大众化发展开辟了道路，为20世纪中国美学的现代理论建构和学术发展做出了重要贡献。

一、美的本质：从“心物相接”到“社会功利”

1949年5月，洪毅然将公开演讲的美学讲稿整理成其第一本美学专著——《新美学评论》（“新人文小丛书”），由新人文学术研究社正式出版，这可以算是国内美学界兼评朱、蔡两派对立学说的较早著作。1950年后，洪毅然的艺术思想逐步有了变化，在早期西方美学理论理解的基础上，他努力接受并提高自身马克思主义哲学水平，尤其是经过美学大讨论的洗礼，他重新思考和抛弃了以往的西方自由主义思潮的方向，而接受了马克思主义思想的改造，逐步改变了以前的学术面貌，转而坚持从艺术理论家的角度理解美学，以马克思主义哲学作为指导思想理解艺术，并以实践美学的观点和主客辩证的方法解释审美现象，这成为其后期美学和艺术思想的主导倾向。

---

① 这八篇文章分别是：《美是什么和美在哪里？》《美学的研究对象——美学与艺术学的区别》（见《美学问题讨论集·第三集》），《美是不是意识形态——评朱光潜“论美是客观与主观的统一”及其他》《略谈美的自然性与社会性——与李泽厚同志商榷》《美是客观存在的性质，还是意识形态的性质——与朱光潜先生再商榷》（见《美学问题讨论集·第四集》），《再论美是什么和美在哪里》（《美学问题讨论集·第五集》），《发展密切联系人民生活的美学——简答马奇同志》《论“人对世界的艺术掌握”及其相关问题——对朱光潜先生美学近著的几点质疑》（见《美学问题讨论集》第六集）。

"美是客观还是主观"是马克思主义认识论美学的一个基本问题,也是美学大讨论前期争辩的核心话题。而洪毅然早在民国时期便已对这一问题展开了研究与讨论。诚如刘悦笛、李修建在《当代中国美学研究》中所言:"'美在心物相接'这种观点的明确提出,其实最早是洪毅然,他在1949年出版的《新美学评论》当中就认定……更鲜为人知的是,当时的洪毅然还将美的本质问题置于价值的视野内来加以审视。"①即针对蔡仪的客观论美学观点,洪毅然明确提出了自己"美在心物相接"的观点,他说:"美为心物相接,心物合一之产品。美在心物相接,心物合一之时所存在",②并认为,美"以感觉为主,而统摄着理知与意欲的一种价值;亦即渗透着知解与实用的要素之一种感觉上的评价,因而是与真和善都密切相关,而不是孤立绝缘与独立自足的"③。"美在心物相接"的观点有效避免了"在心"或"在物"的非此即彼的美学悖谬;从表述和内涵上看,似乎又接近于朱光潜早年提出的"心物婚媾"说,即"美不完全在外物,也不完全在人心,它是心物婚媾后所产生的婴儿"④,同样意在倡导一种"主客观统一"的"美的本质"论。将美理解为与真、善关系密切的价值,一种不离感觉又超乎感觉之上的主观评价,洪毅然的这种价值论而非实体论的"美的本质"观在当时是颇为独特、耐人寻味的,正如邓牛顿在比较洪毅然与蔡仪的美学思想时所评价的:"洪毅然对美的本质认识不同,认为美不是事物的'属性条件',而是物我相接时产生的一种评价……必须对观念派美学、实验派美学流派采取兼容并包、谨慎去取的态度,抛弃纯粹绝对的客观主义,顾及美在意识形成过程中的主观意识作用,方不致'画地自限''滞碍难通'。"⑤

而到了50年代,像洪毅然这些从香港回来的学者在华北革命大学接受了专门的学习和改造,以前在林风眠艺术和"国统区"文艺影响下的思想逐渐发生了变化。在新中国成立后的第一篇美学文章中,洪毅然这样说道:"美即人的生活有益的事物所具备之一切足以充分显现其内容本质的形式。而美的观念则是那个事物的形式在人的头脑中的一种反映。"⑥继而他认为:"美是客观存在着

---

① 刘悦笛、李修建:《当代中国美学研究(1949—2009)》,中国社会科学出版社2011年版,第64页。
②③ 洪毅然:《新美学评论》,载洪毅然著,李骅编:《陇上学人文存·洪毅然卷》,甘肃人民出版社2010年版,第19页。
④ 朱光潜:《谈美》,中华书局2011年版,第47页。
⑤ 邓牛顿:《中国现代美学思想史》,上海文艺出版社1988年版,第238页。
⑥ 洪毅然:《关于〈新美学〉》,《西北师院学报》第24期,1953年。

的事物所呈现出来，而可以被（也可以不被）人们主观意识感觉所感知的，事物本身某种自有的属性，不是人的主观意识情趣所投射出去，而赋予给客观事物，或被视为它那样的。”①可见，在接受改造之后，洪毅然已经从观念论与美学本质观模糊认识中逐渐转变过来，由美是一种“评价”过渡到美是一种“实体”，即“美是在物，不是在心”②；“美的观念”由感觉之上的一种主观评价变为一种反映论的主观认识，从“唯心主义”走向了唯物主义。这是在“美学大讨论”中自觉运用马克思主义原理来解决“美的本质”问题，即用辩证唯物主义方法反省和改造自己的“美的本质”观的典型表现。

在美学大讨论时期，洪毅然对审美本质的认识和理解经历了从自然功利到社会功利、从模糊到清晰的过程，这为他后来的美育、艺术大众化等理论奠定了基础。如其所言：“十分清楚的是我们关于纹身所知道的一切完全证实了我所指出的这个原则的正确性：以功利观点对待事物的先于以为审美观点对待事物。”③可见，他最初所说的“功利”（实用）主要是指事物的自然使用价值，它对人的生存当然很重要，但它对人类或非人类的效应是一致的，人人可用或无用，不会因人而异。但事物的自然实用价值不是决定美丑实质的内容，实质上，决定美丑实质的是它们的社会功利关系价值，美丑只是社会功利关系价值的形态表现，也就是说，在时间、地点、条件所规定了的限度内，事物处于人类某种特定的生活实践关系之中，所起作用如果有益于促进人类生活向前发展者就好、就美，美学不是事物的固有自然物的形态，而是与人发生某种社会性关系的形态。这就将美学从附属和浮游在哲学上的现象中，拉回到了现实生活里来，并以事物与审美主体之间的生活实践来限定或评价，即美丑是社会功利关系形态，美是有利于审美主体的社会功利关系形态，丑是有害于审美主体的社会功利关系形态。它们都是以事物的自然功利关系形态和自然物质形态为物质载体和存在条件，即他后来认识到的，美的形态不是事物固有的自然物质形态，而是与人发生社会性关系的形态。从这个意义上说，美的价值不是自然性的实用价值，而是社会性的实用价值；审美活动的实质在于人对自然事物的物质形态和自然功利形态关系双方的感知，并且再进一步认识其内涵和社会功利关系。虽然他对

①② 洪毅然：《美学论辩》，上海人民出版社 1958 年版，第 40 页。
③ 普列汉诺夫：《论艺术（没有地址的信）》，曹葆华译，三联书店 1973 年版，第 117 页。

"价值"的表述有"观念论"的色彩,但是从中可以看出他对"社会功利"思想的独到看法,以及其一贯主张的要把研究视角直接对准"生活"和"实践"。

洪毅然的这种"社会功利"论美学虽然在美的客观性和社会性这一论题上与李泽厚基本一致①,但不同在于,洪毅然将理论重点落在了"功利"二字之上,强调人类最初以功利观点对待事物,把美学的本质认识从自然功利上升到了社会功利关系形态之上,并强调社会功利关系对"美"的决定作用,凸显出一种美学的"功利主义"色彩。而之所以会形成这种实用的、功利的"社会功利"美学,一方面来自其早年所受的杜威等人美学思想的影响,另一方面则主要来自抗战大后方在艺术科学化的基础上研究实用艺术的影响;此外,还包括苏联美学的影响,以及对"五四"前后某些"功利主义"美学思想的继承等。当然,这种"社会功利"的美学观既不同于王国维从寻求"形而上学"的学术态度出发而提出的"以人为本"的生活美学,也不同于蔡元培用"超越性"来达到"纯粹之美育"的观点,而是立足于自身艺术创作实践基础上的感性认知和理论综合。正如邓牛顿所说:"他能融合贯通,在批判的基础上提出富有实践意义的见解,真正体现出是自己的思想观点。"②正因为这种批判和融通二者得兼的立场和态度,使其早年虽然对朱光潜的美学理论有所质疑和批判,但极力赞同朱光潜提出的通过"美和艺术"来培养国人素养、实现"人生的艺术"的主张,并明确提出"培养美育的基本手段是艺术"。

二、 美学研究对象:从"艺术科学"论到"美的科学"论

在中国20世纪初思想界的运动中,科学发挥了巨大作用,可以说,"自从中国讲变法维新以来,没有一个自命为新人物的人敢公然毁谤'科学'的"。③ 胡适用西方科学精神所做的批判、陈独秀大力提倡科学民主的现代文明、吴稚晖对科学工业的赞赏、丁文江所持的科学态度等,都给后来的思想家以重要影响。由此也可看出:"中国的唯科学主义论世界观的辩护者并不是科学家或者科学

---

① "宗白华、洪毅然、周谷城等同志的文章,在美的客观性这一论题上与我的看法基本是一致的。"见李泽厚:《关于当前美学问题的争论——再谈美的客艰性和社会性》,《学术月刊》1957年10期。

② 洪毅然:《美学论辩》,第238—239页。

③ 胡适:《科学与人生观》,上海亚东图书馆出版1923年版,第2—3页。

哲学家，他们是一些热衷于用科学及其引发的价值观念或者假设诘难、甚至最终取代传统价值主体的知识分子。”①洪毅然亦是这样的知识分子。由于深受老师潘谷神科学思想的影响，他早年的艺术思想形成上，一直到其成熟的美学思想都会看到这个因素在起作用。从早年放弃国画学习西画的实践历程，以及从“艺术科学化”到“美的科学论”的主张，可以看出洪毅然在艺术界和美学界是一位典型的唯科学主义者，这也使得他在同时期的艺术家和美学家中显得格外独特。

（一）“艺术科学”论

在“美学大讨论”中，“关于‘美的科学’的观点……主要代表人物是洪毅然，姚文元认为美学应研究‘生活中的各种美和丑的事物’的观点，庞安福批评艺术美并力主现实美的观点，也可以被归于此类”。② 洪毅然后来更明确地表明“美学是一门关于美的科学”，这一观点究其根源来自民国时期其关于“艺术科学”的理解，他对于“艺术科学”的理解又受到“五四”新文化运动思潮中科学精神的影响。研究洪毅然从“艺术科学”论到“美的科学”论这个渐变的过程，对于我们深入了解洪毅然的艺术思想和美学思想的形成具有重要作用。

在晚清民初的氛围中，科学精神对中国思想界产生了巨大影响，洪毅然的艺术思想即是在这一影响下形成的。尽管“科学话语共同体”③在思想界成熟较早，但是在艺术和美学界步伐缓慢，原因主要在于中国美学的学科体系在这时候尚未建构完成，具体到艺术这样的小学科就更显得步履蹒跚了。延续思想界的这种现代性思路，综合刊物《大学》于 1942 年做了一个专论，刊发了六篇文章，分别是：惕文《关于‘中国学术科学化’的问题》、陈觉元《中国思想的科学化化》、傅懋绩《中国训诂的科学化》、王抱冲《中国历史的科学化》、洪毅然《中国艺术的科学化》、孙次舟《中国文艺的科学化》，同时配发“编者按”（《科学与人生》）；此外，另一期上还有“中国书法的科学化”等专门艺术的科学化探讨。洪毅然站在实验派美学家的视角，将其受新文化运动影响的思想运用到了艺术的研究：“说艺术与科学绝对无关的理论根据，是由于把人生内容中的‘知’‘情’

---

① 郭颖颐：《中国现代思想中的唯科学主义（1900—1950）》，雷颐译，江苏人民出版社 2010 年版，第3 页。
② 刘悦笛、李修建：《当代中国美学研究（1949—2009）》，中国社会科学出版社 2011 年版，第 29 页。
③ 汪晖：《现代中国思想的兴起》，三联书店 2008 年版，第 108 页。

‘意’——即‘明理知识’‘审美经验’‘实用行为’一方面误认为完全绝缘的三种活动而不知其彼此之间本为互相依存、互相渗透，而且是互相转化的缘故。反之，说艺术是科学，科学家完全能做艺术家的工作的理论，亦不免未认清艺术与科学的‘合而之分’的错误命题。”①正如思想界的其他讨论一样，洪毅然强调的艺术科学化并不是艺术家从事科学家的事，而是面对当时中国艺术缺乏科学性死气沉沉的现状，用西方先进的理性思想和西方艺术科学性的优点来改革中国传统艺术，将中国艺术忽视艺术科学性的重要之处提了出来，并说明了此时此地重视艺术科学的必要性。

在洪毅然的长文《中国艺术的科学化》的“中国艺术思想的科学化”一章中，他分析了我国传统艺术思想是以玄学为主的艺术形态，尤其发展到明清，艺术更是没落，古代文人只有形式而无内容的艺术，完全是无病呻吟。面对这种情况，他强调首先要艺术思想上科学化：“所以要做到中国艺术思想的科学化，必须要求中国艺术家的世界观与人生观，首先彻底科学化，不把客观的世界当做主观的理念之化象，而且不再逃避现实追求超脱的幻景，客观地现实主义地生活着，并且客观地现实主义地对之做观察、体验、欣赏与表现。”②他并不是追随中国传统艺术的连续性的“再临摹”，而是用科学的世界观反对旧的世界观、反对以玄学为主的艺术观。“中国艺术内容的科学化”中，他专门讨论了题材的选取和题材的处理，指的是作家的世界观、人生观要科学化。洪毅然认为一个对客观世界和主观世界没有正确认识的作家，其对自然、社会、人方面的题材处理上不会正确把握；对题材的选取绝不是仅仅限制为科学的工具。针对洪毅然“中国艺术科学化”的提出，回应者有陆俨少、觉元、百比等人，大家怀疑洪毅然提出艺术科学化限度模糊等方面的问题，于是，他在当年《华西日报副刊》第九期中写了一篇《艺术科学化及其探讨途径》，以及在 1945 年 3 月 10 日《华西日报》上又发表《今日中国之艺术运动——现代化、科学化、现实化、生产化、大众化、中国化、世界化》。他认为科学化是艺术现代化的一条有效途径，这些写作的目的就是建立科学的人生观，建立艺术科学化的艺术观。到了 1947 年，洪毅然艺术的审美眼光已经打破了生活、艺术、科学、美的界限：“艺术的天地即科学

①② 洪毅然：《今日中国之艺术运动——现代化、科学化、现实化、生产化、大众化、中国化、世界化》，《华西日报》1945 年 3 月 10 日。

的天地，亦即实用的天地；而艺术的天地中科学家会忘记他们的科学，实用主义的庸人且必须变成圣者。”①

在艺术技术的创新方面，洪毅然认为艺术创作有必要应用各种科学的成果，因为艺术技术史属于科学的发展史，特别是社会科学和理论自然科学的研究成果能对艺术的技术发展提供直接的指导。洪毅然将“艺术科学化”推到“艺术实用化”来进一步阐释，提倡艺术的“现实化”“实用化”达到新写实主义科学艺术观的普及。对艺术现实化的提倡前提有两方面，一方面是接受苏联新美学思想的影响，另一方面是针对我国当时的实际情况。他认为当时的第一要务是实行艺术的科学化，对艺术与生活进行客观现实主义的体验、观察和表现。艺术的实用化，是洪毅然抗战时期艺术思想中很重要的一部分，这种艺术的主张来源于杜威实用主义哲学思想的影响。面对艺术与社会生活游离的现状问题，他极力提倡艺术的“实用化”和“科学化”相结合来应对当时的艺术问题。洪毅然对艺术实用性的理解还有一个能说明其潜在原因的经历——曾任四川省立艺术专科学校的应用美术教师。为了进一步说明这个关系，他将艺术的范畴进行了扩大，他认为要打破纯粹艺术与实用艺术的边界，甚至要打破艺术与生活的界限。在文章《艺术与实用——艺术思想中一个大胆的预言》中，洪毅然从哲学的角度继续阐明了这种关系的重要性，所以在大后方艰苦的条件下更提倡科学的工艺设计，这种对实用艺术提倡更能代表其对艺术范畴理解狭隘者的批评。

（二）“美的科学”论

美学在中国的发生发展是向西方学习的结果，学术界的普遍观点认为中国现代美学是从王国维的学术开始的，1915 年徐大纯发表的《述美学》继续明确了这些，到了 20 年代，经过吕澂、陈望道、范寿康等人由移情说的影响开始了美学原理的建构，随后在蔡元培的倡导下，美学开始步入中国新时期的进程。洪毅然研究美学是从艺术实践到艺术理论起步的，明确标明“美”或“美学”的文章见于 1933 年的《美与人生》，文中已经初步讨论了美的标准、真善美相联系的新美学境界，肯定了当前的美的标准是“人生的真，而人生，也正应该是‘美的’人生

① 洪毅然：《艺术，科学，神秘，美》，《华西日报》1947 年 12 月 14 日。

才可以成为‘真的人生’”[1]。1936年发表的《美感经验的基本要素》(译)、《略论美感经验中的物我两忘》,在后一篇中主要从对朱光潜物我两忘的美感经验的质疑开始,他提出:“美感经验只是‘偏于感觉的物我两忘’。”[2]在其第一本美学专著《新美学评论》中,洪毅然认为:“这里所谓的科学,不仅指自然科学中,心理、生理、物理等而言,并兼指社会科学中,政治、经济、历史、文化等。”[3]可以说,洪毅然对美学的理解是建立在其前一阶段艺术科学化之上,美的科学化是艺术科学化的延伸。

在50年代的“美学大讨论”中,大家展开了关于美学研究对象的激烈讨论,美学界形成了代表性的四派意见:第一派以洪毅然为代表,认为美学是研究美的规律的科学,参照了苏联学者车尔尼雪夫斯基、普齐斯的观点,研究什么是美,美的创造和发展等问题;第二派以马奇为代表,认为美学是研究艺术一般规律的科学,艺术理论就是美学,研究艺术的本质、特征、规律、欣赏、批评、发展的规律;第三派是李泽厚提出来的,他认为美学由美的哲学、审美心理学和艺术社会学三部分构成;第四派认为,美学是研究审美关系的科学,它以审美关系为中心,把美、审美和艺术统一起来进行研究。洪毅然与马奇的观点产生了激烈的交锋,马奇认为“美的科学”的观点恰恰是车尔尼雪夫斯基所反对的,其实“洪毅然追随的是鲍姆嘉通的原义,他认为,美学最初就是作为研究人类的感性认识而出现的一门科学,因此,美学始终是作为‘关于美的科学’而存在,美学的目的就是研究美的概念的各方面及其是如何体现的”[4]。在80年代初,洪毅然在《新美学纲要》绪论的第三节中旁征博引了许多苏联专家论美学的文章,继续论证了他的观点:“美学作为一门关于美的科学,它的特定研究对象,就是人对世界的审美关系诸领域中所特有的美与丑的矛盾,以及与之相关和派生的一系列矛盾(例如美感和丑感之间的矛盾等),就是对于美与丑的运动形式及其一系列互相关联和互相转化的运动形式之分析。”[5]按照洪毅然的理解,美学是研究关于美丑的存在、美丑的认识,以及上述主客两方面的相互关系的科学。

美学实质上应是“美丑学”,仅仅孤立地研究美的单方面是绝对行不通的。

---

① 洪毅然:《美与人生》,《亚波罗》1933年第4期。
② 洪毅然:《略论美感经验的“物我两忘”》,《东南日报·学苑副刊》1936年9月26日。
③ 洪毅然:《新美学评论》,新人文学术研究社出版1949年版,第4—5页。
④ 刘悦笛、李修建:《当代中国美学研究(1949—2009)》,中国社会科学出版社2011年版,第30页。
⑤ 洪毅然:《新美学纲要》,青海人民出版社1982年版,第9页。

因为美与丑都是泛对称的相对范畴，二者相互依存，相互转化，并且相互为衡量的坐标系，是同一事物的两面表现。洪毅然强调这一点，为美学的真正独立找到中心支柱和基础，他强调丑在美学中与美的对等性、依存性、并列性，强调社会生活作为美学研究对象的主体性、系统性，强调自然美丑是社会美丑的表现的从属性、派生性，强调美学与社会科学、自然科学的广泛联系的复杂性、多面性等。这些观点都是他在美学性质问题上的独到见解，这对于我们认识美学作为一门现代综合性的社会科学应该具备的内容及属性，是很有启迪的。

从"艺术的科学论"一路走来的"美的科学论"，具有很强的时代特点和理论延续性，更重要的是，"洪毅然却间接接受了车氏的'美是生活'的观点，进而认定对'现实美'的研究先于对'艺术美'的研究，就像了解艺术本来就要了解生活一样。但这种观点所谓的'现实美'其实所指的就是'生活美'，后来的观点更倾向于要求将美学研究扩大到生活中美的各个领域"①。后来，洪毅然逐渐将公众物品纳入广阔的审美视域范围之内，涉及沙发、高跟鞋、厨具、窗帘、床、灶台、茶几、水杯、花架、鞋子、枪、农具、炉子、发饰、机器、火箭、车子、箱子、楼房、庭院、商场、食物、田地、电话、首饰、花盆等生活中人工形态的日常用品，也涉及劳动、心灵、语言、人体、交往、举止等抽象形态的艺术审美。

总之，由于早年受到杜威实用主义哲学和科学哲学的启蒙影响，坚持"为抗战而艺术"和"为人生而艺术"的艺术理念，洪毅然在"美学大讨论"中形成了独特的"社会功利"论和"美的科学"论主张，为 20 世纪中国美学的发展做出了自己的重要贡献。当然，其早年和晚年的著述以及未刊稿中所蕴含的美学思想(如将"生活艺术化"与"艺术生活化"相结合的公共艺术审美观)也是不容忽视的。

第三节　其他"美学大讨论"参与者的美学观点

学界一直未曾关注的是，在"美学大讨论"过程中实际上有一个从哲学美学走向生活美学与艺术美学的转变，而转变的标志性事件就是 1959 年 7 月 11 日

---

① 刘悦笛、李修建：《当代中国美学研究(1949—2009)》，中国社会科学出版社 2011 年版，第 30 页。

"《新建设》座谈会"[1]的召开。以此为界,美学大讨论可以划分为前后两个时期、两种倾向:前期主要倾向于从哲学高度对朱光潜美学思想进行批判,围绕"美的本质"等关键问题进行研究,于 1957 年"反右"前夕掀起了论辩的第一次高峰;后期主要倾向于将美学和艺术实践、现实生活相结合,讨论的内容由前期"美的本质"问题延伸到关于"自然美""美学研究的对象及方法""艺术实践""美感及美育"等话题上,论争的阵地也由前期的《文艺报》转移到《新建设》,于 1961 年掀起了论辩的第二次高峰。正如杉思在综述文章《几年来(1956—1961)关于美学问题的讨论》中所言:"自一九五六年起,争论虽时起时落,但一直没有停歇。今年(指 1961 年——笔者按)以来,讨论开始更广泛地铺开,学术界、文艺界以及许多高等院校的有关教研机构组织了座谈和讨论。提出了美育、人体美等新问题。而近一阶段最主要的特色,则是美学研究和讨论日益与艺术实际联系和结合起来,各艺术领域、艺术部门均开始提出一些如悲、喜、建筑风格、山水诗、花鸟画等美学问题进行讨论。"[2]尽管这篇文章刻意回避了已被打成"右派"的黄药眠、高尔泰、侯敏泽、许杰等人,但对大讨论的情状描述是基本可信的。前面我们已经对"美学四派"以及黄药眠、洪毅然等代表美学家的美学观点做了扫描,在此,我们不妨依据这两个时期、两种倾向来对其他参与者的观点择其要者进行概述,以呈现美学大讨论的丰富性与复杂性。

一、 美学问题的哲学批判

"美学大讨论"的参与者前期大都将所讨论的美学问题提到哲学的高度来进行论辩,这其中部分哲学家的身影和观点尤其值得关注。尽管他们也都是在马克思列宁主义反映认识论的框架中,以主观与客观、唯物主义与唯心主义、反

---

① 1959 年 7 月 11 日,《新建设》编委会邀请北京部分哲学、美学、文学艺术工作者座谈"怎样进一步地贯彻党的'百家争鸣'的方针,展开美学讨论的问题"。出席会议的有王庆淑、甘霖、朱光潜、孙定国、李元庆、李希凡、李泽厚、何其芳、吴传启、宗白华、郑昕、马采、马奇、许姬传、杨辛、蔡仪、潘梓年等。座谈会由《新建设》编辑会召集人张友渔主持。在会上,大家回顾了过去三年的美学讨论情况,并对今后进一步开展讨论主要提出了五点意见,其中第一条就是"今后的美学讨论,应当避免从概念出发,而更多地从丰富多彩的艺术实践和现实生活,来讨论美学问题"。参见《怎样进一步讨论美学问题(座谈记录)》,载《美学问题讨论集》第五集,第 1 页。

② 杉思:《几年来(1956—1961)关于美学问题的讨论》,载《美学问题讨论集》第六集,第 395 页。

动与进步的二元对立思维来对朱光潜美学思想进行批判的，但其观点所暗含的某些积极性是不容否定的。

贺麟，四川金堂人，哲学家，新儒家代表人物之一。1926—1930年先后在美国奥柏林大学、芝加哥大学、哈佛大学等学校研读西方哲学，1930—1931年在德国柏林大学研读进修德国古典哲学，1931年回国后，在北京大学任教。1955年后在中国科学院哲学研究所（今中国社会科学院哲学研究所）工作。作为黑格尔研究专家，贺麟率先对朱光潜文艺思想的主要哲学根源——克罗齐进行了深入的考察和批评。在《朱光潜文艺思想的哲学根源》①这篇预先准备好的批判文章中，他通过批判"克罗齐的反辩证法思想""艺术即直觉说""直觉即创造说""直觉即表现说""移情说"，认为克罗齐和朱光潜是"发展了康德、黑格尔的唯心论，抛弃了黑格尔的辩证法"，而朱光潜对克罗齐的批评则表现了他的尼采式的反理性主义思想。颇有意味的是，这篇批判他人的文章再次强化了他本人"自我批判"的力度。如其所言："在批评朱光潜文艺思想的过程中，也就批评了我自己过去相同于他的某些唯心论思想，初步和那些反动思想划清界限"，而之所以批评朱光潜和自我批评，则是"因为认识到批评资产阶级唯心主义思想，对于学习和宣传马克思主义哲学，对于社会主义建设在思想战线上的胜利都有极大的意义"，②这与他此前在《两点批判，一点反省》中批判胡适和梁漱溟的唯心主义思想并表明"自己要和自己过去的资产阶级唯心论思想划清界限"③是异曲同工的。不容否认，这篇文章虽然也受时代所限，以"反动""资产阶级""唯心主义"来形容和批判朱光潜的文艺思想，但比起那些充满浓厚斗争色彩的文章来说还是体现出了一定的哲学思辨性和学术含量，其中所涉及的观点，如艺术应该是"形象的思维"，应该是有高度概括性、高度思想性的东西，艺术的任务在于表达现实，表达自然和精神的本质和普遍实质等，推动了后来对"形象思维与逻辑思维""艺术和科学"关系问题的深入

① 1956年2月，贺麟应邀参加《文艺报》召开的小型座谈会，会后写成《朱光潜文艺思想的哲学根源》。稿子写成后，贺麟先后请蔡仪、冯至提意见。稿子经修改，送到《文艺报》，最后又经胡乔木提意见，首先发表于《人民日报》（1956年7月9、10日第七版）；随后，又被收入《美学问题讨论集》第一集。

② 参见贺麟《朱光潜文艺思想的哲学根源》，载《美学问题讨论集》第一集，第36页。

③ 贺麟：《两点批判，一点反省》，《人民日报》1955年1月29日。

讨论。[1] 此外，这种政治意识形态对学术研究以及研究者人格心理的直接影响也是值得深入反思的。

曹景元在《美感与美——批判朱光潜的美学思想》中对朱光潜的美学观进行批判并提出自己对美和美感的认识。他认为，“美不是事物的个别属性，美是一定对象的一种性质”，而“这种性质是为一定的对象与人、与人的生活发生的特定的关系，内在的联系所规定的”，“人们在劳动实践中积极作用于自然界，而引起自然的‘人化’与人的‘对象化’的结果，才使人逐渐认识到事物中的美，也才发展起人的审美能力”。而美感的特征之一在于它“与理性同时又与感性活动相联系”，即美感必然与理性、思维相联系，必须以理性为基础，同时也不能脱离具体的形象的感性活动。对于美感与美的关系，他认为：“美感的来源是客观存在的美的事物作用于主体的结果，美感必须基于客观存在的美的事物，美的事物是第一性的，美感是第二性的。”[2]当然，他也指出，在审美时还有着审美主体的主观因素(如美的观点、审美心情等)起作用，这是马克思主义唯物主义的、辩证的美学观点。在他看来，美的真正本质或唯一标准是生活，而只有劳动人民进步人类的生活才是真正的人的生活，由此出发，他认为现实主义创作方法是使艺术繁荣的正确方法。这篇文章与其另外一篇文章《既不唯物也不辩证的美学》[3]一样，虽然没有也不可能摆脱反映认识论的窠臼，存在着完全否定旧唯物主义和主观唯心主义、以阶级性简单判定反映美的本质的正确或歪曲等问题，但它对现实生活、现实主义、审美主体的主客观条件等的强调是具有积极意义的。

其他文章，如侯敏泽《朱光潜反动美学思想的源与流》、王子野《战斗的艺术——对朱光潜的艺术“非实用论”的初步批判》、周来祥《反对美学中的修正主义——评朱光潜先生美学观的新发展》、叶秀山《“美是主客观统一”说质疑》、魏

---

① 这篇文章在《人民日报》发表时配发了“编者按”：“关于美学问题的研究在我国文艺界、学术界还很不发展。我们在这里发表贺麟先生的文章，希望引起文艺界、学术界深入研究这一问题的兴趣。本文所接触到的一些基本问题，如形象思维和逻辑思维的关系问题、艺术和科学的关系问题，还需要大家继续讨论。本文是批判朱光潜先生的过去的美学见解的；朱光潜先生在六月三十日出版的《文艺报》上发表了《我的文艺思想的反动性》一文，对他自己过去的唯心主义美学思想作了恳切的批判，希望读者参看。”参见《人民日报》1956年7月9日。

② 参见《美学问题讨论集》第一集，第140、154页。

③ 同①，第64—98页。

正《关于美学的哲学基础问题——与朱光潜同志商榷》等文章，[①]都坚持以各自所理解的马克思列宁主义哲学作为美学科学的理论基础和方法论，对朱光潜的“主客观统一说”进行批判，其中也不乏一些严厉的革命的政治批判话语（诸如“作为帝国主义和买办阶级反动艺术思想”），否定“艺术作为艺术”，可看出当时的美学讨论在暗暗地诱导一种美学脱离艺术的倾向。

二、从哲学美学走向与现实生活和艺术实践相结合的美学

宗白华、王朝闻、阿甲、李可染等倡导美学与现实生活、艺术实践相结合，他们不仅身体力行地对诗文、电影、戏剧、绘画等艺术实践问题进行深入探究，还提倡“从具体的艺术实践中抽出美学原则，再以美学原则指导具体的艺术实践”[②]，既表现出对艺术本体特性的关注和肯定，更有效地矫正了“美学脱离艺术”的不良倾向，以及以政治论断代替艺术评价的偏颇。

宗白华在“《新建设》座谈会”中提出，美学讨论“应该同现实生活、艺术实践紧密结合起来”，“搞美学的人，应该向戏剧家、音乐家、舞蹈家和作家们学习，了解他们在艺术实践中的情况和问题，便于联系实际，进行美学研究”。[③] 他主张“美学工作者和艺术工作者应当密切联系、互相帮助”，这无疑是纠正美学讨论中概念化、抽象化之弊的正道。在《美从何处寻？》中，宗白华通过引证大量的古今中外文学实例（如自己的《流云小诗》、宋代罗大经《鹤林玉露中载某尼悟道诗》《伯牙水仙操·序》、郭六芳《舟还长沙》、里尔克《柏列格的随笔》、张大复《梅花草堂笔谈》、荷马《伊里亚特》等）认为，“美对于你的心，你的‘美感’是客观的对象和存在”，“专心在心内搜寻是达不到美的踪迹的。美的踪迹要到自然、人生、社会的具体形象里去找”，但另一方面他又认为，“心理距离构成审美的条件”，“心的陶冶、心的修养和锻炼是替美的发见和体验作准备。创造‘美’也是如此”[④]。这种既重客观又重主观的“美论”接近于朱光潜心物二分的“主客观统一论”，但他又以中国的“移我情”说取代里普斯的“移情说”，强调审美心理的积

---

① 参见《美学问题讨论集》第一集，第165—217，218—238页；《美学问题讨论集》第四集，第34—63，129—138页；《美学问题讨论集》第五集，第256—303页。

② 阿甲：《戏剧艺术的真与美》，载《美学问题讨论集》第六集，第375页。

③ 参见：《怎样进一步讨论美学问题》，载《美学问题讨论集》第六集，第16—17页。

④ 宗白华：《美从何处寻》，载《美学问题讨论集》第三集，第300—308页。原载《新建设》1957年6月号。

极因素和条件;还强调“美不但是不以我们的意志为转移的客观存在,反过来,它影响着我们,它教育着我们,提高生活的境界和意趣”[①]。这就由“从生活中寻找美”走向了“以美来塑造自我、建构美好生活”。而在《美学的散步》中,他又以古今中外的诗画为例呈现出一个具有比较美学气息的“艺术意境”。[②] 这两篇文章没有诸如“唯物”“唯心”“资产阶级”“无产阶级”等字样,没有“抓辫子”“扣帽子”“打棍子”,只有娓娓道来的诗一样的语言和境界,表现出与“斗争哲学”趣味完全不同的古典美学趣味,这种过滤掉政治意识形态色彩的诗性话语和美学趣味使其在美学大讨论中显得尤为独特,十分难得。

王朝闻通过对具体的戏剧和电影作品的探讨,表明了自己对艺术的美学理解,尤其是对艺术与现实、艺术与政治的关系的批判性反思。在《钟馗不丑》一文中,他指出戏剧《嫁女》里的钟馗形象以丑的外在特征表现内在的性格美,以此说明“美在生活中的表现形式是多种多样的,反映美的艺术方式也不能简单化”,认识了艺术中或现实中的这种复杂情况,“有利于克服把艺术作用看得太简单的毛病”,[③]这种观点所批评的正是当时艺术创作中存在的把艺术与生产、与政治的关系看得很狭窄而产生的概念化弊病。而在《老虎是“人”》一文中,他又从木偶电影《一只鞋》谈起,一方面,批评“电影不适当地强调了虎的实感,而这种实感和造形应有的假定性、象征性不协调,难怪有些观众误会电影在歌颂野兽”,即只强调了老虎的自然性的一面,而没有强调其决定性的作为社会的“人”的一面,另一方面,又指出“艺术和政治有联系又有区别,艺术上的缺点和政治上的错误不可混淆”,“评价一件作品的政治性如何,必须从它的根本性质着眼,看它的总的倾向如何。你把没有政治错误的作品说成是毒草,这种结论未免下得太匆忙了”。[④] 这些生动鲜活的例证,朴素合理的观点,充分表现出一位有良心的艺术家对艺术、对美学的尊重,对模糊艺术性和政治性的界限、以艺术创作图解政治观念等不良倾向的不满,这在“政治标准第一,艺术标准第二”的特定历史文化语境中是非常可贵的。

阿甲在《新建设》编辑部 1961 年 9 月 16 日召开的一次美学问题座谈会上,

---

① 宗白华:《美从何处寻》,载《美学问题讨论集》第三集,第 300—308 页。原载《新建设》1957 年 6 月号。
② 宗白华:《美学的散步》,载《美学问题讨论集》第五集,第 221—234 页。原载《新建设》1959 年 7 月号。
③ 王朝闻:《钟馗不丑》,载《美学问题讨论集》第三集,第 257—258 页。
④ 王朝闻:《老虎是“人”——从木偶电影〈一只鞋〉谈起》,载《美学问题讨论集》第六集,第 359、374 页。

针对当时体验派和表现派所激烈争论的“演员矛盾”问题以及艺术形象的表现问题从美学层面发表了个人意见。他认为，“演员矛盾”问题的中心问题是“舞台情感”问题，而“这种舞台感情是具有美学评价的。这是舞台感情的实质。这种具有美学意义的感情，不可能不具有表现的性质，唯‘体验’派所强调的感情体验实质是破坏美的感情的”①，也就是说，演员既需要有情感体验，更必须按照舞台规律、美学原则来创造一个有思想的能揭示客观真理的艺术形象。“美和真是不能分开的。一味强调表演技巧，就要走上破坏艺术的道路。戏剧的美的感情，是在演员生活经验的基础上挖掘出那和角色有某些类似的感情，将这种感情的幼苗在舞台幻觉的创造中培养起来的一种诗化的感情，它是美的，又要有几分真的。只强调表现则失真，只强调体验则失美。”②可见，阿甲提出的是一种兼容体验派和表现派观点的“体验—表现”观，体验是为了求真，表现是为了求美，美和真是统一于舞台情感，密不可分的。③ 另外，针对美学研究中重视艺术的思想情感而忽视艺术形式的问题，阿甲特别强调了艺术形式的表现手法即物质手段的重要性。他说：“艺术形象，不是一般地和内容的结合，而必需和艺术的物质工具结合起来，这就涉及如何运用技术的问题。用颜色，用线条，用音响作为艺术手段时（艺术语言），它的技术操作是不同的，构思方法也是不同的”④。当然，每种艺术形式又都有其自身固有的特质，因此“忽视每种艺术形式物质手段以及由于这种特点对反映生活的局限性也是不对的”⑤。这也正是阿甲在此前一篇文章《关于戏曲舞台艺术的一些探索》中所谈的“旧形式与新内容有制约关系”，以戏曲表现当前生活，必须理解这种制约关系，即“接受传统形式，首先是从具体生活出发，是生活的特点决定艺术的特点，同时也必须承认每种艺术形式又总有限制在自己的特殊手段去反映生活的”。⑥ 这种从艺术与生活的关系出发辩证地看待艺术形式的美学观点，无疑十分有利于完美地表现艺

---

① 阿甲：《戏剧表演论集》，上海文艺出版社1962年版，第13—14页。

② 同①，第15页。

③ 在另一篇文章《关于戏曲舞台艺术的一些探索》中，阿甲对此说得更为明确：“任何剧中的舞台艺术，按其本性来说，所谓体验和表现，无法绝对分开。角色，必须靠演员的思想、情感，去分析它，体会它，所谓‘设身处地，将心比心’，这就不可能没有体验；演员，至少在假定的生活环境、虚构的事件中活动，所谓‘假戏真做’，这就不可能没有表现。当然，把它当作一种科学的创作方法来研究，将二者予以区别，这是有意义的。”参见《美学问题讨论集》第五集，第271页。

④⑤ 同①，第16页。

⑥ 阿甲：《关于戏曲舞台艺术的一些探索》，载《美学问题讨论集》第五集，第273页。原载《人民日报》1959年12月9日。

术形象，有利于正确处理继承传统与发展传统的关系，至今仍具有启示意义。

李可染在《漫谈山水画》一文中，围绕“意境”与“意匠”对中国山水画作了言简意赅的美学阐释。一方面，他指出，“意境是山水画的灵魂”，所谓意境就是“景与情的结合”“写景即是写情”。而要获得意境，则“要深刻认识对象，要有强烈、真挚的思想感情”[1]，另一方面，他认为，要创造意境，就必须要有意匠，二者是山水画的两个关键。所谓“意匠”，就是“表现方法、表现手段的设计，简单地说，就是加工手段”。而中国画的意匠大体有三个方面：一是剪裁，即“计白当黑”，取舍得当；二是夸张，即“抓住对象的本质特征，狠狠地表现，重重地表现，强调地表现”；三是组织，即构图，“把复杂的事物组织穿插起来，以最经济的笔墨画最丰富的画，以最小的纸，画最大的画”。[2] 作者不仅特别强调了“意境”是山水画的核心美学范畴，更强调了意境的创造来自对表现技法等传统遗产的继承与发扬，意境的独创性来自创作主体对客观对象的强烈、真挚、朴素的思想感情以及对意匠的苦心经营，有力地凸显了主体性、主观情感等在艺术美创造中的地位和作用。

总之，相较于前期对美的本质、美感的抽象的理论探讨，上述的这些紧密联系艺术实践的美学观点使整个美学大讨论呈现出一种“接地气”的效果，不仅有的放矢地批判了当时艺术创造中的诸多弊端，更从中提炼出了种种美学原则并验证了古今中外美学理论的有效性，尤其是在中西比较的背景下不同程度地表现出对中国传统美学概念和思想（如“意境”“移我情”等）的回归，表现出继承和发扬古典美学传统并进行现代转化的可能。这些艺术家们从自己长期的、切身的艺术实践出发，返回艺术内部探求美学原理，有效地回避了政治话语的干预或影响，从而在“美学大讨论”中表现出一种尊重艺术和传统、一切从实践出发的实事求是的态度和精神，呈现出一抹靓丽的异彩。

---

① 中国画研究院编：《李可染论艺术》，人民美术出版社 1990 年版，第 76—77 页。

② 同①，第 78—81 页。

第八章

形象思维全国大讨论

形象思维在我国的讨论历史，可大致分为四个阶段：第一个阶段是20世纪30年代，是形象思维传入中国的时期，关于这个话题虽然没有形成大的讨论现象，却与中国的时代特征相结合，理论内涵发生了重要的变化。第二阶段是我们所熟知的20世纪50年代中期到1966年“文革”前夕，关于形象思维在我国第一次掀起了全国性的讨论热潮，郑季翘的一篇重量级文章终结了形象思维的讨论，并影响前期讨论的很多学者在“文革”中受到不同程度的人身迫害。第三阶段是在新时期初期，毛泽东给陈毅的一封信件发表之后，全国展开了关于形象思维的第二次讨论热潮。这一次可谓形象思维的“翻身仗”，赞同形象思维的观点呈压倒式状态。第四次关于形象思维的讨论在新世纪之交，讨论的状况类似于第一次在中国的传入，有学者继续关注形象思维问题本身，但更多的是转而研究其他内容，但蕴含着形象思维的内容。本章论述第二阶段。

第一节　“形象思维”从俄苏到中国传入期的理论内涵变迁

关于形象思维从俄苏到我国传入期的理论内涵变迁，没有引起学界足够的重视，往往语焉不详，或一笔带过。形象思维从别林斯基提出，到法捷耶夫将其纳入国家话语体系，它的内涵已经发生了诸多重要的转变；而“形象思维”在我国的传入期恰逢新文化运动之后的文学定义重构期，使这一段历史存在着非常大的阐释空间。

一、别林斯基提出形象思维

别林斯基的“形象思维”理论脱胎于黑格尔美学——“美是理念的感性显现”，他明确提出：“观念是一部艺术作品的内容，是普遍事物；形式是这个观念的局部的显现。”[①]别林斯基认为，思维的第一条道路是人类先民的神话，也就是哲学上的宗教；思维的第二条道路是艺术，它从象征起，到诗意形象为止；最后，充分发展并成熟的人，转入了最高级和最后的思维领域，那就是纯粹思维，摆脱了直感，把一切提升为纯粹概念。艺术从属于更抽象的哲学，也就是黑格尔说的“绝对理念”，“这与史所公认的别林斯基本人的黑格尔哲学背景完全相符”。[②]在此前提下，别林斯基提出了旨在概括艺术独特性的“形象思维”这一概念。在《伊凡·瓦年科讲述的〈俄罗斯童话〉》中，别林斯基写道：“既然诗歌不是什么别的东西，而是寓于形象的思维，所以一个民族的诗歌也就是民族的意识。”[③]在1840年的《艺术的观念》一文中，他真正展开了论述，只不过将“诗”换成了“艺术”，也就是说，“诗是寓于形象的思维”这一定义，变成了“艺术是寓于形象的思维”，并在文中加注释标明，在俄文中他是第一个使用这个定义的人。别林斯基

① 别林斯基：《〈冯维辛全集〉和札果斯金的〈犹里·米洛斯拉夫斯基〉》(1838)。原载《别林斯基全集》第二卷，第559—561页。中译见中国社会科学院外国文学研究所主编：《外国理论家、作家论形象思维》，中国社会科学出版社1979年版，第55页。

② 尤西林：《形象思维论及其20世纪争论》，《文学评论》1995年第6期。

③ 别林斯基：《伊凡·瓦年科讲述的〈俄罗斯童话〉》(1838)，载《外国理论家、作家论形象思维》，第55页。

强调的艺术独特性在于，“单纯的、直感的、由经验得来的认识，在诗歌和哲学之间看到一种差别，正像存在于生动的、热情的、彩虹一般的、展翅而飞的想象和干巴巴的、冷淡的、精微的、严峻的、喜欢唠叨词费的理性之间的差别一样”。①既然强调艺术的独特性，那么艺术家个人的独特性是艺术作品能够具有这种独特性的根本保证。于是，艺术家所应该具备的素质，成为别林斯基关注的内容。

> 他的形象，不由他作主地发生在他的想象之中，他被它们的光彩所迷惑，力求把它们从理想和可能性的领域移植到现实中来，也就是说，使本来只被他一个人看见的东西变得大家都能看见。②

> 精神在人的身上发现了自己，找到了它的充分的、直感的表现，在人的身上认识了作为主体或个性的自己。③

> 诗人首先是一个人，其次是他的祖国的公民，他的时代的子孙。④

上述三段引文中透露出一个强烈的信号：艺术创作具有强烈的个人化色彩。诗人首先应该是单个的“个人”，他看到别人没有看到的艺术美景，体会到别人没有意识到的艺术魅力，他要努力寻找艺术的形象，“他被它们的光彩所迷惑，力求把它们从理想和可能性的领域移植到现实中来”，因此，“诗人首先是一个人”；艺术家所要做的事情，是“使本来只被他一个人看见的东西变得大家都能看见”。这里的“个人”颇有康德“天才论”的意味，饱含着浪漫主义的气息。浪漫主义思想的最早主题之一，是艺术家的“退隐”，追求审美的修道式生活。⑤浪漫主义的艺术思想最终被总结成一个著名的口号，“为艺术而艺术”。浪漫主义美学的一个重要任务，就是为艺术立法，致力于勾勒出艺术自律的领域，审美

---

① 别林斯基：《艺术的观念》(1841)，载《别林斯基全集》第四卷，第585—586页，第592—596页。中译见《外国理论家、作家论形象思维》，第60页。

② 别林斯基：《智慧的痛苦》(1839)，中译见《外国理论家、作家论形象思维》，第58页。

③ 同②，第61页。

④ 别林斯基：《一八四八年俄国文学一瞥》(1847—1848)，原载《别林斯基全集》第十卷，第304—307页，311—312页。中译见《外国理论家、作家论形象思维》，第76页。

⑤ 门罗·C. 比厄斯利：《西方美学简史》，高建平译，北京大学出版社2007年版，第258页。

对象由于其无目的的合目的性，而成为某种与所有功利主义的对象完全不同的东西；它的创造动机也是独特的，独立于科学和哲学之外。对美和崇高的欣赏给人带来一种其他一切行为都不能赋予的价值，因为这些与知识或者是道德都没有关系。艺术家因而成为与社会保持一定距离的人，他们应该是与众不同的特立独行者，他能看到大家所没有看到的东西。艺术家的个人审美素养必须得到应有的尊重，并不是每个人都能够成为诗人或艺术家，这也就是别林斯基强调的艺术作品的"为难"之处："不，根据天性和天职而成为诗人，可不是这么容易的！"[①]解读艺术作品，在别林斯基看来，"这是一件很难办的事情……只有具有和思维性相结合的深刻的审美感觉的人才能够办到"[②]。

正因为此，别林斯基反复将文学艺术与哲学、科学等内容进行对比，提出文学与艺术的特殊性就在于其"形象性"。从这个意义上说，在"形象思维"这一概念中，承载着艺术家个人化的体验、直感，强调着文学艺术的纯粹性与独特性，诗人或艺术家需要做的，是把这种艺术美景和艺术魅力体现出来。创作艺术作品的过程会渗透进时代的特征、历史的语境、民族的文化甚至人类未来的梦想，因此，诗人还是"他的祖国的公民，他的时代的子孙"。这种个人性的重要体现，用别林斯基自己的话来说，就是"直感"，"精神在人的身上发现了自己，找到了它的充分的、直感的表现，在人的身上认识了作为主体或个性的自己"。在《艺术的观念》中，别林斯基反复论述了"直感"的重要性与重要特征，"现象的直感性是艺术的基本法则，确定不移的条件，赋予艺术崇高的、神秘的意义"[③]。直感既是艺术家个人化体验，也是文艺创作独特性的重要体现，如同桥梁一样，将形象思维的个人性与艺术创作的独特性联系起来。

二、 形象思维在俄苏经历的变迁

提出形象思维理论的别林斯基，正处于"唯心主义"的阶段，是黑格尔哲学的信奉者。在俄国革命民主主义者中，别林斯基的后继者车尔尼雪夫斯基和杜

---

① 别林斯基：《普希金作品集》，第 5 篇论文(1844)，载《别林斯基全集》第七卷，第 313 页。中译见《外国理论家、作家论形象思维》，第 72 页。

② 别林斯基：《〈冯维辛全集〉和札果斯金的〈犹里・米洛斯拉夫斯基〉》(1938)，原载《别林斯基全集》第二卷，第 559—561 页。中译见《外国理论家、作家论形象思维》，第 57 页。

③ 别林斯基：《艺术的观念》(1841)，中译见《外国理论家、作家论形象思维》，第 66 页。

勃罗留波夫，没有直接论述过“寓于形象的思维”，车氏谈到艺术中的想象与创造性想象，认为想象不过是回忆罢了；杜氏谈到作家对艺术形象的捕捉过程，但也没有明确谈论过形象思维。在19世纪，援引别林斯基形象思维的主要作家有屠格涅夫和冈察洛夫。他们赞同别林斯基的观点，屠格涅夫说，“这句名言是完全无可争论的、正确的”[①]；冈察洛夫认为，“艺术家是用形象来思考的，这一点我们在一切有才华的小说家那里处处都看到了”[②]。他们结合自己的创作经历论述形象思维的展开过程。屠格涅夫认为自己的创作是“从形象出发”，而不是“从观念出发”，“形象——是根植于诗人的心灵的”。[③] 冈察洛夫将作家分为自觉的和不自觉的，并认为后者优于前者，他自己就属于“不自觉的”作家，文艺创作是一种“本能”。可以说，在19世纪，俄国文艺界对别林斯基的形象思维理论是认同的，主要关注形象思维对于艺术独特性的重要意义。

“十月革命”前后的理论家与作家们，接受了马克思主义的学说，对形象思维的阐述和认识，首先开始关注形象思维说的唯物主义基础。俄国最早的马克思主义者普列汉诺夫，将别林斯基的理论进一步系统化，总结了别林斯基的五个美学规律。第一个规律，也就是别林斯基的基本规律是，“诗人应该表明，而不应当证明，是用形象和图画来思考，而不是用三段论法和两段论来思考……我们知道，诗是对真理的直感的默察或者是寓于形象的思维”[④]。卢那察尔斯基也同样赞同形象思维说，他提出的背景在于，国家需要通过艺术来了解自己，“这一任务正在通过中央统计局、通过我们的通讯和调查来执行”。要得到社会人群的具体状态，所有调查都“不如使用艺术语言”。[⑤] 为了完成这个任务，作家就要从生活中撷取形象。

“十月革命”之后，布尔什维克党和苏联政府的领导核心列宁、托洛茨基、布哈林等人，在一系列政治、军事斗争和经济建设的同时，高度关注文学艺术问题，在文化战略、文艺政策、文艺发展走向乃至具体作家的创作评价上，提出了

---

① 屠格涅夫：《序言》，载1880年版《长篇小说集》，俄文本见《屠格涅夫文集》第11卷，苏联国立文学出版社1956年版，第409—410页。中译见《外国理论家、作家论形象思维》，第103页。

② 冈察洛夫：《迟做总比不做好》(1889)。中译见《外国理论家、作家论形象思维》，第106页。

③ 同②，第104页。

④ 普列汉诺夫：《别林斯基的文学观》(1897)，载《普列汉诺夫文学与美学论文集》第1卷，苏联国立文学出版社1958年版。中译见《外国理论家、作家论形象思维》，第125—126页。

⑤ 卢那察尔斯基：《当代文学的道路》(1925)，载《卢那察尔斯基文集》第2卷，苏联国立文学出版社1964年版，第278—281页。中译见《外国理论家、作家论形象思维》，第135—136页。

一系列重要的见解，成为马克思主义文艺理论的重要组成部分。在这种大环境下，原先出自唯心主义立场的“形象思维”理论，其内涵也在逐步发生变化。高尔基对艺术作品成功与否的判定，以作家能否将生活中众多人物的阶级特性集中到一个人身上为标准，那么这个过程就是形象思维的过程。高尔基用想象定义形象思维，“想象在其本质上也是对于世界的思维，但它主要是用形象来思维，是‘艺术的’思维”[①]。1934 年，高尔基对作家的思维能力和逻辑思维的关系又进行了阐述：“艺术家是善于赋给语言、声音和色调以形式和形象的人，艺术家应该努力使自己的想象力和逻辑、直觉、理性的力量平衡起来。”[②]在 1935 年，高尔基更加明确地提出了作家创作艺术形象所应遵循的意识形态原则，“科学社会主义的各种预见正愈来愈广泛和深刻地被党的活动所实现着，这些预见的组织力量就在于它们的科学性……应该使文学家熟知科学的革命假设”[③]。

在 20 世纪 20 年代，苏联文学界流行着庸俗社会学派、无产阶级文化派和“拉普”的种种极左思潮，一些人机械地认为，“艺术生产从属于物质生产的规律”，艺术作品是“用艺术形象的语言来翻译社会经济生活”，作家首先是“阶级的等价物”和“阶级心理的代表者”。[④] 而“拉普”是 20 世纪 20 到 30 年代苏联最大的文学团体，断言文学是“特定的阶级意识形态的产物”，深刻地影响了苏联的文艺理论话语走向。1930 年，身为“拉普”主要领导人的法捷耶夫，对形象思维做了全面的解释，使之正式进入苏联的国家话语体系。此时的法捷耶夫对许多极左的观点都是赞同并积极执行和维护，他在这个时期的理论批评著作有着教条主义和庸俗社会学的毛病。[⑤] 在解释形象思维时，法捷耶夫也存在这样的倾向。

法捷耶夫在一篇题为《争取做一个辩证唯物主义的艺术家》的演说中，第一次从正面解释了形象思维这一概念：“大家知道，科学家用概念来思考，而艺术家则用形象来思考……艺术家传达现象的本质不是通过对该具体现象的抽象，

---

① 高尔基：《谈谈我怎样学习写作》(1928)，原载《高尔基论文学》，苏联作家出版社 1953 年版。中译见高尔基：《我怎样学习写作》，戈宝权译，三联书店 1951 年版，第 4、6、7、9、10、62、63、64 页。

② 高尔基：《和青年作家谈话》(1934)，原载《高尔基论文学》。中译见《高尔基文学论文选》，第 313 页。

③ 高尔基：《致亚·谢·谢尔巴科夫》(1935)，载《高尔基文艺书简集》，苏联作家出版社 1957 年版，第 485 页。中译见中国社会科学院外国文学研究所主编：《外国理论家、作家论形象思维》，中国社会科学出版社 1979 年版，第 156 页。

④ 张杰、王介之：《20 世纪俄罗斯文学批评史》，译林出版社，2000 年版，第 258 页。

⑤ 赵德泉、夏忠宪、陈明至：《法捷耶夫与文艺批评》，《武汉大学学报(社会科学版)》1982 年第 4 期。

而是通过对直接存在的具体展示和描绘。”[1]同时，法捷耶夫认为，艺术家本人就是一定的社会阶层或阶级的代表，要求作家“必须站在无产阶级的先进世界观的高度”[2]；在选择材料时，并不是每一件都同样使他震惊，也不是同样使他发生兴趣和激动，艺术的形象要“根据明确的世界观和明确的思想而得出直感印象”[3]，只有这样的直感印象才能构成无产阶级艺术的形象。在此基础上，法捷耶夫特别批判了别林斯基所提倡的“直感”，艺术家因此“注定了在现象的表面绕来绕去”[4]。无可否认，在这里，法捷耶夫的观点颇有“主题先行”的味道。

“十月革命”产生的影响，在政治领域和文化艺术领域都是空前的。中苏两国的无产阶级文学运动在同一历史时期内相继发生，都展开了理论上的激烈论战。“在20世纪世界文学的整体中，它们同属于以社会主义为意识特征的文学体系。”[5]中国从引入形象思维理论开始，便带有苏俄的背景。

三、 我国30年代对形象思维论的引入

20世纪30年代，形象思维传入我国。1931年11月20日，“左联”机关刊物《北斗》杂志刊载了由何丹仁（冯雪峰）翻译的法捷耶夫的《创作方法论》，提到“形象思维”，胡秋原在1932年也谈到过这个概念。40年代，形象思维逐步渗入文学概论的教材中，很多大家开始使用甚至列题准备长文进行讨论，但终究没有形成气候。[6] 因此，这个阶段可以看成是“形象思维”在我国的传入期。

在30年代，恰逢我国文学界从“文学革命”到“革命文学”的转变。胡适先

---

① 法捷耶夫：《争取做一个辩证唯物主义的艺术家》（1930年），载《三十年间》，苏联作家出版社1957年版，第80—84页。中译见《外国理论家、作家论形象思维》，第166—167页。

② 同①，第170页。

③ 同①，第169页。

④ 同①，第168页。

⑤ 艾晓明：《苏俄文艺论战与中国“革命文学”论争》，王晓明主编：《二十世纪中国文学史论》，东方出版社，1997年11月，第146页。

⑥ 1933年3月，北新书局出版的《文学概论讲话》中，把“想象”解释为“具体形象的思索或再现”。1935年，郑振铎、傅东华邀请欧阳山为“形象的思维”作解释，但原文并未印出。40年代，胡风曾经列题“论形象思维——作为实践，作为认识的创作过程”，也未完成。1943年，蔡仪在《新艺术论》一书中，明确指出：“艺术的认识是形象的思维”，并作出了学理上的解释。蔡仪的解释可以被认为是我国学者第一次从理论上对“形象思维”的内涵进行拓展。这一段资料参考了王敬文、阎凤仪、潘泽宏《形象思维理论的形成、发展及其在我国的流传》一文，详见中国社会科学院哲学研究所美学研究室和上海文艺出版社文艺理论编辑室合编：《美学》第1期，上海文艺出版社1979年版，第200—201页。

提出了《文学改良刍议》，标志着中国现代文学的开端；陈独秀的《文学革命论》要以文学来改造国民性；而到了 30 年代的“革命文学”，更加明确了文学的意识形态功能。在 1928 年，冯乃超、朱镜我、彭康、李初梨和李铁声于 1 月 15 日创办了《文化批判》这一激进的理论刊物，提出了新的“无产阶级革命文学”的历史主题，将“革命文学”前加上了“无产阶级”的定语，“意识形态”成为新的关键词——《文化批判》1928 年第 1 号刊登《意德沃罗基》（即“意识形态”的英文 Ideology 的音译）。1928 年对“文学”定义的重新界说，则又要求文学负担起社会责任，恢复文学与政治的联系。

1931 年将“形象思维”引入我国是意味深长的。此时恰逢文学观念的转型期，从强调纯文学与个性解放的“五四”启蒙范型，转向了注重文学意识形态的救亡范型，从“文学革命”转向了“革命文学”。把“形象思维”介绍进中国的作家，是左翼重要的理论家冯雪峰。冯雪峰当时所依据的关于形象思维的解释，并不是别林斯基本人提出的形象思维理论，而是时任“拉普”主要领导人的法捷耶夫解释后的形象思维理论。从冯雪峰引入“形象思维”的时间来看，刊发形象思维是在 1931 年 11 月，而就在同一个月，“左联”执委会通过了《中国无产阶级革命文学的新任务》，特别强调文学的意识形态功能。

1932 年，胡秋原编著的《唯物史观艺术论》一书中，专门论述了普列汉诺夫的艺术观，胡秋原在当时用的术语是“形象的思索”。关于艺术的本质，普列汉诺夫认为，首先是“专门就诗而论的”：“科学（哲学，批评，政论同样）可以认为是藉演绎法的思索，反之，诗是藉形象的思索。这是柏林斯基（别林斯基——引者注）得意的思想，普列汉诺夫常常引用，将它做自己‘美学法典之基础’。”[①]与别林斯基强调艺术的感性特征不同的是，胡秋原总结的普列汉诺夫关于艺术的论述，意在以马克思主义为指导，建立一种“科学的美学”，即“马克思主义社会学之基础上关于艺术的科学”[②]。普列汉诺夫认为：“美学的职务只限定于此——即观察各种历史时期，有支配势力的种种法则和态度是怎么样发生的这个问题而已。美学不是宣言艺术永久的法则，而是努力于研究决定艺术之历史底发达所根据的永久法则……总而言之，美学与物理学一样，是客观的，因此，与一切

① 胡秋原编著：《唯物史观艺术论——普列汉诺夫及其艺术理论》，神州国光社 1932 年版，第 38 页。
② 同①，第 25 页。

形而上学是缘远的东西。”[①]因此，美学的任务不是研究艺术的感性特征，而是要找到蕴含在艺术感性形式之下的规律，因此是科学的、客观的，这种研究方法最终是要寻找到艺术与政治的深层联系，“客观批评只要是真正表现为科学的，则亦表现为政论的批评……关于科学批评可以说，其批评之解剖愈是客观——即那批评愈将社会弊端更明了地浮雕地表现，则那批评亦必愈明了地显出社会的罪恶”[②]。胡秋原也非常认同普列汉诺夫的观点，并认为这种藉形象的思索就是“创造的幻想”，“艺术家则将思想具体化于形象之中的。而且也很知道是依据于‘创造的幻想’的”[③]，也就是我们今天所说的创造性想象。

1933年1月，赵景深的《文学概论讲话》交付出版社，1935年10月在北新书局出版。关于形象思维的论述，赵景深的这本讲义中篇幅并不长，但内容的分量是很重的。在第一讲《文学的定义》中，赵景深将文学的要素分解为五个部分，分别是文字、思想、情感、想象与艺术——各种主义的重要分配，赵景深对想象的定义是“这里所说的想象，意思只是具体形象的思索或再现”[④]。由此可见，在赵景深看来，形象思维等于想象，并且占据非常重要的位置，赵景深引证普列汉诺夫对于艺术的定义，“艺术是藉着活生生的形象而表现，而在这里存着她(她指文学——引者注)的最主要的特质”[⑤]。在第三讲《文学的要素》一章中，赵景深把想象分为三种，分别是创造的想象、联想的想象和解释的想象，这种分类与我们今天关于想象的分类已经非常类似了。赵景深对文学的定义是“文学是为了要写点什么，因为把作者自己的想象通过了情感用艺术方法写成的文字”[⑥]。所以，形象思维在赵景深的《文学概论讲话》中占有重要的地位，它成为文学的基本要素，在文学创作过程中发挥着非常重要的作用，构成了文学之为文学的本质特征。文学研究的目的，也是像普列汉诺夫所说的那样，去研究文学背后的根源问题，寻找到文学发展的规律。

周立波出版于1963年的《亭子间里》，除了《论春天》，都是在1935年到1937年期间，在上海的亭子间里完成的。在写作期间，作者加入了中国左翼作

---

① 胡秋原编著：《唯物史观艺术论——普列汉诺夫及其艺术理论》，神州国光社1932年版，第28页。
② 同①，第29页。
③ 同①，第40页。
④ 赵景深：《文学概论讲话》，北新书局1935年版，第7页。
⑤⑥ 同④，第8页。

家联盟，稍后，又加入了中国共产党，因此，这个小册子是有纪念意义的。[①] 随着时间的推移，1937 年抗战全面爆发，对文学的研究应该服从时代最突出的主题成为大家的共识。周立波在《亭子间里》开篇对文学的定位是："目前，中华民族的国耻，已经打破历史上所有的记录……在这种时期，我们的文学，从最初一课到'最后一课'，都应当是为了救国。"[②]在《文艺的特性》一章中，作者明确了文学的特性。周立波反对托尔斯泰所认为的艺术在于表现情感的观点，而是认为"一切文学都浸透了政治见解和哲学思想"[③]，但是，"文学不从抽象的观念出发，不从数字和概念出发，用艺术家的彩笔涂出生活的颜色、用艺术的手段表现生活和思想，使思想和生活在形象化的手段中活生生地再现出来，而社会的矛盾和发展也自然透露"[④]。周立波所赞同的，是现实主义文学对典型形象的塑造，要求作家使思想倾向成为事件和情势中自行流衍出来，而反对席勒式的表达；[⑤]同时，周立波也反对现代主义文学的形象思维，反对"为艺术而艺术"的主张，他所举的例子包括唯美主义、表现派、颓废派、象征派等。[⑥]

上述是 20 世纪 30 年代我国知识分子关于形象思维比较有代表性的观点，从中我们可以看出，当时由于民族国家更加紧迫的时代主题，学者们大多选择了经过苏联国家话语意识形态化了的"形象思维"理论。其实，在 30 年代，也并不是只有这一种声音，"谈论'形象思维'之时，另一个受西欧和北美学术影响的学术圈子刚从另一个角度谈论艺术的思维特征和艺术本质问题，这方面的主要代表，是朱光潜先生"[⑦]。朱光潜用"形象的直觉"建立起自己的美学体系，然而这种努力的倾向由于时代的需要并没有成为主流声音。

四、40 年代的形象思维论争

胡风专门谈过"形象"和"形象化"，也曾列题"论形象思维——作为实践，作

---

① 周立波：《亭子间里》，湖南人民出版社 1963 年版，第 115 页。
② 同①，第 1 页。
③ 同①，第 22 页。
④ 同①，第 23 页。
⑤ 同①，第 26 页。
⑥ 同①，第 25 页。
⑦ 高建平：《"形象思维"说的发展、终结与变容》，载高建平：《当代中国文艺理论研究(1949—2019)》，中国社会科学出版社 2019 年版，第 192 页。

为认识的创作过程”，但一直没有完成。我们从胡风关于形象思维片段的论述中，首先可以确认，胡风是赞同形象思维的，他说，“在美学或艺术学上，我们可以说‘形象的思维’或‘形象地思维’”。胡风提出：“在艺术创造过程里面，思想（思维、作家底主观认识）只能是一根引线，始终要附着在生活现实里面，它底被提高只能被统一在血肉的生活现实里面同时进行。”①其次，胡风将形象分为“内在形象”和“外在形象”。胡风所理解的内在形象是创作对象的内在精神，外在形象是内在形象的表现，而且只有当作家深刻把握创作对象的内在形象，也就是精神实质时，外在形象才有意义；否则只能是一具空洞的躯壳。他以阿Q为例，阿Q的癞疮疤只有当他在忌讳“光”“亮”的心理状态中才能够产生精神胜利的意义。所以，胡风提倡作家写内在形象，而反对空洞的外在形象：“一个真正能够把握到客观对象底生命的作家，就是不写人物底外形表征，直接突入心理内容和行动过程，也能够使人物在读者眼前活生生地出现，把读者拖进现实里面，而主观公式主义者所制造的指手画脚的‘外在形象’，只有使人发生滑稽之感，客观主义者所抄录的死样活气的‘外在形象’，只有使人对现实厌倦或者对现实达观而已的。”②第三，胡风的“形象化”与他所反对的“外在形象”是一脉相承的。他反对仅仅描写对象的外在特征，而不能把握对象的内在精神实质，这谈的是在小说中人物形象的塑造问题。在诗歌中，胡风也反对仅仅为了追求形象性而进行所谓的“形象化”。在他看来，诗歌的“形象化”无异于先有思想而后捏造一个形象，或者寻找一个形象来表达这种思想。胡风认为这种指导思想创作出来的诗歌缺乏主观战斗精神，人物也是一个没有灵魂的纸扎的人。胡风说：“至于‘形象化’，那是先有一种离开生活形象的思想，然后再把它‘化’成‘形象’，那思想就成了不是被现实生活所怀抱的，死的思想，形象成了思想底绘图或图案的，不是从血肉的现实生活里面诞生的，死的形象。”③胡风所反对的形象化，其实也就是恩格斯所谈到的“席勒化”，人物成为思想的传声筒。那么，形象化当然是现实主义作家所反对的，用胡风的话来说，这就是“机械论”，是庸俗的现实主义生下来的“小宝宝”。从胡风所列举的专题题目中，我们得知胡风其实对形象思维是有自己深入的体会的，以他个人的经历，也很能够结

①③ 胡风：《关于“诗的形象化”》，载《胡风论诗》，花城出版社1988年版，第76页。
② 胡风：《关于形象——创作对象的人》，载《胡风评论集》(下)，人民文学出版社1985年版，第332页。

合当时中国文坛的创作状况进行展开。很可惜的是他没有完成这个题目。从上文所谈到的几点内容来看，假如胡风要谈论形象思维的话，他的论述一定也是与他的主观战斗精神联系在一起的，也一定是他评判真伪现实主义的一个重要依据。形象思维在胡风这里，应该是他的主观战斗精神在创作过程中的展开过程，最后作品中所出现的艺术形象应该是主观战斗精神最终的体现和结晶。

在 40 年代，还有一个不应忘记的有关形象思维的阐释者就是周扬。在延安时期，周扬翻译了车尔尼雪夫斯基的《生活与美学》，并于 1942 年在《译后记》中分析了"美是生活"这个命题。周扬分析了车尔尼雪夫斯基"美是生活"这个命题的开拓性意义，指出车尔尼雪夫斯基"美是生活"的伟大意义不仅在于纠正了黑格尔以来的唯心主义美学中"美高于生活"的错误，而且看到了美的观念会随着人类生活的物质条件而变化，不同阶级的美的理想是不一样的。[①] 在此前提下，艺术不仅要揭示生活中什么是美的，更应该"批判生活"。周扬认为，车尔尼雪夫斯基关于艺术对生活的能动作用中没有达到马克思和恩格斯的高度，理想的艺术形态应该是现实主义和浪漫主义的结合，这就需要不断探索艺术形象所应该具备的特征。1944 年，周扬在《表现新的群众的时代》中提出："艺术性，就是真实地，具体地，生动地反映了生活。艺术性和形象性是差不多的意思；愈形象化，艺术性就愈高。"[②]在这里，周扬显然是赞同形象思维说的，相比胡风强调艺术形象形成过程中作家的主观能动作用，周扬更强调艺术形象的来源是客观生活。这一点，是造成二人关于"形象思维"观点分歧的根本原因。

40 年代的中国大致可以分为两个时期，一个是抗战时期，一个是解放战争时期。在这两个时期内，中国化的马克思主义美学探索取得了重大的进展。继 30 年代左翼作家联盟的成立之后，40 年代的重要收获是毛泽东《在延安文艺座谈会上的讲话》，《讲话》从指导思想上确立了文艺为政治的方向。在 40 年代，除了战场上真刀实枪的斗争之外，《讲话》的发表其实代表了另外一条战线的斗争，即文艺战线的斗争：一种是左派知识分子坚持的鲁迅文艺路线，一种是强调

---

① 周扬：《关于车尔尼雪夫斯基和他的美学》，载《周扬文集》，人民文学出版社 1984 年版，第 370 页。
② 周扬：《表现新的群众的时代》，载《周扬文集》，人民文学出版社 1984 年版，第 451 页。

服从的文艺为政治服务的路线。“两种文艺思想的对立……本来就存在，但它从不很明显变得明显，却跟一些人分别对两种文艺思想所做的解释和发挥有关。这里特别应该提到两个人：一个是周扬，一个是胡风。”①周扬最早根据延安文艺整风对《在延安文艺座谈会上的讲话》作了理论上的阐释，进一步发挥了文艺从属于政治的命题。而胡风则不同，他继承并发扬了鲁迅的很多观点，在“主观战斗精神”这一概念中，更加突出了文艺的独立自主性。这种矛盾延续到了50年代而愈演愈烈，也直接成为50年代形象思维讨论的重要原因。

第二节　50年代的形象思维大讨论

50年代最早见报的文章可能是发表于1955年，李拓之的《论形象思维与创作实践——批判胡风的反动文艺理论》②。这篇文章在题目中直接点明，讨论形象思维的目的，是批判胡风的反动文艺理论。文章展开的具体着眼点是讨论形象思维究竟赋予文学艺术怎样的一种特殊性，但这个特殊性的讨论，是以“是否能够掌握科学的反映论指导下的美学观点”③为前提。李拓之赞同别林斯基三段论的观点，并进一步提出，文学艺术特殊性的界定与美学观点之间的密切联系。文章的主要观点试图论证这样一个命题，即形象思维作为文艺的特殊法则，主要是从逻辑思维与形象思维二者的关系中去理解的，离开形象思维的美学立场，是没有办法论述清楚的。因此，作者肯定形象思维与逻辑思维有共通之处。与50年代苏联讨论形象思维所形成的格局大体类似，我国形象思维讨论高潮期所形成的观点大体上也可以分为“赞同派”和“反对派”两大类，而且也是以“赞同派”为多数，只是在形象思维具体展开过程中，各自存在差异；反对形象思维的学者属于少数，以毛星为代表。

① 支克坚：《从鲁迅到毛泽东——关于二十世纪三十到四十年代革命文艺思潮的变化，兼论周扬和胡风在变化中的地位》，《鲁迅研究月刊》2004年第8期。

②③ 李拓之：《论形象思维与创作实践——批判胡风的反动文艺理论》，《厦门大学学报》（社会科学版）1955年第4期。

一、霍松林论形象思维文章及其引起的讨论

从1956年开始，有关形象思维的讨论正式进入了高潮期。霍松林的文章《试论形象思维》[①]得到了广泛回应，是引发形象思维讨论的第一篇文章[②]。霍文首先从形象思维和逻辑思维的共同性出发，来肯定形象思维的重要地位。文章总结形象思维与逻辑思维的共同性有两处：一是二者都遵守思维对存在的关系这个基本的哲学规定，都是存在决定思维。从这个意义上，霍松林把艺术看成是现实的反映，"生活实践问题，是形象思维的根本问题"[③]。二是认为，形象思维在能够真实地揭示生活的本质及其规律性这一点上，与逻辑思维是一致的。而形象思维完成这个任务，就需要逻辑思维的帮助，帮助艺术家在研究生活的时候，正确地理解事物的本质及其内部规律性。霍松林文章的第二部分，论述了形象思维的特殊性。因为艺术的对象与科学的对象是有区别的。艺术的对象是"人"，而不是物。霍松林认为，人应该是活的整体的人，要凭借具体的形象来进行思维。所谓"具体的形象"，是指"凭借处于特定环境中的人的形象(外在形象和内在形象)进行思维的"[④]。逻辑思维是经由具体而走向抽象，形象思维则并不离开具体，而正是通过具体来显示抽象。霍松林反对从具体到抽象再到形象的过程，而认为形象思维是抽象化和具体化的统一，典型人物就是通过选择、概括、有意识地夸张和突出地刻画，最充分、最尖锐地表现一定社会力量本质的典型特征的过程创造出来的。霍松林认为，形象思维的特殊规律是通过具体的个别的东西揭示本质的、一般的东西，这是形象思维的特殊规律。文章的第三部分是关于作者世界观对创作的影响，批判胡风所谈的世界观对创作无影响的观点，认为世界观决定着创作的立场。

温德富的文章《关于形象思维过程问题的商榷——读霍松林〈试论形象思维〉》[⑤]，不同意霍松林关于形象思维过程的观点。霍松林提出，形象思维是抽象化和具体化的统一，反对从具体到抽象再到形象的过程。温德富认为，这是错误的，任何思维都离不开"从具体到抽象的过程"。霍松林所认为的形象思维就

---

①③④ 霍松林：《试论形象思维》，《新建设》1956年5月号。

② 高建平：《形象思维的发展、终结与变容》，《社会科学战线》2010年第1期。

⑤ 温德富：《关于形象思维过程问题的商榷——读霍松林〈试论形象思维〉》，《新建设》1956年8月号。

是心理学上所说的创造性想象，这在温德富这里也是反对的。温德富认为，这种观点混淆了想象和思维。随后，任秉义的《试谈形象思维的过程》[①]提出了反对温德富的观点。这篇文章认为，温德富的观点“形象思维也是由具体到抽象”的说法，忽视了形象思维的特殊性，在一定程度上混淆了形象思维和逻辑思维的区别。任秉义认为，形象思维的过程的特征是其形象性、具体性，其实就是将记忆表象经过创造性想象而概括成艺术形象的过程。逻辑思维帮助形象思维而不能代替。这篇文章具有浓厚的心理学色彩。周勃的文章《略谈形象思维》[②]，反对巴人提出的从感性认识到理性认识再到形象的过程，对霍松林的文章基本是赞同的，但反对形象思维过程的一个方面，即形象思维与逻辑思维的关系。周勃认为应该具体问题具体分析，不能用某个公式概括。此外，蒋孔阳的专著《论文学艺术的特征》[③]对霍松林的观点也有进一步的发挥，认为形象思维也是从个别到一般，但一般是始终体现在个别的形式中，并通过个别的形式来反映一般的规律性；它完全通过具体的人物和事件，具体的生活现象和细节，来概括作家对于现实生活的认识。形象思维的构思过程，始终都是和个别的具体的感性东西结合在一起，在这个过程中，逻辑思维是形象思维的基础。蒋孔阳还讨论了心理学中想象、虚构、联想和夸张的作用。

二、 陈涌论形象思维及其引起的讨论

陈涌的文章《关于文学艺术特征的一些问题》[④]，通过对形象思维的探讨，引出了一个新的问题，即文艺特殊性的结果。由霍松林的文章引起的讨论，理论家们主要关注的是形象思维的过程，形象思维究竟是如何展开的，它对批判资产阶级唯心论具有怎样的意义；而陈涌的文章通过形象思维谈论主要分析近年来在文艺批评和审美教育中的庸俗社会学倾向。文章把批判庸俗社会学和美学联系在一起，认为“庸俗社会学和唯心论同样都是违反真正的科学，违反马克思主义，危害文学艺术事业的发展的”。文章还将形象思维与

---

① 任秉义：《试谈形象思维的过程》，《新建设》1957年1月号。
② 周勃：《略谈形象思维》，《长江文艺》1956年8月号。
③ 蒋孔阳：《论文学艺术的特征》，新文艺出版社1957年版。
④ 陈涌：《关于文学艺术特征的一些问题》，《文艺报》1956年第9期。

艺术的审美功能联系在一起,认为“庸俗社会学的一个显著的特征,就是否认文学艺术的特殊的性质和任务,否认文学艺术有它自己不同于其他意识形态的特殊的规律,而用一般社会学的公式生吞活剥地代替对于文艺的具体生动的实践的研究”。陈涌批评了三段论式的形象思维过程,即“具体一抽象一具体”的思维过程,而是认为,艺术思维自始至终都应该保持艺术的特色。更为重要的是,文章不仅讨论了形象思维的过程,而且讨论了艺术审美教育的特点。在这里,陈涌的文章在阐释过程中突出的特色是,第一次将形象思维与中国古典美学思想联系在一起,借鲁迅所说的唐传奇的“文采”和“意想”来论证艺术的特性,蕴含着突破当时主流的反映论倾向。“鲁迅在这里所说的‘意想’,主要的也就是作者的美的理想。”陈涌反思当时的文艺创作后说:“如果我们给自己规定一个任务,认为主要的是学习反映主要矛盾斗争的作品,那么,过去这样的作品又有多少呢?”而且,陈涌反对文艺直接为政治服务,而且反对文艺主要为政治服务,“文学艺术为具体的工作服务也是需要的……但这不能成为我们整个文学艺术创作的主要任务。文学艺术为政治服务……但它的作品未必是直接为这项工作服务的”。这些论断当然是正确的,但敢于表达出来,需要非常大的勇气。

陈涌的文章同样产生了非常大的影响,他反对文艺创作与文艺接受中的庸俗社会学倾向,成为继批判胡风等“唯心主义”之后的重要内容。从 1956 年以后,在有关形象思维的文章中,作者批判的主要内容大多与典型、现实主义创作中的概念化、公式化相关,这些作者对庸俗社会学也持反对态度。这些理论家都赞同形象思维一说,但对其过程各有解释。尼苏的《形象思维过程究竟是怎样的?》[①]代表了另外一种方向,他反对形象思维过程中的抽象:“我认为形象思维始终不经过抽象的过程”,“形象思维……就是始终不脱离形象的具体思维”。狄其骢的《关于形象思维问题》[②]也认为,形象思维认识的全过程,不是脱离对象的具体感性和生动细节,而是自始至终把客观对象作为活的整体来综合性地把握。形象思维是思维化与形象化的辩证统一过程。

① 尼苏:《形象思维过程究竟是怎样的?》,《人文科学杂志》1957 年第 2 期。
② 狄其骢:《关于形象思维问题》,《新建设》1958 年 5 月号。

三、李泽厚论形象思维

使形象思维问题的讨论直接与美学大讨论联系起来的学者是李泽厚。李泽厚在当时虽然是一位青年学者，然而以其卓尔不群的观点成为当时参与美学大讨论，并与朱光潜、蔡仪等为代表的美学家对举的一派风云人物。李泽厚参与形象思维讨论时，他已经名扬学界。而在他的成名作《论美感、美和艺术——兼论朱光潜的唯心主义美学思想》中，不仅对蔡仪、朱光潜的美学思想进行了深入的批判，而且提出了自己的概念：美感二重性、美的客观性与社会性统一，从而被学界认为李泽厚的美学思想自成一派，有力地推动了美学大讨论的进行。至于形象思维的话题，在这篇文章中，李泽厚几乎用到了三分之一的篇幅讨论这个问题，后来又单独撰文《试论形象思维》①。正是由于李泽厚，使形象思维与美学大讨论的关系从隐性到显性地联系了起来。

第一，李泽厚提出，美感存在着二重性的矛盾，并对之作了明确的界定：

> 总括我们关于美感矛盾二重性的论点，是认为，美感是有客观必然的社会功利性的，在这一方面，它与科学与逻辑思维是一致的，它们都揭示事物之间的必然联系，揭示事物的本质，而为人类服务，但是，美感却又有其不同于科学和逻辑的独具的特征，这就是它的直觉性质，没有这一性质，就不成其为美感，就会与人类其他的认识方式完全等同起来。所以美感的矛盾二重性是一个统一的存在，忽视或否认任何一方，都是错误的。②

第二，李泽厚从美感二重性出发，论述了美的二重性。据以上论述，美感的二重性中蕴含的，其实是客观的社会的功利性与主观的个体的直觉性。而这一点，恰好构成了美的两个基本特征："美的两个基本特性之一是它的客观社会性……它构成了美的客观社会性的无限内容；美的另一基本特性是它的具体形象性，即美必须是一个具体的、有限的生活形象的存在。"③ 如果"美感的客观功

---

① 载《文学评论》1959年第2期。
②③ 李泽厚：《论美感、美和艺术》，《哲学研究》1956年第5期。

利性只有在美的社会性中求到解答”①，那么，具体的艺术形象应该对应着美的另外一个特征，即具体形象性。所以李泽厚说：“美的两个基本性质（亦即美的内容与形式）问题，一方面总结了美感的矛盾二重性问题，而另一方面却又开展为艺术形象与典型这一艺术的中心环节。”②这样，李泽厚将美感、美与形象联系了起来。经过对美感二重性的批判、美的客观社会性与具体形象性的论述之后，美学集中到对艺术美的讨论之中。李泽厚说：

> 艺术美是现实美的反映和集中，艺术的形象也即是现实生活的形象的反映。所以，形象就是艺术生命的秘密，没有形象，就没有艺术。形象问题是艺术美的核心问题。典型问题又是艺术形象的核心问题。典型是美的社会性和形象性的统一。典型问题就必须通过形象思维来研究。③

第三，形象思维是美学的一个根本问题。到这里已经非常明确了，形象思维不但是美学大讨论的一个延续，而且构成了美学大讨论关于艺术美特质这一根本问题的基石。用李泽厚的话来说：“形象思维又是怎样进行‘抽象’‘概括’而使认识由感性阶段进到理性阶段的呢？这显然是形象思维的一个根本问题。因为形象思维能否以及如何上升到理性阶段的问题，也就是艺术能否以及如何反映现实生活本质的问题。”④也就是说，美感的二重性是由个人的主观直觉性质和社会的客观功利性质构成，而美的二重性对应的是具体的形象性和客观的社会性。艺术美是美的典型体现，它的核心问题是形象问题，即艺术美的最终体现是“典型”。那么典型是如何创造出来的？这就是形象思维的过程。在这个意义上，李泽厚第一次将形象思维与美学大讨论联系了起来，他的《试论形象思维》一文成为形象思维讨论与美学大讨论的关节点。因此我们可以说，李泽厚的《试论形象思维》也应该是美学大讨论的有机组成部分。美学大讨论是论述了美的哲学认识论基础，而形象思维则是美学大讨论的具体问题展开，就是要回答美的形象是如何诞生的这一问题。

在《试论形象思维》一文中，李泽厚首先肯定了形象思维的存在，并将之看成是一种“认识”：“思维，不管是形象思维或逻辑思维，都是认识的一种深化，是

①②③④　李泽厚：《论美感、美和艺术》，《哲学研究》1956年第5期。

人的认识的理性阶段。人通过认识的理性阶段才达到对事物的本质的把握。形象思维的过程在实质上与逻辑思维相同，也是从现象到本质、从感性到理性的一种认识过程。”但是，形象思维又不同于逻辑思维，在李泽厚看来，“形象思维的过程又有与逻辑思维不同的本身独有的一些规律和特点，这就是在整个过程中思维永远不离开感性形象的活动和想象”。在这篇文章中，李泽厚对形象思维过程明确界定为“个性化与本质化的同时进行”，最终要形成恩格斯所说的独特的“这一个”，也就是典型。本质化的过程是对形象代表性的深入，是对艺术形象的社会意义的发掘，而个性化则是艺术形象美的体现，是具体的外化的主观表现。二者缺一不可，是“完全不可分割的、统一的一个过程的两方面”。离开本质化，个性化缺乏深度，是形象思维的混乱，或是一堆无意义的奇异情节；离开个性化，本质化又会显得空洞和刻板，人物成为一个影子或者符号，就容易产生公式化和概念化的作品。

其次，李泽厚在提出了形象思维是个性化与本质化同时进行之后，提出了形象思维所不应或缺的情感维度：“形象思维还有一个主要特征：这就是它永远伴随着美感感情态度。”在李泽厚看来，艺术家的情感态度，“其本质是一个美的理想问题”，它是“一种深入骨髓的在长期生活和教养下培养形成的具有强烈的阶级性质的东西”。在这里，李泽厚再次将形象思维与美学讨论联系起来。李泽厚说，“艺术家主观的美的理想与现实生活中客观的美的理想能否、如何以及在何种基础、何种范围和何种程度上统一和一致”是一个关键问题，关键的关键“又在美感”，因为它决定了“主客观的美学理想是否一致或接近”。这样，文章的结论必然是倡导艺术家应该具有工农兵的情感态度，这一结论是符合《讲话》精神的。

再次，李泽厚在形象思维与逻辑思维的关系问题上提出，“逻辑思维是形象思维的基础”。因为“对历史和现实生活的逻辑了解和理论认识常常自觉或不自觉地渗透到以后的形象思维中并构成艺术家整个感受和感性的内容和基础了”。而且，“逻辑思维经常插入形象思维的整个过程中来规范它、指引它”。艺术思维的整个过程，包含形象思维与逻辑思维两个方面。逻辑思维不能代替形象思维，因为从概念、判断等逻辑推理形式不能直接诞生艺术形象。这个问题再深一层的含义，关涉到了“创作方法与世界观的问题”。到 1959 年，距离胡风案件的定性已经过去三年多的时间，李泽厚的文章依然与其产生了回应。在反对公式化、概念化的创作问题上，李泽厚提出，因为形象思维是以逻辑思维为基础，“客观形象大于主观思想”；同时，艺术家的主观思想也能够把握住形象的“本质意义”。

最后，李泽厚考察了形象思维在门类艺术中的不同特色，这一点在李泽厚看来“其实更为重要”。这一点是李泽厚在当时形象思维讨论中的一个突出的特色。在这里，李泽厚探讨了电影形象思维的“微相学——细微的面部表情变化传达出千言万语不能表达出的人的内心细微活动和变化”、绘画“要求形象思维的极大的细节确定性”等，其实已经涉及了各门类艺术所使用的不同符号的特色问题，只不过在当时由于理论资源的局限而未能深入展开。此外，李泽厚还提出了随着创作方法不同而形象思维有所不同、形象思维的民族特色、艺术家个人的才情性格不同而使各自的形象思维有所不同等问题。可以说，这篇《试论形象思维》的最后一部分，是非常精彩的。根据前文所述，李泽厚在美学大讨论中提出，艺术美是美的关键问题，而形象思维则是关键的关键，所以讨论各种艺术中形象思维的特点，是形象思维问题讨论的应有之义。可见，形象思维的讨论的确无法离开美学大讨论这一背景，而且，正是美学大讨论的背景赋予形象思维讨论更为深刻的意义，使形象思维讨论脱离了只在各种哲学术语中打转的苍白境地，而是能够在各种具体的门类艺术中彰显出缤纷的色彩，也使原来探讨文学创作的一个相对单薄的理论话题，变得充实而丰满。

此外，在这篇文章整体上更为明显的特征是对中国古典美学思想的发掘，可以说在形象思维本土化过程中，李泽厚在陈涌的基础上将之发扬光大，以《文心雕龙·神思篇》“神用象通，情变所孕；物以貌求，心以理应”作为文章的题记。陈涌在关于形象思维的论述中，中国古典美学是作为一小部分的论据出现，而李泽厚将之作为支撑形象思维理论的基础，这是二人就此问题最大的不同。李泽厚在谈到形象思维的特点是“自始至终都不断地有较清晰、较具体的形象的活动”，引证《陆机·文赋》中的“情瞳胧而弥鲜，物昭晰而互进”；在论述如何捕捉形象时，李泽厚以中国古代画院以诗题画为例，来证明形象的获得要经过精细的琢磨与想象；在论述形象思维永远伴随美感感情态度时，李泽厚以《乐记》“情动于中，故形于声”、《诗品》“非长歌何以骋其情”为例；这样的例证贯穿了全文的论述。李泽厚深厚的学养使他对中国古典美学的引证信手拈来，不仅使来自异域的形象思维概念在华夏文化的土壤中落地生根，而且带动了我国学者对古典美学的深入研究，使古典美学与西方的美学在形象思维的讨论中产生了第一次深度的对话与碰撞。更进一步，李泽厚首次提出形象思维的民族特色，这是其他学者在当时所没有注意到的。文章说："形象思维在民族生活的传统习惯的长期影响下，在创作过程和表述上也产生了特色。这当然就涉及艺术的民族形式问题，涉及中国艺术传统的典型化方法的规律和特色问题。"因此，我们可以将这篇文章看成是形象思维本土化过程中的一个高潮，形象思维的讨论在李泽厚的推动下，关于艺术独特性的探索以及对中国古典美学资源的发掘，成为美学大讨论的重要成果。李泽厚的这一看法对中国古典文艺理论和美学的研究影响颇深，到 60 年代，张文勋写出了以形象思维为纲，对中国古典美学研究的大文章：《我国古代文学理论家对文学艺术特征的认识》[①]，按照中国历史发展顺序，以形象思维的视角进行批评，这在 60 年代还是比较罕见的。还有像《刘勰在〈文心雕龙〉中关于形象思维和比兴手法的论述》[②]等文章，尽管很多论断在现在看来还有待商榷，例如，囿于时代而对王国维"唯心主义"和"唯美主义"的批判，以形象思维为原点对中国古代文论和美学思想的评价是否合适，但毕竟是我国学者试图将形象思维本土化的可贵努力，也切实推动了学界对古典美学的研究。

四、 蔡仪论形象思维及其后续讨论

1943 年，蔡仪在《新艺术论》一书中明确指出："艺术的认识是形象的思维"，并做出了学理上的解释。蔡仪的解释可以被认为是我国学者第一次从理论上对"形象思维"的内涵进行拓展。[③] 更为重要的是，蔡仪谈"形象思维"理论并不只就一个单独问题而论，而是在其系统的马克思主义美学体系之上进而论及形象思维的展开过程、地位及其意义的。因此，我们在理解蔡仪的形象思维理论时，一定不能忽视这种系统性。

蔡仪始创于 20 世纪 40 年代的美学体系以"新方法"即马克思主义唯物主

① 张文勋：《我国古代文学理论家对文学艺术特征的认识》，载《形象思维散论》，云南人民出版社 1979 年版，第 26—77 页。

② 张文勋：《刘勰在〈文心雕龙〉中关于形象思维和比兴手法的论述》，《光明日报》1962 年 12 月 16 日。

③ 王敬文、阎凤仪、潘泽宏：《形象思维理论的形成、发展及其在我国的流传》，详见中国社会科学院哲学研究所美学研究室和上海文艺出版社文艺理论编辑室合编：《美学》第 1 期，第 201 页。

义为指导,是我国马克思主义美学中国化的宝贵成果。[①] 蔡仪在《新艺术论》开篇提出"艺术与现实"的关系,奠定了唯物主义认识论的基础。根据艺术反映现实的不同侧面,蔡仪分析了艺术的个性、阶级性、时代性和永久性等内容,然后提出了现实主义的理想是典型,并将典型分为正的典型和负的典型。最后,蔡仪对从古至今的现实主义进行梳理,总结批判现实主义和社会主义现实主义的不同阶段。最后蔡仪得出的结论是,艺术是反映现实的,艺术是现实的典型化以及美就是典型等。在 1944 年完成的《新美学》中,蔡仪关注的对象从艺术转向了美学,但很多问题仍是密切联系在一起的。蔡仪首先确定美的属性是客观的,这与他一贯的唯物主义立场是一致的。那么,人要如何把握美的本质呢?从客观出发,这是唯一正确的途径。据此,蔡仪批判了旧美学的错误在于其主观性,新美学的中心结论是,美的东西即典型的东西,美的本质即事物的典型性。

无论在《新艺术论》还是在《新美学》中,蔡仪都谈到了"典型"。那么,应该如何实现艺术创作中的典型呢?这还需要通过形象思维来完成。在蔡仪看来,艺术首先是一种"认识",这种认识不同于科学与技术,具有特殊性,它是一种"具体的概念的认识"。蔡仪认为,概念包含两个方面,分别是抽象和具体。概念的抽象性的发展即是抽象概念,它是科学认识的基础;概念的具象性发展即为具体概念,它是艺术认识的基础。具体的概念"能唤起具体的个别的形象的概念",它是形象思维的基础。

形象思维是"由具体的概念去结合已知的东西和未知的东西,并借它和已知的东西的关联,我们可以施行形象的判断,借它和未知的东西关联,我们可以施行形象的推理"[②]。根据具体的概念,我们在艺术中可以进行形象的思维,蔡仪认为,形象思维与一般所谓的"艺术的想象"[③]是一致的。可以说,蔡仪在初版《新艺术论》中,对形象思维的探讨是初步的,在随后的《新美学》和改写版《新艺术论》中,又将之进行了系统化的论述。我们说胡风的形象思维论与其"主观战斗精神"密切联系,与此类似,蔡仪的形象思维论也与其客观派的美学理论是联系在一起的。蔡仪美学体系中的形象思维过程,渗透着他的唯物主义精神,倡

---

① 李云雷:《中国马克思主义艺术理论的深化与拓展》,见宋建林、陈飞龙主编:《中国马克思主义艺术理论发展史》,三联书店 2011 年版,第 208—209 页。

②③ 蔡仪:《新艺术论》,商务印书馆 1943 年版,第 36 页。

导作家从现实生活出发，创造现实主义文艺作品的典型形象。蔡仪也努力地从一种辩证的姿态来看待形象思维过程，他提出："艺术的认识，固然是由感觉出发而通过了思维，却是没有完全脱离感性，而且主要地是由感性来完成，不过这时的感性已不是单纯的个别现实的刺激所引起的感性，而是受智性制约的感性。"[①]在"具体的概念"中，蔡仪想要证明，形象可以思维，这个思维过程不能脱离智性的制约，也要经过比较、分析、综合，只不过不那么明显。与 30 年代的左翼作家对形象思维的翻译介绍或者是直接运用相比，蔡仪所思考的是非常宝贵的。相对于胡风的主观战斗精神基础上的形象思维论，蔡仪的阐释具有更加明显的哲学思考痕迹，更强调客观世界对思维的决定作用，这与蔡仪有意识运用马克思主义哲学的"新方法"是分不开的。

蔡仪对形象思维的看法融入了他所主编的《文学概论》之中，但该书在当时没有出版，直到 1979 年出版，前后经历了 18 年的时间。

五、 形象思维讨论高潮期的观点总结与其他理论成果

（一）对于形象思维含义的界定

尽管多数学者认可"形象思维"这一概念的存在，但究竟什么才是"形象思维"，每位学者的说法又不尽相同。蔡仪、霍松林、李泽厚等学者认同形象思维就是"创造性的艺术想象"，任秉义认为创造性想象只是思维的一个中介："形象思维也就是心理活动上人类把基于生活实践而在意识中产生的表象通过创造性想象性而改造制作成一种新的形象的过程。"[②]

还有一种说法，认同形象思维是始终不脱离形象的思维，尼苏、李泽厚就持这种观点。还有吴调公认为，形象思维是"一种用具体感性的方式来进行的思维"，"在提高深化过程中，它始终带着形象走，而没有一个摆脱形象的、抽象的'真空'阶段"。[③] 蒋孔阳则说："运用生动的、具体的、能唤起美感的方式，来进行

① 蔡仪：《新艺术论》"第二章第二节"，载《蔡仪文集》第一卷，中国文联出版公司 2002 年版，第 40 页。
② 任秉义：《试探形象思维的过程》，《新建设》1957 年 1 月号。
③ 吴调公：《与文艺爱好者谈创作》，长江文艺出版社 1957 年版，第 17 页。

构思的人类的思维活动，我们一般称为形象思维。”[①]还有像狄其骢、亦门等学者也持类似观点。狄其骢说，形象思维是“形象化了的思维，思维化了的形象”[②]。

另外，还有学者区分了日常生活中的形象思维与艺术创作中的形象思维，如樊挺岳认为：“形象思维有两种含义：一种是专指作家在进行创作时所特有的一种思维形式，另一种是泛指一切人们都具有的，凡是不依靠抽象概念，而是与具体事物相联系的，一种富有形象性的思维活动”，而且将作家所特有的形象思维称为“艺术思维”。[③]

（二）形象思维的过程

有学者通过论证将形象思维与典型联系了起来，这一观点在当时也非常普遍，如前所述，李泽厚在他的美学成名作《论美感、美和艺术》、蔡仪在《新艺术论》中也都认同形象思维是典型的创作过程。霍松林认为，形象思维的特点之一是“用具体的感性的形象形式体现认识生活的结果，即通过个别的具体的东西，反映一般的、本质的东西”[④]。蒋孔阳也谈到：“它生动，它具体，它活泼泼的生活本身的感性形式，来对现实生活进行本质的概括，进行典型化。”[⑤]虹夷认为：“形象思维始终以具体的形式来活动，来进行选择、概括，创造艺术典型。”[⑥]

形象思维究竟是否存在一个抽象思维的过程，学者们的观点各自不同。有的学者认为，形象思维自始至终都离不开形象。李树谦认为，形象思维始终不脱离形象，“都是和对具体感性的、具有本质意义的细节的选择与提炼紧紧联系在一起的”。[⑦] 以群也持类似的观点，认为形象思维的过程“没有一个阶段会离开形象而只留下概念的”[⑧]。尼苏在反驳温德富的观点时，也表达了类似看法。还有的学者认为，形象思维与抽象思维是相互纠缠在一起的。如狄其骢认为：“形象思维的过程，乃是思维化与形象化的辩证统一的复杂过程。”[⑨]温德富赞同

---

① 蒋孔阳：《文学的基本知识》，中国青年出版社1957年版，第23页。
②⑨ 狄其骢：《关于形象思维问题》，《新建设》1958年5月号。
③ 樊挺岳：《关于作家的艺术思维》，《学术论坛》1957年第2期。
④ 霍松林：《诗的形象及其他》，长江文艺出版社1958年版，第30页。
⑤ 蒋孔阳：《论文学艺术的特征》，新文艺出版社1957年版，第82页。
⑥ 虹夷：《关于形象思维的问题》，《文学评论》1959年第1期。
⑦ 李树谦、李景隆编著：《文学概论》，吉林人民出版社1957年版，第34页。
⑧ 以群：《论无产阶级革命文艺的发展方向》，上海文艺出版社1960年版，第165页。

高尔基对形象思维三段论的说法，认为“人的任何思维过程都离不开‘从具体到抽象’的过程”①。

把形象思维与逻辑思维对举是当时学者比较普遍的做法。早在 1956 年，张文勋就提出，“形象思维自始至终占主导地位”，逻辑思维处于“指导”“帮助”地位。② 任秉义、老凡、萧殷等学者也表示认同。李泽厚、蒋孔阳明确表示“逻辑思维是形象思维的基础”。还有的学者认为形象思维和逻辑思维相互启发、相互渗透、相互转化、相互作用、相互指导。霍松林、李树谦、吴调公、巴人、张若名、周来祥、杨喜仁等很多学者都认为，形象思维与逻辑思维有密切关系。1958 年第 1 期和第 11 期的《学术月刊》就如何理解形象思维与抽象思维及其相互关系曾展开讨论。这场讨论促进了人们对形象思维认识的深化，扩大了形象思维这一观点的影响力，蕴含在其中的包括对艺术特殊规律的认识、文艺心理学的初步探索。但不可否认的是，由于当时学术资源的缺乏，学者们引用的资料难以脱离马恩列斯等马克思主义经典作家的论述，将心理学作为一种辅助的手段来讨论形象思维，或者引证作家对创作过程回忆从而让形象思维的讨论缺乏相应的学理深度，也有很多观点重复提出，内容驳杂。

（三）形象思维作为文艺特征的定论写入高校教材

形象思维作为定论写入由中宣部组织编写的高校教材和其他地方院校教材中。1961 年 2 月至 1962 年 10 月，周扬多次参加《文学概论》的编写讨论会并发表讲话，在后来整理的发言记录稿中，周扬多次提到了“形象和形象思维”“形象思维”，如第二次讲话他就用“形象”表征艺术的特性：“（文学的）本质是反映社会生活，特征是形象。”③紧接着他便建议在全书结构确定之后，好好讨论“形象思维、形象、典型”④。1961 年 6 月 16 日，周扬在《文艺工作座谈会的总结发言》中说：“形象思维和逻辑思维是两个东西……搞理论靠概念，搞概念的人就容易搞逻辑思维，搞艺术的人，就容易搞形象思维。”周扬明确提出，自己赞同形象思维说，这也为形象思维进入教材奠定了基础。“关于形象思维这个问题，自从黑格尔提出来，最后

---

① 温德富：《关于形象思维过程的商榷》，《新建设》1956 年 8 月号。
② 张文勋：《关于文学艺术的特征问题》，《文史哲》1956 年 8 月号。
③ 周扬：《对编写〈文学概论〉的意见》，载《周扬文集》第三卷，人民文学出版社 1990 年版，第 239 页。
④ 同③，第 240 页。

为普列汉诺夫所肯定，直到今天除了毛星同志的文章，还没见到别人反对过，也许毛星同志正确，但我是偏向于有形象思维的。"[①]1962年，在中宣部的领导下，由蔡仪担纲，组成了《文学概论》编写组，将形象思维以定论的形式写入了高校教材之中。以群的《文学的基本原理》[②]，将形象思维写入高校的教科书，认为"形象思维是作家、艺术家在整个创作过程中所进行的艺术的思维活动"，并将形象思维分为两个阶段，从感性经验出发，上升到理性认识，存在一个"去粗取精、去伪存真、由此及彼、由表及里"的过程，然后进行集中概括，再创造一个形象。以群也以中国古典文论进行印证，并论述了想象、联想、幻想等心理活动在艺术构思过程中的重要作用。在1964年的再版中，以群将"形象思维"换成了"艺术思维"，认为形象思维是"作家、艺术家在整个创作过程中所进行的艺术的思维活动"。[③] 在地方性文艺理论教材中，由山东大学中文系文艺理论教研组主编的《文艺学概论》，也将形象思维写入教材，认为"形象思维是人们通过创造性的想象、具体感性的形象反映现实的一种思维形式"，它"是受世界观指导的"，"是人们通过实践在感性认识（感觉、知觉、表象）的基础上形成的"。[④]

如果我们总结一下高潮期的形象思维讨论可以看出，对形象思维持赞同态度的学者占到绝大多数。关于形象思维的讨论过程，大体上可以分为两类观点，一类是"统一论"，以霍松林为代表。这一派学者认为形象思维始终离不开形象，形象思维一直居于主导地位，逻辑思维是形象思维的基础。但在具体表述上各有不同，如抽象化和具体化的统一（霍松林）、概括化和个性化的统一（蒋孔阳）、形象化和思维化的统一（狄其骢）、个性化与本质化的统一（李泽厚）等。还有一类与高尔基的两段论相似，如温德富、程千帆、巴人、以群等学者。无论是哪一类观点，二者的共同点是都认为对形象思维的不正确理解会导致人物形象的僵化，创作的概念化和公式化。总之，学者们普遍认为，艺术是一种独特的认识，要用形象来思维，才能够达到从现象到本质的认识。

从文章的行文风格来看，文章批判的口吻越来越弱，更多的是学者之间的

---

① 周扬：《对编写〈文学概论〉的意见》，载《周扬文集》第三卷，人民文学出版社1990年版，，第243页。这一组讲话时间跨度长，作者还有很多次提到形象思维，表示赞同形象思维的说法，并提议写到教材中去，在此不再赘述。

② 以群：《文学的基本原理》，上海文艺出版社1963年版。

③ 以群：《文学的基本原理》，作家出版社1964年版，第186页。

④ 山东大学中文系文艺理论教研组：《文艺学新论》（修订本）上册，山东人民出版社1962年版，第222页。

争鸣。50年代中期的形象思维讨论刚刚开始，普遍进入学者视野的一个事件是胡风案件，因此有关形象思维的文章中都会提到正确认识形象思维理论与批判唯心主义观点之间的联系。到50年代后期，胡风案逐渐淡出理论家视野，大家关于形象思维讨论的另外一个切入点是创作中的概念化和公式化倾向，反映出学者们对当时文艺创作的焦虑和不满，这其中尤以陈涌的文章为代表。在众多讨论作为创作过程的形象思维的文章中，陈涌是少数从文学批评和文学审美的角度对形象思维进行讨论的学者。其实对庸俗社会学、创作中概念化和公式化的现象，胡风也是极力反对的，他所反对的“形象化”正是这个意思。只是限于当时的错误批判，胡风的观点当然被抛弃了。

这一时期的讨论为形象思维理论的本土化进程奠定了重要的基础。在苏联引起广泛关注的是作家尼古拉耶娃，而在中国是理论界的力量，如霍松林、陈涌、李泽厚和毛星等文艺理论家，这些理论家为形象思维的展开论述提供了多样的理论资源，这一点在50年代后期，美学家介入形象思维之后尤为明显。如前文所述，朱光潜从“形象的直觉”开始，在美学大讨论中以马列主义美学改造过的主客观统一论，参与了新中国成立以后第一次全国性的美学大讨论。陈涌是第一次将形象思维与中国古典美学思想联系起来的学者，直到李泽厚的《试论形象思维》达到了高潮，再到后来有张文勋等学者也推动了这个过程。当众多的美学家投入到形象思维的讨论过程中时，有关形象思维的理论资源显然比早期更加丰富，文学创作、绘画构思、电影拍摄等艺术现象，都成为形象思维的用武之地。在此前提下，形象思维应该是美学大讨论的有机组成部分。

第三节　形象思维的反对及其落潮

一、毛星对形象思维理论的反对

最早明确提出反对形象思维的声音来自1957年的毛星。毛星是旗帜鲜明地反对形象思维理论的。首先，毛星所依据的形象思维理论，是别林斯基提出的形象思维理论，而不是经过法捷耶夫阐释过的形象思维理论，这二者的区别是非常大的，在本章第一节已经论述过这个问题。毛星引用别林斯基最早提出形象思维的论文，认为别林斯基的“形象思维”理论脱胎于黑格尔美学——“美是理念的感性显现”，因为别林斯基明确提出：“观念是一部艺术作品的内容，是普遍事物；形式是这个观念的局部的显现。”[①]所以，在毛星看来，形象思维“只是发展着的思维在人的身上的一个发展阶段。这纯粹是黑格尔的唯心主义的论调”[②]。其次，毛星认为，思维的规律是共通的，所不同的只是思维的内容，毛星说：“我以为，人的思维，如果指的是正常人的正确的思维的话，它的根本特性和规律只有一个，而思维的内容却可以是各种各样的。”[③]一方面，科学家也需要从各种现象中进行观察，依据形象进行思维，不只是艺术家的独特行为，另一方面，毛星认为，思维只能是概念、判断和推理，而不能只是一堆形象。他提出，“所谓思维……不可能离开概念、推理和判断”，艺术家同样需要对现象进行深入思考和理性加工，才能提炼艺术形象的深层本质，也就是形成文学理论中的“典型”。第三，毛星认为，作家区别于科学的创造而进行创作，“需要更多的想象和幻想”。作家的想象和幻想，“由于对象和人物的不同，除了想象在文学艺术活动中占有特殊的地位，除了想象的内容和想象中所塑造的形象科学的和文学艺术的有着差异之外，作家和艺术家的想象中感情的因素也占有特殊的地位”。但是，“想象不为作家和艺术家所专有”。在毛星看来，“孕育、塑造形象的本领是人区别于动物的一种特性，而不是作家和艺术家区别于其他人的特性”。针对当时在艺术创作过程中出现的公式化、概念化的倾向，毛星认为是缺乏对生活的深入了解造成的，而不是没有提倡形象思维造成的。

《文学评论》1959 年第 2 期发表的李泽厚的《试论形象思维》中有这样一段文字：

苏联《共产党人》杂志 58 年第 1 期有一篇伊凡诺夫的文章：《谈谈艺术的特征》(见 58 年 6 月份《学习译丛》)。这篇文章与毛星同志的文章是正好相反的。毛星同志主张文艺的特征在于思维的内容，而不在于思维的形

---

① 别林斯基：《〈冯维辛全集〉和札果斯金的〈犹里·米洛斯拉夫斯基〉》(1838)。载《外国理论家、作家论形象思维》，第 55 页。

②③ 毛星：《论文学艺术的特征》，《中国科学院文学研究所专刊(4)》，人民文学出版社 1958 年版。

> 式，这篇文章的论点则恰好相反：主张文艺特征只在思维形式，而不在思维内容。因此这两篇文章可以对照着读。我是同意伊凡诺夫的论点的。

在后来编选进《美学论集》的《试论形象思维》一文中，这段文字已经删除。然而在当时，这段文字引起了形象思维反对论者的注意。郑季翘的夫人华迦女士在《郑季翘批判形象思维论始末》一文中认为，这是李泽厚在借《共产党人》主编伊凡诺夫的口吻来反对当时《文学评论》的主编毛星。[①] 无论这一论断是否属实，一个可考的现象是，在60年代初期，在公开发表的文章中，的确再难找形象思维反对论者的观点。

可以看出，在60年代早期，形象思维已经成为我国学界关于文学艺术特征探索的一个定论，不仅没有公开的反对声音，而且得到了文艺界领导人的支持，在中宣部的组织下写入了全国性的高校教材，在有关学者那里，“形象思维”俨然成为古今中外关于文学艺术特征的集大成论。在此情境中，反对形象思维的郑季翘的文章，又是如何发表的呢？在这背后又隐藏着怎样的历史线索呢？我们可以从国外和国内两个角度来分析其中的原因。

二、郑季翘反对形象思维理论的背景与主要内容

从中苏文艺关系史而言，双方关系的恶化是不容忽视的事实，这直接导致诞生在俄国的“形象思维”受到“修正主义”的牵连。早在50年代末期，中苏关系已经出现了裂痕，最早始于苏共二十大。在文艺界，一个公开的标志是“两结合”的提出——革命现实主义和革命浪漫主义的结合，即“两结合”，它将先前高标的“社会主义现实主义”取代，成为中苏文艺界裂痕的显著征兆。60年代初期，中国对俄苏文学的译介呈明显的递减趋势。1962年以后，不再公开出版任何苏联当代著名作家的作品；1964年以后，所有俄苏文学作品均从中国的一切公开出版物中消失。[②] 在文论译介方面，此时对俄苏文论的引入已经从最初“一边倒”式的学习变成了批判，发行方式也从公开发行转为内部刊物。比较著名

① 华迦、冯宝兴：《郑季翘批判形象思维论始末》，《当代文学研究资料与信息》2006年第4期。
② 陈建华：《二十世纪中俄文学关系》，高等教育出版社2002年版，第186页。

的有《现代文艺理论译丛"增刊"》，由于这套书的封面是黄色，因此该书又被称为《现代文艺理论译丛》"黄皮书"。这套书的理论部分包括：《苏联文学与人道主义》(1963)、《苏联文学中的正面人物、写战争问题》(1963)、《苏联青年作家及其创作问题》(1963)、《苏联一些批评家、作家论艺术革新与"自我表现"问题》(1964)、《人道主义与现代文学》(上、下册，1965)、《勒菲弗尔文艺论文选》(1965)等共 15 种(16 本)。这些理论书籍从 1961 到 1965 年先后由作家出版社、中国戏剧出版社、人民文学出版社以"供内部参考"形式出版。[①] 另外，《外国文学现状》增刊从 1964 年 6 月至 12 月共出了 6 号，每一号的正文前面都有"编者按"，对本号的基本内容作简略介绍并加以批判。

从国内状况来看，在 1963 到 1964 年之间，文艺界诞生了两个著名的批示。1963 年 12 月 12 日，毛泽东在中共中央宣传部文艺处编印的一份关于上海举行故事会活动的材料上作了批示："各种艺术形式——戏剧、曲艺、音乐、美术、舞蹈、电影、诗和文学等等，问题不少，人数很多，社会主义改造在许多部门中，至今收效甚微。许多部门至今还是'死人'统治着。不能低估电影、新诗、民歌、美术、小说的成绩，但其中的问题也不少。至于戏剧等部门问题就更大了。社会经济基础已经改变了，为这个基础服务的上层建筑之一的艺术部门，至今还是大问题。这需要从调查研究着手，认真地抓起来。"[②]随后，毛泽东又加上了批注："许多共产党人热心提倡封建主义和资本主义的艺术，却不热心提倡社会主义的艺术，岂非咄咄怪事。"[③] 1964 年 6 月 27 日，毛泽东针对文联和文艺界各协会又写了一个更为严厉的批示，明确表示："这些协会和他们所掌握的刊物的大多数(据说有少数几个好的)，十五年来，基本上(不是一切人)不执行党的政策，做官当老爷，不去接近工农兵，不去反映社会主义的革命和建设，最近几年，竟然跌到了修正主义的边缘。"[④]这两个批示是在 1966 年《红旗》杂志第 9 期重新发表毛泽东《讲话》时的按语中首次公开发表的。"这两个批示同《讲话》同时发表，不仅隐含了批示与《讲话》内在理路的一致，而且不证自明地示喻了毛泽东文艺思想合乎逻辑的发展。"[⑤]此时，对文艺进行整改已经是非常迫切的任务了。

---

① 这里的资料参考了陈男先：《苏联文艺理论在当代中国的传播和影响》，广东技术师范学院学报(社会科学)2011 年第 3 期。

②③ 张炯《中国新文艺大系(1949—1966)理论・史料集》，中国文联出版公司 1994 年版，第 13 页。

④ 同②，第 13—14 页。

⑤ 孟繁华：《中国 20 世纪文艺学学术史》，中国社会科学出版社 2007 年版，第 213 页。

那么，在此背景下，要发表一个反对文艺界领导一直以来支持的形象思维的观点，就不可能再是一个简单的学术争鸣，而是具有相当分量的政治话语建构。因此，郑季翘文章的发表经过一个漫长的阶段。

1963年2月，郑季翘完成了《应该坚持马克思主义认识论——关于文艺创作中形象思维论的批判》第一稿。因为文章反对形象思维，与当时文艺界的领导周扬的意见相左，于是郑季翘上书中宣部。文章一直没有发表。1964年夏天，郑季翘联系到《红旗》杂志总编辑陈伯达，陈伯达表示赞成文章的基本观点，并于当年10月完成修订稿。在第二稿中，郑季翘对形象思维的过程进行了正面解释，并提出“表象—概念—表象”的公式，并将形象思维定位为现代修正主义文艺思潮的先声和基础。第二稿对形象思维说的态度提高到了政治的高度。1965年10月，周扬根据陆定一的指示，在北京召开了专门讨论郑季翘文章的会议。会议的结论是支持郑季翘文章在《红旗》杂志发表，之后郑季翘对文章进行了第二次修订。[①]

郑文的题目是《文艺领域里必须坚持马克思主义的认识论——对形象思维论的批判》[②]，共分为六个部分。在第一部分“引言”里，首先提出：“文艺工作者拒绝党的领导、向党进攻的时候，他们就搬出形象思维理论来，宣称：党不应该‘干涉’文艺创作，因为党委是运用逻辑思维的，而他们这些特殊人物却是用形象来思维的。”这样，文章将“形象思维”放置在非常敏感的政治语境之中，“所谓形象思维论，不是别的，正是一个反马克思主义的认识论体系，正是现代修正主义文艺思潮的一个认识论基础”。这个理论成为文艺界反对党的领导、而且向党进攻的武器，这是之前在形象思维理论讨论过程中不曾出现过的。

引言之后，行文思路是先破后立，即先驳斥学界关于形象思维的诸多论述，然后再提出作者自己的观点。郑文引述了以群、李泽厚、蒋孔阳、霍松林以及山东大学中文系文艺理论教研室在《文艺学新论》中关于形象思维的论述。郑季翘在引述中首先强调，这些学者都认为，形象思维属于艺术的特殊规律，它与逻辑思维是相对的。但是，这些学者都认为，形象思维不仅仅是一堆表象，而是要

---

① 这里的论述参考了文章华迦、冯宝兴：《郑季翘批判形象思维论始末》，《当代文学研究资料与信息》2006年第4期。

② 郑季翘：《文艺领域里必须坚持马克思主义的认识论——对形象思维论的批判》，《红旗》1966年第5期。引用这篇文章的内容，不再单独标注出处。

通过形象达到理性的深化。郑季翘认为，这是矛盾的，而且与毛泽东同志的《实践论》是相违背的，因此，“所谓形象思维论，就是在文艺领域中反对毛泽东同志的这个论点的”[①]。

郑文第三部分重在指出赞同形象思维论的荒谬之处。首先，郑季翘引用斯大林关于思维和语言的论述，提出“不用概念的思维，是不存在的”，而这个过程是不能离开思维的抽象过程的，形象思维恰恰反对这一点。虽然形象思维论者提出，形象思维离不开逻辑思维，但都认为所有这个过程不能离开形象，这在郑季翘看来，他们“实际上就是在文艺创作中取消思维，反对理性”。其次，形象思维论是对马克思主义认识论的修改。形象思维论的“个性化和本质化同时进行”的观点，违反了马克思主义认识论的过程，违反了毛泽东关于特殊和一般的认识关系。再次，形象思维论者“反对创作时有主题思想，有思想指导”。郑季翘认为这是一种空论，主题在创作之前就应该有了，“作家没有个主题思想，就不知从何写起”。显然，郑季翘是主张在创作过程中需要有主题先行。因此，郑季翘主张，在文学创作过程中，需要“把理性放在第一义”，而所谓的形象思维，“在世界上是根本不存在的”。

文章的第四部分旨在说明“马克思主义认识论是说明文艺创作不容代替的科学理论”。思想是客观世界的反映，以概念、判断、推理等形式反映客观世界的存在；人在进行思维时，需要经过去粗取精、去伪存真、由此及彼、由表及里的过程。郑季翘反对形象思维，在这一段提出了“表象是由物质到思想所必经的中间环节，同样也是由思想到物质所必经的中间环节”。但是，两个阶段的表象性质是不一样的，前一个是“已有的客观事物在头脑中的映像的再现”，后一个是“由人的思想意图转化而成的，是理性认识在人们头脑中的感性体现”，也就是创造性想象。在这里，作者提出了他关于艺术创作的公式：表象（事物的直接映像）—概念（思想）—表象（新创造的形象）。

郑季翘在文章第五部分考察了形象思维这个概念在俄苏的演变过程，认为它的作用“就是要在文艺理论中挖掉马克思主义认识论的根基，使文艺成为非理性的、神秘主义的东西，以便于他们在其中兴妖作怪”[②]。在中国，就是胡风及

① 着重号是作者郑季翘原文所有。
② 着重号是作者郑季翘原文所有，这里“他们”是指修正主义者。——引者注

其追随者们的“形象思维”论。第六部分结语再次强调文章一开始的定论，形象思维理论是一个反马克思主义的认识论体系，是现代修正主义文艺思潮的认识论基础，它否定了党的领导和马克思主义世界观指导的可能性，也使文艺批评成为白费。

1965 年下半年，周扬确诊肺癌，之后去天津休养。还在周扬养病期间，“文化大革命”爆发，周扬随即被打倒。《红旗》杂志在发表郑季翘的文章时，编者按语是“郑季翘同志对形象思维问题发表了新的看法”，原来的按语是“郑季翘同志对形象思维问题提出了自己的看法”，这两种论述显然是不同的。原按语将形象思维反对的论断定位在郑季翘的个人行为，新的按语明显肯定了郑季翘对于这个问题的新高度。于是，郑季翘的文章《在文艺领域里坚持马克思主义的认识论——对形象思维论的批判》在一个山雨欲来风满楼的时刻高调登场，本来在 1965 年 10 月召开的有关郑季翘形象思维会议上确定的争鸣写作班子自动解散，直接导致了形象思维问题成为“一个政治问题，一个理论禁区”①。

① 刘欣大：《“形象思维”两次大争论》，《文学评论》1996 年第 6 期。

第九章

“十七年”时期美学建设的成就与反思

总体上说，“十七年”时期的美学建设脱不开时代语境的孕育——新中国的话语建构，主流意识形态的强化，知识分子改造的大背景，也有美学知识的普及、翻译和苏联美学研究范式的引进，以及在学术框架内展开争鸣的“美学大讨论”的系列成果。可以说，处在思想改造和学术争鸣之间的“美学大讨论”，是“十七年”中浓彩重抹的一笔，其成果是这一时期最主要的美学收获。此外，这一时期美学建设的另一成就是，美学学科的建制化（开设多门专业课、成立教研室和人才培养），为再次“美学热”蓄积了力量。因此，本章主要从美学的体系化构建，以及各门类艺术创作中的美学形态发展等，来具体阐述“十七年”时期美学学科建设的成就。

总体上看，“十七年”时期的美学发展，主要通过一些学者的美学研究、域外美学资料和成果的翻译、特别是影响深远的“美学大讨论”，在学科建构中逐步确立了马克思主义美学研究的主导地位；在此进程中，还广泛涉及美学各学科专业教材的编写，包括美学研究人才及其队伍建设等环节，以及各门类艺术活动中的审美趣味及其美学形态，这些色彩斑斓又有着同一性底色的景观构成了“十七年”时期美学建设的主潮。

第一节　美学学科体系的构建及其历史遗产

美学学科建设，从外部环境来看，主要关涉国民教育体系的课程设置，以及学科的规范和学位制度；从内部视角看，则具体指涉美学研究机构的建立和美学教材的编写；从教育体系的完善及其规范来看，美学被纳入国民教育（高等教育）体系中，对美学学科建设具有重要意义。早在蔡元培就任北大校长和民国政府教育总长时，就把美育提高到国家教育方针的地位，在20世纪20年代美学就成为高等学校的一门课程。新中国成立后，尽管在思想界开展的“美学大讨论”很热烈，美育的地位却有所下降。在社会主义改造基本完成后的1956年，毛泽东在《关于正确处理人民内部矛盾的问题》中提出，教育的方针应该使受教育者在“德育、智育、体育”各方面都得到发展，美育并没有提到相应的高度。美育研究方面也很薄弱，1961年5月《文汇报》曾组织过一次关于美育问题的讨论，部分学者认为美育是人的全面发展教育的组成部分，却未能改变美育被冰封的命运。除了温肇桐的《新美术与新美育》（1951）和蔡迪的《美育与体育》（1954），也未曾形成重要的理论收获。从学科规范来讲，按照国务院学位办制定的学科分类标准，与美学相关的学科门类主要是哲学和文学，因此，通常在高等院校的哲学系、艺术系和中文系开设有关美学研究的课程，有哲学美学和文艺美学等二级学科。这样，美学作为学科既是哲学的二级学科，又是文学和艺术学的二级学科。通常，在高等院校的人文学科专业（哲学、中文、艺术、旅游等）中，美学是一门专业基础课或者必修课，另外，还在其他专业作为博雅教育的通识课或者美育课存在。本节主要从内部视角探讨“十七年”时期美学学科的发展，从学科建设上评估这一时期美学的成就与不足。

一、美学学科体系的初创

新中国成立后，美学的学科语境在中国有了很大不同，美学从此前零散式的研究，经由五六十年代“美学大讨论”的普及与提高，日益受到社会和学界的广泛关注，逐渐从此前的一门课程开始朝着学科体系化方向发展。

新中国成立初期，百废待兴，当时的美学学科建设非常薄弱，缺乏学术积累和研究人才，学科建设严重滞后。在全面“向苏联学习”的语境下，20世纪50年代新中国仿效苏联的高等教育体制进行了院系调整，随着国内高校院系调整和学科重组，能够开设美学课程的学校很少。在一段时期内，仅有北京大学、中国人民大学等极少数大学开设美学专业课，并且由于受到苏联的影响，基本上采用的是苏联的教学模式，甚至直接采用苏联的教科书、教学大纲和教师，也很少有人撰写美学方面的专著。

美学学科体系化建设始于制度化的学科编制和研究人才的培养，其标志是北京大学、中国人民大学美学教研室的成立。1960年教育部批准成立的中国人民大学和北京大学哲学系美学教研室，可以说是新中国最早的美学教研机构。人大美学教研室由马奇主持并任主任，田丁（本名王惠民）、丁子霖、李永庆和杨新泉等是教研室成员。北大成立美学教研室时，最初由王庆淑主持，后由杨辛担任教研室主任，教师有甘霖、于民、李醒尘和阎国忠，金志广负责资料工作。此后宗白华、马采相继调入，朱光潜虽然编制在西语系，但教学科研工作基本上都在美学教研室，朱光潜主讲“西方美学史”，宗白华主讲“中国美学史”，杨辛、甘霖主讲“美学原理”。随着美学研究机构的成立，美学学科建设初步体系化。在美学学科体系化建构过程中，还有一系列美学活动作为支撑，其中的“美学小组”活动和北师大的“美学论坛”对推动美学学科体系化有一定的作用。所谓“美学小组”活动是指1956年七八月份，在黄药眠、朱光潜等的倡导下，以自愿结合的方式成立的“美学小组”，黄药眠、蔡仪、贺麟、宗白华、朱光潜、张光年、王朝闻、刘开渠、陈涌、李长之和侯敏泽等10多位学者多次参与小组活动，《文艺报》的侯敏泽担任美学小组秘书，负责会议的联络和组织工作。由于侯敏泽的关系，美学小组的讨论地点选择设在《文艺报》，讨论的主要话题有：美学的对象问题、美的主观和客观问题、美的主观规律性问题、美感的差异性、形象思维和逻辑思维在创作和欣赏中的原则等问题、中西雕塑的差异性等问题。“美学小组”是新中国成立后成立的第一个美学组织，对推动当时的美学学科发展做出了贡献。① 北师大

① 参见敏泽、李世涛：《“国家不幸诗家幸，赋到沧桑句便工”——敏泽先生访谈录》，《文艺研究》2003年第2期。

“美学论坛”是指1957年3月，为响应中共中央“向科学进军”的号召，黄药眠在北京师范大学组织发起了“美学论坛”，依次邀请蔡仪、朱光潜、李泽厚三位美学家到场开设讲座。其中，蔡仪讲了四次，朱光潜讲了两次，李泽厚讲了一次，主要都是美学大讨论中的观点，有的最后以书面形式发表，成为当代美学史上的经典文献。如朱光潜讲座的核心思想后以《论美是客观与主观的统一》为名发表，李泽厚的讲座后来以《关于当前美学问题的争论——试再论美的客观性与社会性》为名发表。

美学学科体系的初创，还体现在这一时期出版的一系列研究成果上，代表了“中国美学”的建构收获。如蔡仪的《唯心主义美学批判集》(人民出版社，1958)、朱光潜的《美学批判论文集》(作家出版社，1958)、洪毅然的《美学论辩》(上海人民出版社，1958)、吕荧的《美学书怀》(作家出版社，1959)、蒋孔阳的《论文学艺术的特征》(新文艺出版社，1957)等，尽管大多是当时“美学大讨论”中论争的产物，但都是依据马克思主义美学原则研究的成果。这里要着重指出既是理论家又是艺术家的王朝闻，虽然不是论争中的哪一派，却以其思想的开放性对四派中的合理性观点多有吸收，他把马克思主义美学原则与中国的诗文评传统相结合，并基于自身的艺术实践，形成了一套符合马克思主义的“艺术辩证法”。从《新艺术创作论》(新华书店，1950；人民文学出版社，1953)的起笔不凡，到《新艺术论集》(人民文学出版社，1952)、《面对生活》(艺术出版社，1954)、《论艺术的技巧》(艺术出版社，1956)、《一以当十》(作家出版社，1959)、《喜闻乐见》(作家出版社，1963)，王朝闻不仅著述颇丰，还以其美学研究成绩和学术声誉被中宣部副部长周扬选中担纲统编教材《美学原理》的主编。

二、 美学学科教材的编写

五六十年代期间的美学学科教材建设可谓“一穷二白”，直到1957年才翻译出版了两本美学著作：一本来自法国列斐伏尔的《美学概论》，该书是其早年的著作；一本是苏联的瓦·斯卡尔仁斯卡娅在中国人民大学哲学系的讲稿《马克思列宁主义美学》。总体上说，新中国成立初期的美学教材建设非常薄弱，几乎没有什么积累，以至于难以进行有效的美学教学。为改变这种状况，总结“美学大讨论”的成果，完善美学研究领域的意识形态工作，确立马克思主义美学研究的主导地位，以及当时中央对教育形势的判断，特别是基于对使用苏联教科书的不满，中宣部会同高教部决定成立全国文科教材办公室，直接规划统编文科教材。具体到美学学科，最终商定《西方美学史》由朱光潜主编，《中国美学史》由宗白华主编，《美学概论》（当时的名称是《美学原理》，1981 年出版时改为《美学概论》）的主编是王朝闻，由周扬亲自点名。参与《美学概论》编写的成员，北大的教师有杨辛、甘霖、于民、李醒尘，人大的教师有马奇、田丁、袁振民、丁子霖、司有仑、李永庆、杨新泉，后来陆续调入的有中国科学院哲学所的李泽厚、叶秀山，武大的刘纲纪，山大的周来祥，《红旗》杂志社的曹景元，北师大的刘宁，中央美院的佟景韩，音乐所的吴玉清，《美术》杂志的王靖宪，中宣部文艺处的朱狄，兰州师院的洪毅然等，[①]共有 20 余人，其中多是美学名家。这本《美学概论》虽然出版于 1981 年，不过 1964 年就写出了 40 万字的讨论稿，足以代表五六十年代的美学成就，体现那个时代的美学观点和美学话语特色。作为统编教材，《美学概论》“力图以马克思主义观点为指导”，全书共引用马克思主义经典作家原文 119 处，其中马恩的有 6 处，马克思的 30 处，恩格斯的 9 处，列宁的 12 处，毛泽东的 9 处，普列汉诺夫的 24 处，高尔基的 14 处，鲁迅的 15 处，[②]这些权威话语构成了该书立论的基础。在整体框架方面，该教材分为三部分——审美对象、审美意识和艺术，也就是通常所说的三大块：美、美感和艺术。全书有 340 页，艺术部分有 221 页，可见艺术部分是全书的重点，体现了鲜明的王朝闻的艺术研究特色。就基本观点而言，该书总结了“美学大讨论”的成果，综合了以蔡仪为代表的客观派和以李泽厚为代表的客观社会派的观点，代表了当时美学大讨论中的主流取向。

按照教材编写规划，《西方美学史》由朱光潜主编。1963 年 3 月 23 日朱光潜在《文艺报》上发表了《美学史的对象、意义和研究方法》，由此确立了西方美学史研究的对象：从学科独立来看，美学由文艺批评，哲学和自然科学的附庸发展成为一门“独立的社会科学”；从历史发展看，西方美学思想始终侧重在“文艺理论”，也是“根据文艺创作实践作出结论”，又转过来“指导创作实践”。然后，按照朱光潜所接受的中国化马克思主义的观点，美学也要符合“从实践到认识

---

① 李世涛：《中国当代美学史上的“教科书事件”——关于编写〈美学概论〉活动的调查》，《开放时代》2007 年第 4 期。

② 参见张法：《20 世纪中西美学原理体系比较研究》，安徽教育出版社 2007 年版，第 219 页。

又从认识到实践”这条规律，所以美学必然要侧重社会所迫切需要解决的文艺方面的问题，美学必然主要成为文艺理论或“艺术哲学”。其中，“艺术美”是美的“最高度集中的表现”，所以，从方法论的角度看，文艺也应该是美学的“主要对象”。当然，其哲学基础是马克思的历史唯物主义，在此基础上朱光潜发表了一系列构成美学史著作内容的文章。《西方美学史》的上册于1963年7月由人民文学出版社首版，下册于1964年8月首版，1979年上、下册经过修订后，6月上册出二版，11月下册出二版。当时就有学者指出，这是“一部具有开创性的教材，中国人撰写的第一部《西方美学史》，而且是用马克思主义观点为指导写成的《西方美学史》”，而且，“善于从全局的观点出发来分析和评价每一个美学家和每一个美学问题”。[①]

从整体结构看，《西方美学史》分为三部分：第一部分从古希腊罗马时期到文艺复兴，第二部分是十七八世纪和启蒙运动，第三部分从18世纪末到20世纪初，从前苏格拉底时期一直贯穿到克罗齐时代，可谓是贯通古今的简要美学通史。这部著作深受黑格尔《美学》的影响，事实上，朱光潜也是该书的译者。西方美学史著作真正对中国美学研究产生影响，应当是20世纪80年代之后的事。可以说，具有“中国第一部西方美学史”赞誉的朱光潜的《西方美学史》，有其自身的不可替代性和本土化特色，是一部中国特色的西方美学史。对此后研究和撰写“西方美学史”产生重要影响，由此开创了中国学者撰写《西方美学史》的惯例。按照朱光潜的构想：能够“入史”的标准是“代表性较大”“影响较深远”“公认为经典性权威”“可说明历史发展线索”“有积极意义”，“足资借鉴的才能最终”入选《西方美学史》。以此朱光潜选取的主要流派当中的主要人物，很合乎马克思主义文论中的“典型说”——典型环境中的典型人物。只是他把这些人物放在了唯物史观的历史线索中，并以唯物主义哲学的基本立场进行评价和批判。由此形成了自己的特色，成为一种美学史撰写中的“朱光潜模式”：时代背景——人物简介——著述介绍——思想呈现。

按照统编教材编写规划，《中国美学史》由宗白华主编，很遗憾该书未能按时出版，只出版了《中国美学史资料选编》。“十七年”时期关于中国古代美学的研究成果可谓寥寥。据统计，1955到1965年，“国内各报刊发表了约50篇有关

---

① 蒋孔阳：《西方美学史研究中的一项重要成果——评介〈西方美学史〉》，《文学评论》1980年第2期。

中国古典美学的文章”。[1] 不仅主题零散，研究范围很狭窄。比较重要的是宗白华的若干研究论文：《关于山水诗画的点滴感想》（《文学评论》1961 年第 1 期）、《中国艺术表现里的虚与实》（《文艺报》1961 年第 5 期）、《中国书法里的美学思想》（《哲学研究》1962 年第 1 期）、《中国古代的音乐寓言和音乐思想》（《光明日报》1962 年 1 月 30 日）等。从这些零散的研究成果，大致可以感受到当时的美学界对中国古典美学研究的虚无主义态度，这注定了“中国美学”建构既外在于西方，又疏离于自身的美学传统和本土化的美学经验，仅仅追随于苏式美学及其研究范式（包括美学教材）的末端而已。

三、 文艺学教材的编写

除了美学教材编写，与美学研究相关的还有文艺学。当时，有两部苏联文艺学教材对中国文艺学研究产生重大影响，一部是季摩菲耶夫的《文学原理》[2]，另一部是他的学生毕达可夫的《文艺学引论》[3]。以其作为范本的影响下，这一时期我国高校统编的文艺学教材，也主要有两种，一种是以群主编的《文学的基本原理》[4]，另一种是蔡仪主编的《文学概论》[5]。这两种教材，是在 1961 年由周扬主持的高校文科教材编选计划会议结束后同时启动的。它们对中国文艺学学科建设发挥了重要作用，两书都以马克思列宁主义为指导，结合中国文学实际，以历史唯物主义的态度研究文学的各种问题，在许多问题上有巨大突破，建立了相对完整的理论体系，为我国建设有中国特色的文艺理论奠定了基础。有学者指出：丰富的材料引用和中国化的表述语言、逐步深入的表述方式，对于后来的研究都具有很好的借鉴作用。[6] 从今天的视角看，这两部教材各有其明显的特点：一是理论体系的完整性、系统性比较强；虽是不同版本的教材却大致同属一个理论体系，基本理论观点具有普遍性和可通约性。其存在的问题主要是

---

① 詹杭伦：《当代中国古典美学研究概观》，《西北师大学报》1988 年第 1 期。

② 1953 至 1955 年由查良铮先生翻译，上海平明出版社分三卷陆续出版。

③ 此书为其为北京大学文艺理论研究生开设的课程讲稿，由其口授、打字员打字记录，中文系文艺理论教研室集体翻译，1955 年北京大学印刷厂印刷。1958 年 9 月由高等教育出版社正式出版。

④ 初稿写成于 1961 年底，曾在 1963—1964 年分上、下册出版。在 1978 年以原编写人员为主修订重版，上海文艺出版社出版。

⑤ 1963 年完成讨论稿，1979 年修订，人民文学出版社出版。

⑥ 毛庆耆等：《中国文艺理论百年教程》，广东高等教育出版社 2004 年版，第 217 页。

“理论视野的狭窄和文学观念的滞后”。[①] 对于这份“教科书”遗产，放在国际比较视野中来看其局限性愈加突出。蔡仪版的《文学概论》1979年出版，而苏联学者波斯彼洛夫1978年出版了他的《文学原理》。相形之下，波斯彼洛夫的教材无论在文艺学的知识积累和研究的深入，还是在意识形态禁锢的突破上，都有很大变化。不再像50年代的苏联文艺理论那样，很少或绝对否定西方文艺学派，而只对马列经典作家推崇备至，他不仅在书中客观评价了文化史派、比较文学派、形式主义派以及结构主义等文学研究流派，还对苏联文艺学中的庸俗社会学进行了批评。差不多同一时期（1977），荷兰学者佛克马和易布思出版了《二十世纪文学理论》，作者声称本书的写作，旨在提供有关20世纪文学理论的“审慎而精确的情报”。[②] 此后英国西方马克思主义者伊格尔顿出版了他的《当代西方文学理论》，作者不仅在书中阐释了马克思主义文论，还系统介绍了现象学、阐释学、接受理论、结构主义和符号学、后结构主义以及精神分析。正如有学者指出的，从比较中我们可以看到，“建国后近三十年的时间，我国文艺学在原来的起点上几乎没有前进多少。文艺学没有被作为知识向学生传授，而是作为一种意识形态向学生灌输。因此，我国两本统编的文艺学教材，从一个侧面表达了权力形式。也就是说，当文艺学教学纳入到社会体制之内的时候，对它的传授并不是随心所欲的，支配性也不取决于专家教授的研究成果，它是国家权力的一个表征”[③]。这种评价一定程度上也可用于“美学教科书”，也更加警示我们注意权力运用的边界。

作为时代的“风向标”，教科书具有一定的示范效应。从20世纪50年代中后期，除了北京大学、北京师范大学、华东师范大学等高校有自己自编但尚未正式出版的文艺学教材外，还有一些比较有影响的教材：巴人的《文学论稿》（1950年由上海海燕书店出版，1954年分上下册由上海新文艺出版社出版）、霍松林编著的《文艺学概论》（陕西人民出版社，1957）、冉欲达等编著的《文艺学概论》（辽宁出版社，1957）、李树谦、李景隆编著的《文学概论》（吉林人民出版社，1957）、刘衍文的《文学概论》（新文艺出版社，1957）、蒋孔阳的《文学的基本常识》（中国

① 赖大仁：《也谈现行文学理论教材问题》，《光明日报》2002年8月14日。
② 佛克马、易布思：《二十世纪文学理论》，林书武等译，“作者前言”，三联书店1988年版。
③ 孟繁华：《激进时代的大学文艺学教育（1949—1978）》，载《文学前沿》第2辑，首都师大出版社2000年版。

青年出版社，1957），此外，还有山东大学文艺理论教研组编著的《文艺学新论》（山东人民出版社，1959）。这次教材编著热与由周扬主持的全国统编教材，显示了中国美学界和文艺学界开始了建构自己的美学与文艺学教材体系的尝试，但遗憾的是大多数教材基本上没有脱除苏式美学话语和“日丹诺夫”式的文艺学研究范式的影响。

四、反思美学“教科书”遗产

教科书编写是一个国家教育事业发展中的重要事件，不仅体现了国家的教育理念和人文理想，还体现了执政党的意志和意识形态的教化意图。新中国成立初期，除了通过组织建设和意识形态规训来保障对文艺的领导，还有一系列教育制度的完善和文艺政策的实施，包括文化政策的制定、文艺制度和文艺生产方式的确立，甚至都由最高领袖决定，以确保党和国家领导与组织文艺事业的意图得以实现，这一切的制度安排都对文艺创作和学术研究产生了深刻影响。可以说，文化政治化构成了文艺创作和学术研究的外部环境，并以隐性的方式深入到文艺创作和学术研究的内部肌理。

具体地说，编写美学专业教材是当时美学学科体系化的一个重要事件。以国家工程的方式，来组织全国力量编写高等教育的学科教材，这一做法至今仍在延续。为了编写高质量的美学教材，编写组非常重视调查研究和资料建设，先后拟定了中国美学资料选编、马克思恩格斯论美、西方美学家论美和美感、西方现当代美学、苏联当代美学讨论、中国当代美学讨论、马克思的《经济学—哲学手稿》论文选、西方主要国家大百科全书美学词条汇编等八个专题。通过对资料梳理，编写组熟悉了中外美学研究现状，也了解了美学基本理论问题研究方面的新进展，为编写教材打下了牢靠的基础。现在看来，评估 20 世纪中国美学史的得失，不仅教材编写对“十七年”时期的美学学科建设意义重大，就是当时的资料整理也有效地推动了学科发展，对“中国的美学”建构意义非凡，可谓“中国的美学”学科建设的奠基礼。当时，不仅“美学在中国”发展得不充分，甚至越来越狭隘化、单极化了，“中国美学”研究更是准备不足，美学知识的普及、美学研究的组织机构建设、对什么是美学的共识等，都存在很大争议。因此，美学教材资料的编写对建构“中国的美学”学科具有了填补空白的价值。一方面，这些资料作为论据被教材撰写者广泛引用，或被作为支撑论点的材料，另一方面，这些资料开阔了编写组对美学研究的视野，从中外比较的视野吸收了国外的学术成果，提高了教材的学术水准。作为当时编写教科书留下来的“美学遗产”，这些资料对 20 世纪 80 年代的“美学热”提供了理论基础，即使在今天中西学术研究交流频繁和便利的语境下，这些资料仍有重要的学术参考价值，还时不时地被学者引用。同时，资料编辑工作的另一重要遗产就是培养了一批美学研究人才。王朝闻指出：“‘文革’之后，过去只做资料工作而未能参与撰写篇章的同志，大都能够独立作战，教授美学和出版专著，这与当年收集和整理资料工作是密切相关的。”①

从美学学科体系化的建构来看，新中国成立之初的一系列思想文化“设计”和组织制度建设，特别是意识形态对知识分子的询唤和规训，都取得了一系列成效。

第二节 门类艺术创作实绩扫描

“十七年”美学杂糅了“美学在中国”和“中国美学”的现代建构，既形成了“美学大讨论”中的四派，也以马克思主义美学理论的实践品格和美学观念影响了各门类艺术生产。研究“十七年”美学，自然少不了各门类艺术的视角，艺术实践与理论建构及其主导美学观念的互动与偏离，成为考察“十七年”美学发展状态的重要线索。各门类艺术既体现了鲜明的时代美学特征及其共同的审美价值取向，又彰显了自身的审美特色。同时，还以其广阔视角洞悉“美学大讨论”中一些以贴标签替代具体审美问题分析，和美学论争与具体审美经验、文艺创作实际相脱节的现象，及其发生“隔阂”的原因。有感于“美学大讨论”中概念的空洞化现象，《新建设》杂志编委会在 1959 年 7 月 11 日，邀请北京部分哲学、美学、文艺工作者进行座谈，呼吁“今后的美学讨论，应当避免从概念出发，而更多地从丰富多彩的艺术实践和现实生活，来讨论美学问题”；同时还提出“除了

① 李世涛、戴阿宝：《王朝闻先生访谈录》，《东方丛刊》2000 年第 4 期。

专业美学工作者积极参加外，希望各文学艺术部门的同志关心和研究美学问题”。[①] 这些认知促进了美学与各门类艺术形态之间的互动与关联，强化了美学理论探讨对具体艺术实践的影响。

一、 文学创作及其美学追求

“十七年”文学是在体制框架内展开，在高度政治化的一体化话语建构中演绎着自身的“辉煌”和不足。文学体制不但对文学发展有规范作用，还承担了掌握文化领导权、发挥主流意识形态规训的功能。“‘十七年’文学思潮的发展过程，首先体现在一系列的文艺运动——批判、斗争——的交替更移中。这整个过程，既是社会主义文艺理论建构的实际步骤，也是确立文学新规范、新秩序的重要部分。”[②]

文学规范的建构离不开一系列革命历史题材的红色经典。如《保卫延安》（杜鹏程）、《红日》（吴强）、《林海雪原》（曲波）、《红旗谱》（梁斌）、《青春之歌》（杨沫）、《战斗的青春》（雪克）、《三家巷》（欧阳山）、《红岩》（罗广斌、杨益言）、《风云初记》（孙犁）等，这些作品承担着以革命形象诠释革命意识形态的叙事功能，具有民族风格、民族气派、为工农兵喜闻乐见的特点，体现了新的历史语境下新文学的追求。这些作品“以对历史‘本质’的规范化叙述，为新的社会的真理性作出证明，以具象的方式，推动对历史的既定叙述的合法化，也为处于社会转折期中的民众，提供生活准则和思想依据——是这些小说的主要目的”[③]。因作家生活经验、艺术想象以及所采用的叙述方式的差别，革命史小说有多种形态。作为一种国家意志的张扬，“这些作品在既定意识形态的规限内讲述既定的历史题材，以达成既定的意识形态目的，它们承担了将刚刚过去的‘革命历史’经典化的功能，讲述革命的起源神话、英雄传奇和终极承诺，以此维系当代国人的大希望与大恐惧，证明当代现实的合理性，通过全国范围内的讲述与阅读实践，建构国人在这革命所建立的新秩序中的主体意识”[④]。如《林海雪原》充沛的革命

① 参见《新建设》杂志 1959 年 8 月号，第 33 页。
② 朱栋霖等主编：《中国现代文学史 1917—2000》，北京大学出版社 2007 年版，第 5 页。
③ 洪子诚：《中国当代文学史》，北京大学出版社 1999 年版，第 106 页。
④ 黄子平：《革命. 历史. 小说》，牛津大学出版社（香港）1996 年版，第 2 页。

英雄主义的豪迈情感及传奇色彩，易激发读者对新中国油然而生的崇高感，以此实现对大众的询唤。通过对民族国家想象和新中国蓝图的建构，“革命”意识被植入广大民众思想中，建构起与现代民族国家的关联，以完成国家的现代化想象。这些小说多以民族艺术形式注入政治内涵，歌颂英雄领导群众进行阶级斗争，强化民族性、政治性向度，而忽视文学性和艺术性价值。被称为大革命前后农民革命运动壮丽史诗的《红旗谱》，以恢弘的气势，史诗化的审美质素再现了波澜壮阔的革命斗争史，昭示出：“中国农民只有在共产党的领导下，才能更好地团结起来，战胜阶级敌人，解放自己。”[①]小说不仅描写了“壮阔的农民革命的历史图画”，还塑造了“高大、完美”的农民英雄朱老忠的形象，这种史诗性使其成为“革命历史的审美化见证”[②]。这些作品在叙事上把民间叙事与政治话语相结合、宏大叙事与民族艺术形式相结合，在审美风格上追求“崇高”，文艺的政治教化意味明显。

总体上看，“十七年”文艺基本上被纳入一体化话语结构，而呈现出一体化的特性。洪子诚甚至认为，一体化是当代文学的本质。首先，它指的是文学的演化过程，一种文学形态，如何“演化”为位居绝对支配状态、甚至几乎是唯一的文学形态。其次，“一体化”指的是这一时期文学组织方式、生产方式的特征，包括文学机构、文学报刊，写作、出版、传播、阅读、评价等环节高度的“一体化”组织方式，和因此建立起来的高度组织化的文学世界。再次，“一体化”又是这个时期文学形态的主要特征。这个特征，表现为题材、主题、艺术风格、方法等的趋同倾向。[③] 新中国文艺发展的国家规划，使“十七年”在美学上成为意识形态与审美活动现实感距离最小的时代，也是社会主义意识形态与社会主流文化价值观缝隙最小的时期。杂糅多元的价值诉求与艺术多样化的文艺形态，最终在政治挂帅的框架下，伴随马克思主义美学在学术研究中主导地位的确立，有着不同表情的文艺形态不断聚焦人民文艺的建构，在风格上不断趋向崇高。可以说，“十七年”文艺发展几乎是配合着政治逻辑展开，那些激情澎湃的作品大多遵循政治逻辑。因着时代的际遇，意识形态的规训，对文化的整合和改造，及对现实文化的询唤，在凸显文艺的政治向度时使政治文化与文人文化在很大程度

---

① 梁斌：《漫谈〈红旗谱〉的创作》，《人民文学》1959年第6期。
② 雷达：《〈红旗谱〉为什么活着》，《文艺报》2010年7月7日。
③ 洪子诚：《问题与方法》，三联书店2002年版，第188页。

上处于共鸣状态。"'文艺为政治服务'的观念在'十七年'文学创作中得到强化和系统化，在描写革命历史题材的作者那里，更有一种圣洁的仰视和庄严的使命，他们唯恐歪曲了历史，损害了英雄的形象；唯恐减低了作品的教育意义。"①"十七年"文艺作为新中国精神发展的主要形式，清晰地烙上了时代政治的印记，诠释新政权的合法性，书写民族战争的历程及其伟大胜利，在新生政权的意识形态询唤下愈加趋向话语的一体化。以"政治正确"保障了意识形态的有效性，培养了一批文艺新人，并赋予其政治资本，强化对意识形态的认同，对共产主义的信仰，不断地巩固党的文化领导权。这种对文化人的精神意识及其文艺观念的重塑，使文艺在发展中凸显人民美学的价值取向，及其对崇高风格的追求。

"十七年"文学的意义通过对作品中主人公的"我们是谁""我们向哪里去"来揭示对新中国的文学想象，描绘了一幅新社会应该尽善尽美的蓝图，体现了农民翻身做主人的自豪感。这里既有显性政治话语的主流价值诉求，也有隐性的民间话语和艺术自律性的潜在屈伸。如《创业史》的作者所说："这部小说要向读者回答的是：中国农民为什么会发生社会主义革命和这次革命是怎样进行的。回答要通过一个村庄的各个阶级人物在合作社运动中的行动、思想和心理变化过程表现出来。这个主题思想和这个题材范围的统一，构成了这部小说的具体内容。"②有学者指出：《创业史》的写作"完成了意识形态对新中国文学长久的期盼"。③ 小说不仅有史诗般的厚重，在反映农村生活广阔性和深刻性方面作出贡献，还塑造了"典型环境中的典型人物"——青年农民梁生宝——一个符合社会主义理想的新人形象，也是政治话语和国家话语的代言人和积极承载者。"《创业史》是一部深刻而完整地反映了我国广大农村在土地革命和消灭封建所有制以后所发生的一场无比深刻、无比尖锐的社会主义革命运动的作品。"④"梁生宝是一个无产阶级化了的青年农民的高大而又真实的形象。他既具有渭河边的普通青年农民的美好性格和他自己的个性特色，也具有我国农业劳动模范的共同特征。这真是一个社会主义的、共产主义的新人。作者是把他作为马克

① 孔范今主编：《二十世纪文学史》，山东文艺出版社 1997 年版，第 1116 页。
② 柳青：《提出几个问题来讨论》，《延河》1963 年第 8 期。
③ 萨支山：《试论五十至七十年代"农村题材"长篇小说》，《文学评论》2001 年第 3 期。
④ 冯牧：《初读〈创业史〉》，《文艺报》1960 年第 1 期。

思列宁主义真理和中国共产党的政策在农村的接受者、执行者、传播者和体现者来表现的。”[①]《创业史》是柳青深入生活的艺术结晶，它所展现的生活，为后人了解那火热的时代提供了重要的认识价值，其呈现的丰满动人的各色人物形象，对剖析中国各类农民的心理诉求有重要的历史文本价值。

“十七年”政治抒情诗很发达，通过选取一系列唤起崇高感的词语和意象，营造一种恢弘的历史感。如郭小川的《甘蔗林——青纱帐》《向困难进军》，贺敬之的《放声歌唱》《雷锋之歌》《回延安》等，有学者指出：“爱国主义、国际主义和民族奋发向上的英雄气概，是‘十七年’诗歌蓬勃发展的主旋律。”[②]郭小川用诗人的情怀写出了战士的革命精神，以一个“战士型”诗人对内心的不断探索来感知社会的巨大变化，审视个人与集体、个人与时代的关系，抒发对社会主义，对新时代、党和人民的赞美歌颂之情。在诗歌形式上，他追求民族化与大众化的目标，通过押韵和节奏来创造雄浑的气势，渲染激情。相对于郭小川艺术精神的复杂性，贺敬之的诗歌追求可能更质朴，他的诗歌始终洋溢着昂扬向上的奋发之气和革命的乐观主义精神。“在贺敬之的诗中，‘我’、抒情主体已是充分本质化的，有限生命的个体已由于对整体的融合、对历史本质的获得而转化为有充分自信的无限，我们无法觉察、寻觅到其间的不协调的缝隙，感受不到可能有的情绪上、心理上的焦躁不安、困惑和痛苦。”[③]贺敬之的诗具有政治的美学化与美学的政治化的突出品格。其以诗学传达政治学的理念和情绪，把硬性的“文学为政治服务”艺术化为诗的形象性、情感性来建构政治的美学形象；同时，他又通过象征主义把美学政治化而将文学的社会性、政治性维度推进到历史上前所未有的高度，直接切近了时代主题。他的政治抒情诗与时代和政治结合紧密，强调诗歌的社会功用，突出题材的时事性和主题的政治规范化。原本最具审美自律和抒情意味的诗歌，在他的笔下成了表现政治风貌和新时代新气象的有力工具。贺敬之的政治抒情诗，很难令人感受到诗人的个体自我与大我、个体化的感性与集体化的理性、美学与政治、个体与历史之间的裂隙、矛盾与冲突，看不到由张力所引发的个体抒情的忧郁、游移、感伤和痛苦。个体的自我、个体化的感性、美学完全融入到了集体、理性、政治和强势的历史意志中。新中

---

① 冯健男：《谈梁生宝》，《上海文学》1962 年第 1 期。
② 苏景超：《论十七年的诗歌创作》，《文艺理论与批评》1997 年第 3 期。
③ 洪子诚：《个人“本质化”的过程》，《诗探索》1996 年第 3 辑。

国成立初期，歌颂性的抒情诗和与政治紧密融合的叙事诗成为诗歌的主导形态，既有宏大的政治抒情诗，也有温情的生活抒情诗，其审美底蕴都是崇高情愫。“它们在内容上从宇宙之大到蝼蚁之微，从心灵到外物都可入诗，形式上更是各施绝技，自由体、格律体、楼梯式、民歌体等八仙过海，各臻其态，民歌体受到了普遍推崇。它们不仅最早为当代文学带来青春气息，而且还在以民族化的方式传达了中华民族五六十年代的情感精神和心灵历史的同时，构筑了一种阔大的诗风，形成了以力和崇高为主、兼具绮丽与美的独特审美风格。”①政治抒情诗切近了时代的审美形态而成为“十七年”诗歌的主流样式，具有突出的政治美学化与美学政治化的诗学品格，它积极地参与了民族国家共同体的想象，在诗中建构了“人民共和国的”形象。在人民美学的艺术追求中，贺敬之等诗人是真诚的、坦率的，也是全身心投入的，这种情感来自对祖国和人民深沉的爱。

“十七年”散文充分展现了新中国气象，在文学美的创造上可谓高标独步。前期散文创作注重叙事性与人物化，抒发新社会新景象的激情与表现抗美援朝的主题成为散文创作的重点。战地通讯很发达，如巴金的《生活在英雄们中间》、魏巍的《谁是最可爱的人》、杨朔的《鸭绿江南北》和刘白羽的《朝鲜在战火中前进》等。另外，火热的社会主义建设激情也是创作的重点。如杨朔的《香山红叶》和《东风第一枝》、秦牧的《社稷坛抒情》和《花城》、冰心的《小桔灯》和《樱花赞》、刘白羽的《红玛瑙集》等，以及《一场挽救生命的战斗》《为了六十一个阶级兄弟》《毛主席的好战士——雷锋》《县委书记的好榜样——焦裕禄》等报告文学以其激情和政治向度的凸显，充当了歌颂社会主义建设的号角。此外，还有吴晗、邓拓的杂文，相比较报告文学政治向度的凸显，杂文在坚持作家个人立场的同时，展现了独特的艺术魅力。总体上看，这一时期的散文时代感强烈，热情饱满，反映现实，服务社会主义事业的色彩明显，发挥了“文艺轻骑兵”的作用，在审美观念、个性追求和文学进展方面都有其特点。如杨朔散文中的诗意追求，把散文“当诗一样写”，其散文有诗的旋律，充满了抒情诗的美。而秦牧散文的“知识性”和刘白羽散文的“激情”都给读者留下深刻印象。

在当时一些人的构想中，“新中国”是一个纯粹的、政治化的、道德化的世界，而“新文化”也在不断追求纯粹、净化、透明的境界。实现要依靠组织化、体

① 罗振亚：《是与非：对立二元的共在——“十七年诗歌”反思》，《江汉论坛》2002 年第 3 期。

制化方式，发挥意识形态对文艺最大程度的整合，最大限度地建构和巩固党的文化领导权。如作为新文化的“新歌剧”创作，就是文艺工作者用无产阶级政党的意识形态对民间/民族传统戏曲的现代性开发和改造的典范，是建构党的文化领导权的重要手段，其主要特性是文艺的政治化和政治的美学化。发展到极端造成了戏剧的情节封闭、人物性格扁平、冲突简单对立、语言直白、直露甚至空洞、缺失文学性、个性化程度不高等弊病。在歌剧的真实性、政治性和艺术性三者关系上，真实性品格被政治性要求所压抑和统一，而艺术性也被统一于政治性要求。结果：其一，是真实性的匮乏和思想主题的单义性，表现为多“歌颂”，少甚至无“揭露”“批评”；多“喜剧”而少或无悲剧，回避和粉饰现实。其二，在文艺日益政治化、政策化，阶级斗争意识日益激进的环境中，艺术探索无法在开放、平和的语境和心境中从容展开。可见，以“纯洁”为目标的纯粹、净化、透明的无杂质的道德化世界诉求，很难容忍原生态生活的复杂性、多面性和混沌性，不能接纳人情、人性的常态存在，不允许人道主义、洋派风格的自由生长和肆意蔓延，终致新文化发展陷入“乌托邦的幻象”。

二、 美术创作和电影对新中国视觉形象的建构

新中国美术有别于旧美术体现为对新中国视觉形象建构，是以视觉形象的方式，理解、认识和表达新中国形象，实现意识形态的建构和询唤。有学者指出：“在新中国的历史中，美术创造在总体上是围绕着执政的中国共产党对新中国的认识、理解和希望的维度开展的。”①只不过新美术延续了“延安传统”，它之于国家形象是中国共产党自觉、主动参与建构，以国家力量动员艺术家为创造新中国形象服务，必然存在一个指导思想、艺术观念、创作手法及其研究模式的转型，在否定过去中融入新的艺术生产体系。典型做法是“深入生活”（所谓“生活”是指工农兵的生活）参加生产和劳动实践。从某种意义上讲，“新国画”关联于新中国的成立，是特定身份的艺术家在特定历史条件下的一种心态表达，即对新中国的一种认同。尽管新中国成立初期多方美术力量的会聚和重组隐藏着未来的斗争和冲突，但此后的美术创作中，毛泽东文艺思想处于绝对主导地

① 邹跃进：《新中国美术史》，湖南美术出版社 2002 年版，前言，第 1 页。

位，是“毛泽东时代的美术”的一个新的也是最重要的发展阶段。“毛泽东时代的美术”是在毛泽东文艺思想指导下，通过一体化的艺术体制，各种思想观念的冲突，才逐渐完成毛泽东的社会理想和社会主义新中国的形象建构，在这一历史过程中，诞生了一批被称作“红色经典”的美术作品。[①]

新年画运动是新中国成立初期一个令人瞩目的现象。某种程度上，年画这种艺术形式最能体现“文艺为工农兵服务”的思想。在新年画创作指示精神鼓舞下，全国许多地方举办了新年画作品展，一些展览还改在郊区，除了让农民欣赏，还让他们提意见，这样既扩大了年画的影响，也取得较好的宣传党的方针政策的效果。1950 年中央人民政府还颁发新年画创作获奖作品，这是一次表达新中国形象的尝试，也是对群众的一次思想教育活动，体现了新年画为新政权服务的意图，用新年画的形式宣传党的各种政治主张，极具象征意义。实践证明，新年画是宣传党的政策、认识新中国形象、思想和观念的一个有效载体，切实地体现了新中国之“新”。新年画不仅是最早宣传新中国形象的艺术形态，而且当油画、国画进入改造后，也受其影响。后来新年画发展不断程式化，并向其他画种渗透，逐渐形成“红、光、亮”的艺术表现模式。

电影生产在新中国成立后由私营完全转向国营，在高度集中的行政管理体制下，新中国电影可以说是政治性的，政治电影成为主导模式，并创造了中国社会主义政治电影的经典，在 1959 和 1962 年前后形成了电影创作的两座巅峰。在“政治正确”的理念下，电影创作强调文艺直接歌颂光明面，反映的生活比现实生活更高、更美、更典型、更理想，凸显英雄主义的崇高风格。电影成为一种政治文本，为接受者替代性地虚构出一个主体生存的社会环境，通过叙事策略和语言结构的意识形态化，形象地诠释党和国家的方针政策，经意识形态的询唤，和对历史的重新编码，往往使电影观众主体性地把银幕情景误认为现实世界，从而实现“国家对思维模式进行塑造，将对未来的憧憬附加于大众身上，形成大众自己的思考模式”。[②] 为保障电影教化的有效性，题材规划是电影生产的一大特色，“新中国的电影在很大程度上不是由电影制作者而是由负责题材规划的各个权力领导部门创作出来的”，“领导部门按照全面反映政策、配合当时

---

① 邹跃进：《新中国美术史》，前言，第 2 页。
② Bourdieu，*Practical Reason*（Oxford：Blackwell Publishers，1998），p. 46.

形式的原则制定题材规划，创作人员则按照规定好的题材和主题去寻找人物和事件。

在电影领域，新中国电影不同于旧电影，在性质上从娱乐、教化、启蒙等多功能的混合转向了以政治功能为主导，担负意识形态教化的新艺术形式，站在中国共产党的政治立场重新书写中国历史乃至人类历史，阐释中国社会的走向，完成大众对自我的身份建构和对新生共和国的认同，在传播上从以城市市民为主要对象的流行文化转向以“无产阶级”和“劳动人民”为主体的政治文化。

在此背景下，“十七年”创作了电影《桥》（王滨、于敏编导，1949）、《白毛女》（王滨、水华导演，1950）、《南征北战》（成荫、汤晓丹、萧郎导演，1952）、《董存瑞》（郭维导演，1955）、《祝福》（桑弧导演，1956）、《林则徐》（郑君里、岑范导演，1959）、《林家铺子》（水华导演，1959）、《青春之歌》（崔嵬、陈怀皑导演，1959）、《红旗谱》（凌子风导演，1960）、《红色娘子军》（谢晋导演，1961）、《甲午风云》（林农导演，1962）、《李双双》（鲁韧导演，1962）、《小兵张嘎》（崔嵬、欧阳红樱导演，1963）、《早春二月》（谢铁骊导演，1963）、《英雄儿女》（武兆堤导演，1964）、《舞台姐妹》（谢晋导演，1965）等一批红色经典。这些影像话语生产遵循的是“政治正确”，应和意识形态的教化要求，新中国电影在美学精神上割断了与1949年前电影艺术的联系，并在与旧传统对立基础上确立了新美学原则，不断强化电影作为国家意识形态的手段和对象，把广大民众纳入一种国家规范的道德意识和政治意识中，在政治与艺术、时代要求与传统继承的夹缝中书写了自身的辉煌。虽然不同艺术家所处的社会地位和政治文化观点不同，影片所表现的内容和产生的效应有很大差距，但都凸显社会功利性。电影作为艺术家参与社会政治化现实的一种方式，其高度的社会责任感显现为影片中强烈的现实性与时代感，着重表现政治气氛和时代脉搏，积极地为电影观众重述历史。这种强烈的国家意志源自时代氛围和发自艺术家内心的激情，以及当时普遍的社会心理。许多艺术家努力寻求政治与艺术的平衡，所谓平衡也就是让影片更“艺术”一些，润色主题先行下的艺术感觉，以技巧雕琢电影画面等。电影艺术家对社会主义现实主义创作原则的实践，以其独有的美学诉求服务于国家意识形态，使观众最大限度地认同影片内容，自觉追随党的领导，唤起民族自信心、自豪感，以及建设家园的热情，对坚定和巩固党的政治领导地位发挥了无可替代的作用，这种强大的社会整合力确立了电影在“十七年”中国文艺舞台上的核心地位。

三、 现代戏与新歌剧的政治品格

现代戏的创作同样体现出对崇高的审美追求，并非一般地提倡创作现代题材剧目，而是提倡某一种现代戏——歌颂现代历史进程中胜利者的剧目，其内涵是“歌颂大跃进，回忆革命史”。主要以中国共产党革命斗争史为题材的现代戏剧成绩突出，如京剧《红灯记》《沙家浜》《智取威虎山》《红嫂》《六号门》，沪剧《芦荡火种》，话剧《槐树庄》（胡可）、《东进序曲》（顾保璋）、《豹子湾战斗》（马吉星）、《兵临城下》（白刃等）、《八一风暴》（刘云等）、《英雄万岁》（杜锋）、《红色风暴》（金山等）、《七月流火》（于玲）、《杜鹃山》（王树元）等。这些戏剧延续了新中国成立后以革命史为题材，以歌颂赞扬为基调，以政治理念宣传为目的的创作路径和创作模式，在传播中不断被确认和强化，为“文革”期间“样板戏”的生成发展奠定了基础。现代戏创作在1958年和1964年比较突出，成绩最突出的是“新歌剧”，如《白毛女》。所谓“新”，首先在于确立一个全新的主题：旧社会把人变成鬼，新社会把鬼变成人，从而直接表达阶级斗争的观念。这一时期不断凸显的“新歌剧”以传达革命意识形态为主导意图，不断通过文艺创作建构民众对革命意识形态的认同，成为建构民族国家文化领导权的一种有效文艺形式。其前身是延安时期的“新秧歌剧”，抗战中“新秧歌剧”发挥了动员和教育民众坚持抗战的功能。新中国成立后作为“新文艺”的载体，成为新中国的艺术形象，伴随艺术的成熟和内容含量的增大，演变为具有中国作风、中国气派的“新歌剧”。“新歌剧”重构了党所领导的革命史，在叙事中确立民族国家的历史主体地位，以艺术、美学的形式捍卫中国共产党作为历史主体的资格。换言之，“新歌剧”以大众喜闻乐见的形式，对中共革命史与新中国作为革命斗争的结果及其民族国家的独立，进行合法性论证。《长征》以宏大的规模和气势，再现了红军二万五千里长征的伟大历程，在舞台上首次塑造了毛泽东的艺术形象。《洪湖赤卫队》写贺龙创建和领导洪湖赤卫队打恶霸、斗土匪的英雄事迹，被视为继《白毛女》之后中国第二代民族歌剧的代表作。《刘胡兰》改编自共产党员刘胡兰的英雄事迹，塑造了这位对党和人民无限忠诚的英雄形象。《江姐》（改编自《红岩》）塑造了共产党员江竹筠的高风亮节和坚定信仰。这种革命史的理想化重构，与牺牲和苦难的严酷事实相连接，给予幸存者及后人以突出的警示和教育意义。

从“新歌剧”的发展历程上看,其诞生伊始就肩负着民族救亡、阶级解放的民族动员使命。在中国革命史的讲述中,“新歌剧”形成了昂扬激越的主导美学风格,开创了“新歌剧”的民族国家叙事模式,这一模式后来随着中国革命史的推进发展为阶级模式。诞生于“新秧歌剧”的“新歌剧”注重吸收并化用民间文化资源,将民族解放和阶级斗争故事做了充分地民间化、伦理化处理,极大地激发了文化程度并不高的解放区广大农民的政治热情,建构了底层民众对新意识形态的情感认同,充分昭显了“新歌剧”的民族性和阶级性。就此而言,“新歌剧”作为新文化的一部分,同样具有浓厚的历史性、政治性品格,侧重于文艺的现实介入性,回应了民族救亡和阶级解放的历史询唤。尤其是,其作为一种体现了民族化、大众化追求的文体,具有广泛的受众,极大地宣扬了新民主主义和社会主义的思想文化,焕发民众对“新社会”“新中国”优越性的理性认知和文化认同。“新歌剧”除了鼓动宣传的工具价值外,也提高了戏剧的美学化、民族化品格,由最初单纯的消遣娱乐演变为意识形态的教化。有学者从话语分析视角指出:“《白毛女》中革命话语的背后隐含着对民间话语的借助和转换。民间话语中的道德逻辑构成了政治话语进行有效运作的基础,政治话语借此获得了民众道德文化意识深层的认同;同时,政治话语又以自己的逻辑转换了道德话语秩序,将后者有效地纳入自己的运作逻辑之中。民间文化(文学)和民间道德伦理中一些因素如惩恶扬善(替天行道论)、善恶有报(因果报应论)、神魔鬼怪、离奇变幻等被延续和保留下来,并被纳入‘阶级’的理论视域和‘阶级斗争’的情节构思中,实现了革命意识形态的转换,一变而为阶级控诉、斗争动员和抒发革命浪漫主义情怀的有力凭借。”[①]在话语转换中,“新歌剧”从对民族国家的关怀,转向一种宏大叙事,着重展示杰出的革命者、解放者的历史功绩,对其思想、精神、境界、意志等进行一种本质化、静态化、纯净化的诠释,把普通民众的“成长故事”更换为“英雄传奇”,把某种绝对“正确”的政治理念、政策观念、时代本质“植入”英雄人物,使其具有无可置疑的权威性。

---

① 朱德发、魏建编:《现代中国文学通鉴》,人民出版社2012年版,第903页。

四、音乐美学的学科建构

自新中国成立到“文革”结束，是中国音乐美学学科建构的关键时期，本部分在搜集整理阅读分析文献资料的基础上，力图对音乐美学的本质、音乐形象的争鸣、中西音乐的关系、音乐功能的阐释、音乐批评的视角、中国的音乐美学和外国的音乐美学等层面，进行宏观有机动态的理论把握，旨在推进这一时期音乐美学学科的发展。

1. 关于音乐美学的本质

“音乐是什么?”这是音乐美学最重要的元理论问题。对这个问题的研究，要从两个方面入手：一个是音乐与人的审美关系，另一个是音乐与现实的关系。首先，音乐是人为了满足人类自身听觉感性需要而创造的精神产品，它在一定时间内呈现并直接作用于人的听觉，进而由主体心灵自由建构，获得美的享受。音乐“是用声音的形象来表现我们的思想感情的一种特殊的艺术形式”[①]。它是纯粹的听觉艺术，不依附任何非音乐因素，直击人类心理，表达人们的思想情感。人类用听觉感知音乐音响，体悟生命精神的凝结和升华。其次，音乐是人们从现实生活中提取创作素材，“用有组织的乐音构成艺术形象，主要通过表达人的思想感情来反映社会生活。因此，我们不可能按照造型艺术或语言艺术的特点来理解和解释音乐的形象性”[②]。安波所说的“音乐是以乐音为手段(或称媒介物)通过人们的听觉去反映和感受现实的一种艺术”[③]，道出了音乐与现实生活关系的特质。

在回答“音乐是什么”的追问时，还会涉及音乐与其他艺术的比较，以凸显音乐的特殊性。茅于润将音乐与戏剧、电影等艺术进行比照，指出音乐既不能也不需要使人“感受到由视觉所引起的具体形象或像文学那样表达具体的意义或概念”，但提醒我们不能因此而否定音乐的思想性、表现性，否则将陷入康德所谓“自由美”的泥沼。他认为：“音乐和其他文艺形式一样，都是经济基础的上

---

① 张洪岛：《我的看法》，载王宁一、杨和平：《20世纪中国音乐美学文献卷(1900—1949)》，现代出版社2000年版，第166页。
② 《艺术概论》编写小组：《艺术概论(节选)》，载《20世纪中国音乐美学文献卷(1900—1949)》，第443页。
③ 安波：《批判黎青主的音乐美学》，载《20世纪中国音乐美学文献卷(1900—1949)》，第127页。

层建筑，为它的基础服务的，一切有关文艺的原则问题，都是在马列主义毛泽东文艺思想指导下进行创作、讨论、研究的，绝不因其表现形式的不同而有所差异，甚至矛盾。音乐作品是人，阶级的人所写的，因此不带有作者阶级的思想、情感、目的去从事创作是难以想象的。”[①]还有其他人也赞同从反映论角度来解释音乐的本质。如徐凯翔、章正续整理的《音乐美学和其他》一文中指出：音乐“和其他艺术一样是再现生活和作用于生活的”[②]。王晋认为，音乐是通过“作曲家依据他的世界观和生活经验，以及相应地使用音乐的表现手段的能力，创造出了反映现实生活中形形色色的景象、思想、情感的音乐形象”[③]，是劳动人民在现实生活中汲取自然界的声音，经过加工提炼，通过音乐语言来反映生活、表现人类内心感情的艺术。

与上述观点不同，蔡仪认为“音乐是直接表现音响美的单象美”。音乐的美在音响之中，音响美就是音响的节奏美、旋律美。蔡仪似乎陷入了“自律论”的封闭圈内，但他在分析若干历史阶段的音乐现象后补充说：“不完全否认一般所说音乐也可以间接表现其他的东西。不过这所谓间接表现，其实不过是由于一种心理的联想，或者说是同感。这种心理的联想或同感，虽不一定原是美感的，有时却可能增加美感。”[④]他认为这是音乐与感情关系密切的根本原因。这样的观点切中了音乐美的本质，但没能引起音乐界的足够重视。

新中国成立后到“文革”结束这近 30 年时间是中国音乐美学学科理论建构的重要时期，学科建设开始受到学界的重视。王东路列举了新中国成立以来音乐学科不发展的主要表现，如理论建设薄弱、美学观点混乱等，不利于音乐创作、表演和批评的发展，他特别指出：“美学理论在我们音乐事业中是一个薄弱的部门，出版的美学理论书籍少得可怜。”[⑤]为了推动现实主义美学思想在我国的广泛传播，促进我国音乐学科发展，他极力主张开设音乐美学课程以增强学生对音乐艺术本质和音乐实践的认识。尽管在当时的社会环境中不可能立刻实现，但体现了作者高度的学科责任意识和社会担当。1959 年，中央音乐学院

---

① 茅于润：《音乐——听觉的艺术》，载《20 世纪中国音乐美学文献卷(1900—1949)》，第 59 页。
② 徐凯翔、章正续整理《音乐美学和其他》，载《20 世纪中国音乐美学文献卷(1900—1949)》，第 563 页。
③ 王晋：《反对音乐工作中的唯心主义思想》，载《20 世纪中国音乐美学文献卷(1900—1949)》，第 172—173 页。
④ 蔡仪：《单象美的艺术》，载《20 世纪中国音乐美学文献卷(1900—1949)》，第 4 页。
⑤ 王东路：《应当重视音乐科学的发展》，载《20 世纪中国音乐美学文献卷(1900—1949)》，第 216 页。

音乐学系音乐美学小组拟定了《〈音乐美学概论〉提纲（草案）》[①]，涉及音乐的特殊性、音乐的逻辑以及音乐实践的美学问题等，成为 20 世纪中国音乐美学史上最早的学科理论架构，遗憾的是受外在环境影响而夭折，未能得以贯彻实施。

应当说，这一时期的音乐理论家们结合音乐实践，从音乐美的本质、音乐与其他艺术的比较、音乐特殊性以及音乐美学课程建构等层面的探讨中，分析音乐独特的存在方式，揭示音乐的美学本质等相关问题，从逻辑意义上概括出音乐艺术的内外格局，具有深刻的美学内涵，为人们揭示音乐的美学本质提供了理论支撑，确立起音乐美学的学科属性。

2. 关于音乐形象的求解

音乐形象是音乐利用特定音响的变化与特定的波动起伏的情感对应共振，反映复杂多样的社会生活，表现人们内在精神状态、情绪活动，包括情感、意志、愿望、品格等，而不是某一个人物和事物的外在表象。

李焕之指出，音乐形象“不是某一个人物和事物的外在表象的描写，而是人们的精神状态——主要是情感、心境等情绪活动——通过精炼的音乐语言所直接体现的”[②]。在他看来，音乐的任务就是用典型形象来反映人类的普遍情感、反映现实生活、表现社会的本质。家浚认为，李焕之的观点有一定的理论高度，但没有对音乐形象如何反映生活的问题进行应有的阐述，同时也低估了想象在音乐创作中的作用，不适当地强调了情感因素在音乐形象中的积极意义，用“感情”概括“形象”有失偏颇，并且，他认为，李焕之倡导的音乐塑造“生活中一切反面的人物和事件通过正面人物的情绪来反映”的论述，有值得商榷的地方。[③] 因为历史上有很多塑造反面形象来展现现实生活中矛盾冲突复杂性的优秀作品，如肖斯塔科维奇《第七交响曲》中的法兰西侵略者、张非《我是一个伟大的建筑家》等。赵宋光指出，音乐形象塑造与情感表达是一件事情的两个方面，这是艺术共同的特征。但音乐有其特殊的呈现方式，“在音乐艺术里，声音这种物质材料不是唤起艺术手段的外壳，而是艺术手段本身；不是引到限定概念的桥，而是

---

① 中央音乐学院音乐学系：《〈音乐美学概论〉提纲》，载《20 世纪中国音乐美学文献卷（1900—1949）》，第 316—323 页。

② 李焕之：《我对音乐中社会主义现实主义的理解》，载《20 世纪中国音乐美学文献卷（1900—1949）》，第 66 页。

③ 家浚：《音乐形象的特征问题——对〈我对音乐中社会主义现实主义的理解〉一文的两点商榷》，载《20 世纪中国音乐美学文献卷（1900—1949）》，第 206—212 页。

自由联想的起点”[①]。但是，将自由联想当成是音乐形象不确定性产生的根源也是不确切的。因为音乐欣赏活动中的自由联想，虽没有明确的对象，但有确定的范围，音乐塑造形象的特殊方式，并不在于所引发的联想是自由的，而在于自由联想是由对乐音的直接感受中迸发出来的，无须经过任何中介。造成音乐形象不确定性的根源在于音乐材料的非语义性和创造性。

如果说上述关于音乐形象的探讨还属于纯粹理论思辨层面的话，那么这一时期涌现出的关于戏曲、交响乐、歌曲、器乐等形象塑造的探究则被赋予了应用音乐美学的色彩。1959 年，中央音乐学院音乐学系拟定的《〈音乐美学概论〉提纲(草案)》中设有“音乐艺术通过音乐形象来反映生活”的专题，围绕“音乐的特殊性”“音调”以及“音乐逻辑”等重要范畴展开讨论，对于音乐形象的探索提供了很好的契机。同年，茅原、郑桦、武俊达等联合发表了《关于戏曲音乐刻画形象的几个美学问题》，文中提出“一曲多用”的戏曲音乐美学命题，认为戏曲音乐是通过本剧种的基本“曲牌和板类”的变化来刻画不同形象，并认为戏曲音乐刻画形象的美学问题体现在以下三个方面：其一是“具体性音乐思维与概括性音乐思维的辩证统一”；其二是“音乐形象的完整性和不完整性的辩证统一”；第三是“音乐形象的确定性与不确定性的辩证统一”。[②] 该文引发了戏曲音乐刻画形象的争鸣。吴一立认为，这篇文章从美学高度对教条主义的批判，对戏曲音乐刻画形象的美学原则所作的探索，为大家进一步研究戏曲美学问题有很好的启发。他进而主张研究戏曲美学，要以戏曲音乐刻画形象的综合性基础及其美学原则为前提，同时还不能把问题从整体中孤立开来，即戏曲音乐刻画形象要遵循“主观与客观统一”和“典型性”原则。曹凯针对茅原等人的文章发表了不同的看法，认为茅原等人提出的戏曲音乐刻画人物形象的三个美学原则脱离了各个剧种固有的音乐传统，没有把戏曲传统提到重要的位置上来。[③] 曹凯基于对诸多戏曲刻画音乐形象典型事例的分析，指出戏曲音乐形象的刻画，不能脱离戏曲剧种固有的音乐传统。对此，茅原等人做出回应，再度撰文《再谈戏曲音乐刻画形象的美学问题》，承认自身存在有不全面的地方，如没有说明谈论戏曲音

---

① 赵宋光：《论音乐的形象性》，载《20 世纪中国音乐美学文献卷(1900—1949)》，第 626 页。

② 茅原、郑桦、武俊达讨论，茅原执笔：《关于戏曲音乐刻画形象的几个美学问题》，载《20 世纪中国音乐美学文献卷(1900—1949)》，第 282—295 页。

③ 曹凯：《也谈戏曲音乐刻画人物形象的问题》，载《20 世纪中国音乐美学文献卷(1900—1949)》，第 324 页。

乐刻画人物形象的背景、目的等是明显的缺点。《再谈戏曲音乐刻画形象的美学问题》指出，当时的言论是针对实际工作中搬用歌剧创作中专曲专用的创作方法而否定一曲多用的创作方法所引发的，其目的在于和大家探讨戏曲音乐“一曲多用”是怎样刻画形象的。除此，该文在原来的基础上，对“具体性音乐思维和概括性音乐思维的关系”“音乐形象的确定性与不确定性的关系”等作了进一步阐释；认为传统戏曲音乐“一曲多用”是现实主义的创作方法，离不开传统；而音乐形象的确定性与不确定性同时存在是音乐艺术中的普遍现象，并指出现实生活中声音的确定性与不确定性，以及音乐形象确定性与不确定性作用的不平衡，反映为戏曲音乐刻画形象的确定性与不确定性，而音乐思维与音乐形象相互关联，绝非彼此独立。① 周大风对茅原、曹凯等人的观点作了梳理分析，提出了“一曲多变应用”的理论命题，即戏曲音乐同一个基本调系统，不但可以刻画不同年龄、不同身份、性格各异的人物形象，而且还能形象地表现人物喜怒哀乐的具体情感。他认为“一曲多变应用”比“一曲多用”的提法更准确。因为“戏曲的内容范围是多样的，但是可以在一个基本调中用概括的手段和变化的手段来表达多种多样的内容”②。苏宁肯定了茅原等人《关于戏曲音乐刻画形象的几个美学问题》的价值，但指出：“作者们对这些论点、材料所做的具体分析，以及从这些分析里归纳出来的几条理论原则，却显得很不确切，十分牵强。”③并从戏曲音乐继承传统的目的、戏曲音乐形象的理解、戏曲音乐形象的典型意义方面作出深层的阐发。

1960年，郭乃安针对戏曲音乐创作“一曲多用”的手法，提出了民间曲调的“可塑性”命题，即“同一个民间曲调能够适应不同内容的歌词的现象”。④ 他认为，民间曲调的可塑性是历史的产物，与民间音乐传承千年的集体创作方式联系密切。这种集体创作的传承方式具有高度的概括性思维。从塑造音乐形象的视角看，民间曲调的可塑性与音乐形象的确定性、不确定性都有一定的联系，却是不同的概念范畴。吴毓清指出，郭乃安论述的问题十分广泛，也提出了许多有益的见解，但有些论断他不赞同，说郭乃安“片面地强调了今天社会主义新

① 茅原等：《再谈戏曲音乐刻画形象的美学问题》，《音乐研究》1959年第5期。

② 周大风：《关于戏曲音乐刻画人物形象问题的意见》，载《20世纪中国音乐美学文献卷（1900—1949）》，第401页。

③ 苏宁：《论戏曲音乐形象等问题》，载《20世纪中国音乐美学文献卷（1900—1949）》，第425页。

④ 郭乃安：《试论民间曲调的可塑性》，载《20世纪中国音乐美学文献卷（1900—1949）》，第447页。

音乐文化对于过去遗产的继承，从而否认了今天社会主义新音乐文化与过去遗产之间的不可混淆的界限，以及二者之间的原则区别”[①]。

此外，郭乃安在《冼星海作品中的音乐形象》[②]中指出，冼星海作品中音乐形象的丰富性在于他所创造的音乐形象具有高度的真实性，即用音乐语言真实地反映了多彩的现实生活。王云阶的《谈交响音乐中的音乐形象和矛盾冲突》[③]认为，交响乐的音乐形象包括了交响乐创作的立场、观点、艺术表现手法等丰富内容。该文着重论述交响乐中的形象塑造与戏剧冲突的问题。而他的另一篇文章《谈交响音乐中的音乐形象和形式体裁》[④]，则揭示了各种体裁音乐形象的塑造问题。赵宋光的《关于器乐塑造形象的几个问题》[⑤]，就创作中存在“把现成曲调当作符号来使用”“热衷于模拟现实音响”，以及“忽视情感概括而追求细节交待”等发表了自己的创见。肖民的《歌曲创作要塑造音乐形象》[⑥]，从音调、旋律等方面总结自己在歌曲创作中塑造音乐形象的经验。叶林的《音乐形象与形象思维散论》[⑦]，围绕着音乐创作、表演和欣赏中的形象塑造阐述了自己的理解。以及苏夏的《音调的形象特点》[⑧]，从歌词、音调的视角阐述了歌曲创作塑造音乐形象的规律。

可以说，以上论述以辩证唯物主义哲学“反映论”为思想基础，即认为音乐是现实的反映；在美学上则以“情感论”为主旨，即认为音乐直接表达情感，并认为音乐通过感情的表达来反映现实生活。“形象性”本身则浸透了“革命性”“民族性”“阶级性”“时代性”“典型性”以及“世界观”“立场”“态度”等当时历史阶段的典型概念和观念。[⑨] 虽然此间音乐形象的探讨观点林立，呈现百花齐放的态

---

① 吴毓清：《对〈试论民间曲调的可塑性〉一文的商榷》，载《20 世纪中国音乐美学文献卷(1900—1949)》，第 477 页。

② 郭乃安：《冼星海作品中的音乐形象》，载《20 世纪中国音乐美学文献卷(1900—1949)》，第 114—123 页。

③ 王云阶：《谈交响音乐中的音乐形象和矛盾冲突》，载《20 世纪中国音乐美学文献卷(1900—1949)》，第 508—517 页。

④ 王云阶：《谈交响音乐中的音乐形象和形式体裁》，载《20 世纪中国音乐美学文献卷(1900—1949)》，第 550—557 页。

⑤ 赵宋光：《关于器乐塑造形象的几个问题》，载《20 世纪中国音乐美学文献卷(1900—1949)》，第 658—665 页。

⑥ 肖民：《歌曲创作要塑造音乐形象》，载《20 世纪中国音乐美学文献卷(1900—1949)》，第 699—707 页。

⑦ 叶林：《音乐形象与形象思维散论》，载《20 世纪中国音乐美学文献卷(1900—1949)，第 900—914 页。

⑧ 苏夏：《音调的形象特点》，载《20 世纪中国音乐美学文献卷(1900—1949)》，第 933—937 页。

⑨ 宋瑾：《论 20 世纪中国的音乐美学研究》，《黄钟》2006 年第 3 期。

势，但大都站在音乐美学的高度，广涉“内容与形式”“确定性与不确定性”“标题与非标题”等美学范畴，试图对中国传统音乐的存在本质和表现方式进行规律性地理论概括。从茅原提出的戏曲音乐“一曲多用”，到周大风的“一曲多变应用”，再到郭乃安“民间曲调的可塑性”的提出，充分展示出学者们的概括在理论广度、深度和高度上都得到了升华，彰显出应用音乐美学的意义。

3. 关于中西音乐的关系

西方音乐的传播，以及一批批音乐学子留学归国后兴办音乐教育等，促使“中西音乐关系”成为许多学者关注的焦点。不论是“全盘西化”“中西融合”“中西并存”，还是“复古倾向”以及“民族化发展”等观点，始终呈现为“仁者见仁、智者见智”的状态。

中西之间不同民族特点的矛盾应站在更高的层面上进行研究，并给予科学的总结。只有在建立民族自信心的基础上，学好、学透西方音乐，做到兼收并蓄，才能创造出我们民族的新音乐。孟文涛认为，我国音乐事业的发展，既要区分、尊重中西差异，又要相互融化，创造出新的东西。讨论“中西并存”，首先要明确“中”“西”的区别。在他看来，区分“中”“西”的标准只能是“风格”。也就是说具有民族风格的作品就是“中”的，反之则为“西”的。他基于对音乐创作、表演实践的考察，指出：“中西并存意味着各自有独立发展的可能……甚至可以相互融化。”[①]决定音乐民族风格的因素主要是音乐语言，包括音调、和声、复调等。陆华柏则认为，区分中西音乐风格的关键在于民族形式。在他看来，音乐艺术的形式有内在和外在之分，“属于内在形式的有：乐制（律的体系）、音阶、调式、节奏、曲式、风格、复音或复调处理（即和声、对位）以及乐曲的结构等等”。[②] 这是决定民族形式的主要东西，直接影响到作品的风格。

就中西音乐关系问题，李焕之强调，外国音乐文化的先进经验，在任何时候都值得我们学习、吸收。但是，我们一定要在切实钻研民族音乐遗产的基础上借鉴，否则将会造成严重的错误。他指出：“要在自己民族音乐的基础上，创造性地借鉴、吸收外国的先进经验，来发展我们的民族音乐，这的确不是‘一蹴而就’的，一定要走过许多弯曲的路子。”[③]我们只有严格要求自己，努力追寻民族

① 孟文涛：《“中西并存”一解》，载《20 世纪中国音乐美学文献卷(1900—1949)》，第 182 页。
② 陆华柏：《音乐艺术“中西并存”的问题》，载《20 世纪中国音乐美学文献卷(1900—1949)》，第 187 页。
③ 李焕之：《音乐民族化的理论与实践》，载《20 世纪中国音乐美学文献卷(1900—1949)》，第 201 页。

音乐传统,才能逐步迈向成功。俞抒认为:“如要解决目前的音乐问题,单靠钻研民族音乐实在是有很多问题不可能得到解决的。”①故而他主张在加强学习民族音乐的同时,必须认真总结西欧的经验,掌握其精神原则,并将其灵活地运用于我国音乐的实际工作。吴巽结合当时音乐理论的发展现状,一针见血地披露:当前理论研究普遍存在的“厚古薄今”“重外轻中”的现象,不利于我国音乐文化事业的发展,必须从思想上提高认识,在实践中彻底克服。“很少有对当前音乐美学思想、创作倾向和现代作曲家以及其作品进行深入分析研究的文章。”②他认为,我们应当要批判地借鉴其中一切有价值的东西。可以这样说,离开民族性的文化,不是具体的真实存在的文化;不表达时代特征的文化,必定是僵死的文化。建立民族音乐文化的目标就不应以传统音乐文化的标准为模式,而必须以体现时代精神即现代化要求为参照系。所以,一切背离现代化精神的观念意识和价值体系,都应该自然成为重建民族音乐文化所要扬弃的对象。同理,一切传统的、古老的音乐都要在这一新的参照系下受到挑剔、筛选和审查,这就是我们确立以多元文化观作为方法论和历史观的新思路。

实际上,20 世纪中国音乐文化的发展,不论是实践层面,还是理论研究,所走的就是一条“中西音乐融合”的道路。应当说,“文革”结束前对于中西音乐关系问题的研究,贯通古今中外,而且还渗透在音乐创作、表演等实践领域,以及音乐形象、音乐的内容与形式等美学范畴,为当代中国音乐选择崭新的音乐文化参照系和价值目标,提供了有益的借鉴。

4. 关于音乐的作用

所谓音乐功能,指音乐音响结构在内部和外部的关系中表现出来的特性。纵观中西音乐发展的历史,音乐艺术功能始终处于一个动态、变化、发展的过程当中。以往对音乐艺术功能的研究,有的套用艺术理论关于艺术功能的论述方法,把音乐艺术功能同等地分成认识、教育和审美三大功能;有的则认为音乐具有教育、净化、精神享受的功能;还有的将音乐艺术功能分成审美功能和教化功能两方面。另外,关于音乐艺术功能的娱乐功能和社会功能等也都有人提出

---

① 俞抒:《对〈音乐民族化的理论与实践〉的几点意见》,载《20 世纪中国音乐美学文献卷(1900—1949)》,第 219—220 页。

② 吴巽:《“厚古薄今”和“重外轻中”都要不得》,载《20 世纪中国音乐美学文献卷(1900—1949)》,第 228 页。

过。这些倾向虽然都有可取之处，存在一定的合理性，但从理论上给予音乐艺术功能某种定论还不充分。对音乐艺术功能问题的研究，不能忽略音乐艺术功能在不同历史时期、不同社会背景下所具有的不同内涵。

1959 年《人民音乐》编辑部关于音乐表演曲目的讨论，发表了《让音乐表演艺术的百花灿烂开放》。该文认为，不同类型的音乐作品，其具体作用是不完全相同的。文章说："有一些音乐艺术作品，以其深刻的思想内容，强烈激发听众的正义感，使听众产生巨大的精神力量；有一些音乐艺术作品，集中地概括了生活中最美丽或者最富有生命力的事物，使听众从中感受到生活的美好幸福，因而更愉快地去劳动创造；有一种音乐艺术作品，镌刻人们生活历程中各种感情激动的画面，揭示生活中各种令人深思的问题，使人缅怀过去，向往未来，从而对于生活、工作更加充满信心；还有一种音乐艺术作品，仅仅以其轻松活泼或者诙谐有趣的情调，使人意趣盎然，精神紧张与松弛得到适当调节，从而保持充沛的精力。"[①]

关于音乐的功能价值，郑伯农指出："音乐的社会职能是多方面的，但是在阶级社会里，它最基本的职能就是作为阶级斗争的工具，音乐的社会作用、政治作用，实质上是一个东西。"他认为，《让音乐表演艺术的百花灿烂开放》中对音乐艺术功能的分类和具体作用不同，以及将音乐的思想教育作用和精神娱乐作用完全分离的做法是错误的。因为"任何作品都必须具有思想性和艺术的美……应当是形式和内容的统一，给人以社会主义思想的教育和美的享受"。他在论述古代音乐作品的作用时，虽然强调古代音乐作品具有"永久的魅力"，但说不能直接"为社会主义服务"[②]。足见，郑伯农关于音乐艺术社会功能的论述有合理的一面，但也存在自相矛盾的地方。

涂途、易原符等人针对郑伯农的观点发表了自己的见解。涂途指出，郑伯农对《让音乐表演艺术的百花灿烂开放》中关于音乐社会功能的批评有失偏颇，郑伯农将"音乐的社会作用、政治作用、阶级斗争的工具等等都混淆在一起，合二为一了，从而，就否定掉了他本人承认了的音乐的多方面的社会职能"[③]。在

---

① 人民音乐编辑部：《让音乐表演艺术的百花灿烂开放》，《人民音乐》1959 年第 7 期。
② 郑伯农：《让音乐表演艺术的百花在为社会主义服务的方向下灿烂开放——和〈人民音乐〉编辑部商榷》，《人民音乐》1961 年第 4 期。
③ 涂途：《从音乐的社会作用谈起》，载《20 世纪中国音乐美学文献卷（1900—1949）》，第 503 页。

涂途看来，音乐作品在发挥思想政治教育、道德教育作用，为社会主义建设事业服务的作用的同时，也具有丰富人们认识自然和社会生活的功用和独特的审美作用。易原符认为，郑伯农关于古代音乐作品社会价值的论述站不住脚，主张研究音乐的社会功能要从人民群众的需要和音乐作品自身的特点出发。他说：“人民精神生活的需要是实际的一方面，音乐作品本身的特点，它所能发挥的作用，也是实际的一方面。”虽然《让音乐表演艺术的百花灿烂开放》中对音乐艺术社会功能的分类阐释不一定准确，但该文还是体现着从实际出发的原则。郑伯农虽然承认音乐社会功能的多方面性，但又认为基本功能与多面功能是“根本不同”的。这样的论点具有片面性，故而易原符主张：“衡量文艺理论批评是否正确，就看它是否对发展创作、继承遗产、活跃演出起到促进作用。”①要做到这一点，还是得从现实的需要出发。赵宋光从艺术的社会作用出发，围绕“认识”这一概念的阐释，指出音乐的认识作用，“就在于发展人们对于对象世界之实践精神的、情感态度的、审美的把握能力”。他在对艺术认识作用作了全面考察分析后指出：“艺术之作用于情感、通过情感对实际行动的制约而间接作用于行动，这是艺术的伦理教育作用”，②音乐也不例外。

新中国成立后相关音乐社会功能的研究，不仅涉及音乐的审美功能、政治功能，而且也有论及音乐教育功能、道德伦理价值等问题，揭示了音乐社会功能的原理与表征，代表了这一时期音乐功能理论研究的高度和水平。

5. 关于音乐批评

音乐批评是音乐艺术家运用一定的评价标准，以批评的态度，对音乐创作、表演、欣赏以及理论研究等事项，作出审美判断和价值评定。这是促进音乐创作、推动音乐发展的有力手段，也是音乐美学研究的主要论题。

新中国建立以来，吕骥是较早意识到新中国音乐事业面临诸多问题的音乐批评家，他根据新中国成立以后的政治、经济和文化的具体情况，对中国音乐文化的建设，作出了具有音乐界官方性质的批评。他指出：“我们在音乐理论、技术，特别是西洋古典音乐和各种技术，都缺乏系统的学习。”③这是当时音乐界存

---

① 易原符：《从实际来看待音乐艺术的社会作用》，载《20 世纪中国音乐美学文献卷（1900—1949）》，第 531 页。

② 赵宋光：《论音乐的形象性》，载《20 世纪中国音乐美学文献卷（1900—1949）》，第 639 页。

③ 吕骥：《新情况，新问题》，《人民音乐》1950 第 2 期。

在的主要问题,他从深入生活、大力普及、增强学习以及提高认识四个方面提出了对应性的解决对策。李焕之则以南京文联1950年在《文艺》杂志上所展开的介绍西洋音乐问题的讨论为契机,指出:“介绍西洋音乐问题是目前中国音乐活动上的一件大事,它涉及音乐的政策问题。”①他认为,广播电台的音乐节目要适当介绍西洋音乐知识,并且要选择那些有进步意义的加以介绍。1953年,李焕之针对全国第二次文代会把“社会主义现实主义”的创作原则与艺术手法确定为文学、艺术创作的方法和批评的准则,发表了《我对音乐中社会主义现实主义的理解》,该文较为全面地阐释了艺术领域领导阶层对音乐艺术进行批评的观念。他说:“社会主义现实主义并不是超越时代、高不可攀的创作和批评的方法,而是引导我们沿着正确的艺术创造的道路前进的方法。社会主义现实主义是我们创作实践最可靠的途径,是鞭策我们前进的力量,同时是我们最高的奋斗目标。”②

1954年,贺绿汀发表了《论音乐的创作与批评》,肯定了新中国成立以来音乐创作取得的成绩,同时也指出了存在的问题。他认为,学习马列主义与体验生活、学习技术与单纯技术的观点、民族形式与西洋风格、抒情歌曲与小资产阶级感情、形式主义以及新歌剧等问题,都是严重制约当时音乐创作与批评的核心难题。音乐创作存在公式化、概念化倾向,与脱离现实生活、技术水平低下、音乐批评落后等不无关联。在谈到批评家与被批评对象时,他指出:“业务修养是一个批评家很重要的条件。”而对于被批评对象,则应当有“勇气接受任何严厉的批评”。③ 贺绿汀以一位音乐家的艺术情怀和音乐领导者的文化胸襟,对当时音乐创作与批评中存在的许多问题提出了高屋建瓴的批评,切中当时音乐生活的时弊。但在“左派幼稚病”还有很大市场的50年代,他的这种出于公心但果敢、辛辣的批评,是必定招致被批评者的强大反弹的。一场声势浩大的批贺运动展开了。《人民音乐》曾经先后发表了20余篇文章与贺文进行讨论。马紫晨首先谈到音乐批评的重要作用,认为:“批评,是推动创作与演出工作不断前进的重要力量之一,是我们为文学艺术的高涨和繁荣而进行斗争的不可或缺的

---

① 李焕之:《从广播音乐谈到介绍西洋音乐问题》,载中国音乐家协会:《音乐建设文集(上册)》,音乐出版社1959年版,第7页。

② 李焕之:《我对社会主义现实主义的理解》,载《20世纪中国音乐美学文献卷(1900—1949)》,第62页。

③ 贺绿汀:《论音乐的创作与批评》,载《20世纪中国音乐美学文献卷(1900—1949)》,第87页。

武器，也是我们把创作与演出内容向群众推荐与解释的有效媒介。”接着指出，贺绿汀的言论“未免有些冤枉了我们的批评家，而且也不符合几年来的全部事实”[①]，只强调技术学习，而忽略了思想政治的修养。老志诚则认为，贺绿汀文章中的主要精神是从实际出发提出来的，“特别是加强技术学习和端正批评态度两个问题，的确是目前必须重视的问题”[②]，对于今后音乐文化事业的发展将有积极作用。与老志诚的观点基本一致，张洪岛明确表示，贺绿汀文中论述的“政治、生活与创作的关系、技术对于音乐艺术的重要性等问题”[③]，对音乐创作情况的估计等，都对今后音乐艺术的发展会有很大帮助。

对于音乐批评，马思聪认为，“要有自己的个性和独特的风格”，并指出当前一些评论“对于聂耳、冼星海作品的评价是不够实事求是的”。[④] 随后，汪立三、刘施任、蒋祖馨的《论对星海同志一些交响乐作品的评价问题》开篇指出：“人们对星海同志的作品的评价往往是不够实事求是，而是流行着一种全盘肯定、过分赞扬的做法，这种做法特别明显地表现在对星海同志的交响乐作品的评价中。”他们认为，冼星海“忽略了音乐艺术本身的规律及在表现上的特点，而热衷于史实细节的自然主义的表现，企图用音符去‘直译’新闻报道”[⑤]。

另外，山谷的《对批评家提出的要求》、沙叶新的《审美的鼻子如何伸向德彪西》、群山的《从德彪西讨论想起的》、郑焰如的《德彪西是怎样一位音乐家》、余大庚的《德彪西评价初探》、居思理的《审美必须提高阶级嗅觉》、廖辅叔的《德彪西真相试探》、廖乃雄的《德彪西思想、艺术散论》、郑蓉的《“革新家”的悲剧》、贺绿汀的《姚文痞与德彪西》、王云阶的《从〈克罗士先生〉看德彪西的美学观点》、于润洋的《审美的鼻子究竟如何伸向德彪西》、丁善德的《漫谈德彪西的创作技巧及如何借鉴问题》、铭人的《从德彪西想到星海》，以及赵沨的《标民族之新 立民族之异》等，围绕德彪西的创作倾向、创作技巧、作品特点、音乐贡献，以及对我国的借鉴和影响等方面展开讨论。

---

① 马紫晨：《对贺绿汀〈论音乐的创作与批评〉一文的商榷》，载《20 世纪中国音乐美学文献卷(1900—1949)》，第 108 页。

② 老志诚：《我对贺绿汀〈论音乐的创作与批评〉基本精神的理解》，载《20 世纪中国音乐美学文献卷(1900—1949)》，第 161 页。

③ 张洪岛：《我的看法》，载《20 世纪中国音乐美学文献卷(1900—1949)》，第 165 页。

④ 马思聪：《作曲家要有自己的个性和独特的风格》，《人民音乐》1956 年第 8 期。

⑤ 汪立三、刘施任、蒋祖馨：《论对星海同志一些交响乐作品的评价问题》，《人民音乐》1957 年第4 期。

可以说，这一时段中国音乐批评的论域，不只停留在理论层面的论述，而且与具体的音乐创作实践紧密地联系在一起。尽管有些人的观点存在政治化倾向，却为我国音乐批评的理论建构，为音乐创作、表演合乎要求的音乐作品，提供了重要的参考。

6. 关于中国古典音乐美学研究

中国“古代音乐美学著述卷帙浩繁、蔚然可观。从先秦至清代(1900年后不计)，具有音乐美学意义的文献达200余种”[①]，为中国音乐美学的学科建构提供了丰富的滋养。在新中国成立后到“文革”结束这一段时间里，主要研究集中在诠释中国音乐美学理论著述、人物音乐美学思想方面。

在注经古代音乐美学经典文献方面，吉联抗梳理了《乐记》的主要内容，指出：“《乐记》主要谈到音乐的根源、音乐的作用、音乐对不同阶级发生的不同影响、音乐的美学观点、音乐的形式等几个音乐社会学、音乐美学上面的重要问题，它是我国二千年前的音乐理论，也是我国古代最早的音乐理论。”[②]他的研究开了这一时期挖掘整理古代音乐美学资源的先河。随后，余嘉锡取比较的研究视角，将《礼记·乐记》与《史记·乐书》进行比对，发表了《〈礼记·乐记〉与〈史记·乐书〉》[③]。与余嘉锡采用比较的视野相同，杨荫浏将《乐记》与《乐论》展开比较，文中指出此二者的相同点在于“他们同样承认音乐为物质世界在人们意识中的反映；他们同样承认音乐有着极大的社会功能；他们同样承认音乐的内容应当首先得到重视。他们对音乐本质的认识基本上是唯物主义的，他们对音乐社会功能的看法，也是从总结经验中得来的。但他们又同样强调音乐上的等级区别，同样强调统治者创作音乐的重要性”[④]。文中认为它们的不同主要表现在时代背景、思想体系方面。公孙尼子的学说是与奴隶主贵族阶级的利益联系在一起的，在音乐方面，带有宗教迷信色彩。而荀子的学说否定宗教迷信，主张自然的客观规律。就影响而言，不论在当时还是在后世，二者的差别是不大的。

---

① 杨和平：《20世纪音乐美学在中国的传播与研究》，《中国音乐学》2006第2期。

② 吉联抗：《〈乐记〉——我国古代最早的音乐理论》，《人民音乐》1958年第5期。

③ 余嘉锡：《〈礼记·乐记〉与〈史记·乐书〉》，载《20世纪中国音乐美学文献卷(1900—1949)》，第665—675页。

④ 杨荫浏：《公孙尼子的〈乐记〉与〈荀子·乐论〉》，载《20世纪中国音乐美学文献卷(1900—1949)》，第802—803页。

丘琼荪的《〈乐记〉考》着重考察了《乐记》的作者问题[①]；廖辅叔《公孙尼的〈乐记〉》则将《乐记》的基本精神归为四点：其一，认为音乐是外物影响人心而产生；其二，看到了音乐与政治的关系；其三，认为音乐的最高标准是“德音”，提出“乐者，通伦理者也”的观点；其四是为统治阶级服务。[②]

宗白华认为，《乐记》中包含着“中国古代极为重要的宇宙观念、政教思想和艺术见解”。我们从《乐记》中的“清明象天，广大象地，始终象四时，周旋象风雨，五色成文而不乱，八风从律而不奸，百度得而有常”，“见到音乐思想与数学思想的密切结合”；从“金石丝竹，乐之器也。诗，言其志也。歌，咏其声也。舞，动其容也，三者皆本于心，然后乐器从之”中“见到舞蹈、戏剧、诗歌和音乐的原始的结合”。这充分表明，“古代哲学家认识到乐的境界是极为丰富而又高尚的，它是文化的集中和提高的表现”[③]。1976年，中国人民解放军五一〇三一部队特务连理论组、中央五七艺术大学音乐学院理论组的《〈乐记〉批注》在对《乐记》进行批注的基础上，就其成书目的、文艺思想、哲学思想等方面作了详尽的分析，指出：“《乐记》成书于汉武帝时代，作者是刘德及其手下的一批儒生。”而在哲学思想方面，认为“《乐记》是属于唯心主义阵营的，它体现了地地道道的唯心主义先验论的哲学路线”[④]。1977年，董建发表了《〈乐记〉是我国最早的美学专著》，文中就《乐记》的学术价值和历史地位提出了自己的看法。该文指出：“对《乐记》进行正确的研究和评价，不仅有助于我们从古代的美学理论中取得某些启发和借鉴，而且对于填补中国美学史的空白，提高民族自信心，也是有好处的。”作者认为，《乐记》是我国奴隶制时代艺术发展的理论总结，在美学理论上有着重要的贡献。首先，《乐记》中提出的“乐”“其本在人心之感于物也”的观点，是对艺术与现实之关系的朴素唯物主义阐释，这在我国古代美学史上是有里程碑意义的，绝不亚于亚里士多德的“模仿说”；其次，《乐记》第一次明确论述了音乐与政治的关系，主张音乐具有“同民心而出治道”的功效，进而阐明音乐的内容与形式、音乐的思想性与艺术性之间的辩证关系；再次，《乐记》第一次系

① 丘琼荪：《〈乐记〉考》，载《20世纪中国音乐美学文献卷(1900—1949)》，第798—801页。

② 廖辅叔：《公孙尼的〈乐记〉》，载《20世纪中国音乐美学文献卷(1900—1949)》，第804—805页。

③ 宗白华：《〈乐记〉中的音乐思想(二则)》，载《20世纪中国音乐美学文献卷(1900—1949)》，第577—580页。

④ 中国人民解放军五一〇三一部队特务连理论组、中央五七艺术大学音乐学院理论组：《〈乐记〉批注》，载《20世纪中国音乐美学文献卷(1900—1949)》，第806—872页。

统论证了艺术教育的特点，将“礼”和“乐”进行多次的比较分析，提出了“乐也者，动于内者也”“乐也者，情之不可变者也”等观点，说的就是音乐通过用内心的“情感”来打动人，达到教育的目的。董建表示，我们在肯定《乐记》学术价值的同时，也要看到它的不足。它代表统治阶级、地主阶级的利益，也充斥着唯心论和形而上学的毒素。比如主张将音乐“用于宗庙社稷，事乎山川鬼神”，就在鼓吹封建迷信思想。在这篇文章中，董建还考察了《乐记》成书的时代、作者及全貌，在对诸家观点的考证后，明确指出今传《乐记》的原作者应是战国初期的公孙尼子。①

此外，在注经古代音乐美学文献方面，还有吴钊的《徐上瀛与〈谿山琴况〉》，介绍徐上瀛的生活背景，指出《谿山琴况》的思想渊源，认为：“徐上瀛的音乐观基本上是道家的学说，但也接受了儒家的观点，特别是注意音乐社会教育作用的部分。”②该文着重论述了“和”“气”“恬”“远”“迟”等审美范畴，还指出了《谿山琴况》存在的不足，如追求“古道”、反对创新；强调古琴音乐的教育功能，否定其娱乐作用等，带有片面色彩。此外，在音乐美学遗产的整理方面，还有中央音乐学院音乐研究所编辑出版的《中国古代乐论选辑》③。该书自先秦至清代编排，汇集了历代主要论乐的文字，为后来人们研究音乐史、音乐美学提供了资料的保障，对承续中国古典音乐美学遗产具有积极意义。

与音乐美学经典一样，古代也有许多往圣先贤阐述过自己的音乐思想。在这一期间出现有围绕孔子、墨子等人音乐美学思想展开研究的成果。关于孔子音乐美学思想的探讨，李纯一发表《孔子的音乐思想》，指出孔子生活在优越的社会文化背景中，利用自己渊博的知识，系统地整理、阐发古代留下的礼、乐、诗、书等文化遗产，并将其传授给弟子，为中国古代文化的发展作出了重要贡献。在音乐方面，孔子不仅熟练掌握了唱歌、弹琴、击磬、鼓瑟等技巧，还具有很高的音乐鉴赏能力，如提出了《韶》“尽美矣，又尽善也”，《武》“尽美矣，未尽善也”的观点。孔子的音乐思想，可靠的记载较为少见。从“兴于诗、立于礼、成于乐”的论述来看，孔子是十分重视音乐的社会作用的。《乐记》中记载的“乐者为

---

① 董建：《〈乐记〉是我国最早的美学专著》，载《20世纪中国音乐美学文献卷（1900—1949）》，第880—899页。

② 吴钊：《徐上瀛与〈谿山琴况〉》，载《20世纪中国音乐美学文献卷（1900—1949）》，第609—616页。

③ 中央音乐学院音乐研究所：《中国古代乐论选辑》，中央音乐学院出版社1962年版。

同，礼者为异。同则相亲，异则相近。乐胜则流，礼胜则离。合情饰貌者，礼学之事也”，说明孔子也注重礼乐配合，反对不合于礼之乐。由此可见，孔子心目中的礼乐是有严格的等级划分的，所谓“八佾舞于庭，是可忍也孰不可忍也”，说的就是这个意思。由于孔子生活在中国古代社会发生大变革时期，为了保存旧有的宗法等级制度，建立理想的社会秩序，他提出了“乐则《韶》、《舞》，放郑声”的正乐主张。可见孔子的音乐思想带有浓厚的伦理道德色彩和鲜明的社会政治标准。上述构成了孔子礼乐学说的核心，孔子成为中国古代礼乐学说的先驱。什么是“礼”？什么是“乐”？“礼乐”何以产生？其功能如何？周谷城在《礼乐新解》中从字源学的角度作出了阐释。他认为，礼、乐的性质完全不同，却“在《礼记·乐记》中，两者始终是相连并举的”，文中给予了解释。他说：《乐记》记载的“乐由中出，礼自外作”，用现代的话讲，就是乐产生于主观，礼出于客观。此二者是矛盾对立的统一体，在生活过程上是相继发生的，这便是文献中礼、乐并用的依据。至于礼乐的功能，将其归为三层。第一层在发现规律，树立信仰，“乐统同，礼辨异”讲的就是这个道理；第二层是依据规律，改造现实，实现信仰，“礼以道行，乐以道和”便是例证；第三层是使心理习惯倾向于发现规律，遵守规律，达到“自然中和”的目的。但周谷城强调，礼乐的功用是有限度的，所谓“礼胜则离，乐胜则流”的意义就在这里。[①]

关于墨子音乐美学思想的诠释，李纯一认为：“墨子的音乐观点和古代许多思想家们一样，也是被包含在他的社会政治学之中，并且作为它的一个组成部分。”[②]这为我们研究墨子的音乐美学思想提供了思路。在墨子看来，在“饥者不得食，寒者不得衣，劳者不得息”的社会背景中，制造乐器、演奏音乐、欣赏音乐、享受音乐，只会加重人民群众的负担，妨碍社会生产，故而他提出了“非乐”主张。墨子看到了当时统治者过分享受音乐给人民群众带来的许多危害，“非乐”是反对音乐享受，以减轻人民群众的负担。在这个意义上说，墨子非乐无疑是有进步意义的。但他又片面地夸大音乐功能，并使之绝对化，存在狭隘的功利主义倾向。李纯一认为，这与墨子本人的伦理观、世界观、认识论以及思想方法密切相关，使他走向了与“礼乐”对抗的局面，遭到了统治阶级的排斥。吉联抗

① 周谷城：《礼乐新解》，《文汇报》1962年4月9日。
② 李纯一：《论墨子的“非乐”》，载《20世纪中国音乐美学文献卷（1900—1949）》，第300页。

在《怎样看待墨家的“非乐”》中也从类似的角度分析了墨子“非乐”的原因，指出：“对于墨家的非乐理论，我们可以吸取到有益的营养，也可以吸取经验教训，把它作为镜子来照一照我们今天对音乐问题的看法。”[①]墨子的“非乐”有其历史的局限性和必然性，春秋时期的音乐思想也是如此。李纯一在《略论春秋时代的音乐思想》[②]中就指出周代人认为音乐具有魔术性质，带有浓厚的迷信色彩。这种认识的产生有着悠久的历史传统，我们的原始先民很早就用带有魔术意味的音乐去“祓除不祥”“消灾纳福”。《周礼・春官》所载“司巫掌群巫之政令。若国大旱，则帅巫而舞雩”，就是西周人用歌舞求雨的记载。由于西周人的认识水平低下，认为音乐不仅能感动上天鬼神，还能促进农作物生长、预测军事上的吉凶等，这都是将音乐神化的体现。

除去上文提到的孔子、墨子，还有子产、医和、晏婴、伶州鸠等都发表了音乐美学思想言论。子产站在无神论的立场上，认为音乐美的标准是那种效法于自然规律并作为一切社会规范和道德规范的“礼”。医和站在自然唯物主义的立场解释音乐。医和的音乐思想与子产有相通之处，都主张音乐美的标准是自然“和”，带有浓厚的自然主义倾向和朴素唯物主义色彩。与子产、医和不同，晏婴则从政治实践的角度来衡量音乐美的标准。李纯一评价说：“晏婴之所以把音乐和政治实践甚至生产实践联系起来，是由于当时生产的发展和人民的不断反抗使然的，所以他主张改善政治生活和社会生活，而把政治实践放在首要的地位。”[③]一方面，晏婴承认音乐可以“平君子之心”，但在另一方面又将其局限在统治阶级内部，认为音乐是君子的主观创造，与史伯的观点一脉相承，带有唯心的倾向。但从当时的历史情况看，晏婴的音乐思想总体来说是有一定进步意义的。伶州鸠在当时人民不断反抗统治阶级的背景中，提出“平和之声”用以缓和阶级矛盾，维护统治阶级利益。他的音乐思想与晏婴有异曲同工之妙，都把音乐美的标准与政治实践、生产实践和道德实践密切联系起来，带有唯心色彩。

新中国成立后近30年来，为了使古代音乐美学思想得到系统的梳理和更好的传播，涌现出吉联抗、李纯一、杨荫浏、安波等音乐学者，在整理、挖掘中国

---

① 吉联抗：《怎样看待墨家的“非乐”》，载《20世纪中国音乐美学文献卷（1900—1949）》，第370页。
② 李纯一：《略论春秋时代的音乐思想》，载《20世纪中国音乐美学文献卷（1900—1949）》，第247—262页。
③ 同②，第256页。

音乐美学遗产方面作出了开创性的贡献。他们围绕论著、人物音乐美学思想展开了多方面的理论观照，不仅具有文化史、思想史和音乐美学史的意义，而且对于构建具有中国特色的音乐美学体系也具有奠基性的意义。但这对于思想源远流长、著述浩如烟海、内容丰富多样的中国古代音乐美学资源而言，还显得势单力薄，处在零散状态。

7. 关于外国音乐美学文献的译介

由于新中国刚刚成立，在社会主义文化的建构方面缺乏经验和参照，也没有专门的音乐美学研究机构和人才。1949 年以后，“我们看得更清楚了，我国的音乐文化的发展绝不是孤立的，虽然有着我们自己的民族特点，但绝不应该拒绝吸收苏联及其他社会主义国家发展社会主义音乐文化的先进经验”①。新中国成立后近 30 年的中国音乐美学研究，将目光投向已经成功创建社会主义国家政权和文化体系的苏联、东欧等，积极译介和引进他们的音乐美学理论成果。据不完全统计，这一时期“发表在各音乐刊物与非音乐刊物上包括许多著作中有关音乐美学的章节，约 120 余篇。传播与介绍西方音乐美学理论的译文 53 篇，占 45%”②。众多译文译著内容包含学科原理、音乐形象、音乐批评、音乐心理以及音乐表演等音乐美学范畴。

关于音乐美学学科原理，苏联的丽莎说：“从严格的科学、理论以及认识论的意义上来看，阐明音乐美学的基本概念不仅对今日的音乐文化很重要，而且阐明这些基本概念能有效地引导人们在实践中得出结论，就是说，能引导音乐家改造他们的思想意识，并且也改造了他们的创作。要按自己的方法去改变现实的马克思主义美学的意义也正在于此。”③诸多涉猎学科原理的译著译文中，尤以克列姆辽夫的《音乐美学问题》④、丽莎的《音乐美学问题》最具影响。克列姆辽夫的《音乐美学问题》运用马克思辩证唯物主义与历史唯物主义相统一的方法论原则，首先，分析了各种音乐美学流派对音乐本质阐释的主要观点，指出思想性是艺术最基本的东西，音乐是以音乐形象来体现人类社会思想的一种艺术。音乐对于人类社会的发展具有巨大的功用，在历史上的各种进步运动中产

---

① 中国音乐家协会：《音乐建设文集(上册)》，人民音乐出版社 1959 年版，“序言”。
② 杨和平：《 20 世纪音乐美学在中国的传播与研究》，《中国音乐学》2006 年第 2 期。
③ 丽莎：《音乐美学问题》，廖尚果等译，人民音乐出版社 1962 年版，“序言”。
④ 克列姆辽夫：《音乐美学问题》，吴启元、虞承中译，音乐出版社 1959 年版。

生着强大的思想威力。其次，阐述了标题音乐、非标题音乐与声乐之间的共性与个性，指出标题性在音乐艺术中的重要作用。他说："标题是内容的一部分，是它的简洁陈述。准确的标题不但表示作者的意念富有原则性和目的性，并且使读者和观众也能明了这个意念。"第三，论述了现实音调与音乐、与逻辑、与形式的关系。认为现实音调在音乐中是丰富和深化了的反映，是典型化、概括化、形象化的表现。最后，分析了音乐本质的优劣，指出音乐不具备雕塑、文学等明确的对象性、语义性，却是最能影响人类情感的一种艺术。杨琦指出，克列姆辽夫的《音乐美学问题》分析了"党性原则在音乐艺术上的反映、音乐艺术的社会主义、音乐艺术的本质、音乐的标题性、音乐与语言的关系、音乐与真善美的关系、音乐的人民性、音乐的民族特征…… 有助于我们解决目前音乐艺术的某些难以明确的问题"[①]。这样的评价无疑是切中肯綮的。

丽莎的《音乐美学问题》，运用辩证唯物主义和历史唯物主义的观点，论述了音乐与语言的关系、音乐与社会现实的关系、音乐风格、音乐的民族性、音乐的阶级性、音乐批评等问题。该著开篇即对斯大林关于上层建筑的观点展开剖析，认为艺术作品不等同于艺术观点，而是艺术观点的基础。丽莎指出："在一定的基础的压力下产生的巩固基础并为之服务的任何一种当代的音乐创作，在每一个具体的历史时代里，构成了这个基础的上层建筑，并属于上层建筑；相反，作为过去某基础的产物而保持其作用的任何音乐现象，在我们看来，目前都不发挥上层建筑的特殊功能，这些音乐现象都被我们列入社会意识的范畴内，列为社会意识范畴内的意识现象。"[②]所以，音乐可以属于上层建筑，也可以脱离上层建筑。在丽莎看来，"一部音乐作品，无论是在其产生的那个时代，还是在后来的时代(例如在我们的时代)都能唤起人们的感情，打动听众并丰富他们的内心世界，这时它才称得上是持续存在着的。音乐作品能不能完成这样的功能，这是它的价值和持续存在性的标准"[③]。由此，音乐可持续存在的基础一是音乐中的情感性，二是音乐理解的灵活性，并且音乐的持续存在是一个不断丰富、完善的过程。但是，音乐可持续存在也伴随着一定的可变性，这是音乐非语义性特征所决定的。由于音乐具有非语义性，对音乐的理解也就产生了多样性

---

① 杨琦：《介绍〈音乐美学问题〉》，载《20 世纪中国音乐美学文献卷(1900—1949)》，第 80—85 页。

② 丽莎：《音乐美学问题》，人民音乐出版社 1962 年版，第 48 页。

③ 卓菲娅・丽莎：《音乐美学译著新编》，于润洋译，中央音乐学院出版社 2003 年版，第 125 页。

和可变性。关于音乐的阶级性问题，丽莎认为音乐作品的创作者——作曲家具有阶级意识，这是音乐阶级性的根源；除此，音乐的阶级性还表现在其功能上。丽莎运用西方音乐史上的多个宗教音乐证明了音乐的阶级性功能，并指出音乐的阶级性功能是有时间限制的，即在一定历史时期内，对上层建筑明确起积极作用的音乐作品，随着时间的推移会逐渐丧失这样的功能。丽莎还谈到音乐作品中的阶级性与民族性问题，指出音乐中既有阶级性因素也有非阶级性因素，二者共同起作用。丽莎的观点充满着辩证的思维，对当时我国的音乐美学研究产生了积极的影响。

涉及音乐美学学科原理的译作还有中华全国音乐工作者协会编的《苏联音乐论文集》、肖斯塔科维奇等的《苏联音乐论著选译》、万斯洛夫的《论音乐在现实生活中的反映》、格·阿普列相的《音乐是一种艺术》、西尼·芬克斯坦的《音乐怎样表达思想》、聂斯齐耶夫的《论音乐的民族特点》、爱德华·汉斯立克的《论音乐的美——音乐美学的修改新议》等。《音乐译文》中也编辑翻译了一些音乐美学论文，如符·别雷的《音乐语言的若干问题》[①]、C. 斯克列勃科夫的《我们对音乐美学的要求》[②]、斯·冠勒的《关于音乐的特殊性问题》[③]、克·安盖洛夫的《关于现代音乐美学和音乐实践的某些问题》[④]、车尔尼雪夫斯基的《音乐》[⑤]，以及《马克思列宁主义美学原理(第七节——音乐)》[⑥]、柏克的《声音的美》[⑦]等，这些论著都从不同的视角涉及音乐本质、音乐的功能作用、音乐的人民性、音乐的阶级性以及音乐的特殊性等重要音乐美学问题。

此外，从 1955 年起，《音乐译文》陆续发表了苏联学者相关音乐形象的论文，后集结成论文集《论音乐形象》于 1959 年出版。关于音乐形象，勃·雅鲁斯托夫斯基的《论音乐形象》认为，音乐形象是有思想的音乐艺术家从现实生活现象中挑选、分析出具有典型性的东西，通过意志加以组合后的产物。音乐形象

---

① 符·别雷：《音乐语言的若干问题》，高士彦译，《音乐译文》1955 年第 5 辑。

② C. 斯克列勃科夫：《我们对音乐美学的要求》，汪启璋、徐月初译，《音乐译文》1957 年第 2 辑。

③ 斯·冠勒：《关于音乐的特殊性问题》，廖尚果、廖乃雄译，《音乐译文》1959 年第 4 辑。

④ 克·安盖洛夫：《关于现代音乐美学和音乐实践的某些问题》，叶明珍、杨燕迪译：《音乐译文》1959 年第 4 辑。

⑤ 车尔尼雪夫斯基：《音乐》，周扬译，车尔尼雪夫斯基：《艺术与现实的审美关系》，人民文学出版社 1957 年版。

⑥ 陆梅林等译：《马克思列宁主义美学原理(第七节——音乐)》，载《20 世纪中国音乐美学文献卷(1900—1949)》，第 569—576 页。

⑦ 柏克：《声音的美》，孟纪青、汝信译，载《20 世纪中国音乐美学文献卷(1900—1949)》，第 676—682 页。

的产生不仅取决于客观存在的生活现象，也有赖于艺术家的创作思想与情感诉求，故而表现出现实生活的典型性及其社会本质。在雅鲁斯托夫斯基看来，音乐形象的塑造是主客观因素的统一。客观因素主要是现实的社会生活对象，而音乐艺术家描写对象的态度是主观因素。他指出："音乐形象具有对现实中的反面事物加以暴露和尖锐批判的可能。""它随着时间而开展，随着运动随着发展而呈现"，还具有"通过复杂的发展过程来表现种种最微妙的情绪色调和近乎隐秘的感情活动，因而在人们心灵中引起生动的反应"等特征。[①] 而伊·雷日金的《音乐形象的具体性与概括性》则认为，音乐形象具有具体性和概括性。所谓具体性，指现实中独一无二、感官感受到的现象；而概括性则是将感官感受到的多个现象统一起来，塑造多面、完整形象的过程。涅斯契耶夫指出，"音乐形象的特点主要地在于它的综合性质——把音乐的表现手段和诗词、舞台动作、哲学思维有机地结合起来的性质"[②]，并认为音乐形象在音乐表现中有着重要作用，而在音乐形象的创造中，节奏、音调和旋律起主导作用，它们的繁复、变化都会赋予音乐形象以新的意义。对此，克列姆辽夫认为，音乐形象的音调的多面性是音乐形象具有丰富表现力的关键。他说："音乐形象的音调物象多方面性（特别是同一时间内的）是音乐美学的重要范畴。正因为有多方面性，在音乐创作里现实主义地多方面地反映现实生活的可能性才扩大了。"[③]克列姆辽夫的观点受到万斯洛夫和波多尔尼等人的反对。万斯洛夫、波多尔尼指出："克列姆辽夫夸大了在音乐中的描写性的作用，片面强调把'音乐化'的人类语言的音调再现的任务……实际上远不是任何曲调都包含有语言的音调。"[④]他们认为，音乐形象具有多方面性，这是音乐构成材料的非语义性、创造性所决定的。随后克列姆辽夫撰文《关于音乐的描写性》对此展开反驳，认为万斯洛夫等人站在唯心论的立场上企图把音乐感性的具体形象说成是超感性的存在，得出"音乐的物质本体消失了"的结论一定是唯心的。

阿波斯托洛夫针对歌剧《十二月党人》的批评文章，撰写了《论在音乐中体现反面形象的问题》，认为"歌剧中体现反面形象的问题"是众多批评文章中"涉

---

① 雅鲁斯托夫斯基：《论音乐形象》，载音乐译文编辑部编：《论音乐形象》，音乐出版社1959年版，第12页。

② 涅斯契耶夫：《论音乐形象的表现力》，载音乐译文编辑部编：《论音乐形象》，第87页。

③④ 克列姆辽夫：《论音乐形象的音调多方面性》，载音乐译文编辑部编：《论音乐形象》，第130页。

及音乐美学中的本质问题之一”。他说，有些批评家认为这部歌剧中“沙皇尼古拉一世的形象的塑造是不成功的”，这是“不善于历史地从现代美学观点出发来对待艺术中的各种现象”的表现，因为“近百年来反面形象在音乐中的体现有很多次都是以更加有力的各种表现手段来实现的”[①]。格罗舍娃、萨皮妮娜撰文《论在音乐中体现反面形象的问题》回应称，阿波斯托洛夫的批评受无冲突理论的影响，“在分析具体作品的时候，往往不是从该种艺术现象的本质，从它的体裁特点和音乐风格出发，而是从他预先构想的一种含有杜测性的美学公式出发的”[②]，也没有看到各种表现手法复杂的综合，势必陷入了公式化、教条主义的泥潭，不仅不利于音乐创作的讨论，也绝对不能促进苏联音乐的发展。对此，阿波斯托洛夫撰文《再论邪恶形象兼谈争论的一些方法》，表示不同意格罗舍娃、萨皮妮娜的观点。文中他列举了三条反驳的理由：其一是苏联歌剧里有很多反面形象正是以声乐手段或曲调悦耳的器乐手段来描绘的，并且往往表现得比正面形象更有力、更清晰；其二，歌剧中，不论正面形象还是反面形象，其音乐特征描写的器乐手段只要处理得巧妙，同样能像声乐体裁一样起到莫大的作用；其三，从历史中探寻亦能找到不少甚至于用器乐或声乐“器乐”描写正面形象的手法。[③] 斯克列勃科夫在《苏联交响音乐中的音乐形象问题》中认为，音乐形象问题的论述颇多，但较少涉及音乐形象的本质问题，指出“研究有关音乐形象本质的问题时必须有历史主义的观点；同时还想援引某些支持这个论点的资料”[④]。事实上，斯克列勃科夫的历史主义的观点对所有问题的研究都有借鉴价值。除此，还有霍斯迪尼斯基的《论标题音乐》[⑤]、柏辽兹的《论音乐中的模仿》[⑥]等，都是论述音乐形象的代表译文。

音乐批评也是新中国成立后近 30 年音乐美学译文译著中的一个重要论题。赫联尼柯夫在《音乐批评的今日和它的任务》[⑦]中认为，音乐批评对于音乐

---

① 阿波斯托洛夫：《论在音乐中体现反面形象的问题》，载音乐译文编辑部编：《论音乐形象》，第 141 页。

② 格罗舍娃、萨皮妮娜：《论在音乐中体现反面形象的问题》，载音乐译文编辑部编：《论音乐形象》，第 163 页。

③ 阿波斯托洛夫：《再论邪恶形象兼谈争论的一些方法》，《音乐译文》1956 年第 6 辑。

④ 斯克列勃科夫：《苏联交响音乐中的音乐形象问题》，载音乐译文编辑部编：《论音乐形象》，第 192 页。

⑤ 霍斯迪尼斯基：《论标题音乐》，《音乐译文》，1958 年第 3、4 辑。

⑥ 柏辽兹：《论音乐中的模仿》，张洪模译，《音乐译文》1959 年第 2 辑。

⑦ 赫联尼柯夫：《音乐批评的今日和它的任务》，朱世民译，载《20 世纪中国音乐美学文献卷（1950—1978）》，现代出版社 2000 年版，第 18—35 页。

创作的发展有着决定性意义。但苏联音乐批评与音乐发展脱节，没有发挥应有的作用。他认为，现实的苏维埃音乐批评，在一定程度上批评了狂妄的形式主义及其辩护者，但没有彻底揭发他们反爱国主义的观点。要改变这一落后的局面，我们的音乐批评家要具备“深爱社会主义文化、了解人民的精神趣味，真切注意苏维埃音乐艺术作品”等品格，必须坚决反对一切反人民、反爱国主义的倾向、理论与学说。赫联尼柯夫希望音乐批评家要用马克思列宁主义的方法来认识现实，把批评与自我批评放在手里，以推动苏联社会音乐发展为己任。涉及音乐批评的论述还有克列姆辽夫的《关于音乐的描写性》①《论音乐批评》②《卡米尔·圣桑和他的美学观》③和卡塔拉的《论德彪西的美学观点》④等。

此外，新中国成立后近30年译介的西方音乐美学成果中，米契尔的《音乐心理学研究对马克思主义音乐美学发展的意义》⑤、赫特·布劳科普夫的《交响乐，音乐会与听众》⑥、刘燕当的《音乐由了解而欣赏》⑦等涉及音乐心理的探讨；而京兹布尔格、索洛甫佐夫编的《论音乐表演艺术》⑧则是音乐表演美学研究的代表。

由此说，新中国成立后近30年间中国学者对苏联、东欧音乐美学理论的译介，有效地促进了国外音乐美学在中国的传播，为中国音乐美学学科的建构提供了有益参照。音乐美学的译作，在当时的中国音乐美学研究中将近占去一半的比例，不论是对于国内当时刚刚起步的音乐美学研究，还是在借鉴外来经验发展中国新音乐等方面，都具有重要的实用价值和深远的历史意义。

综上，自新中国成立到“文革”结束这一时期的中国音乐美学研究是20世纪中国音乐美学发展史上极具价值的阶段。尽管逐渐兴起的中国音乐美学学科受当时特定政治、经济和文化背景的干扰，特别是“文革”时期“左”的思潮的影响，致使新中国成立后中国音乐美学研究领域兴起的相对繁荣局面遭到严重摧残，但总体来说，这一时期的中国音乐美学研究，与20世纪上半叶相比，有了

---

① 克列姆辽夫：《关于音乐的描写性》，张洪模译，《音乐译文》1955年第3辑。
② 克列姆辽夫：《论音乐批评》，曾大伟译，《音乐译文》1957年第3辑。
③ 克列姆辽夫：《卡米尔·圣桑和他的美学观》，曾大伟译，《音乐译文》1958年第2辑。
④ 然·卡塔拉：《论德彪西的美学观点》，张洪模译，《音乐译文》1956年第6辑。
⑤ 米契尔：《音乐心理学研究对马克思主义音乐美学发展的意义》，廖乃雄译，《音乐译文》1959年3辑。
⑥ 赫特·布劳科普夫：《交响乐，音乐会与听众》，韦郁佩译，《外国音乐参考资料》1978年第2辑。
⑦ 刘燕当：《音乐由了解而欣赏》，《音乐与交响》1975年10月号。
⑧ 京兹布尔格、索洛甫佐夫：《论音乐表演艺术》，音乐出版社1959年版。

进一步的深化、拓展，取得了许多有价值的学术成果，涌现出一批有成就的音乐美学家，为中国音乐美学学科体系的建构作出了奠基性的贡献，突出地表现在以下几个方面：

第一，音乐美学研究者结合中国古代音乐美学思想内涵、融汇西方音乐美学成果，从完整的逻辑意义上概括出音乐艺术的内外格局，具备了深刻的美学内涵，从音乐与人的审美关系、音乐与现实的关系，以及音乐与其他艺术的比较等方面，揭示出音乐之所以成为人的审美对象的原因，为人们认识音乐的本质规律提供了理论支撑，建构起音乐美学学科理论基础。

第二，关于音乐形象及其相关问题的研究贯穿于新中国成立后近30年的中国音乐美学研究进程之中。李焕之、茅原、曹凯、周大风、郭乃安、赵宋光等一批具有前瞻意识的音乐家，在诸多文章中结合我国音乐实践对音乐形象问题进行了深入的探索。这包含了音乐创作的动力与源泉、想象与灵感，音乐表演和音乐欣赏等层面，是对那个时代音乐实践的深度考量，它直接影响了音乐创作、音乐表演和音乐欣赏，使其具有理论层面的支持，彰显出应用音乐美学的理论品格，其理论意义与价值不可低估。

第三，随着20世纪以来西方音乐的引入，中西音乐关系成为学界讨论的重要问题，尤其是孟文涛、陆华柏等对“中西并存”的阐释，以及李焕之、俞抒等对音乐民族化发展的探析，重新解读了我国古代音乐美学思想，从中西音乐关系之争中探索中国音乐发展的出路，具有高屋建瓴的眼光，也是那一辈音乐家对中国音乐的发展所作出的集体努力，为新中国成立后音乐事业的发展起到了方法论的指导作用。

第四，对于音乐功能价值的研究，发展了古代音乐美学思想中关于音乐价值的理论，又接受了苏联、东欧音乐功能的研究成果，既包含音乐的审美功能、教育功能、认识功能，又有在特殊时期作为特殊工具的实用功能。但受特殊时代“左”的思潮的影响，致使一些论述有失偏颇，过分推崇音乐的实用功能，贬低了音乐的审美价值。

第五，新中国建立以来，涌现出李焕之、吕骥、贺绿汀等音乐批评家，结合音乐实践，对音乐创作、表演、欣赏及理论研究，作出了客观公允的审美判断和价值评定，对于推进中国音乐文化建设的发展起到了重要的作用。但在“山雨欲来风满楼”的时代，敢直言、有创建的批评家往往遭到围攻，学术研究蜕变成政治运动，这不能不说是时代的悲剧。

第六，在整理、挖掘中国音乐美学遗产方面，涌现出了吉联抗、郭乃安、李纯一、赵宋光、吕骥、茅原等一批音乐美学研究专家，他们围绕中国音乐美学经典，以独有的探索精神，展开了多视角、多层面的理论阐释。不仅展示出他们的学术求索精神，而且彰显出中国传统音乐美学的理论品格。但这些对于思想源远流长、著述浩如烟海、内容丰富多样的中国古代音乐美学资源而言，还显得势单力薄。

第七，新中国建立伊始，由于缺乏经验和专门人才，以翻译的形式，引进苏联、东欧等国家的音乐美学成果，适应了当时中国社会发展的政治气候、文化氛围，有效促进了国外音乐美学在中国的传播，不论是对于国内当时刚刚起步的音乐美学研究，还是在借鉴外来经验发展中国新音乐等方面，都具有重要的实用价值和深远的历史意义。

总而言之，这一时段的中国音乐美学研究者在积极借鉴西方音乐美学成果的基础上，开始运用音乐美学理论，研究我国音乐实践中的美学问题。在音乐本质、音乐形象、音乐批评、中西音乐关系，以及整理、诠释传统音乐美学思想等方面均取得了丰硕成果，奠定了中国音乐美学的学科体系的基础，建构起中国音乐美学学科发展的未来图景。

第三节　人民文艺观的形成与新美学原则的确立

1949 年 10 月 1 日，新中国成立。这种“新”不仅意味着新的执政党、新的国家政体，对民众来说还意味着新的生活、新的世界、新的理想，在艺术上表现为一种新的价值追求和审美风格的确立。

一、 文艺发展的国家规划及其文化领导权建构

“十七年”既是新政权在政治、经济、文化和军事等方面，基于对社会主义的无限憧憬，在全面向苏联学习的语境下，按苏联模式进行规划，又是发动和号召学术、文艺为社会主义建设服务，全面建构和传播社会主义意识形态的时期。

新中国新形象一切都体现出国家规划和意识形态规训的色彩。也就是说，新中国文艺发展有着鲜明的国家、政党组织或管理的特点，呈现出国家组织文艺生产方式的一体化特征，通过不断把文艺纳入体制内，获得广大民众认同并体现出人民美学的价值诉求。

为使新中国从战争状态转入和平建设，一方面新的执政党努力为自己创造社会主义的新政治、新经济和新文化，试图完成新中国社会主义经济基础和上层建筑的统一，以形成稳定的社会结构。为占据道德舆论优势、建构党的文化领导权，新政权通过在学术领域对知识分子实施一系列思想改造运动，经由意识形态询唤转变其政治立场，在美学领域最终确立了马克思主义思想的指导地位，在文艺领域则实施了一套有别于学术领域的领导权建构的方式和策略。

文艺领域的文化领导权主要通过文艺发展的国家规划，确立文艺的社会主义意识形态，对非社会主义不断清理与纯化。通过文艺生产的国家规划及其政策保障，文艺成了传播社会主义意识形态的大众媒体，文艺创作不断想象和建构新中国形象，为社会主义建设鼓与呼。可以说，这一时期的美学发展和文艺生产是国家的“文艺事业”，是中国追求现代性进行现代化建设的一部分，它并没有游离于中国自 1840 年以来始自被动继而主动的现代性追求。

文艺生产固然是一种精神生产活动，但作为生产方式之一它必然离不开人、财、物的有效配置。国家规划首先体现在文艺生产的组织方式上，即通过体制保障使艺术家积极投入国家形象的建构。以美术创作为例，在中央政府层面由文化部对美术工作担当行政领导，由中国文联、美协组织美术活动，并对美术教育、出版、发行机构进行接管与改造，加上画院、研究机构、展览馆、美协、美术院校、美术出版社和专业杂志等各种文艺团体和文化机构共同构成新中国的美术生产和宣教体系。这套体系是计划性的，所有单位都要在分工基础上实行合作。

国家形象的艺术建构离不开文艺家主体。当时通过赋予不同类型的文化人以政治资本和象征资本(如名誉、政治级别、生活待遇等)，使这些文化人(作家、编剧、演员、画家等)借助体制化力量迅速提高了政治地位，从社会底层进入新的精英阶层，在情感上乐意接受和认同社会主义意识形态的询唤，由此成功地赢得艺术家政治上的支持，以及艺术上的合作，这契合了共产党政权让人民(底层民众)当家作主的宗旨。通过授予文艺家“人民艺术家”称号，实行国家工资制度，把其纳入组织结构改写身份使其自觉真诚地为广大工农兵服务，从而夯实了国家主流文化价值观传播的支柱，使其自觉担负起守门人的职责。通过这种支持与合作，各艺术门类都在大众中积极传播新政权的合法性，书写演绎中共历史，建构新中国形象，塑造社会主义新人。通过组织化、体制化，国家规划对艺术家创作具有某种规制，文艺生产不再是此前个体散漫的自由创作，而有了一种文化生产的国家特点，并被整合进一体化话语结构。在此进程中，借助意识形态的力量，而"意识形态不仅仅是一套观念体系，而是渗透和浸润社会生活一切方面的实践性力量和机制，意识形态的作用是维系社会的运作以及保障主体的再生产"①，从而带来文艺生产主体意识和意志的改变，改变了文化人的意识和意志，也就成功地转变了艺术家的情感立场，再通过社会化改变文艺的生产方式，自然就掌握了文化领导权。这构成"十七年"文艺发展的常态和鲜明特点。

文艺发展的国家规划还体现在对生产资料的控制和调配，在生产资料的社会主义改造完成后，国家几乎掌控了所有文化资源，由国家按编制划拨经费，组织排戏和生产电影、赞助艺术创作等，从而实现国家对文化的统制。"十七年"通过对文艺机构和团体的逐渐国有化，主导了整个社会的文艺生产，使文艺生产主体被赋予国家意志，体现鲜明的"党性原则"和国家性质，而呈现组织化、规范化特征。

这一时期的艺术具有鲜明的社会主义性质，文艺与政治的关系空前密切，文艺体现了为工农兵服务，确实创造了一些恢弘的艺术作品，如歌舞剧《东方红》，美术创作的《开国大典》，雕塑的《人民英雄纪念碑》，大型长征组歌《红军不怕远征难》，大型音乐舞蹈史诗《东方红》，芭蕾舞剧《红色娘子军》《白毛女》等经典，都体现了时代特征和美学特色，追求"崇高"的审美风格。

二、 独尊的人民美学

作为政治话语与美学理论相结合的概念，人民美学是"十七年"的一种典型审美形态，是马克思主义美学理论在文艺领域的实践，它以人民大众为本位，把

① 王杰：《中国马克思主义美学的基本问题与理论模式》，载《中英审美现代性的差异》，中央编译出版社2012年版，第10页。

人民大众作为表现对象和审美主体而塑造出一系列“人民”(新人)形象,其情感呈现出鲜明的“人民性”价值取向。从理论诉求而言,马克思主义文化现代性所确立的目标就是建构人民主体性,它赋予人民以自由发展的权利。正如有学者所说:“人民主体文化身份的确立,是人民美学的现代性标志。”[①]“文艺为人民服务”的思想,就是为了确立“人民主体论”的文化发展观,在社会主义文艺实践中倡导人民美学,在审美主体论中明晰人民主体身份,从而建构一种有别于康德美学的中国现代性美学。中国马克思主义美学家在文艺实践中都注重发挥马克思主义美学的革命功利性,而不同于西方马克思主义美学对现实的认知性和颠覆性。

中国现代性文化是“反对帝国主义压迫,主张中华民族的尊严和独立的”文化。作为新的大众文化,“它应为全民族中百分之九十以上的工农劳苦民众服务,并逐渐成为他们的文化”[②]。这种以人民大众为社会主体的思想,重构了知识分子与大众的关系,表现为对“人民大众”的独特阐释和价值评判。毛泽东在《在延安文艺座谈会上的讲话》中说:“什么是人民大众呢?最广大的人民,占全人口百分之九十以上的人民,是工人、农民、兵士和城市小资产阶级。”正是毛泽东把大众(主要是农民)提高到一个绝对的革命高度,赋予其崇高的政治和社会地位,并让艺术家向他们学习,这体现了毛泽东对社会平等的追求。新中国成立后,毛泽东虽然进了城,党和国家建设的战略重心也由农村转向了城市,但毛泽东心目中的“大众”仍以5亿农民为主体,这些底层民众是革命的依靠,既是革命主体也是新文化建设的主体,广大农民的文化认同是建构文化领导权的重要基础。在毛泽东看来,农民(即人民大众)天生就具有伦理优势,是道德上的“纯净者”,这种优势直接导致他们在艺术欣赏乃至创作上的发言权。使农民在喜闻乐见的文艺形式中接受意识形态的教化,是赢得大众思想意识统一的重要文化形式,不仅电影生产,包括新年画运动以及民间文艺创作,都被新政权通过各种形式、方式(如评奖活动)调动起来。新年画创作不仅经常听农民的意见,到60年代中期,甚至创作的主体也成了“人民群众”,在《美术》上发表的几乎全是工人、农民的作品。因为有着广泛群众基础的戏曲、电影能激发民众的爱国

① 冯宪光:《人民美学与现代性问题》,《文艺理论与批评》2001年第6期,第10页。
② 毛泽东:《毛泽东论文艺》(修订版),人民文学出版社1992年版,第31页。

主义精神，新诗歌运动、戏曲改良运动包括电影如何讲述故事，都会尊重农民的文化意愿。因强调为工农兵，特别是 5 亿农民拍摄，导致电影的思维、语言和格调都倾向于情节曲折、结构完整、叙事简洁、节奏明快，许多影片擅长表现新旧社会两重天的对比，具有鲜明的意识形态倾向性。人物被分成好与坏、忠与奸、革命与反革命等二元模式，通过情节的引导，使一方获胜，一方失败或受到教育，从而使人物所代表的思想或价值观等灌输到观众思想中。为加强艺术家与大众的直接沟通，1962 年设立以群众评选为主的“百花奖”，一方面成为观众表达对影片好恶的重要渠道，一方面使其成为协调审美趣味的途径，是电影人了解工农兵需要，调整自我创作的一种机制。新中国成立之初文艺政策强调普及先于提高，文艺的政治内容优于艺术形式，文艺创作目的是服务 5 亿农民；同时，通过意识形态教化和思想改造，使知识分子不再凌驾于劳动人民之上，而是转变情感和态度与价值观，自觉站在劳动人民立场为其代言，掌握了革命的主体和文艺生产与消费的主体也就掌握了文艺领导权。

可以说，“十七年”文艺一直在毛泽东思想指导之下。这除了毛泽东的政治权威和行政上至高无上的权力，以及毛泽东思想作为执政党的思想具有统治力量外，在建构新中国形象、改造艺术家思想、推动社会主义文艺发展等方面还有其内在的依据和动力，即毛泽东文艺思想能成为新中国文艺发展中占统治地位的思想，与其在人类文艺思想史上的创新和独特艺术观有关。“道德的优势是毛泽东文艺思想能够从延安之后直到社会主义文艺的发展过程中，一直占据统治地位的根本原因。这也就是说，毛泽东在文艺思想史上的创新和独特性，主要体现在道德的优势上。而这种优势又是建立在人文主义和启蒙文艺思想上的。换句话说，毛泽东的文艺思想既吸收了西方启蒙运动以来对普通大众的关注，又同时在这一基础上向前推进了一步。”①其在根本点上体现了社会主义国家人民当家作主的诉求，人民大众有享受艺术、创造艺术的平等权利。与之相应，在全国开始建立服务普通大众的博物馆、展览馆、文化馆等公共艺术空间。对普通大众的关注，使启蒙思想的艺术观有了道德优势，艺术家被提高到一个新的道德高度，艺术不再是为一小部分贵族和统治阶级服务的工具，永远处于被支配地位，而是把艺术还给人民大众，让艺术成为大众的欣赏对象，使其从作

---

① 邹跃进：《新中国美术史》，第 10 页。

品中看到自己的形象，感受到生活的意义。“从新中国文艺发展史的角度看，正是毛泽东的社会理想的独特性质，使他在艺术家、知识分子与大众的关系上具有独到的认识；使他的艺术观具有道德上的优越性和情感上的感召力；使新中国文艺，在毛泽东时代里，成了他的理想的象征表达。”①新中国成立后的社会主义转型，从根本上确立了文艺发展的政治方向和价值诉求，通过确立人民主体身份，把马克思主义的人类解放理想，同中国革命解放劳苦大众的目标，与人民大众必须成为文艺创作、欣赏和批评主体的无产阶级革命文艺、社会主义文艺的建设要求相统一。惟此，需确立以《讲话》精神为主体内容的新中国文艺思想的权威地位，清理与之相矛盾的各式形态的文学传统与美学观念，积极传播社会主义意识形态。

“双百”方针在精神和气度上显示出社会主义意识形态和权威话语的充分自信，这种对知识分子前所未有的信任，使其深受鼓舞，极大地调动起创作激情。同时，人民当家作主的巨大激情要求文艺表现新的生活、新的人生，合力促成歌颂社会主义新天地的人民文艺成为主流，人民文艺成了新中国文艺的指导思想。它不仅体现了文艺政策的指向，还契合了从新民主主义向社会主义建设道路上前进中获得政治自由的广大人民的文艺诉求与政治要求，而成为一种国家文艺观。“‘人民’作为一个具有内在深度的政治民族主义文化概念得到各民族文学传统的有力支援，导致在现代中国‘人民文学’作为民族国家的文化建设力量，最终成为政治—文化民族主义的意识形态的权力话语。”②在文艺内部，《讲话》确立了人民文艺的发展方向；在文艺外部，经由一系列文化批判，及其对知识分子思想改造的意识形态规训，共同保障了人民文艺的有效性。无论是各级文艺组织的成立，还是文艺理论批评标准的设立都以国家政治要求作为规范指导，这一方面体现了新中国成立后整治改造文化的迫切要求，一方面说明人民文艺的建构是国家政治力量、文艺自身的发展逻辑与时代精神相结合的产物。在此观念指导下，文艺界创作了一大批有中国特色、反映时代风貌的革命经典作品，描写和塑造了一系列“新人”形象——工人、农民和革命知识分子，它体现了中国马克思主义美学的实践品格，人民文艺成为现代中国最具特色的话

① 邹跃进：《新中国美术史》，第 13 页。
② 朱德发、贾振勇：《评判与建构：现代中国文学史学》，山东大学出版社 2002 年版，第 53 页。

语形态，是中国文化现代性的重要组成部分。人民文艺在创作上坚持现实主义典型化原则，1953年第二次文代会确立了社会主义现实主义的正统地位，1960年第三次文代会，随着中苏关系的交恶，确立了革命的现实主义和革命的浪漫主义相结合的创作方法。社会主义现实主义观念最早源自苏联日丹诺夫的解释，后经周扬在1935年介绍到中国，成为当时左翼文坛的主要创作方法。日丹诺夫作为斯大林在文学与艺术上的具体实践者，凭借革命领导权，用行政干预的手段对文学艺术肆意干涉，滥用权威强力推行社会主义现实主义创作手法、风格和理论，号召作家坚守文学的"党性原则"，宣传党的方针，表现社会主义经济建设中的劳动主题，揭露文学艺术上的"唯心论的和反科学的观念"，反对"为艺术而艺术"的西方资产阶级的理论倾向，要求作家成为人民和国家利益的"忠实和灵敏的表现者"。[①] 新中国成立后，周扬指出："向苏联文学的社会主义现实主义学习，对于我们，今天最重要的，就是要学习如何描写生活中新的和旧的力量的矛盾和斗争，学习如何创造体现了共产主义高尚道德和品质的新的人物的性格。"[②]借此周扬进一步阐释强化了其中的阶级性。"判断一个作品是否是社会主义现实主义的，主要不在于他所描写的内容是否是社会主义的现实生活，而是在于是否以社会主义的观点、立场来表现革命发展中的生活的真实。"[③]邵荃麟则具体指出："社会主义现实主义所要求的，是政治性与艺术性统一的作品，也就是艺术描写的真实性和以社会主义精神教育改造人民的人物相结合的作品。"[④]新中国成立之初基本上以社会主义现实主义规约文艺创作，使其呈现强烈的时代特色，充斥着政治性的审美诉求。

新中国使包括工农兵在内的所有劳苦大众不仅翻身做了国家主人，也成了社会主义现代新文化的建设者。"十七年"电影是最具大众化和意识形态号召力的娱乐与宣传工具，故事片的总产量大概是769部，观众从1949年的4700多万人次，发展到1965年的46.3亿人次。影片建构了新中国的伟大形象，塑造了工农兵群象，特别是阶级斗争题材、英雄颂歌等影片的主人公，豪迈乐观、

---

① 日丹诺夫：《关于〈星〉与〈列宁格勒〉两杂志的报告》，人民文学出版社编辑部编：《苏联文学艺术问题》，曹葆华译，人民文学出版社1953年版，第45、58页。

② 周扬：《社会主义现实主义——中国文学前进的道路》，洪子诚主编：《中国当代文学史．史料选》（上），长江文艺出版社2002年版，第226页。

③ 周扬：《社会主义现实主义——中国文学前进的道路》，《人民日报》1953年1月11日。

④ 邵荃麟：《沿着社会主义现实主义的方向前进》，《人民文学》1953年第11期。

自信、坚强、富有斗争精神。为实现影片的教化意图，电影不仅要体现“人民性”的价值属性，在情节设计和人物形象造型上，还要体现革命“大家庭的温暖”和对个人的救赎。“十七年电影一直试图在意识形态领域内将党的路线、方针、政策融入感性的、个人化的历史无意识之中。个人政治群体化与政治群体家庭化构成了基本的叙事策略，并由此确定了革命家庭的历史表象。一系列影片确立了革命队伍在表意含义上首先是一个温暖的家。”①无论是《青春之歌》还是《小兵张嘎》《苦菜花》《母亲》《闪闪的红星》等，所展示的革命大家庭，不仅是温暖，还意味着只有在革命大家庭中，在党的教育下，才能成为一个英雄主体，揭示了革命对个人命运的拯救，从而阐释：个人只有献身革命（如董存瑞），或者放弃个人回归集体（如《李双双》中的喜旺），才能成为英雄人物。因尽可能抑制英雄的个性、个人欲望、私人生活，而突出其作为阶级、政党工具的代表，因而人物被符号化，个体被融入集体。

三、 崇高风格的凸显

在审美风格上，粗犷雄浑的崇高是界定“十七年”文艺的风向标，文艺作品表现了革命的浪漫主义斗志和改天换地的革命气魄。通过典型化创作，凸显崇高的意蕴和雄奇的美感，追求一种国家话语的宏大叙事，一种纪念碑式的大制作。在电影的美学运用上，借助灯光、机位角度、化妆造型、环境布置和空间表达等，美化影片要着力塑造的一方，贬抑所要否定的一方。崇高审美形态与重大的社会题材、雄伟壮烈的斗争生活相联系，“庆典式的叙事风格，仪式化的戏剧场景，英雄化的人物性格，礼赞性的叙述语言，构成独具魅力的崇高美”。② 这在深层次上体现了民众为打破旧世界、建设新社会而迸发出的激情，许多影片振奋人心，振聋发聩。随着文艺的发展，崇高风格逐渐成为一种固定的、甚至唯一的美学规范，限制了电影人的艺术创造，电影语言越发保守，许多镜头尤其是群像很像是某种舞台造型的定格，这样的镜语模式遵循了“典型环境中的典型

---

① 潘若简：《十七年新中国电影的辉煌与惨淡》，《拓展中的影像空间》，北京广播学院出版社 2000 年版，第 55 页。

② 郦苏元：《当代中国电影创作主题的转移》，转引自罗艺军、杨远婴主编：《20 世纪中国电影理论文选》，中国电影出版社 2001 年版，第 542 页。

性格”的文艺原则，对英雄的仰拍和对反面人物的俯拍构成基本的镜头法则。甚至在影片的结尾处，摄影并不遵从电影叙事惯例升拉开去，而是定格在主人公、胜利红旗或庆典的某一细部的近景或特写镜头之上，因为它希望观众接受的并非好莱坞式的故事，而是自觉要求影片构成一种现实，至少是现实的一部分。它要求最大限度的认同以实现最有效的询唤。[①] 可见，教化功能成了电影的第一任务。

从理论建构上看，人民美学的逻辑起点是人民大众，但它并不讳言审美的功利性和文艺的意识形态属性，积极主张人民的文化权利，既不是文化专制主义对民众文化权利的剥夺，也超越了狭隘的党派政治立场。美学从来不是真空中的“假花”，伊格尔顿认为，必须对美学进行政治意识形态分析，所谓“审美只不过是政治之无意识的代名词，它只不过是社会和谐在我们的感觉上记录自己、在我们的情感里留下印记的方式而已”[②]。美学一定意义上是审美政治，不仅有其政治立场，更有其特定的价值诉求，无论是披着普遍性的外衣，还是打着地方性理论的旗号。作为时代的强音，人民美学试图把散乱的个体整合到共同体想象中，强调个体对共同体的服从与规训，在艺术实践上呈现出人民性诉求。一定意义上，中国马克思主义美学在本质上就是人民美学，是一种以表达广大人民群众的情感和愿望为基本诉求目标的美学。文艺作品通过创作情感化的个别性的艺术形象来表征和体现人民大众的内在情感和伦理要求，传达出“某种历史的必然”，这是文化领导权建构的合法性基础，它在理论上应和了“美学大讨论”中马克思主义美学主导地位的确立，在学理上支撑了美学研究的“中国学派”的得以可能。从根本上说，中国马克思主义美学起源于农民文化，是农民革命意识形态的组成部分，但新中国成立后中国马克思主义美学成为权力话语，角色的转换使其不再具有原初的革命性和批判精神，而成为一种肯定性美学。

人民美学的价值取向使文艺创作追求一种宏大话语和历史性叙述，随着文艺的政治意识的融入和宣扬，文艺普遍有一种崇高的审美韵味。尽管对崇高的内核和底蕴存在争议，但可以肯定地说，由政治激情支撑的崇高是文艺审美的

---

① 戴锦华：《历史叙事与话语》，《北京电影学院学报》1991年第2期。
② 特·伊格尔顿：《审美意识形态》，王杰等译，广西师范大学出版社2001年版，第27页。

主导形态。有学者指出:“我们的文学作品的突出特色,是充满爱国主义和国际主义精神,充满革命英雄主义和革命乐观主义精神,充满对伟大的社会主义建设事业和人类解放事业的无限信心。”[①]同时,“我们的理论批评有鲜明的政治倾向,它坚定不移地为无产阶级的政治服务,为人类历史创造者——广大劳动人民服务”[②]。事实上,这种爱国主义和革命激情的英雄主义的崇高审美形态,既区分也逐渐明确了社会主义文艺的意识形态属性,使文艺成为当时社会主义文化改造的一部分,有力地巩固了党的文化领导权。“十七年”文学以其创作实绩,确立了“我国社会主义时代劳动人民自己的崭新文学”[③]。

第四节 “十七年”美学建设的历史反思与现实期望

“十七年”各艺术门类的创作和欣赏不仅与“美学大讨论”有某种内在呼应,还形成了美学价值取向的同构性,相应于美学研究中马克思主义美学主导地位的确立,艺术生产充分贯彻了“党性原则”和独尊人民美学的价值取向。20 世纪中国美学史尤其是断代史写作,采用美学思想史或艺术发展史的研究模式较常见,而放在同一理论框架及其审美理念主导下、洞察美学发展与各门类艺术的审美互动的“平远”式研究不多见。所谓“平远”乃是“自近而望及远曰平远”,平远多是渲染而虚无缥缈,从近山瞭望极目眺望远山,即平视,视野左右宽阔。以这种思维和视角关注美学断代史是一种新的探索,试图在文本的敞开状态中建构一种融入历史意识的现场感,以激发美学与审美经验的互动。美学史特别是断代史写作,在描述和评判中固然需要历史的还原,或坚持论从史出,但更需要一种思想的激烈交锋和审美经验的震荡。

“十七年”逐步确立了马克思主义美学研究的主导地位,在苏联美学话语的影响下,建构了认识论基础上的反映论美学研究范式,在艺术生产上主要运用社会主义现实主义和“两结合”创作方法塑造一系列典型形象。尽管“美学大讨

①② 邓绍基等:《建国十年来文学简述》,《科学通报》1959 年第 22 期。
③ 邵荃麟:《文学十年历程》,《文艺报》1959 年第 18 期“庆祝建国十周年专号”。

论"中形成四派，但研究范式和哲学基础的同构性，使不同艺术门类在创作原则和审美风格上有同质化倾向，从而形成主导性的人民文艺和崇高的审美风格。这一时期，人民美学和国家主义的价值取向对各门类艺术发展有某种规约，不同程度地影响了各门类艺术的存在形态，体现出文艺创作的实用理性和狂热的政治激情的结合，呈现出阶级斗争的二元对立思维模式的普泛化，以及民族主义、爱国主义热情的膨胀，对西方文化及其思想观念全面排斥，对待传统文化的某种虚无主义倾向。尽管生产了一批红色经典影片，但这一时期的电影生产基本上在封闭系统内运行，脱出了世界电影发展主潮，如法国的"新浪潮"运动、新德国电影、以黑泽明导演为代表的日本电影，以及意大利的新现实主义等，这些现代主义思潮（表现手法）被作为资本主义的产物遭到拒绝和排斥。对中国电影产生重要影响的是苏联社会主义现实主义影片，主要是苏联蒙太奇学派的对立冲突观念和日丹诺夫式的"党性原则"及政治功利主义理论，好莱坞电影只能作为供内部观摩批判使用。有学者指出："为了强调政治的优越性而强调新生文化的优越性，而为了强调新生文化的优越性，就要排斥其他文化，把所有官方艺术以外的其他所有艺术视为敌对的和反动的。这样新中国电影在世界电影从传统时期向现代电影转变过程中未能同步，与世界电影在技术和艺术观念上越来越疏远，中国电影逐渐走向了封闭自足。"①这与"中国美学"的理论建构几乎异曲同工，其研究范式是在"美学在中国"的苏式审美话语膨胀和压抑西方美学话语中形成的。这一时期"美学在中国"与"中国美学"在各艺术门类实践中的互动、美学观念与艺术体验之间的复杂关联，演绎出一幅色彩斑斓又有着同质化底色的审美画卷。

新中国成立之初的现实国情决定了"十七年"文艺的创作主要趋于普及，在"为政治服务"的方针指导下，文艺拨弄了时代的政治琴弦。文艺作为无产阶级革命宣传机器上的"齿轮"和"螺丝钉"，要用艺术的审美方式去塑造革命传统，以史诗般的庞大气魄感染和凝聚新一代中国人对现代政治革命理念的价值认同。通过讲述"革命故事"论证新的现实秩序的合法性，解决"我们从哪里来"；通过现实题材（工业题材、农业题材）作品解决"我们是谁"和"我们向哪里去"，即通过主体本质的构建来确立现实意义秩序。革命战争题材、当代农村题材、

① 尹鸿等：《新中国电影史》，湖南美术出版社2002年版，第22页。

名著改编影片、反特片是最具时代特色的主流电影。其中,革命历史题材片超过 100 部,居各类题材之首,从风格样式上大致分三类:英雄成长片、革命战争/斗争片、史诗传奇片。在主导性的英雄成长类型中,对英雄形象的刻画取代了情节设计,性格冲突取代了事件冲突,过度关注形象塑造,导致部分国产电影忽视情节,出现拖沓、人物造型僵化的弊端。不仅电影创作充斥着意识形态教化意味,电影批评和学术研究也愈加政治化,以政治标准为主要或唯一的批评标准,注重思想内容、社会内容评价,缺乏美学批评,尤其缺少电影美学分析,用政治斗争话语取代学术批评分析,成为当时文艺批评的主要方式。同时,电影迎合没受过教育的大众欣赏口味,以通俗易懂、喜闻乐见的形式描绘充满乐观主义的故事和美好生活,使工农兵得到精神的愉悦和满足,既满足他们的自我投射欲望——一种从作品中看到自我形象的光荣感,又使他们忘掉现实的忧愁和艰难,从而勇敢坚定地走向未来。

“十七年”文艺大多成为“国家建构过程中的一个关键手段,是现代中国民族国家中不可缺少的文化纽带,是中国民族主义的一个基本政治因素”。在此进程中,“既包含一套特殊意义的生产与分配,也试图抑制或阻止其他意义的潜在扩展。它总是被利用来作为文化——经济抵抗的策略,以及在面对国际控制时主张民族自治的手段”。[①] 文艺的民族认同强化了政治与艺术的关联,无论是影片讲述的故事或对这些故事的讲述,都是讲述故事的那个时代的最形象的铭记,当再度审读这些影像时,依旧令人心潮澎湃,为时代精神所感染和激励!“十七年”电影担当了意识形态对公民的询唤功能,以其电影艺术的探索创作出有民族风格、形态多样的作品,即使是表现革命史的正剧,也以抒情性、叙事性和戏剧性的完美结合展现“十七年”电影的水平,成为大众记忆中难以磨灭的红色经典。不可否认,“十七年”文艺有高度的政治性,但这不仅是权力意志的体现和意识形态教化的需要,更是当时社会情境下人民群众的政治期待。特定历史时期和时代际遇,使社会主义意识形态与社会主流文化价值观处于共鸣状态,使二者之间的缝隙弥合和落差成为最小的时期。在发挥鼓与呼的功能中,文艺与政治的关系愈加密切,这种关系不应仅被理解为政党对艺术的利用和改造,也是文艺深刻复杂的文化内涵的体现。

---

① 鲁晓鹏:《文化.镜像.诗学》,天津人民出版社 2002 年版,第 67 页。

戏剧上，在贯彻“双百”方针中，还提出了“推陈出新”的戏剧发展观。二者之间的价值取向有一定错位，“百花齐放”意味着政府要营造一个艺术发展的自由宽松环境，在提供适当规范与引导的前提下，让民众根据自己的艺术欣赏趣味与需求自由选择，体现了对艺术多样性的发展规律的尊重；而为“推陈出新”进行“戏改”则是政府的直接行为，是政府权力对文化领域的干预，试图直接向民众提供符合政府意志的作品，以改变大众欣赏趣味。随戏改出现的经改编的一些传统剧和创作剧目，确实受到当时民众的喜爱，它们在艺术上的成就，也一直为后人称道。[1] 这一定程度上体现了“五四”新文化运动的革命理想，得到很多激进知识分子的认同，但随之出现的后果即“演出剧目贫乏”问题始终未解决，有论者反思说：“戏剧事业在整体上是否符合戏改的理想目标，仿佛并不是戏剧繁荣的标志而且恰相反。换言之，尽管世纪初以来两代文化人坚信的文化与审美理想，在1950年代以后的戏改历程中出人意料地成为主流意识形态，它所导致的最终结果，却远不像倡导者们当年想象的那样美好。十分接近于激进主义审美理想的戏改，不仅没有实现使中国戏剧脱胎换骨成为一种新的、更有生命力和更繁荣的艺术样式的初衷，反而导致它丧失了自身生存发展的动力，并且不可遏止地落向衰亡，这样的结果，肯定是知识分子们始料未及的。”[2]从意识形态的规训看，戏改是当时文化改造的一部分，它不仅“改戏”，还“改人”“改制”，把戏剧纳入一个控制严密的社会梯级结构中，以硬性的文化制度使其担当传播社会主义意识形态的使命。

① 张庚主编：《当代中国戏曲》，当代中国出版社1994年版，第48页。
② 傅谨：《“戏改”与美学的意识形态化》，载《文学前沿》第3辑，首都师大出版社2000年版。

第十章

60 年代中期到 70 年代中期文艺及其美学形态

1966至1976年,中国经历了十年"文革"。这十年中,文艺批评及其理论始终贯穿其中,它不仅是这场带来严重灾难的内乱非常重要的组成部分,而且文艺批评和理论始终贯穿在"文革"时期历次大大小小的运动之中。从很大程度上,"文革"时期文艺批评及其理论是与这场以"文化"冠名的政治运动完全一体的,也可以说,"文革"在很大程度上是由文艺批评和理论的面目出现的,文艺批评和理论对"文革"进程确实起到了极大的推进作用,"文革"时期文艺批评及其理论突出体现了文艺与政治、文艺与历史语境的密切关联。

正因为如此,"文革"时期形成的一系列文艺实践、文艺批评和美学原则及其特殊性,是中国20世纪美学和文艺批评史上不能忽视的环节。

第一节　“三突出”理论形成及“样板戏”文艺实践

我们知道,“文化大革命”被冠以“文化”的名义,具有强烈的意识形态革命的特征。的确,整个“文化大革命”期间,意识形态鲜明特征的美学、文艺理论及其指导下的文艺实践大行其道,其核心思想可以概括为“三突出”理论。

一、《纪要》——“三突出”理论形成的纲领性文件

“三突出”美学的主要理论基础和前提,是1966年2月2日至20日根据林彪的委托,江青在上海邀请了几个人,就部队文艺工作若干问题进行座谈,会后写出了《林彪同志委托江青同志召开的部队文艺工作者座谈会纪要》(以下简称《纪要》)。江青在其中系统提出了一整套适应“文革”极左政治路线的文艺理论和美学原则。

《纪要》是在江青要求部队有关文艺工作者“先看作品,再阅读一些有关的文件和材料,然后交谈”的基础上形成的。江青要求部队参加座谈的文艺工作者阅读“毛主席的有关著作”,“先后同部队的同志个别交谈八次,集体座谈四次”。江青要求部队有关文艺工作者“看了二十一部电影”;组织部队文艺工作者“看电影十三次,看戏三次”,包括“《奇袭白虎团》《智取威虎山》两出比较成功的革命现代京剧”,“在看电影、看戏过程中,也随时进行了交谈”。在此期间,“江青同志又看了电影《南海长城》的样片,接见了《南海长城》的导演、摄影师和一部分演员,同他们谈话三次”。《纪要》称,“江青同志对毛主席思想领会较深,又对文艺方面存在的问题作了长时间的、相当充分的调查研究,亲自种试验田,有丰富的实践经验”,与部队文艺工作者“一起交谈”,给了部队文艺工作者“很大启发和帮助”。[①] 由此可见,《纪要》是江青一手制造出来的文艺理论和美学

① 《林彪同志委托江青同志召开的部队文艺工作座谈会纪要》,载洪子诚主编:《中国当代文学史·史料选》,长江文艺出版社2002年版,第520页。

原则。

概括起来，《纪要》有以下核心内容：

1. 对新中国成立以来思想文化领域的基本判断是“两条路线的斗争”

《纪要》认为，中国革命无论是新民主主义阶段还是社会主义阶段，“文化战线上都存在两个阶级、两条路线的斗争，即无产阶级和资产阶级在文化战线上争夺领导权的斗争”①。毛泽东思想则始终代表着无产阶级革命路线。新中国成立以来，在文艺界，“一条与毛主席思想相对立的反党反社会主义的黑线专了我们的政，这条黑线就是资产阶级的文艺思想、现代修正主义的文艺思想和所谓三十年代文艺的结合”②。“在这股资产阶级、现代修正主义文艺思想逆流的影响或控制下”，新中国成立的十几年，好作品不多，不少作品处于“中间状态”，还有一批“反党反社会主义的毒草”。

在这样一种把阶级斗争无限上纲的基本判断之下，《纪要》几乎完全否定了20 世纪中国新文艺，并且重点否定了新中国成立之前的“左翼文艺”和新中国成立之后的“十七年文艺”。

首先，《纪要》将 20 世纪 30 年代中国左翼文艺思想判定为“资产阶级思想”，宣称：它“实际上是俄国资产阶级文艺评论家别林斯基、车尔尼雪夫斯基、杜勃罗留波夫以及戏剧方面的斯坦尼斯拉夫斯基的思想”，“他们的思想不是马克思主义，而是资产阶级思想”。③

其次，《纪要》将“十七年文艺”思潮归纳为“黑八论”，即“写真实”论、“现实主义广阔的道路”论、“现实主义深化”论、反“题材决定”论、“中间人物”论、反“火药味”论、“时代精神汇合”论和“离经叛道”论等，悉数判定为中国“资产阶级”和“现代修正主义”文艺“黑线”的“代表”。④《纪要》还提出了“文艺上反对外国修正主义”的问题，指出苏联作家肖洛霍夫是“修正主义文艺的鼻祖”，他的《静静的顿河》《被开垦的处女地》《一个人的遭遇》是现代修正主义的代表作，必须加以“有说服力的批判”。⑤

《纪要》认为，总体看来，毛泽东《在延安文艺座谈会上的讲话》发表以后，中

---

①《林彪同志委托江青同志召开的部队文艺工作座谈会纪要》，第 520 页。
②④ 同①，第 521 页。
③ 同①，第 523 页。
⑤ 同①，第 526 页。

国的革命文艺“有了正确的方向”，但是新中国成立以后，文艺界许多同志“没有抵抗住资产阶级思想对我们文艺队伍的侵蚀”。《纪要》因此强调，“我们的文艺是无产阶级的文艺，是党的文艺。无产阶级的党性原则是我们区别于其他阶级的最显著标志”。革命文艺工作者要“读一辈子马克思列宁主义和毛主席的书，革一辈子命。特别要注意保持无产阶级的晚节”①。

如此看来，《纪要》中的文艺指导思想，比苏联日丹诺夫主义文艺理论更“左”，更极端，更激进。

基于以上这一系列认识，《纪要》认为，当前必须开展“文化战线上的社会主义大革命”（即“文化大革命”），藉此搞掉上述文艺“黑线”，并称这是一场“兴无灭资”的斗争，是“一场艰巨、复杂、长期的斗争”，它“关系到我国革命前途的大事，也是关系到世界革命前途的大事”。②

2. 文艺革命要“有破有立”“标新立异”，核心是“塑造工农兵英雄人物”

既然对30年代“左翼文艺”及新中国成立以来的“十七年文艺”持基本否定立场，即破字当头，那么，“破”了之后的“立”当是题中应有之义。《纪要》认为，文化革命要“有破有立”，“立”就要“标新立异”，这是“标社会主义之新，立无产阶级之异”。③ 因为，“文化大革命”是“一次最后消灭剥削阶级、剥削制度，和从根本上消除一切剥削阶级毒害人民群众的意识形态的革命”，所以要创造出“伟大的”“社会主义的革命新文艺”，它“是开创人类历史新纪元的、最光辉灿烂的新文艺。”④

《纪要》规定，“社会主义文艺的根本任务”是“努力塑造工农兵的英雄人物”。⑤

为达此目的，第一，要时刻牢记“只有人民生活才是文学艺术的唯一源泉”这一社会主义文艺的基本原则。⑥为此，“选择题材要深入生活”，主创人员“要长期地、无条件地深入到火热的斗争生活中去”，“很好地进行调查研究”。具体来说，就是要“表现正确路线”，不写“错误路线”；要写“英雄人物”，不写“中间人物”；要“暴露”敌人，不“美化”敌人；不写“谈情说爱”，不写“低级趣味”，不表现

① 《林彪同志委托江青同志召开的部队文艺工作座谈会纪要》，第527页。
② 同①，第521页。
③⑤ 同①，第523页。
④⑥ 同①，第524页。

“爱”和“死”等所谓“永恒主题”。[①]

第二，文艺创作要“走群众路线”[②]。在创作过程中，“要尽可能地掌握第一手材料，不可能时也要掌握第二手材料”[③]；“要依靠群众，从群众来，到群众中去”；“要实行党的民主集中制，提倡‘群言堂’，反对‘一言堂’”[④]；“要善于倾听广大群众的意见”，“好的就吸收”；“坏作品不要藏起来，要拿出来交给群众去评论”。[⑤]

第三，要“力求达到革命的政治内容和尽可能完美的艺术形式的统一”[⑥]。在具体创作过程中，“要破除对中外古典文学的迷信”，用“批判的眼光研究”它们，做到“古为今用，外为中用”。[⑦]

在创作方法上，坚持“革命的现实主义与革命的浪漫主义相结合”的方法，强调“不搞资产阶级的批判现实主义和资产阶级的浪漫主义”。这就要求文艺创作人员以塑造“典型人物”的方式，“千方百计地塑造工农兵英雄形象”。具体说，要表现工农兵英雄人物的“革命的英雄主义和革命的乐观主义”，不要“渲染和颂扬”战争的“苦难”“残酷性”，防止表现出“资产阶级和平主义倾向”；要更多地塑造“活着的英雄”，不要“死一个英雄才写一个英雄”。[⑧]

第四，“提倡革命的战斗的群众性的文艺批评”。《纪要》将文艺批评看做“党领导文艺工作的重要方法”，“展开文艺斗争的重要方法”，明确提出：首先，要“把文艺批评的武器交给广大工农兵群众”，让“专门批评家和群众批评家结合起来”。其次，特别强调文艺批评要“加强战斗性”，评论文章在文风上提倡“多写通俗的短文”，要“把文艺批评变成匕首和手榴弹”。[⑨]甚至明确指出，文艺批评不要怕当“棍子”，即便被“敌人”骂作“简单粗暴”也要“坚决顶住”。[⑩]

从历史的角度看，“文革”美学所有的理论都源自江青这个著名的《纪要》。《纪要》奠定了“文革”美学与文艺理论的核心理论——“三突出”理论的基础。江青作为“文化大革命”的“旗手”，是促成“文革”美学从诞生到流布的最重要人

---

① 《林彪同志委托江青同志召开的部队文艺工作座谈会纪要》，第527页。
②⑤⑨ 同①，第525页。
③④⑦ 同①，第524页。
⑥ 同①，第524—525页。
⑧⑩ 同①，第526页。

物，而她的几乎所有言论无不打着毛泽东文艺思想的旗号，虽然标榜自己最忠实地执行了毛泽东革命路线和文艺路线，但实际上以一种极“左”的、极端的、激进的形式，彻底背离了毛泽东文艺思想的基本原则。

二、“样板戏”与“三突出”理论的诞生

如果说江青的座谈会《纪要》奠定了“三突出”理论的基础，那么在《纪要》指导下的“样板戏”文艺实践则直接催生了“三突出”理论。

1967年5月，为纪念毛泽东《在延安文艺座谈会上的讲话》发表25周年，现代京剧《红灯记》《智取威虎山》《沙家浜》《海港》《奇袭白虎团》，芭蕾舞剧《红色娘子军》《白毛女》以及交响乐《沙家浜》等8个所谓“革命样板戏”，在北京集中汇演，宣告了“样板戏”作为“文革”最具代表性的文艺实践登上了历史舞台。

随后，中共中央最权威的理论刊物《红旗》杂志在1967年第6期上发表了社论《欢呼京剧革命的伟大胜利》，一开头这样点出“革命现代京剧”的意义：“京剧革命”，是“无产阶级文化大革命的开端”，“这是毛泽东思想的伟大胜利，是毛主席《在延安文艺座谈会上的讲话》的伟大胜利”①。

社论还说：“《智取威虎山》《海港》《红灯记》《沙家浜》《奇袭白虎团》等京剧样板戏的出现”，是京剧革命“最可宝贵的收获”。“它们不仅是京剧的优秀样板，而且是无产阶级文艺的优秀样板，也是无产阶级文化大革命各个阵地上的‘斗批改’的优秀样板。”②

在该社论前面的版面，《红旗》杂志专门配发了江青1964年京剧现代戏观摩演出人员的座谈会上的讲话《谈京剧革命》。这无疑以官方形式确认了江青在领导样板戏中的地位，甚至以此昭示了江青在整个“文革”时期的文艺领导权。同样，在1968年5月23日，上海文艺界隆重集会纪念毛泽东《在延安文艺座谈会上的讲话》发表26周年，大会以“上海文艺界无产阶级革命派”的名义，“热情颂扬江青同志高举毛泽东思想伟大红旗，坚决贯彻、坚决捍卫毛主席的革命文艺路线的丰功伟绩”。大会号召：“以江青同志为榜样”，“彻底肃清反革命

①② 《欢呼京剧革命的伟大胜利》，《红旗》1967年第6期。

修正主义文艺黑线的流毒”，“让毛泽东思想的伟大红旗在文艺阵地上高高飘扬”。[①] 可见，在“文革”期间，江青在文艺领域是以毛泽东文艺思想的最高代表的面目出现的。“文革”时期，文艺实践与文艺理论都是高度政治化的，这种官方的文艺作品与理论呈现出高度的一致性。在江青极“左”文艺思潮指导下，与“样板戏”匹配的“三突出”文艺理论很快应运而生。

就在毛泽东《在延安文艺座谈会上的讲话》发表26周年纪念日之际，也是“革命样板戏”诞生一周年之时，1968年5月23日《文汇报》第四版发表了上海市文化系统革命筹备委员会主任于会泳的长篇文章《让文艺舞台永远成为宣传毛泽东思想的阵地》。文章以《智取威虎山》和《海港》为重点，对近年来“江青同志亲自领导的京剧革命的历程”作了回顾。文章指出，对于样板戏，“我们根据江青同志的指示精神，归纳为‘三个突出’，作为塑造人物的重要原则，即在所有人物中突出正面人物来；在正面人物中突出主要英雄人物来；在主要人物中突出最主要的即中心人物来”。文章还说：江青这个以“毛泽东思想为武器”的创作原则，不仅是“创作社会主义文艺的极其重要的经验”，而且是“对文学艺术创作规律的科学总结”。这是在“文革”期间第一次提出“三突出”理论，此后，它被迅速确定为“文革”期间一切文艺的一条基本的美学和创作原则。可以说，“文革”文艺通过“样板戏”的实践，不断总结和丰富了“三突出”理论，而“三突出”理论又作为官方认定的唯一美学原则，被推广到“文革”期间一切文艺作品的创作中去。

1969年《红旗》第11期发表署名为“上海京剧团《智取威虎山》剧组”的文章《努力塑造无产阶级英雄人物的光辉形象——对塑造杨子荣等英雄形象的一些体会》，并于11月3日《人民日报》全文转载；1970年《红旗》第5期发表了署名为“中国京剧团《红灯记》剧组”的文章《为塑造无产阶级的英雄典型而斗争——塑造李玉和英雄形象的体会》；同年《红旗》第6期发表了署名为“北京京剧团《沙家浜》剧组”的文章《〈在延安文艺座谈会上的讲话〉照耀着〈沙家浜〉的成长》；1972年《红旗》第5期发表了署名为“上海京剧团《海港》剧组”的文章《反映社会主义时代工人阶级的战斗生活——革命现代京剧〈海港〉的创作体会》。这些文章都是经过直接听命于江青的“理论写作班子”反复修改、定稿并重点推出

① 《上海文艺界隆重集会纪念〈讲话〉发表26周年》，《文汇报》1968年5月24日。

的代表性文章，它们对以“英雄人物形象塑造”为核心的“三突出”理论做了比较系统的总结和阐发，实际上也起到了对“文革”文艺推波助澜的重要作用。

整体来看，“三突出”理论强调，“无产阶级文艺”创作的“首要的政治任务”是：“塑造无产阶级英雄人物的光辉形象”，比如杨子荣这样的英雄人物。因为这类英雄人物“是人类艺术史上前所未有的光辉形象，是为彻底消灭一切剥削阶级和剥削制度而英勇战斗的共产主义战士，是巩固无产阶级专政的有力武器，是‘帮助群众推动历史前进’的巨大力量”①。

为此“无产阶级文艺”要秉承“革命的现实主义与革命的浪漫主义相结合”这一总的创作方法。②具体方法如下：

(1) 要塑造既“高大”又“丰满”的英雄形象。这就需要“把英雄人物放在一定历史时代革命的阶级斗争的典型环境中”，在“世界观、思想、作风、性格气质”等各个方面，“完整、深刻”地体现他的“阶级素质”，“表现他高度的政治觉悟，展现他内心世界的共产主义光辉”。比如，现代京剧《智取威虎山》在塑造杨子荣这样的解放军侦察英雄过程中，通过“调动文学、音乐、舞蹈、表演、舞美等各种艺术手段”，集中表现了几个主要侧面，即在阶级觉悟上，“他对首长、对同志、对劳动人民”有“深厚的阶级爱”，对“美蒋、对土匪、对一切阶级敌人”有“强烈的阶级恨”；对打倒座山雕匪帮有“坚强的革命意志”，对“中国革命”和“世界革命”有“宏伟远大的理想”。在性格气质方面，他有“叱咤风云，气冲霄汉的勇敢豪迈气概”，又有“沉着冷静，精细机智的性格特质”。经过这样的表现与塑造，矗立在观众面前的就是一个“胸怀无限宽广”、具有“彻底革命精神”“处处突出无产阶级政治”“顶天立地”的、“既高大又丰满的光辉形象”。③

(2) 英雄人物要“处处突出无产阶级政治”。突出“无产阶级政治”可以说是“三突出”理论的宗旨和核心指向。何为突出“无产阶级政治”？各个“样板戏”通过各自的艺术实践不断丰富和建构了它的内涵。《努力塑造无产阶级英雄人物的光辉形象——对塑造杨子荣等英雄形象的一些体会》一文认为，最主要的是要突出英雄人物“胸有朝阳”，即“对毛主席、对毛泽东思想的赤胆忠心、无限

①②③　上海京剧团《智取威虎山》剧组：《努力塑造无产阶级英雄人物的光辉形象——对塑造杨子荣等英雄形象的一些体会》，《红旗》1969年第11期。

忠诚”。[1] 比如，样板戏《智取威虎山》第四场，特地为杨子荣设计了一段【西皮原板】—【二六】—【快板】的成套唱腔“共产党员”，从而表现出他“坚定地贯彻执行毛主席的战略、战术思想”，表现了他“一颗红心似火焰，化作利剑斩凶顽”“明知征途有艰险，越是艰险越向前”的“斗争意志”。[2] 这就使得英雄人物有了突出的政治内容，从而使观众明确地认识到：英雄人物是在“毛泽东思想教育下百炼成钢的工农子弟兵的典型”，杨子荣这样的英雄，首先拥有为“战无不胜的毛泽东思想”武装起来的“灵魂”，所以才有了无穷的力量，机智勇敢地深入到敌人心脏中去，最终取得完全的胜利。再如，在样板戏《红灯记》里，“从李玉和手提红灯、沉着稳健地第一次上场，到就义时振臂高呼‘毛主席万岁’，自始至终都贯穿着对伟大领袖毛主席和对伟大的党的无限热爱和忠诚的一条红线”[3]。为了充分诠释李玉和是执行毛主席革命路线的代表，改编后的样板戏《红灯记》刻意设计了柏山游击队伏击歼敌的“雄伟场面”，以体现毛泽东思想中“枪杆子里面出政权”的论断。

1970 年《红旗》第 5 期又发表了署名为“中国京剧团《红灯记》剧组”的文章《为塑造无产阶级的英雄典型而斗争——塑造李玉和英雄形象的体会》。文章对“三突出”理论作了进一步诠释和补充。这种进一步补充与诠释首先体现在如何“突出”英雄人物的“无产阶级政治”方面。第一，进一步强调“要写出共产主义战士对无产阶级的、共产主义的事业坚定不移的信仰”。[4] 这种信仰就是共产主义远大理想，就是对“以毛主席为领袖的中国共产党的信仰”，而表现这种信仰是“无产阶级文艺极其重要的原则”[5]。为此，样板戏《红灯记》特地在第八场为英雄人物李玉和设计了一个单独抒情的场景，即以一个有层次的成套二黄唱腔《雄心壮志冲云天》，“集中、充分、鲜明、感人肺腑、扣人心弦”地“展现了他灵魂深处的共产主义光辉”。[6]

第二，强调在全剧中最大限度地突出“阶级斗争”这个“主干”。《红》剧精心设计了《粥棚脱险》《赴宴斗鸠山》《刑场斗争》等一个接一个专场，刻意描绘李玉和对敌人“拍案而起、奋臂怒斥”的英雄“壮举”，以及“像火山一样爆发”的分明

---

①② 上海京剧团《智取威虎山》剧组：《努力塑造无产阶级英雄人物的光辉形象——对塑造杨子荣等英雄形象的一些体会》，《红旗》，1969 年第 11 期。

③④⑤⑥ 中国京剧团《红灯记》剧组：《为塑造无产阶级的英雄典型而斗争——塑造李玉和英雄形象的体会》，《红旗》1970 年第 5 期。

“憎恨”，这些设计与描绘，归结为一点，就是突出“不同的阶级斗争场面和不同的阶级斗争方式”。[①]

第三，突出英雄人物和“最广大的人民群众”的血肉联系。《红》剧把三个异姓的“工人阶级成员”李玉和、李奶奶、李铁梅设计为一家人。这个革命的一家内部是新型的“革命关系”：李玉和关心母亲、教育女儿，不是传统上的“父慈子孝”，而是为了革命的需要、体现的是阶级感情。于是，在李玉和被捕时，他把任务交给了李奶奶，在李奶奶被捕时，又把任务传给了李铁梅。李玉和对交通员救护和指路，体现了他对阶级同志的“爱”；李家和田家互相支持、“同仇共苦”，体现了李玉和与人民群众“同呼吸、共命运”的关系。[②]

文章对样板戏《红灯记》的阐释，又是置于《毛泽东选集》中“共产党员”“是具有远见卓识的模范”[③]（《中国共产党在民族战争中的地位》），“阶级斗争，一些阶级胜利了，一些阶级消灭了。这就是历史，这就是几千年的文明史”（《丢掉幻想，准备斗争》）[④]，“我们共产党人区别于其他政党的又一个显著标志，就是和最广大的人民群众取得最密切的联系”[⑤]（《论联合政府》）等论断之下的阐释，可见，《红灯记》的艺术实践及该文章的理论总结——“三突出”理论，实质上都是对毛泽东思想的文艺极左的诠释或者说图解，并且可以说是一种几乎绝对的、机械的图解，扭曲了真正的艺术规律。

1970年《红旗》第6期发表了署名为“北京京剧团《沙家浜》剧组”的文章《〈在延安文艺座谈会上的讲话〉照耀着〈沙家浜〉的成长》。该文对突出“无产阶级政治”做出了更极端的阐释，即更加强调舞台上英雄人物的塑造要体现“两个阶级、两条道路、两条路线的斗争”，而这“两条道路、两条路线”中正确的一方、胜利的一方始终是“毛主席革命路线”。比如，该剧对郭建光这个主要英雄人物，就是“从各个侧面，调动一切艺术手段”，把他塑造成“坚决执行毛主席的军事路线”的代表的[⑥]；阿庆嫂不顾个人安危、机智勇敢地与敌人斗智斗勇，其原因在这里被极其夸张、上纲上线地阐释为：“她的一切信心、勇气、力量，都来源于毛泽东思想。”文章还这样解释道：“《授计》一场，她在严重的局势，重重的困难

---

①②③④⑤ 中国京剧团《红灯记》剧组：《为塑造无产阶级的英雄典型而斗争——塑造李玉和英雄形象的体会》，《红旗》1970年第5期。

⑥ 北京京剧团《沙家浜》剧组：《〈在延安文艺座谈会上的讲话〉照耀着〈沙家浜〉的成长》，《红旗》1970年第6期。

面前，耳旁仿佛响起《东方红》乐曲的声音，想到了伟大领袖毛主席，响起了毛主席的教导，就顿时觉得‘定能战胜顽敌度难关’，变得更坚定更聪明起来。这是阿庆嫂思想性格的核心。”①

1972 年《红旗》第 5 期发表署名为“上海京剧团《海港》剧组”的文章《反映社会主义时代工人阶级的战斗生活——革命现代京剧〈海港〉的创作体会》。该剧不同于以上三剧描写解放前革命战争时期的内容，而是取材于解放后的“社会主义工业建设”，因此，该剧在塑造英雄人物方面更加被打上了“时代”的印记。该剧同样强调要突出“无产阶级政治”，不过具体内容有了转换，即为“表现我们时代的重大主题，必须以阶级斗争为纲，正确处理两类矛盾的关系”②。所谓“正确处理两类矛盾的关系”就是指毛泽东所说的“正确处理敌我矛盾和人民内部矛盾的关系”。该剧“集中描写了以方海珍为代表的码头工人实行无产阶级国际主义和阶级敌人破坏国际主义的斗争”③。方海珍和“她的战友们”实行无产阶级国际主义即抢运“援非稻种”，“与人民内部的错误思想斗”，即教育“革命责任感”④不强、政治觉悟不高的韩小强；同时与“暗藏的阶级敌人”斗，即与“三朝元老式”的敌人钱守维你死我活的斗争，⑤从而突出“无产阶级专政下继续革命”的“时代主题”。

按照这样的阶级路线观点和阶级分析方法，对于不同矛盾，艺术表现被规定为不同的表现方式：对于韩小强这样的人民内部的落后分子，“有细致的说理，有感情的抒发，有针锋相对的辩论，有亲切诚恳的诱导，有深切的期望和热情的鼓励”，并将这些教育行为解释为“把毛泽东思想的阳光雨露，点点滴滴都洒到小韩的心坎上”。⑥对于老战友老赵的“右倾思想”，则“语重心长”地指出其中的要害——“阶级斗争的观念淡薄了”。⑦而对于阶级敌人钱守维，则“当众击破钱守维企图借口开仓清点数字来掩盖罪证的诡计”，把斗争的紧急关头安排在全剧高潮的前一场，用“鲜明强烈的舞台行动”“闪光的语言”，表现与敌人面对面的“交锋”“扣人心弦的斗争”。⑧可见，这个样板戏的艺术形式完全成了“文革”理论的图解和推演，毫无生活和艺术的真实性可言。

---

① 北京京剧团《沙家浜》剧组：《〈在延安文艺座谈会上的讲话〉照耀着〈沙家浜〉的成长》，《红旗》1970 年第 6 期。

②③④⑤⑥⑦⑧ 上海京剧团《海港》剧组：《反映社会主义时代工人阶级的战斗生活——革命现代京剧〈海港〉的创作体会》，《红旗》1972 年第 5 期。

(3) 以反面人物来“陪衬”、以其他正面人物来“烘托”、环境气氛来“渲染”，共同为突出主要英雄人物服务。三突出理论认为，“一切人物的安排和环境的处理，都要服从突出主要英雄人物这一前提”。[①]

为此，样板戏《智取威虎山》总结出三条创作“规律”。第一，“用反面人物陪衬主要英雄人物”。这一创作方法被上升到阶级斗争的高度，指出：“陪衬就是服从”，在舞台上谁服从谁，就是哪个阶级“主宰舞台”的问题。比如样板戏《智》剧把敌人座山雕的座位由原剧舞台的正中搬到了侧边，始终“作为杨子荣的陪衬”，“而杨子荣在雄壮的乐曲声中昂扬入场，始终居于舞台的中心；再用载歌载舞的形式，让他处处主动，牵着座山雕的鼻子满台转；在献图时，让杨子荣居高临下，而座山雕率众匪整衣拂袖，俯首接图”[②]。如此形式上的布局，才能“大灭了资产阶级的威风，大长无产阶级的志气”。[③]样板戏《红灯记》的《赴宴斗鸠山》一场，以“敌人‘为自己’的剥削阶级世界观”来陪衬李玉和“‘完全’‘彻底’为革命毫无自私自利的共产主义世界观”；在酒宴上、在重刑下、在刑场上，让李玉和处处“居于斗争的主动地位”，“全剧始终由他牵着鸠山的鼻子转，使鸠山焦头烂额、一败涂地”[④]。

第二，“用其他正面人物烘托主要英雄人物”，即“主要英雄人物既不能脱离群众，又要高于群众”。因此，“写一般正面人物要从塑造主要英雄人物出发，烘托主要英雄人物形象，而不能让一般正面人物夺了主要英雄人物的戏，也不能用极力贬低群众的办法，把主要英雄人物弄成一个‘鹤立鸡群’的‘超人’。”比如，《智》剧第一场结束时是以杨子荣为中心的集体亮相，由于追剿队英雄群像的有力烘托，起到了“绿叶扶红花”的艺术效果，给人印象深刻。[⑤]再如，样板戏《红灯记》里，革命母亲李奶奶“有声有色”的念白和李铁梅“英姿飒爽”的歌唱，既具有鲜明的个性，又从不同角度烘托了李玉和这个主要人物的英雄形象。李奶奶的一段《痛说革命家史》也再现了李玉和在二七大罢工中“为革命东奔西忙”的英雄品质。[⑥]又如，在样板戏《沙家浜》中，阿庆嫂是个主要英雄人物，《沙》剧在第二场末尾反“扫荡”场景中安排了阿庆嫂“扶老携幼”的一段戏，增加了不

---

①②③⑤ 上海京剧团《智取威虎山》剧组：《努力塑造无产阶级英雄人物的光辉形象——对塑造杨子荣等英雄形象的一些体会》，《红旗》1969年第11期。

④⑥ 中国京剧团《红灯记》剧组：《为塑造无产阶级的英雄典型而斗争——塑造李玉和英雄形象的体会》，《红旗》1970年第5期。

少群众反抗日寇的细节；又塑造了沙奶奶这样“人老心红的革命妈妈”，沙四龙、王福根、阿福这样一些“朝气蓬勃的青年”，所有这些设计与塑造，都是为了烘托出阿庆嫂这样一个领导着群众对付敌人扫荡、又在群众协助下从容完成革命工作的地下联络员的光辉形象。[①]

《海港》一剧还把反面人物陪衬、其他正面人物烘托英雄人物，归结为“舞台上谁为谁作铺垫的问题”。[②] 比如，第一场高志扬与赵震山争论装运稻种的问题，“就直接为方海珍第一次上场作了铺垫，使她一开始就居于矛盾冲突的中心地位”。又如，第六场，马洪亮深情地对韩小强讲述“血泪斑斑的家史”，为方海珍引出港史、“展望五洲风云，抒发伟大胸怀”，起到了恰到好处的铺垫作用。[③]

第三，“运用环境渲染突出主要英雄人物”。环境渲染，包括舞台美工。比如，《智》剧第五场，一株株松树高大挺拔，直入云霄，树缝中透出道道阳光，这样的自然环境，与气冲霄汉的雄壮歌曲交相辉映，生动形象地表现出杨子荣豪迈刚强的英雄气概和坚贞不屈的英雄性格。[④] 再如，《红灯记》剧中，在刑场一幕，特地设计了一个高台，让英雄李玉和就义时居高临下，一束稳定的红光投射到英雄身上，高大挺拔的青松烘托出李玉和顶天立地的高大形象，从而达到壮美、崇高的美学效果。[⑤] 又如，样板戏《沙家浜》第二场有一段《朝霞映在阳澄湖上》唱腔，这一段唱“采用明快爽朗的‘西皮’曲调，以嘹亮的竹笛吹出富于江南风味的音乐作为唱腔的前奏”，同时辅以优美明丽的舞台布景——“岸柳成行”“朝霞瑰丽”，既“清新”又“气势飞动”。所有这些设计都是为了烘托英雄人物郭建光的“革命胸怀”和“激情”。[⑥]

（4）塑造英雄人物，要达到“革命的英雄主义和革命的乐观主义”的统一。这就是说，要“运用革命现实主义和革命浪漫主义相结合的创作方法，正确处理革命斗争的艰苦性和革命战争的严酷性，以烘托无产阶级英雄典型的崇高品

---

①⑥ 参见北京京剧团《沙家浜》剧组：《〈在延安文艺座谈会上的讲话〉照耀着〈沙家浜〉的成长》，《红旗》1970年第6期。

②③ 上海京剧团《海港》剧组：《反映社会主义时代工人阶级的战斗生活——革命现代京剧〈海港〉的创作体会》，《红旗》1972年第5期。

④ 上海京剧团《智取威虎山》剧组：《努力塑造无产阶级英雄人物的光辉形象——对塑造杨子荣等英雄形象的一些体会》，《红旗》1969年第11期。

⑤ 中国京剧团《红灯记》剧组：《为塑造无产阶级的英雄典型而斗争——塑造李玉和英雄形象的体会》，《红旗》1970年第5期。

质，突出主题思想”[1]。1970年《红旗》第5期发表的文章《为塑造无产阶级的英雄典型而斗争——塑造李玉和英雄形象的体会》直接援引《林彪同志委托江青同志召开的部队文艺工作座谈会纪要》中的话对此阐释道：“不要在描写战争的残酷时，去渲染或颂扬战争的恐怖；不要在描写革命斗争的艰苦时，去渲染或颂扬苦难。”[2]比如，《红灯记》一剧在李玉和被捕离家一段，为他设计了一段精彩唱腔《浑身是胆雄赳赳》，这里没有悲伤、苦难或恐怖之感，倒处处表现了李玉和“钢铸铁打”、浑身闪烁着光芒的磅礴气势，给人一种巍峨、立体的“雕塑感”。在李玉和受酷刑一段，主要表现英雄“真金哪怕烈火炼”的铮铮铁骨，特别在表演上，李玉和一个“翻身”，扶着椅子傲然挺立，怒目圆睁，纵声大笑，仿佛“魔鬼的宫殿在笑声中动摇”，这是何等的崇高的英雄主义情怀，又是何等的乐观主义精神！这一段还特地赋予了一段“磋步”舞蹈，以表现李玉和虽身受重刑、伤痛欲裂，但“锁不住我雄心壮志冲云天”、视死如归、“一往无前”的革命豪情。在其基调里，始终找不到低沉苦难的悲曲，通篇是高亢的凯歌。[3]

革命乐观主义精神，还表现在《红灯记》全剧一般都是“辉煌”“胜利”、完满的、类似大团圆式的结局。因为样板戏的任务就是要“满腔热情地歌颂无产阶级革命事业的发展”，其目的就是要突出英雄用“血汗换来的人民革命事业的辉煌胜利”。比如，在《红》剧中，特意在李玉和牺牲后设计了《前赴后继》一场，赋予李铁梅一段颇具感染力的《仇恨入心要发芽》唱段，在李铁梅身上“再现了李玉和的气质和理想”，李玉和的死提高了邻居田家的觉悟，激发了八路军游击队“同仇敌忾的革命热情”。凡此种种都是为了表现一个英雄倒下去，千万个英雄站起来，革命事业后继有人的主题。全剧结束在一幅绚烂的画卷中：“根据地红旗招展”，游击队员雄姿英发，“挥枪起舞”，象征着革命事业如“排山倒海”般的、不可战胜的洪流。[4]

“三突出”理论还将这种为了表现革命英雄主义和乐观主义精神的“歌颂”式创作方法归纳为“三个反对”，即“既要坚决反对渲染和颂扬革命斗争、革命战争的‘苦难’和‘恐怖’，又要坚决反对不描写革命英雄人物艰苦奋斗、英勇牺牲，把革命战争写成‘逛花园’‘遛马路’一样，还要坚决反对资产阶级自然主义以及

---

①②③④　中国京剧团《红灯记》剧组：《为塑造无产阶级的英雄典型而斗争——塑造李玉和英雄形象的体会》，《红旗》1970年第5期。

形形色色剥削阶级的反动创作方法”。[1] 这里所谓“形形色色剥削阶级的反动创作方法”，包括“现代派”“抽象派”“野兽派”等西方现代主义形式技巧。[2]

（5）突出英雄人物，要处理好人物语言、行动、唱腔的“辩证”关系。《海港》一剧在处理英雄人物的语言和行动关系时，认为：“英雄人物的语言，既不能太实——就事论事，没有思想的火花；也不能太虚——不着边际的空发议论。要言之有物，虚实结合，以实表虚，以虚带实。”[3]比如，方海珍对自己的同志韩小强、老赵的教育感化工作，就是虚实结合的典型例子。

在英雄人物的唱腔设计上，《海港》一剧提出了“音乐艺术的辩证法”原则。[4] 该剧创作人员认为：“音乐艺术中的高与低、快与慢、整与散、疏与密、断与连、强与弱等等，都是对立的统一。”“不能片面认为只有音调越高，才能表现英雄形象。”比如，如果方海珍的唱段音调都处在高音区，那么唱到“忠于人民忠于党”一句，该高也高不到哪里去了。另外，也不能片面认为“只有高音调、快速度、强音量才能表现英雄人物的激情”。在一定条件下，恰恰运用低音调、慢速度、强音量才能表现英雄人物的激情。比如，【吟板】“烈士的血浸透了这码头的土壤”唱段就是在低音区吟唱的效果最佳。[5]

继八个样板戏之后，几年内一批“新的样板作品”，如钢琴伴唱《红灯记》、钢琴协奏曲《黄河》、革命现代京剧《龙江颂》《红色娘子军》《平原作战》《杜鹃山》、革命现代舞剧《沂蒙颂》《草原儿女》和革命交响音乐《智取威虎山》等相继问世，数量虽不多，但在官方媒体大力宣传下产生了巨大影响。

同时，官方媒体力促将“样板戏”创作原则推广到一切文艺题材和领域。比如：仅 1974 年《人民日报》较密集地在 4 月 24 日发表文章《进一步普及革命样板戏》，在 5 月 5 日发表文章《新诗要向革命样板戏学习》，在 5 月 14 日发表文章《捍卫样板戏的创作原则》，在 7 月 12 日发表文章《努力塑造无产阶级英雄典型》，等等。

1974 年堪称样板戏及其创作理论的总结年，是年《红旗》在第 7 期发表署名“初澜”的文章《京剧革命十年》。文章着重从政治方面较系统、也很宏观地阐述

---

[1][2] 中国京剧团《红灯记》剧组：《为塑造无产阶级的英雄典型而斗争——塑造李玉和英雄形象的体会》，《红旗》1970 年第 5 期。

[3][4][5] 上海京剧团《海港》剧组：《反映社会主义时代工人阶级的战斗生活——革命现代京剧〈海港〉的创作体会》，《红旗》1972 年第 5 期。

了以“样板戏”为代表的京剧革命的意义及其一般原则。有以下几点值得我们特别关注：

首先，所谓“京剧革命”是以江青1964年7月在“京剧现代戏观摩演出人员座谈会”上发表《谈京剧革命》为起始点的，这就突出了江青在“样板戏”及其“三突出”理论中特殊重要的地位。[①]

其次，“文革”中，“样板戏”是在文艺领域乃至整个“意识形态”和“上层建筑”领域“打头阵的”[②]，对于推动“文化大革命”的进程具有特殊重要的作用。

再次，以“样板戏”为代表的京剧革命是“无产阶级文化大革命”的“伟大胜利”和“战果”。最主要的意义是，巩固了无产阶级的“文艺阵地”，防止了资本主义和修正主义的“复辟”。[③]可见，样板戏及京剧革命是始终以“政治标准”为旨归的，而且把艺术中的政治标准强调到无以复加的地步，从而完全取消了艺术的独立价值或者相对独立性，只是“文革”极左、激进政治的御用工具。

第四，这里重申了样板戏及京剧革命在艺术上的一般原则：即重申并强调“革命的政治内容与尽可能完美的艺术形式的统一”；[④]重申并强调“创作样板戏的核心问题是‘满腔热情、千方百计地塑造无产阶级英雄典型’”[⑤]；重申并强调京剧革命要坚持“古为今用”“洋为中用”“推陈出新”的方针，让“破字当头，立在其中”，[⑥]等等。

虽然该文在表述上使用的“文革”时期特有的极左语言，但它客观上对样板戏及其“三突出”理论作了一次初步的总结。

第二节　《朝霞》月刊及其文艺批评

“九一三”事件后，“文化大革命”进入到后期阶段。但是，“文革”以来总的指导思想、根本理论并未改变，在其后连续展开的“批林批孔—儒法斗争”“工业学大庆、农业学大寨”“反击右倾翻案风”等政治运动的大气候之左右下，文艺实践及其理论在极“左”的道路上继续前行，越走越远。

---

①②③④⑤⑥　初澜：《京剧革命十年》，《红旗》1974年第7期。

另一方面，自“文革”以来，除了有限的一些“样板戏”外，文艺受到了重创，整个文坛一片凋敝。林彪事件以后，全国各行各业出现了调整迹象。这一时期江青集团在林彪集团覆灭以后势力得到了加强，尤其在他们长期掌控的文艺领域影响力进一步凸显。为了顺应文艺调整、恢复的潮流，更为了进一步巩固和加强他们在“文革”以来树立的极“左”文艺思潮，江青集团在他们影响力最大的中心城市——上海，创办了《朝霞》月刊。《朝霞》所走过的路在很大程度上是“文革”后期文艺实践与美学思想发展的一个缩影，体现了“文革”后期文艺发展的种种特点。

一、 继续奉行“文革”激进极“左”的文艺思潮

从1974年1月创刊到1976年9月终刊，《朝霞》月刊的编辑工作直接听命于上海市委“写作组”。其创刊号以《努力反映文化大革命的斗争生活》为题的“征文启事”集中体现了它的办刊宗旨。

“征文启事”开头这样写道：“伟大的无产阶级文化大革命，是在社会主义条件下，无产阶级反对资产阶级和一切剥削阶级的政治大革命。在毛主席亲自发动和领导的这场波澜壮阔的革命斗争中，亿万人民意气风发，一大批革命闯将锻炼成长，广大工人阶级和革命人民奋起批判刘少奇、林彪修正主义路线，批判资产阶级和一切剥削阶级的反动思想，创造了多少具有深远意义的新生事物和英雄业绩啊！”①

这篇“启事”发表在创刊号上，实际上起到了发刊词的作用。它之所以重申了“文化大革命”的“伟大”意义，其背景是：林彪事件以后，人心思定，在全国各行各业出现了调整迹象，周恩来抓住主持中央日常工作的契机，开始部分地“纠左”，于是全国生产秩序得到了一定程度的恢复，“文革”中被打倒的老干部、知识分子、文艺工作者部分地恢复了工作，思想、教育和文化领域也出现了一丝松动和“解放”。但是，这一切都是在毛泽东首肯的前提下进行的，当这些调整迹象发展成为在社会上出现的一种渴望否定“文化大革命”的情绪时，要不要将“文化大革命进行到底”，要不要“捍卫文化大革命的胜利成果”，就成为“文革”

---

①《努力反映文化大革命的斗争生活》，《朝霞》1974年1期。

后期的一个重大问题。江青集团正是利用了党中央的这种担心，在他们的控制较为牢固的文艺领域和上海市创办了《朝霞》月刊。它以“热情歌颂无产阶级文化大革命的光辉胜利，大力宣传无产阶级文化大革命中涌现的新生事物，努力塑造具有无产阶级文化大革命的精神的英雄形象”为宗旨[①]，自觉把文艺刊物和文艺创作作为“党的事业的一部分”，凸显文艺为政治服务的功能，它是这样说的，事实证明它也是这样做的。

在以后两年多的办刊过程中，《朝霞》月刊不断开设新专栏、实时发表相关作品与评论，以第一时间配合和呼应“批林批孔”（包括“儒法斗争”）、“批判《红楼梦》”“批判《水浒》”“反击文艺黑线回潮”“反击右倾翻案风”等主流意识形态领域内的全国性政治运动，并伴随着“文革”的结束而终结，使之成为一份地地道道的“文革”刊物。

二、创作与批评并举，做“反映现实斗争”的“轻骑兵”

《朝霞》主要栏目有“小说”“诗歌”“散文”“报告文学”“理论”等。前后出版的33期总共发表小说181篇，诗歌378首，散文、报告文学、特写等89篇，评论和理论文章191篇。从中可以看出，它作为一份文学期刊，评论和理论文章占据着很大比重，这在当时同类文艺期刊中是不多见的。其中小说和理论文章的篇幅都不很长，诗歌散文等更是如此，恰如它所谓的“轻骑兵”[②]。《朝霞》为何偏爱“轻骑兵”？《朝霞》1975年第1期“小说”栏目中又辟出“小小说·小评论”专栏，专栏开头《编者的话》多少道出了其中的原委：“我们提倡写小小说。因为小小说短小精悍，内容丰富，迅速反映现实斗争。”[③]无独有偶，1976年第6期“让思想冲破牢笼”专栏中《编者的话》也表达了相似的意思：“小小说就是我们向资产阶级迅速出击的有力武器。它犹如匕首投枪，短小精悍，尖锐锋利”，“它锻造方便，根据生活中一朵斗争的浪花，一个闪光的思想，一个动人的场景，加以提炼，即可成篇”。“因而反映现实特别迅速，配合斗争特别及时，这是它最大的长

---

① 《努力反映文化大革命的斗争生活》，《朝霞》1974年1期。
② 严隽雄：《关于〈朝霞随笔〉的随笔》，《朝霞》1976年第8期。
③ 《编者的话》，《朝霞》1975年第1期。

处。”[1]其实，何止小小说、小评论，《朝霞》里的大多作品、大多栏目都具有这种短小灵活、实时跟进的“轻骑兵”特征。这是它力图为“文化大革命”中的具体政治运动服务的办刊方针所决定了的。

这一点从历年各期不断翻新的“专栏”及其内容的编排上便可一目了然。

1974年《朝霞》创办之初正值全国开展声势浩大的“批林批孔运动”，《朝霞》旋即从第2期始连续两期开办了“深入批林批孔·提高路线斗争觉悟”专栏以配合形势。它包括以“工人阶级是批林批孔的主力军”和“批林批孔炮声隆”为总标题的两组诗歌，一篇题为《上海工人批林批孔战斗巡礼》特写，一篇署名“石一歌”的理论文章《“中庸之道”“合”哪个阶级的“理”?》，还有历史故事《孔老二的故事》(六则)、《孔家店二老板——孟轲的故事》(三则)等。

这一时期，为配合“批林批孔运动”，全国还掀起了一股评论《红楼梦》的热潮。为此，《朝霞》从1974年第5期开始也开设“《红楼梦》评论”专栏。

“批林批孔”运动很快转向以“儒法斗争”主题的批判运动。《朝霞》从1974年第7期开始，开设“法家诗文选读”专栏，将中国历史上的文学大家粗率地归入“法家”与“儒家”两家，比如，曹操、李白、李贺、王安石等统统被视作“法家”。该专栏分期分批简要介绍这些文学家的作品，这种简介主要是进行儒法斗争式的解读与讲解。

1975年上半年以《红旗》1975年第4期发表张春桥《论对资产阶级的全面专政》一文为代表，全国“批林批孔运动”进入了批判“资产阶级法权”阶段。这一时期，《朝霞》在1975年第1期开设“小小说、小评论”栏目，发表了《广场附近的应征点》《十年树人》《榔头篇》《战鼓催征急》《归心似箭》《鱼鹰初试》等6篇；又在第3期“小小说”栏目中发表《万年青》《老门卫》《友谊手》等3篇；第6期又开设“让思想冲破牢笼”专栏以取代“小小说·小评论”专栏，除发表8篇小小说外，还集中发表了《牢记权力是谁给的》《这一关把得好》《关键在于自觉》和《向最高理想攀登》等4篇小评论；第7期“杂文”专栏还发表了《“还有我”和“不是我”》《赞“傻”》和《说“人情”》，都是针对“限制资产阶级法权”问题而发的议论。上述小说、评论、杂文等都以“短小精悍”的篇幅，实时反映了“资产阶级法权”问题，并对这一问题进行了符合当时政治需要的阐释和评论。至于小说方面，

---

① 《编者的话》，《朝霞》1976年第6期。

1975年第3期《店堂前的红灯》和《营业之外》、第4期《百分之九十五》、第8期《女采购员》、第10期《无产者》等，都是图解所谓“限制资产阶级法权”的文学作品。

1975年8月以后，随着毛泽东发表关于评论《水浒传》的谈话，全国“批林批孔”运动转向了以评《水浒传》为重点。《朝霞》紧跟着在第9期开设“鲁迅论《水浒》”专栏，并发表了“石一歌”的文章《〈水浒〉儿童版（增订本）前言》，拉开了“评水浒”的大幕。接下来的《朝霞》第10期，密集发表了一系列评水浒作品，凸显了“评水浒”的主题。首先，该期在“诗歌”栏目里开设“评《水浒》诗选”专栏，发表了3首诗，即《金匾——木枷》《宋江与高俅》和《宋江祭晁盖》。其次，在“评论”栏目里发表了4篇评《水浒》文章，即《〈水浒传〉与〈荡寇志〉》《从青少年评〈水浒〉想起》《宋江私放晁盖新析》和《评〈水浒〉中宋江的诗词》。如此看来，《朝霞》作为文艺期刊，在评水浒运动中，其紧跟政治形势之快，反应之迅速，确实堪称“现实斗争”的“轻骑兵”。

从某种程度上说，1974年《朝霞》月刊的诞生是当时“反击修正主义文艺黑线回潮”政治需要的产物。《朝霞》第2期推出了“对短篇小说《生命》的评论”专栏，该专栏刊出3篇评论文章《要正确地反映无产阶级文化大革命的光辉历史》《老铁头是无产阶级革命造反派的光辉形象吗?》《〈生命〉是对无产阶级文化大革命的否定》，分别从小说主题、人物形象、小说的意义等方面对《生命》进行了批判，专栏最后还附上了《生命》小说的节录本。

批判苏联当代所谓“修正主义”文学，是“反击修正主义文艺黑线回潮”运动的一部分。《朝霞》自第4期开始开辟了新专栏“苏修文学批判”。该专栏陆续发表了不少针对反映苏联当代社会生活的文学作品的评论文章，并经常在评论文章之后附上所批判作品的“故事梗概”或“内容提要”等。

“文革”期间的最后一次政治运动是1975年底发动的“批邓、反击右倾翻案风”运动，《朝霞》也一如既往地及时跟风。实际上，自1976年第1期直到第8期，“反击右倾翻案风”的主题在《朝霞》中占据着突出位置。首先，在原先的“诗歌”栏目中为运动开辟了“八亿征帆战狂澜”“千军万马追穷寇”两个新专栏。其次，为了加强与“走资派”针锋相对的斗争，新设了“朝霞随笔”专栏。专栏自第1期至第8期，发表文章36篇，直接呼应和间接策应了“反击右倾翻案风”运动。比如，第1期《秧苗与〈春苗〉》、第2期《报春花礼赞》《且说“改造”》、第3期《复辟狂的鞭子》、第4期《泥沙辨》《光明与黑暗》、第5期《真伪辨》、第6期《且谈“黄绢之术”》《“忙人”与“闲人”》、第7期《太阳颂》《也谈“秤砣”》、第8期《我们什么也不怕》等，都是紧跟运动政治形势极强的小评论。正如该专栏自称的，这些“短小精悍”的随笔、杂文，“紧‘随’现实斗争的步伐”，极具“尖锐泼辣”的战斗风格；不仅“歌颂了百花齐放的无产阶级文艺革命”，而且“抨击了邓小平‘一花独放’的奇谈怪论”，“形象地揭示了资产阶级‘就在共产党内’”“不斗争就不能进步”的“真理”，从而“鼓励我们搞好无产阶级专政下的继续革命”。①

三、扶持“工农兵业余作者”及其效果

《朝霞》从创刊伊始就很重视扶持与培养“工农兵业余作者”。这一办刊原则当然与江青1966年部队文艺座谈会《纪要》关于文艺创作要走“群众路线”②的要求是高度一致的。实际上，在“文革”后期，主流意识形态明确提出了“工农兵业余作者”的培养任务，《人民日报》在1971年12月16日第一版发表评论《发展社会主义的文艺创作》认为：“认真坚持为工农兵服务的方向，以革命大批判开路，以革命样板戏为榜样，以塑造工农兵英雄人物为根本任务，工农兵业余作者和专业作者相结合，是这个创作运动（即“社会主义文艺创作运动”——笔者注）的特点。”该文将“工农兵业余作者”置于“专业作者”之前，显然极力突出了“工农兵业余作者”的地位。该文接着要求道：“要在革命样板戏的带动下，进一步发展群众性的创作；又要在群众性创作的普及基础上加以提高，产生有较高思想性和艺术性的新作品。”“发展社会主义的文艺创作，要有一支革命化的文艺创作队伍。要加强这支队伍的思想建设和组织建设。要努力培养和教育工农兵业余作者，并按照党的知识分子政策整顿文艺工作队伍。”③

在培养与扶持“工农兵业余作者”方面，《朝霞》也是紧跟政治形势的急先锋。

首先，《朝霞》旗帜鲜明地鼓励和倡导“工农兵业余创作”。《朝霞》在创刊号

---

① 《关于〈朝霞随笔〉的随笔》，《朝霞》1976年第8期。

② 《林彪同志委托江青同志召开的部队文艺工作座谈会纪要》，载洪子诚主编：《中国当代文学史·史料选》，第525页。

③ 《发展社会主义的文艺创作》，《人民日报》1971年12月16日。

发表题为《努力反映文化大革命的斗争生活》"征文启事"即明确写道，自发动"文化大革命"以来，"亿万人民意气风发"，"创造了多少具有深远意义的新生事物和英雄业绩啊"。为此，"热情歌颂无产阶级文化大革命的光辉胜利，大力宣传无产阶级文化大革命中涌现的新生事物，努力塑造具有无产阶级文化大革命的精神的英雄形象，通过文学这个形式来说明'这次无产阶级文化大革命，对于巩固无产阶级专政，防止资本主义复辟，建设社会主义，是完全必要的，是非常及时的'。这应当是我们工农兵业余作者和革命文学工作者的光荣任务。"该"征文"主要面向"上海地区及上海所属单位的作者"，显然这里主要针对的是绝大多数的"工农兵业余作者"。[①]《朝霞》把"工农兵业余作者"当作"文革"文艺中涌现出来的"新生事物"，并这样评价道："无产阶级文化大革命以后，一支无产阶级文艺创作大军迅速形成，许许多多工农兵拿起了笔，热情讴歌伟大的党，伟大的时代，讴歌在毛主席革命路线指引下所产生的'新的人物和新的世界'。这些年轻的作者有热情、有干劲，敢想、敢说、敢作，他们经历一段实践后陆续问世的作品同他们自己一样闪烁着火辣辣的时代性格，内容革命，形式健康，很受群众的欢迎。"[②]为此，《朝霞》号召，即使它们"还不够成熟"[③]，也要以对待新生的"嫩苗""灌溉佳花"[④]的态度，"满腔热情地支持它，为它大喊大叫"[⑤]。

虽然，《朝霞》直接听命于上海市委写作组，写作组里的专业作者常以"石一歌""任犊""方泽生"等笔名发表文艺评论等，但是，《朝霞》里包括文艺评论在内的大多数文艺作品出自名不见经传的所谓"工农兵业余作者"之手，内容包括小说、诗歌、散文、评论等各种体裁，仅以1974年为例，其中质量较高、影响较大的作品有：小说《电视塔下》（段瑞夏，第1期）、小说《追图》（征文选刊，中华造船厂"三结合"业余创作小组，第2期）、诗歌《围垦工地诗抄》四首（奉贤星火农场，第2期）、革命故事《滨海新一代》（金山县金卫公社八二大队创作组，第4期）、评论《坚持方向就要坚持斗争》（工农兵业余作者集体讨论，周林发、邵华，第5期）、评论《喜看良种抗寒流——评独幕话剧〈抗寒的种子〉》（复旦大学工农兵学员张震钦，第6期）、独幕话剧《工厂的主人》（上海工人文化宫业余小戏班集体创作，

---

① 《〈努力反映文化大革命的斗争生活〉征文启事》，《朝霞》1974年第1期。
② 高信：《提倡写好序——从鲁迅写序谈起》，《朝霞》1974年12期。
③⑤ 谢镇夏：《希望有更多的好评论》，《朝霞》1975年8期。
④ 石望江：《批评家和"不平家"》，《朝霞》1976年第2期。

贺国甫、黄荣彬，第 7 期）、故事新编《桑弘羊舌战群儒——〈盐铁论〉》（上海电焊机厂一车间工人理论小组，第 8 期）、评论《美术革命的新成果——评组画〈鲁迅——伟大的革命家、思想家、文学家〉》（建工局工人评论组桑耀，第 9 期）、相声《进军号》（上海江南造船厂创作组、上海歌剧院文艺轻骑队，第 10 期）、评论《从刘姥姥三进荣国府谈起》（杨浦区图书馆工人业余评论组，任林、高珍，第 10 期），等等。

为提高这些业余创作的质量和水准，编辑部还组织了针对“工农兵业余作者”的征文、开辟“新人新作”专栏、举办各类型座谈会、讨论会等，以使这些业余作者们“有机会相互交流经验，发扬优点，克服缺点，以利再战”。[①]

《朝霞》还经常性地发表介绍业余作者创作经验的文章，比较有代表性的，1974 年有第 1 期《赤脚医生》创作组撰写的《我们的体会》、第 5 期周林发、邵华执笔的《坚持方向就要坚持斗争》、第 6 期任犊撰写的《燃烧着战斗豪情的作品——〈农场的春天〉代序》[②]、第 8 期沪东工人文化宫文艺评论组的《喜看战友颂英雄——读长篇小说〈较量〉》、第 12 期的《关键在于路线》，1975 年有第 2 期的《谈谈文艺作品的“新”与“深”》、第 4 期的《作群众忠实的代言人》、第 9 期上海市属国营农场三结合创作组撰写的《第一步》、第 11 期陈祖言写的《在内容和形式的统一上下功夫——学习写诗的一点体会》，1976 年有第 1 期复旦大学中文系工农兵学员龚挺的文章《迎着朝阳阔步前进——喜读短篇小说集〈迎着朝阳〉》、第 3 期方学的《语言 · 形象 · 思想——读〈大海铺路〉想到的》、第 4 期杨代藩的《火力与眼力——从〈会燃烧的石头〉到〈只要主义真〉》和杜恂诚的《工业题材长篇小说漫谈》、第 6 期的《新生事物与限制资产阶级法权——〈女采购员〉创作体会》、第 7 期的《快把那炉火烧得通红——〈无产者〉序》、第 8 期陆建华的《录时代风云，塑一代新人——漫评段瑞夏同志的短篇小说》，等等。这些文章从政治思想、题材、体裁、技巧等多角度，或由主创人员现身说法谈创作体会，或由另一些业余作者谈自己的阅读感受，也有少数专业评论家的评论，篇幅不算长，但几乎每期都有 1 至 2 篇，足见《朝霞》对工农兵业余作者创作的重视与

---

① 《〈努力反映文化大革命的斗争生活〉征文启事》，《朝霞》1974 年第 1 期。

② 《农场的春天》是“战斗在国营农场的知识青年写的”一本短篇小说集，由上海人民出版社 1974 年出版，被认为是“近年来工农兵业余文学创作中的可喜成果”，在当时影响很大。《朝霞》编辑部还专门为该文配发了“编者按”。参见任犊：《燃烧着战斗豪情的作品——〈农场的春天〉代序》，《朝霞》1974 年第 6 期。

扶持。

《朝霞》之所以如此看重“工农兵业余作者”，其直接原因当然是“文革”主流意识形态对文艺创作要走“群众路线”的要求使然，这一创作要求将毛泽东《在延安文艺座谈会上的讲话》的“工农兵方向”极端化、绝对化、庸俗化了，明显违反了艺术规律，当然出不了真正的上乘之作。

从根本上讲，毛泽东曾说过，工人农民，尽管他们的手是黑的，脚上有牛屎，还是比资产阶级和小资产阶级知识分子要干净。“四人帮”将毛泽东这一论述做断章取义的理解，为了搞掉新中国成立十七年来占据文坛主流的所谓“文艺黑线”，他们必须打倒一大批卓有成就的艺术家，剥夺这些艺术家们的话语权，在重建“毛泽东文艺革命路线”的旗帜下，通过扶持和培养“工农兵业余作者”，让工农兵们的“无产阶级思想”占领“文艺阵地”，从而“改造”专业的知识分子作者的资产阶级、小资产阶级、修正主义思想，以此达到所谓“无产阶级全面专政”的目的。说到底，它是在“无产阶级专政下继续革命”理论指导下的文艺实践的一部分，而这一实践，在“文革”后期的文坛，尤其在《朝霞》刊物中得到了切实的体现。

不过，《朝霞》诞生在“文革”高潮已过、各行各业在调整中得到一定程度恢复的“文革”后期，又因为《朝霞》创办伊始便确定了培养“工农兵业余作者”的基调，于是，它客观上给有志文学的“知识青年”提供了施展才情的小小舞台。“文革”后脱颖而出的一批文坛新秀，其中不少曾在《朝霞》上初试锋芒，包括作家黄蓓佳、陆天明、古华、钱钢、路遥、孙颙、王小鹰、贾平凹、余秋雨、赵丽宏、刘绪源等，批评家陈思和、孙绍振、刘澄翰、陈大康等，他们发表在《朝霞》上的作品有小说、诗歌、散文、剧本、报告文学、评论、杂文等。

在当时那个文艺资源十分匮乏的时代，《朝霞》的出现的确培养了一批青年对文学的兴趣和审美追求。有的学者回忆说：“此时上海出版了四份杂志：《学习与批判》《朝霞》《摘译》自然科学版和社会科学版。虽然也是左，但比‘两报一刊’好看，相信同年龄的人都还记得。这四种杂志，父亲总是定期寄到我生活的地方，引起周围同道者的羡慕。”[①]也有的学者这样回忆道：“我曾经在一篇文章中说到自己当年阅读《朝霞》时的情景。我自己关于文学的许多观念就萌芽在

---

① 朱学勤：《书斋里的革命》，长春出版社1999年版，第58页。

这种阅读之中，虽然我此后不断校正和抛弃‘许多观念’中的种种，但其影响挥之不去。”①

这些当代学者的记忆或多或少折射出《朝霞》当年的影响力，虽然这并不能证明《朝霞》具有很高的艺术水准，却从一个侧面说明了，即便在文化凋敝的年代，一本质量不高的文学杂志也能唤起人们的文学梦和审美追求。或许正是这种对美的渴望与追求一点一点地积累起来，才为日后我国文学在思想解放、改革开放的环境下获得大发展储备了人才、集聚了内生的动力。

从历史角度看，“文革”时期文艺及其美学形态，是新中国成立以来我国极“左”文艺思想不断演进并发展到极端的产物。它几乎完全取消了文艺与国家政治行为的界限。在“文革”美学和文艺理论看来，文艺生产、传播与批评，本身就是“政治”，没有任何的独立价值和自足性，文艺的党性原则被提高到无以复加的地步。基于这样的理念，以江青部队文艺座谈会《纪要》为指导，并在“样板戏”文艺实践基础上总结出来的“三突出”理论，成了这一时期唯一的文艺理论和美学原则。其实，这里的“三突出”只有一个突出，即突出所谓“无产阶级政治”。“文革”后期，文艺政策有了少许调整，凋敝的文艺有了一定程度的恢复，但基本指导思想未变，“三突出”理论仍然占据统治地位。“三突出”理论指导下的“文革”文艺根本违背了艺术发展的自身规律，因此必然是失败的，事实上，它随着“文革”的结束而走向了终结。

① 王尧：《迟到的批判》，大象出版社 2000 年版，第 2 页。

结　语

从新中国成立到“文化大革命”结束这一段，是我国社会主义建设的探索期。这种建设与探索，不仅体现在物质基础层面，也体现在精神和文化层面。前者主要是指从新中国成立开始的社会主义改造及其完成，以及随后的经济和生产领域为促进发展所做的各种尝试；后者主要是指围绕着确立马克思主义在思想领域的指导地位，完成社会主义国家意识形态的构建而做的一系列努力。这一时段的美学和文艺建设，属于后者。这一时代的美学和文艺建设，与当时国家层面的文化建设联系紧密，既由于受到党和政府的高度重视，因而获得了长足发展，同时又因为与政治和时代的直接相连，不可避免地带有一定的历史局限性。具体说来，这一时段的美学和文艺发展具有如下方面的贡献、特色与不足。

首先，确立了马克思主义在美学领域的指导地位，并在此基础上，分析和解决了美学学科的一些基本问题，初步构建了美学学科的基本框架，为马克思主义理论中国化提供了操作路径和典型范例。在美学大讨论当中，所有的参与者都自觉地运用马克思主义基本原理来分析美学问题，无论是认为美在主观、美在客观，还是认为美在主客观统一、美在客观性和社会性的统一，其基本的理论来源都是马克思主义的。很多时候，参与讨论的美学家们都是直接引用马克思、恩格斯等马克思主义经典作家的著作来为自己的观点辩护。这一过程普及和扩大了马克思主义基本原理在中国思想领域的运用，锻炼和提升了中国学者运用马克思主义解决中国问题的能力，也形成了中国美学学科的马克思主义特色。尤其是朱光潜和李泽厚，这两位对中国当代美学学科建设有着举足轻重地位的美学家，在讨论中较早征引和借鉴了马克思早期著作《经济学—哲学手稿》中的思想来阐释美学问题，为 20 世纪 80 年代的“《手稿》热”提供了最初的灵感，也为实践美学的体系建设奠定了良好的基础。更为重要的是，在美学大讨论的这一过程中，中国学者整体转变了认识世界和解释世界的思维框架，使马克思主义基本原理内化为学者自身的理论意识，使从马克思主义立场出发成为中国知识分子的一种自发性的理论直觉。

其次，在这一时段，中国美学家们运用马克思主义基本原理，重新解读中国美学和艺术现象，构建了一套美学和艺术实践领域的中国话语。从哲学立场上的唯物主义唯心主义划分，到美学和艺术本质层面的唯物主义和唯心主义的分辨，从这一立场衍生出的艺术与现实关系的现实主义和浪漫主义区分，以及马克思主义美学经典语汇与命题，这些构成了新中国成立以后中国美学和文艺学主要的本质论和价值论体系，并在美学阐释活动中得到明确而有效的执行。这种做法对中国美学和文化的当代构建都影响巨大，至今仍然是我们认识和分析美学以及其他人文学科问题的重要参照和指导。

但因受到时代视野的局限，当时中国学者普遍对马克思主义缺乏全面而深入的理解，因此在具体运用过程中存在机械化与简单化倾向。具体而言，唯物主义与唯心主义，人民性与阶级性等的划分背后，是壁垒分明的马克思主义与反马克思主义、革命与反革命、进步与反动等一系列简单价值判断。中国美学家们将这种价值判断运用到美学实践中，将美学和艺术的历史发展化约成唯物主义与唯心主义、现实主义与浪漫主义的对垒。这一点可以在朱光潜写作的《西方美学史》中得以印证。他认为柏拉图是西方浪漫主义的源头，亚里士多德是西方现实主义的源头，柏拉图的客观唯心主义是反动的，而亚里士多德的思想徘徊在唯心主义和唯物主义之间，但在文艺与现实的关系方面，则基本上是唯物主义的[①]。在《西方美学史》的结尾，朱光潜提出了西方美学三个关键性问题，即“美的本质问题”“典型人物性格”“浪漫主义和现实主义”[②]。这在某种程度上意味着，他使用了当时中国美学界主流话语——唯物主义与唯心主义、典型、现实主义和浪漫主义，重构了西方美学的发展历程。与之相类似的，如游国恩、萧涤非等撰写的《中国文学史》，也以现实主义和浪漫主义、阶级性和人民性等视角或标准，对古往今来的文学家重新进行历史排位。用周扬的话来说，就是“运用马列主义毛泽东思想研究文学历史是一个新的尝试”[③]。但其问题正如

---

① 参见朱光潜：《西方美学史》上卷，人民文学出版社1963年版，第二章“柏拉图”、第三章“亚里士多德”。
② 参见朱光潜：《西方美学史》下卷，人民文学出版社1964年版，“结束语”。
③ 周扬：《周扬文集》第四卷，人民文学出版社1991年版，第68页。

胡风所指出的:苛责巴尔扎克没有能够成为社会主义的现实主义者,这是反历史主义的行径①。但在20世纪五六十年代,不仅是像巴尔扎克这样的批判现实主义作家,甚至中国古代的诗人、词人,都无一例外地要受到这种阶级性、政治立场等的考察与评判。应该说,马克思主义基本原理与中国美学领域的结合,给中国美学发展带来了新的时代面貌,但在具体结合的过程中,反历史和机械化倾向也带来了大量的理论问题。

这种机械化倾向不仅体现在美学研究上,也体现在美学家和美学著作的引进上。在这一时段,西方思想进入中国,同样需要进行政治立场等意识形态层面的筛选。因此被翻译引进国内的,除美学史上经典著作外,主要是一些被认为是哲学上属于唯物主义立场并坚持现实主义美学原则的作者,如布瓦洛、狄德罗等(但实际上,中国知识界的认定与西方美学家自身的美学立场和观点等存在很大距离。中国知识界的认定有将现实主义扩大化的嫌疑)。除此之外,就是德国古典美学以及马克思、恩格斯等马克思主义经典作家在其著作中表示过肯定的作者。德国古典美学,如康德的《判断力批判》、黑格尔的《美学》等,能够被引进,又与其属于马克思主义思想重要来源直接相关。而马克思、恩格斯等肯定过的作者,如莎士比亚、席勒、海涅等,在当时氛围中也天然地获得了合法性。而对于西方现当代美学,则不仅翻译少而且也主要用于内部批判,沦为当时批判腐朽堕落的西方世界的靶子。例如《现代美英资产阶级文艺理论文选》虽然编选了艾略特、兰色姆、赫丽生、墨雷、伍尔夫等人的著作节选或论文,但总体评价是"它反映了现代资产阶级思想的腐朽性和腐蚀性"②。值得注意的是,在这套上下两卷文论选中,也编选了一些受到马克思主义影响的一些西方学者的著作,如威尔逊、派灵顿等,但编选者对其评价是:"有更多作家或者别有用心,或者只是一时投机,或者经不起考验,不久便原形毕露,有的消极颓废,有的积极反动;他们当时搬弄马克思主义词句的文艺论著,有的偶尔提出了具有表面价值的一些说法,有的似是而非,有的故意歪曲,就性质说,形成了资产阶级文艺理论的一个变种。"③很显然,这种评价主旨方向仍是否定的。

---

① 胡风:《胡风全集》第六卷,湖北人民出版社1999年版,第168页。

② 中国科学院文学研究所西方文学组编:《现代美英资产阶级文艺理论文选》,作家出版社1962年版,"后记"。

③ 中国科学院文学研究所西方文学组编:《现代美英资产阶级文艺理论文选》,"编辑前言"。

这些状况带来当时国内美学研究总体上的一些不足:美学研究视野与方法的简单化和僵化倾向,限制了美学研究的深度和广度,而可以作为借鉴和开阔思路的外来文献资源不仅有限,而且还因为过于严格的筛选也带有极大的片面性。对西方著作引进的片面性,验证了我们自身已经被简单化的美学立场的可靠性,而我们自身美学立场的褊狭,又决定了我们在选取西方著作时的视野和判断,这就构成了一种非良性循环。这种状况不仅限制了美学的发展,限制了马克思主义基本原理与中国美学和艺术实践之间的有效融合,而且在新时期之后获得的是历史性的反弹式解决,即西方美学和著作大批量进入中国。如果说,在20世纪五六十年代,西方现当代美学和哲学著作进入中国少而又少,是经过一再筛选,那么新时期之后,西方著作进入中国则是几乎没有筛选,每一种潮流进入,都带着可以解决中国问题的光环,同样也造成了一些问题,这些都是美学发展过程中需要我们吸取的教训。

再次,苏联美学思想在这一时段的中国美学建设中扮演了重要角色。上文中我们谈到,中国美学界在这一时期引进的西方美学很少,但这并不意味着中国美学是在一种完全封闭的状态下发展。事实上,在这一时期,我们大量引进和译介了苏联的美学理论。第二次世界大战之后,世界格局发生了很大变化,形成了资本主义和社会主义两大阵营。西方世界奉行冷战思维,这客观上导致了中国政府在外交政策与对外交流方面的一边倒倾向。反映在美学和文艺理论领域,能够引进到国内的相关文献主要是以苏联为主,同时还包括保加利亚、匈牙利、越南、捷克、波兰等社会主义国家的著作。但在这其中,苏联美学显然占据着绝对的优势,对当时中国的美学建设产生了举足轻重的作用。

苏联美学的这种作用和影响可以从以下方面体现出来。其一,苏联美学直接参与了中国当代美学的建构,成为当时中国美学思考的主要参照物。作为一门学科的美学,20世纪初由日本传入中国。新中国成立之前,中国的美学学科发展很不发达,主要的著作只有范寿康《美学概论》、朱光潜《文艺心理学》、蔡仪《新美学》等几部。新中国成立后,这几部仅有的美学著作并不能满足新中国美学学科建设的需要,而在“一边倒”的国际大环境中,在缺少又十分需要可资参考的文献和研究成果的情况下,苏联美学自然成为重要的借鉴来源。当时不仅翻译苏联美学方面的相关著作,还邀请苏联美学和文艺学方面的专家来中国授课,甚至直接把苏联美学学科的教学大纲、教材等翻译过来,作为中国大学教员和学生的教材和样本。例如1954年，官方邀请苏联专家毕达可夫来北京大学为中国学者讲授文艺学基本理论，他的讲义于两年后出版，名为《文艺学引论》。1956年，斯卡尔仁斯卡娅受邀在中国人民大学讲授马克思列宁主义美学，后来她的讲义被整理为《马克思列宁主义美学》一书。与她同年，苏联专家柯尔尊也受邀在北京师范大学讲授文艺学概论。1957年，国内翻译了马拉霍夫的《"马克思列宁主义美学基础"教学大纲》，这些都对中国文艺学与美学的学科框架产生了重要影响，构成了当时中国学者思考美学和文艺学问题的基本框架模式。其二，中国美学研究者当时看待美学问题的目光，往往是通过苏联学者的视野和眼睛来看的。以斯卡尔仁斯卡娅的《马克思列宁主义美学》的讲义为例，这本书不仅讲授了马克思、恩格斯、列宁等经典马克思主义作家对美学的一些观点，同时还介绍了俄国美学家别林斯基、车尔尼雪夫斯基、杜勃罗留波夫，也介绍了西方美学家的思想。但她在介绍西方美学家时，采用的框架是唯物主义与唯心主义的二分模式，其标题即为"马克思主义以前的美学中唯物主义与唯心主义的斗争"，这种模式我们在朱光潜的《西方美学史》中也能够看到。在这一框架下，她介绍了古希腊美学、文艺复兴时期的美学、古典主义时期的美学等西方美学的重要时期和美学家。这种做法对于中国而言，具有双重意义，一则是她提供了如何构建美学史的马克思主义方法，一则是她提供了基本的西方美学思想，只不过这种思想是经过了她本人，即作为一个苏联学者的理解和过滤的。更能够明显体现出这种情况的是由中国科学院文学研究编译的《现代文艺理论译丛》，在作为定期期刊出版之前，该刊物曾经不定期地出版过六辑。其中第一辑讨论"社会主义现实主义"，第二辑讨论"批判修正主义和资产阶级文艺思想"，第三辑讨论"当代美学问题"，第四辑是关于"比较文艺学与其他反动的资产阶级美学流派"，第五、六辑是关于"古典的美学和文学理论"[①]。从讨论的基本内容来看，第一辑属于苏联美学的专论。然而其他各辑，作者也几乎都是苏联学者。这意味着，所谓的当代美学即是苏联美学，对资产阶级美学的批判也并不是所谓的资产阶级自己站出来说话，或者中国学者基于自己的理论立场的反思，而是苏联学者对他们的批判。也就是说，当时中国美学界对世界的观望，是

---

① 中国科学院文学研究所现代文艺理论译丛编辑委员会:《现代文艺理论译丛》，人民文学出版社1963年版，第1期，"编后记"。

通过苏联这一中介来实现的。

这种与苏联美学之间的亲密联系，带给中国美学的影响其实也是非常复杂的。一方面，在学科建设差不多一穷二白的状况下，苏联美学无疑为中国美学带来了可发展的内容和方向，在其影响下，中国逐渐有了属于自己的美学学科，这是无论如何不能抹杀的历史功绩。但另一方面，与之相伴随的是，苏联美学所固有的机械化、庸俗唯物主义倾向，也深深影响了中国美学界。苏联美学在其发展历程中经历的挫折和困惑，在一段时间之后，也成为中国美学界不得不面临的问题。苏联美学，除马克思主义影响外，自有其传统。例如，“别车杜”的思想，对苏联美学自身的构建影响极大，而它们的哲学基础都与机械唯物论有着千丝万缕的联系，但旅行到中国，被视为唯物主义的重要内容，成为马克思主义思想的重要同盟军，苏联身份使它们免去了本应接受的异域考察和反思。在这种情况下，中国美学界无论是对马克思主义自身的理解，还是对世界范围内美学发展的理解，都不可能没有偏差。然而更加复杂的是，由于当时的政治和文化氛围，苏联美学具有的天然合法性，又使这一美学理论资源变成为另外一种力量，即中国美学研究者借助它们，试图为中国美学发展寻找到一点自由的空间，适当调和当时已经日益明显的“左”倾和机械僵化的倾向，这可以从当时关于“文学是人学”以及典型等问题的讨论中看出。一个本身就带着强烈的机械唯物论色彩的理论，被用来为机械唯物论倾向松绑，这种诉求和美学作为本身也意味深长。

最后，相对于其他学科发展，美学学科在这一阶段获得了更大的自由度和宽松氛围。自由是美学这门学科与生俱来的内容，自康德为现代美学立法而来，就将人的自由、学科的自由赋予了这门学科。这种学科特质为美学在当时获得自由争取到了合法性，并且当时国家的相关政策也对美学给予了一定的包容和空间。例如“美学大讨论”是由对朱光潜新中国成立之前美学思想的批判开始，但朱光潜并没有因为他的前期思想而受到政治定性，其学术活动也没有受到影响。再如吕荧，在1951年山东大学中文系主任任上，发生了“吕荧事件”，带给他的是出走北京任职。随后在对胡风的批判中，他虽然受到了牵连，但在“美学大讨论”中，可以比较自由地发表自己的美学观点，恢复了学术活动。这种相对宽松的氛围就使学者敢于畅所欲言，使相关问题的讨论更加充分和丰富。从学科内部来看，当时“美学大讨论”中已经触及了艺术的特殊性问题，这也是美学自由的一种体现。与美的本质哲学基础讨论差不多同时进行的，是对艺术特性以及形象思维的讨论。“美学大讨论”一般认为是自 1956 年 6 月朱光潜对自己的美学思想展开自我批判开始，几乎同时，霍松林在《新建设》5 月号上发表了《试论形象思维》。霍松林的论文虽然不是新中国成立之后最早触及形象思维问题的论文，却是“最早写出较为厚重的专门讨论‘形象思维’大文章的”①。霍松林的观点得到了很多学者的认同，例如蒋孔阳、李泽厚等。形象思维话语的背后，其实是对文学与艺术的特殊性的诉求。与逻辑思维不同，艺术思维是一种形象思维，这种理解就将艺术从一般哲学认识论下解放出来，突出了它自身的特殊性。

尽管在“文化大革命”结束之前，受国际大环境和国内小环境等诸多因素的影响与限制，美学的发展出现了诸多的困境与危机，但是纵观前三十年左右的美学历程，不能否认，取得的成就仍然是主要的。从理论建设来看，具有中国特色的马克思主义美学体系初步建立起来；从实践领域来看，诸门类艺术，无论是电影、戏曲、文学、音乐、美术等，都获得了长足的发展，为美学理论提供了思考的基础。同时，在当时相对严峻的政治话语语境中，美学讨论氛围相对活泼和宽松，基本维持在学术问题范围之内，使当时对美学问题的讨论相对充分，为后来学界树立了较好的模范，也为新时期拨乱反正奠定了基础。在新时期思想解放的潮流中，美学成为无可争议的弄潮儿与此是相关的。而更为重要的是，“美学大讨论”中关于形象思维问题的讨论，在新时期伊始，成为美学学科自身和思想解放破冰之旅的起点，为认识和思考新中国成立后到“文化大革命”结束这一时段美学发展留下了更多可供回味的空间。

---

① 高建平：《“形象思维”说的发展、终结与变容》，载高建平等：《当代中国文论热点研究》，中国社会科学出版社 2016 年版，第 151 页。

后　记

《20 世纪中国美学史》是高建平先生主持的 2012 年度国家社科基金重大招标项目，历经数载，现已全部完成。本项目共分四个子课题，成果为四卷，本书为第三子课题成果，主要研究范围为新中国成立到“文化大革命”结束这一段。

这一时期的中国美学发展非常重要，其发展历程也十分曲折，如何更好地回到历史语境，还原当时面貌，给予当时美学家和美学观点以同情理解，同时又能跳出历史纠缠与学术是非，并站在今天的立场之上，重新审视这一阶段的理论贡献与经验教训，是本卷课题组成员感到颇费心力而又必须直面的地方。在高建平先生课题研究总体规划及具体指导下，我和本课题组所有成员多次聚集京城，讨论写作框架和提纲，研究具体内容与细节，平时还利用一切机会，通过个别碰头、电话、电子邮件、微信等多种方式，就课题研究过程中出现的临时性问题进行沟通。书稿完成以后，我们又多次就书稿进行讨论，请专家把关，并根据专家建议增删内容，几易其稿。高建平先生也几次通读全稿，提出修改建议，最终才使本卷成果以我们比较满意的样子呈现于读者面前。

本书具体分工如下：

导　论　丁国旗

第一章　周兴杰

第二章　丁国旗

第三章　李小贝

第四章　李圣传

第五章　董　宏

第六章　江　飞

第七章　江　飞

第八章　安　静

第九章　范玉刚（第二节“门类艺术创作实绩扫描”中“音乐美学的学科建构”由杨和平撰写）

第十章　曹　谦

结　语　丁国旗

作为一本集体合作的研究著作，虽然我们已经在任何可能的细节进行了考虑，并制定了详细的撰写体例与规程，并进行了多次全书的统稿工作，但由于参与人数较多，个人学术理解和语言风格的不同，书稿中难免会有一些在思想观点、叙述方式方面不一致的地方，以及其他方面的疏漏之处，在此还请读者原谅并请批评指正。

丁国旗

2019 年 2 月 20 日